公建项目建设管理书系

金融服务区建筑群的设计、施工与管理

蒋凤昌　周桂香　编著

同济大学出版社
TONGJI UNIVERSITY PRESS

内容简介

本书基于泰州市金融服务区建筑群工程项目建设，全面介绍金融服务区建筑群的设计、施工与管理。案例项目超大面积深基坑和超高层钢结构施工技术特征显著，可为类似地区级金融服务区建设提供借鉴。全书共分 6 章，分别为概述、金融服务区建设的业主方项目管理、金融服务区建筑群的总控设计、金融服务区建筑群的整体地下室结构设计、金融服务区超大面积地下工程施工技术、金融服务区超高层建筑的创新施工技术。

本书面向土木工程与建筑专业项目管理人员、设计人员、施工技术人员及技术开发与研究人员，也可供高等院校教师、研究生、本科生与专科生学习参考。

图书在版编目(CIP)数据

金融服务区建筑群的设计、施工与管理 / 蒋凤昌，周桂香编著. —上海：同济大学出版社，2020.9

(公建项目建设管理书系 / 蒋凤昌主编)

ISBN 978-7-5608-9464-5

Ⅰ. ①金… Ⅱ. ①蒋… ②周… Ⅲ. ①金融建筑—建筑设计②金融建筑—建筑工程—工程施工③金融建筑—建筑工程—工程管理 Ⅳ. ①TU247.1

中国版本图书馆 CIP 数据核字(2020)第 234374 号

金融服务区建筑群的设计、施工与管理

编著 蒋凤昌 周桂香

责任编辑 姚烨铭 **责任校对** 徐春莲 **封面设计** 张 微

出版发行 同济大学出版社 www.tongjipress.com.cn

(地址:上海市四平路 1239 号 邮编:200092 电话:021-65985622)

经 销 全国各地新华书店

排 版 南京文脉图文设计制作有限公司

印 刷 江苏凤凰数码印务有限公司

开 本 787 mm×1092 mm 1/16

印 张 19.5

字 数 487 000

版 次 2020 年 9 月第 1 版 2020 年 9 月第 1 次印刷

书 号 ISBN 978-7-5608-9464-5

定 价 95.00 元

编　委　会

编 著 者　蒋凤昌　周桂香

编 写 组

蒋凤昌	周桂香	周　平	邹厚存
王家骥	吴桂松	孙建中	刘　润
王汉斌	唐忠涛	金元如	宋　华
史小伟	何　平	李　俊	杨　广
夏　伟	沈一能	陶友山	马以进
沈发华	丁志稳	朱　斌	薛元威
刘如兵	董　杰	李永奎	王　威
姜荣斌	钱丽丽	曹　华	向雪冰
景耀东	孙奕凯	邱成华	王海波
陈礼贵	郭　飞	王　瑛	肖忠辉
熊树声	陈学进	吴迁章	薛胜守
梁　迪	洪伟忠	许小军	周　伟
李志彬	薛素勤	张迎春	张训柏
张光健	谢　彬	徐伟强	王明强

编写单位 泰州市城市建设项目管理中心
泰州职业技术学院
同济大学复杂工程管理研究院
江苏扬建集团有限公司
江苏省华建建设股份有限公司
江苏省建筑设计研究院有限公司
上海宝厦建筑设计有限公司
浙江中南建设集团有限公司建筑幕墙设计研究院
上海科瑞漫拓信息技术有限公司
江苏建科工程咨询有限公司
江苏腾飞工程项目管理有限公司
江苏国兴建设项目管理有限公司
江苏沪宁钢机股份有限公司
建基建设集团有限公司
沈阳远大铝业工程有限公司
苏州金螳螂幕墙有限公司
江苏广源幕墙工程有限公司
中安建设安装集团有限公司
苏州苏明装饰股份有限公司
无锡恒尚装饰工程有限公司
泰州开源工程设计咨询监理有限公司

前　言

随着我国经济的飞速发展，金融产业集聚在地区级城市已成可能，从而推动了地区级金融服务区（亦称金融商务区、金融中心）的建设。而且金融服务区作为城市标志性建筑群，具有工程规模大、投资金额巨大、建设周期长、参建单位多、管理协调复杂等特点。对金融服务区项目的设计、施工和项目管理进行研究，并将研究成果推广，可以产生良好的经济效益和社会效益。同时，金融服务区建筑群建设的成功经验也可为其他类型的建筑群项目建设提供有益的参考。

泰州市金融服务区项目是由20幢高楼组成的建筑群，占地面积约11万平方米，总建筑面积约74万平方米，其中有2幢超高层建筑，总投资约达50亿元。金融服务区20幢楼共用2层满堂地下室，地下建筑面积共约18.8万平方米，全部用于停车，总停车位约3 500个。超大面积的深基坑号称“华东第一坑”，因此该项目的地下工程是施工技术和管理创新的重点与难点。工程项目自2012年开工典礼至2019年竣工验收，建设周期长达7年。泰州市城市建设管理中心承担了该项目的管理工作，组建了金融服务区指挥部，在推进工程项目建设的同时，组织课题研究和技术创新活动，获得较为丰硕的成果，相关创新技术应用于工程建设，获得良好的经济效益。该项目获得江苏省建筑业新技术应用示范工程和中国钢结构金奖等荣誉。

本书内容主要源于泰州市金融服务区项目的工程实践，获得泰州市城市建设管理中心立项的“泰州市金融服务区工程建设项目科技应用与创新研究”课题资助，在项目建设过程中多次召开科技创新推进会，为本书核心内容的积累奠定了良好的基础。本书还获得江苏省高校“青蓝工程”优秀教学团队项目（项目编号：JSQLGC2017-TD60）、泰州职业技术学院创新团队项目（项目编号：TZYTD-16-5）等项目资助。在此对资助单位深表感谢。

本书在撰写过程中，获得同济大学复杂工程管理研究院、泰州市城市建设项目管理中心、泰州职业技术学院、江苏扬建集团有限公司、江苏省华建建设股份有限公司、江苏省建筑设计研究院有限公司、上海宝厦建筑设计有限公司、浙江中南建设集团有限公司建筑幕墙设计研究院、上海科瑞漫拓信息技术有限公司、江苏沪宁钢机股份有限公司、沈阳远大铝业工程有限公司等单位的支持，在此对支持单位及相关个人一并表示感谢。

本书的编著任务：蒋凤昌负责第1章和第2章；周桂香负责第3章、第4章、第5章和第6章。

由于金融服务区项目建设周期很长，当前建筑业的建造技术仍在快速发展，同时限于作者水平，书中难免存在一些缺陷甚至错误，恳请专家和读者批评指正。

编著者

2020年6月

目　　录

第1章　概　　述

1.1　金融服务区的内涵、特征与工程建设

1.1.1　内涵

金融是经济的中枢神经，金融服务区（亦称金融产业集聚区、金融商务区、金融中心等）是从事金融活动的特定区域。在该区域，金融监管部门、银行、证券、信托、投资、理财、保险、租赁、典当和其他类型的机构及大型企业总部在空间聚集，并且相互之间来往密切。金融服务区既有产业集聚的共性，也有其独特的内涵，主要体现在以下三个方面。

（1）驱动因素。金融服务区的金融产业集聚可划分为内生型和外生型两种。所谓内生型是指通过几十年甚至上百年的发展演化自然形成的类型，通常区域内经济发达，市场专业化程度高，例如英国伦敦金融集聚区就是典型的内生型金融产业服务区。而外生型则是采用由政府主导模式，在实体经济相对较弱的条件下，政府通过优惠政策刺激市场发展，从而迅速提高金融资源整合效率，形成金融产业集聚。上海浦东陆家嘴金融区就是政府主导条件下的外生型实例。

（2）规模层次。金融产业集聚具有层次性和成长性。所谓层次性，是指依据城市经济发展条件，金融集聚有浅层次、中层次和深层次之分，对应的金融服务区也表现为地区级金融中心、国家级金融中心和全球级金融中心。所谓成长性，是指金融产业集聚具有动态发展过程，体现在量的增长和质的提升，遵循“金融业产生→地区级金融中心→国家级金融中心→全球级金融中心”这样一个发展过程。

（3）集聚融合。金融服务区的产业集聚表现为某地域范围内金融资源、金融机构、金融市场、金融人才、金融信息、金融服务产品及其相关的服务机构、研究机构等空间集聚（图1-1）。而在空间集聚的条件下，金融业不断发展，金融结构不断优化，金融人才不断成长，金融制度不断完善，金融市场不断健全，金融信息实现共享，金融服务产品不断丰富，从而实现金融资源在地区范围内融合发展。

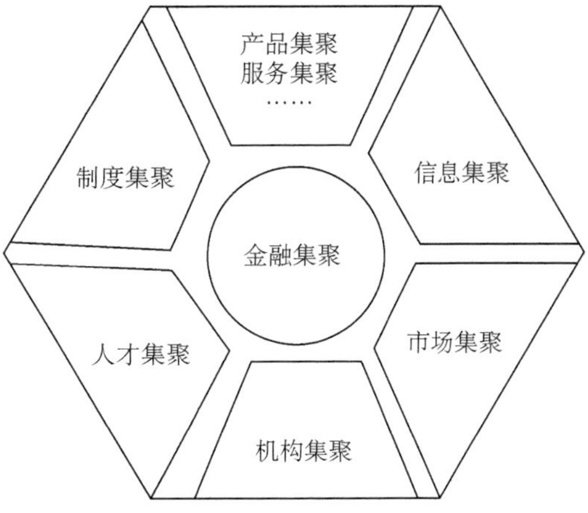

图1-1　金融服务区的内涵示意（范新磊，2012）

1.1.2 特征

自 20 世纪 70 年代以来，有很多学者对金融服务区提出了各自的看法和观点。研究分析表明，金融服务区主要具有以下四个特征。

(1) 规模经济效应。金融资源高度集中和融合，通过规模经济效应，从而实现金融资源的高效配置。当然，金融集聚受当地整体经济水平影响较大，因为金融市场的出发点和落脚点都是实体经济，实体经济健康发展是保证金融集聚区良好建设和可持续发展的关键。

(2) 自我强化效应。金融市场和金融机构共享完善的基础设施和相关信息，从而实现进一步发展和优势补充，提高融资效率。由于金融本身具有高流动性，使得产业集聚形成的金融集聚不断加剧，遵循自我强化效应(图 1-2)，可以促使金融集聚的升级。

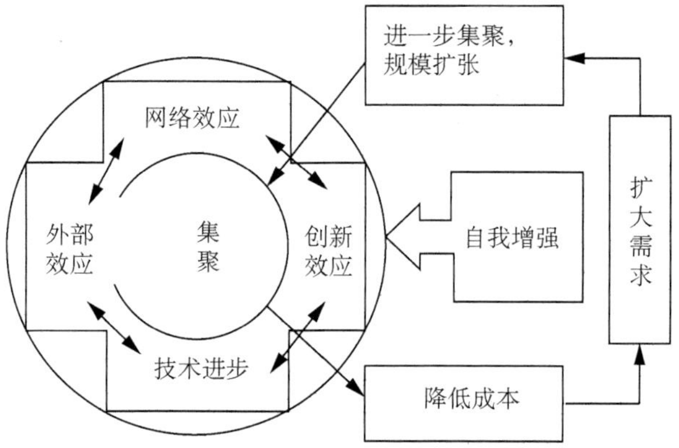

图 1-2 金融集聚的自我强化效应(黄解宇,2006)

(3) 依法监管。由于金融服务区具有强大的资源配置能力，可以把巨大的储蓄转换为金融资产，配置于银行、证券、保险等各种产品，但同时金融集聚的集聚极向化、竞争过度化、风险系统化和影响全面化等负面特性使得金融集聚风险变得严重和复杂。因此，金融监管部门必须依法对金融机构和金融市场进行严格监管，这些监管部门主要分布在国家或区域金融中心。

(4) 钱才集聚论。国内很多学者研究认为，金融中心是各种金融资源相对集聚的场所，从本质上可以将其归结金融资本和金融人才两方面。金融从业人员具有很大的依附性，随着金融机构和金融资源的流动而转移。

1.1.3 工程建设

金融服务区的工程建设，通常属于城市综合体和建筑群项目建设。此类项目往往具有投资金额巨大、建设时间跨度长、参建单位多和协调面广等特点，涉及很多不同的工程建设专业和不同的管理部门，是极其复杂的系统工程。根据研究，金融服务区的建设应该考虑以下三个方面。

(1) 功能定位准确。通常金融服务区建设功能具有多元性，主要可包括金融机构集聚、商品期货交易、金融开放创新、金融综合配套和要素市场集聚等功能。依据功能定位进行建筑群和综合体的规划设计，体现全局观和整体性。

(2) 空间布局合理。深入研究地理、人文等地域特点，并结合金融服务区的功能定位，形成空间合理、分工明确、地域特色明显的金融业发展布局。

(3) 前瞻性与可持续性相结合。金融服务区建筑群的工程建设可以遵循“统一规划，分期建设”的思路，考虑区域级金融服务区升级发展可能，对基础设施的配套建设应充分到位，为金融服务区可持续发展打好基础。

1.2　长三角地区的金融服务区

长江三角洲经济圈是我国城市化程度最高、城镇分布最密集、经济发展水平最高的地区。长三角城市群以上海为中心，南京、杭州为副中心，包括江苏的扬州、泰州、南通、镇江、常州、无锡、苏州，浙江的嘉兴、湖州、绍兴、宁波、舟山，共 15 个城市，涉及上海市、江苏省和浙江省，是中国经济最具活力的地区之一。长三角地区的金融服务区建设颇具特色，以下简介上海市、南京市和泰州市三个不同级别的城市金融服务区，分别可作为国家级、副省级和地区市级金融服务集聚区的代表。随后详细介绍泰州市金融服务区的工程建设，可供类似地区级金融服务区项目建设参考。

1.2.1　上海陆家嘴金融贸易区

陆家嘴金融贸易区位于上海浦东陆家嘴地区，是 1990 年开发开放浦东后，在上海浦东设立的中国唯一以“金融贸易”命名的国家级开发区。其占地面积为 28 平方公里，其中规划开发地区面积为 6.8 平方公里。与浦西外滩隔岸相望的浦东陆家嘴是近代浦东最早发展起来的地方；20 世纪 90 年代开发浦东后，陆家嘴金融贸易区成为上海市知名度最高的地名之一。

陆家嘴金融贸易区依照以滨江绿地＋中央绿地＋沿发展轴线带的旷地系统作为结构布局的基本要求，主要是重点塑造滨江大道，该大道规划全长为 2 500 米，在滨江大道和滨江绿地中，已见形象的项目有东方明珠电视塔等。沿滨江大道绿地及中心区规划出一块 10 公顷的中央绿地，该绿地是小陆家嘴地区环境景观的一个中心点，是体现陆家嘴中心区未来 21 世纪环境形态的主要标志。沿发展轴线带的建设主要指贯穿陆家嘴中心区的世纪大道的开发绿化，它的开发的主要意义，是起到浦东开发总体样板作用和带动作用。

陆家嘴金融贸易区商办楼宇体量巨大(图 1-3)，截至 2018 年 9 月底，陆家嘴已建成各类商办楼宇总数达 252 幢，建筑面积约为 1 500 万米^2，其中已竣工投入使用的办公面积约为 1 400 万米^2。代表楼盘有上海中心大厦、上海环球金融中心、印尼黄金置地大厦、上海银行大厦、合生国际大厦、中国平安金融大厦、金茂大厦、中银大厦、汇丰银行大厦、中国保险大厦、招商局大厦、浦发银行大厦及证券大厦等。

图 1-3　上海陆家嘴金融区实景

1.2.2　南京河西中央商务区

南京河西中央商务区(河西 CBD)是国家重要的金融集聚区和中央商务区(图 1-4),位于南京市建邺区河西新城,是华东地区仅次于上海陆家嘴金融贸易区的第二大中央商务区,是集金融、总部、会展、文体和商贸于一体的首批江苏省现代服务业集聚区,是南京打造泛长三角区域金融中心的核心功能集聚区。

图 1-4　南京河西中央商务区实景

河西 CBD 总面积为 22 平方公里,核心区面积为 3.5 平方公里。按照"现代化、国际化、特色化"标准,应重点发展现代金融、总部经济、信息服务、文化创意、软件研发、商务办公和旅游会展等现代服务业。重点发展银行、保险、证券、信托及基金等金融业态,广泛吸引和发展国内外各类金融机构,尤其是金融机构的总部经济形态或地区性总部,建立和完善与 CBD 功能相适应的多层次、多类型的金融体系,把河西 CBD 打造成现代、国际性的金融业集聚区。

河西 CBD 一期主要依托 16 幢标志性建筑、规划建设的中央商务区南延项目和河西大街商业休闲带项目,构建辐射都市圈的全功能商务商业中心。商务中心将形成中央公园商务商贸休闲核，金融产业集聚区、国际创意产业集聚区、高端消费商贸集聚区、旅游博览集聚区、现代居住集聚区"一核五区"的空间发展框架。

金融产业集聚区以紧邻河西新城中心广场的金奥大厦、新地中心 2 幢 52 层的"双塔结构"为中心，利用中泰大厦、嘉业国际城等载体资源和规划中的中央商务区南延项目形成金融和总部集聚区，包括银行、保险、证券业集聚区以及准金融集聚区和地区总部集聚区。命名嘉业国际城 4 号楼等为"金融大厦"，吸引国内外大型企业地区总部入驻。国际创意产业集聚区以东渡、联强、紫金、宋都大厦为主要载体，吸引创意产业入驻。

截至 2014 年，河西 CBD 已入驻各类金融机构 300 余家，世界 500 强、中国 500 强的各类企业 4 000 余家，金融法人总部和外资机构数量均占到全市 2/3 以上，并获得"江苏省金融改革创新试点区"和"南京市互联网金融示范区"称号。

截至 2016 年年底，河西 CBD 已投用金融城一期、新地中心、金奥大厦等载体总面积超过 300 万米^2；已入驻金融及准金融机构 420 家，包括金融法人总部 15 家、省级以上金融一级分支机构共 85 家，法人金融机构和外资金融机构数量均占到全市的 2/3 以上。金融业增加值占 GDP 比重达 27.8%，是建邺区第一大产业。

1.2.3 泰州市金融服务区

泰州金融服务区为泰州城市的新地标，位于城市中轴线上，具体范围为永定路以北，鼓楼南路与海陵南路之间，文化中心以南。将集金融办公、投资分析和资本支持等功能于一体，为城市发展提供一站式金融服务。

泰州金融服务区是一片整体统一而又和谐的建筑群(图 1-5)，占地面积约 11 万米^2，总建筑面积约 74 万米^2，整块地被分割成 12 个子地块，共计 20 幢高楼，其中两幢超高层建筑，分别为 58 层和 39 层，以傲人的身姿屹立在建筑群当中，是泰州最高的建筑物。泰州金融服务区的地下室为 20 幢楼共用的 2 层满堂地下室，面积共约 18.8 万米^2，全部用于停车，规划总停车位约 3 500 个。

图 1-5 泰州市金融服务区实景

泰州金融服务区于2012年4月开建，2019年1月竣工交付使用。中国建设银行泰州分行、江苏吴江农村商业银行股份有限公司、江苏美好实业投资集团有限公司、泰州兴业投资有限公司等14家单位已入驻该区。

1.3 泰州市金融服务区的建设背景和意义

1.3.1 建设背景

“十一五”期间，泰州市委市政府积极搭建银企合作平台，有效推动了银行和企业的信息沟通与交流合作，探索出了一个政府搭台、人行推动、银企唱戏的政银企共赢发展的泰州模式。依据统计数据研究分析，在5年内，泰州市先后举办20余场次重大项目、中小企业、高科技企业银企洽谈活动，为约2 000个项目落实银行贷款近800亿元，加大了对支柱产业、中小企业、县域经济等信贷支持力度，为促进地方经济又好又快发展提供了强有力的金融支撑。

2007年年初，着眼于缓解中小企业融资难，扶持中小企业做大做强，泰州市制定出台《关于合力营造全市中小企业良好融资环境的意见(试行)》，建立政、银、企协调机制，改善信贷流程，降低企业融资成本，开创了一个政、银、企三方联手支持中小企业发展的合作模式。

2008年，面对国际金融危机的冲击，泰州市进一步深化政银企合作模式，建立财政应急周转资金，将市本级担保公司资本金规模充实到1亿元左右，重点支持市区特别是市直属工业企业的融资担保。各市(区)也相应壮大财政担保资金规模，充分发挥政府资金的保障作用。

同时，各市(区)政府及市经贸部门会同所在地银行业金融机构研究确定了“全市信贷必保企业目录”，规定各银行业机构对这些企业的信贷规模只增不减，特别是造船、机电、不锈钢、纺织等行业的规模企业，继续给予信贷支持。

《泰州市区服务业发展规划(2009—2015)》指出：泰州金融业以维护和促进泰州经济较快平稳健康发展为目标，深化金融体制改革，构建多元化金融组织体系，加大金融业开放力度，规范发展各类商业银行、保险公司和证券机构，形成结构合理、竞争充分的金融服务体系。截至2015年，市区金融业实现增加值50亿元，年均增幅达到16%以上。

——以现有商业银行为依托，以构建金融商务集聚区为目标，加快现有金融机构的升级改造工作，积极引进国内外金融机构来市区设立分支机构，不断增强金融业服务地方经济的能力。

——加快现有商业银行的机制创新、产品创新和服务创新，努力构筑竞争有序、监管有力的金融市场体系。加快商业银行引进步伐，研究引进外地商业银行进驻的政策措施，积极营造有利于金融业加快发展的软硬环境。

——积极鼓励、扶持风险投资发展，加强信贷资金与担保资金、风险资金的协作配合，逐步形成多元化的风险投资机制。大力发展民营担保机构，积极发展以社会资金为主、政府引导资金为辅的“民办公助”担保机构。

泰州市金融服务区项目就是在泰州市大力打造南部新城、建设商务 CBD 的背景下逐步推进的。

1.3.2　建设意义

泰州市金融服务区项目建设的重要意义主要体现在以下八个方面。

1）项目的建设是泰州展现城市新形象的需要

市委、市政府对于泰州新区建设非常重视，该项目是泰州市 2012 年十大重点工程之一。泰州新区是江苏省沿江开发重点经济开发区。位于城区发展的主方向上，规划面积 64.2 平方公里，建成区面积 30 平方公里。设有高新技术园、中国石油化学（泰州）开发园区、春兰工业园、民营科技园。

金融服务区项目位于泰州新区核心位置，其周边商务网络还未形成明显优势，金融服务区形成的商业、高级写字楼氛围，届时泰州内外商业精英云集，与此将迅速提升泰州的档次。

项目的启动将能大大加快泰州新区的建设步伐，成为泰州新区的一大亮点，项目建成后，将与新区大剧院、博物馆、图书馆相呼应，全面提升泰州的形象。

2）项目的建设是泰州金融业建设发展的需要

金融业是构建和谐社会和建设国际化城市的战略性、先导性、服务性产业，是泰州市推进创新型城市建设、大力发展高新技术产业的重要支柱，是实现城市发展战略转型的重要组成部分，是继续保持国民经济和社会持续、快速、健康发展的强大支撑。

根据金融业发展的要求，市委、市政府高瞻远瞩地提出了以大视野大胆推进改革创新，继续做强做大金融产业的战略目标。建设金融服务区可以进一步完善泰州的金融生态环境，是市委、市政府加大对金融产业支持力度的具体举措。泰州市金融服务区的建设对于完善全市金融系统、做大做强金融产业、促进金融合作、加快区域金融中心的形成有着重大的意义，有助于促进全市金融业布局优化调整，提高泰州市金融业运营的安全性和效率。

项目建成后将有大部分股份制银行和农商行的入驻，特别是浦发银行和招商银行这些全国性股份制银行排头兵的入驻。它们的入驻必将带来先进的金融产品和经营理念，从而释放出巨大的金融资本活力，提升泰州银行业整体竞争力，并为泰州经济实现高起点上的跨越发展提供源源不断的金融支持。

3）项目的建设有助于完善泰州市金融生态环境

金融生态环境是指金融运行所依托的基础设施、基本制度和相关的外部经济环境。金融生态可以分为两部分：软件环境和硬件环境。软件环境主要涉及金融业健康发展所需的政策条件、体制条件、氛围等；硬件环境主要涉及各类金融机构日常运转所需的硬件设备和基础设施。城市金融生态环境的好坏，对于本市金融企业生存和发展有着至关重要的作用。良好的金融生态环境也是其他企业选择落户的重要考虑因素。因此，做大做强金融产业、促进泰州经济社会的长远发展，必须不断完善泰州市的金融生态环境。

泰州市金融服务区的建设可以进一步完善泰州的金融生态环境，是市委、市政府加大对金融产业支持力度的具体举措，对泰州金融业的整体竞争力提升有着重要作用。一方面，金融服务区将塑造良好的环境集聚各个金融机构的后台作业，改善金融业发展所必需的硬件环境；另一方面，金融服务区将加强泰州金融业与全球金融业的交流，加快金融人才教育培养机制，改善泰州金融业发展的软件环境。

4）有助于加快泰州市区域金融中心的建设

金融中心是金融市场的运营调控中心，突出表现在其完善的市场功能、密集的金融机构、巨大的资金流量、优良的专业人才、旺盛的市场需求以及齐备的配套设施等方面。

项目的建设有助于将泰州建成为区域性金融中心，泰州成为区域性金融中心有着十分重要的战略意义：首先，建设区域金融中心，可以充分发挥泰州资本市场的集聚效应，吸引区域乃至全国的投资资金。金融产业规模的扩大和集中，能促进金融服务业的发展和金融基础设施的建设。而完善的金融服务业又将进一步降低资本运作的成本、强化资本的风险监控，从而吸引更多的资金。其次，将泰州建设为区域性金融中心，有助于提升泰州经济的整体竞争力，优化产业结构。资本市场的集聚效应能有效实现泰州投资主体的多元化，使得泰州的产业结构从最初阶段就能按照市场取向构建，同时金融业又是现代信用经济发展的基石。再次，将泰州建设为区域性金融中心，能够将其影响力拓展到长江三角洲，进而辐射到相邻的浙江、安徽等省份。充分发挥泰州金融业的优势，为区域的产业发展提供金融服务，不但能有效促进区域经济的发展，还能进一步提升泰州的区域影响力。泰州市金融服务区的建设，是泰州建设区域性金融中心的重要举措，对于提高泰州金融产业的整体竞争力和泰州对国内外金融企业的吸引力具有重要意义。

5）有助于促进全市金融业合理布局、提高运营效率

泰州市金融服务区的建设有助于促进全市金融业布局优化调整，提高泰州市金融业运营的安全性和效率。泰州市金融服务区将根据金融机构运营的特点，提供良好的基础配套设施，为金融机构的后台作业部门集聚提供基础条件。一方面，为金融机构提供数据容灾备份中心，保障金融机构运营的安全性；另一方面，服务区选址在泰州市新区，有着环境好、成本低的优势，可以有效地降低金融机构的后台作业成本，从而加强泰州金融业的整体竞争力。

6）有助于泰州市产业结构的优化调整

当前，泰州的加工制造业在全市产业结构中占主导地位，主要集中于化工、医药和机电产品等高土地占有率、高能耗、低附加增值率行业。2011 年三次产业结构调整为 7.2∶54.0∶38.8，而具有高知识度、高资金密集度和高增值率的金融配套服务业则停留在小规模营业网点的初级发展阶段。金融产业服务建成后，将形成在全市范围内具有较大规模的金融后台配套支持服务业集群，开展诸如培训、客服、票据和信息处理等各种类别的外包业务，将金融产业链的服务增值环节做强做大，不仅将提升泰州市第三产业，优化全市区产业结构，提升经济发展的增值水平，而且还可通过金融服务的支持和带动，促进其他产业的快速发展，形成二、三产业之间的良性互动格局，降低经济运行风险。

7）项目的建设是加快泰州新区中央商务区建设步伐的需要

金融服务区为泰州的市级公共中心之一，具有金融、行政办公、贸易、会议展示、文化娱乐及旅游服务等功能的区域，为泰州的商务 CBD。商务 CBD 是城市的名片，是城市形象的代表。随着社会的发展，城市与外界的接触会越来越多，在与外界交流的时候，必须有自己良好的名片，所以，一个发展的城市必须有自己的高端商务 CBD。城市需要商务 CBD，城市经济需要商务 CBD 经济去培育和拓展。商务 CBD 发展水平在很大程度上影响城市的经济，也反映城市发展水平，商务 CBD 的兴旺与城市的兴旺息息相关。泰州，这个文明的历史文化名城，假以时日有希望发展成金融大都市。正在建设中的金融服务区，是泰州第一座有着一流办公设施的高级商务 CBD，也正是在为实现这一目标打下坚实的基础。

8）项目的建设是促进泰州经济发展的需要

项目建成后由于其容纳的员工为具有较高知识水平和素质的人群，比一般工业基地的员工需要更高标准的生活、娱乐、教育等配套设施，因此会带动周边相关配套服务业的发展，如健身、餐饮、休闲娱乐和社交活动场所等，从而拉动片区的办公服务及生活消费等产业繁荣。其积极的带动效应对地区经济的发展具有巨大的促进作用。泰州金融服务 CBD 的建设将是城市精英聚集的城市前沿领地。这样一个高素质人群会集的区域具备一流商务中心的各种重要条件：优雅的人文环境、成熟的生活配套、便捷的交通和丰富的旅游资源，再加上 CBD 中心营造的高尚浓郁的生活氛围，必将吸引国内外知名企业纷至沓来，并以泰州 CBD 为中心，带动周边地区经济的快速发展。项目的建设满足企业因不断扩张发展而对空间的进一步要求，并填补了泰州高端商务 CBD 的空白，且因稀缺而备受瞩目，因稀缺而成就价值。

综上所述，从项目所处的地理位置，开发投入规划设想看，其对泰州新区中央商务区的形成，对泰州新区建设和促进经济发展都举足轻重，并能较大改善泰州的投资环境，促进现代化新区的建设，项目建设具有重要意义。

1.4 泰州市金融服务区的建设原则和建设条件

1.4.1 建设原则

泰州市金融服务区建设项目，要按“高起点、高标准、高科技、高智能”的要求进行设计。除国家有关规范的要求外，还须确保环境优美，科学合理。其原则为：

（1）依据泰州市城市总体规划及区域性详细规划的要求，因地制宜，充分利用土地资源，在满足朝向、日照、绿化等生态环境要求前提下，优化建筑单体设计。建筑要力求体现泰州传统建筑风格，要与城市建设及周围建筑相协调，并能体现出具有现代商业办公特性的建筑风格。

(2) 要重视功能布局,一切以人的活动为中心,合理确定建筑群区域内部的功能分区,使功能区各自独立,在总体上自成一体,区域之间要求动静分离,各区域互不干扰,又互相联系。

(3) 总平面布置要合理,要选用科学合理、环境优美的总体布局,要有利于人流、车流的交通组织,要切实解决好会展中心内外车辆的停放场地,并满足有关规定的要求。要最大限度地提高绿化率,按园林式的要求做好室外环境的设计,并择优选用,创造一个宁静幽雅、舒适优美的现代商业环境。

(4) 坚持可持续发展的理念,在平面设计时要留有发展余地,具有一定的灵活性、可改性和超前性。要努力提高建筑设计质量,满足建筑长期使用的适用性、安全性、耐久性和经济性等方面的要求。

(5) 该项目配套工程应齐全,要按智能化建筑有关要求抓好网络设计,要达到规范建设的要求。消防、给排水、通信及空调等工程要配套。特别要重视消防的配套设计,各项指标均要达到规定的建设标准和金融区现代化的要求。

(6) 要求在环境质量、空间布局等方面进行优化设计。建筑风格要有地方性,重点体现个性。项目建设起点要高,科技含量要高,绿化质量要高,能源消耗要低。同时要做到布局合理、交通流畅、配套齐全,且力求成为市区的形象工程。

(7) 采用国家推广和推荐的新材料、新技术及新产品,认真贯彻执行国家节能、节地、节材的政策及有关规定。

1.4.2 建设条件

1) 自然条件

泰州地处江苏中部,位于北纬 32°01′57″至 33°10′59″,东经 119°38′24″至 120°32′20″。南部濒临长江,北部与盐城毗邻,东临南通,西接扬州,是苏中入江达海 5 条航道的交汇处,是沿海与长江 T 形产业带的结合部。全市除靖江有一独立山丘外,其余均为江淮两大水系冲积平原。地势呈中间高、两头低走向,南边沿江地区真高一般在 2～5 米,中部高沙地区真高一般在 5～7 米,北边里下河地区真高在 1.5～5 米。全市总面积 5 790 平方公里,其中陆地面积占 82.74%、水域面积占 17.26%。

市区面积 428 平方公里。泰州境内河网密布,纵横交织。北部地区,地势低洼,水网呈向心状,由四周向低处集中,这里的湖泊分布较多。江淮分水岭由西向东从中部穿过该市,境内河流大致以通扬公路为界,路北属淮河水系,路南属长江水系。人们习惯上把属于长江水系的老通扬运河和与之相连接的河流称为“上河”,而把属于淮河水系的新通扬运河和与之相连的河流称为“下河”。高水位时,上河水位高于下河水位 1.2 米左右,平均水位差为 0.9 米。

泰州市在北亚热带湿润气候区,受季风环流的影响,具有明显的季风性特征。这里四季分明，夏季高温多雨，冬季温和少雨，具有无霜期长、热量充裕、降水丰沛、雨热同期等特点。

泰州市的气温最高在7月，最低在1月，冬夏季南北的温差不大，年平均气温在14.4摄氏度～15.1摄氏度之间；年平均降水量1 037.7毫米，降雨日为113天，但受季风的影响，降水变率较大，且南北地域之间亦存在着差异。泰州市地区属亚热带、湿润区。一般在3月底、4月初进入春季，6月上、中旬进入夏季，9月中旬开始进入秋季，11月中旬转入冬季。大致上每年冬季有4个多月，夏季有3个多月，春、秋季各2个多月。四季的气候特征比较明显。冬季冷空气活动频繁，易受到寒潮侵袭。当冷锋过境时(即北方冷空气南迁时)，全市普遍降温，气压上升，有时还会出现大风、雨雪、霜冻等。冷锋过境后，天气转晴，形成"三日寒，四日暖"的寒暖交替。

春季，该市天气多变，冷暖气团互相争雄，旋进旋退。夏季最典型的两种天气是梅雨和伏旱天气。秋季天高气爽，冬季冷空气慢慢占据该市，气压也逐渐升高，多出现晴朗天气。

泰州地处东亚季风气候区，属亚热带季风气候。常年主导风向以东南风居多，春、夏两季多东南风，秋季多东北风，冬季以偏北风为主。

2）经济条件

2011年泰州市实现地区生产总值2 422.61亿元，可比增长12.1%，1998年以来一直保持两位数增长。其中，第一产业增加值175.11亿元，增长4.3%；第二产业增加值1 308.2亿元，增长12.5%；第三产业增加值939.29亿元，增长13.1%。人均地区生产总值达52 396元，从2010年的人均超6 000美元跃升至2011年的超8 000美元。产业结构进一步优化，三次产业比例由上年的7.4∶55.0∶37.6调整为7.2∶54.0∶38.8。

2011年泰州市完成固定资产投资1 197.65亿元，增长26.2%。一是三次产业投资结构优化。第一产业投资完成6.60亿元，同比增长18.6%；第二产业投资完成633.4亿元，同比增长20.4%；三产投资完成557.65亿元，同比增长34.4%。第三产业投资结构由2010年的1.7∶62.2∶36.1调整为0.6∶61.5∶37.9。二是新开工项目拉动强劲。2011年，全市固定资产投资项目中，新开工项目计划总投资899.69亿元，同比增长33.0%，占全部投资项目计划总投资的比重为56.7%，比上年提高3.3个百分点；新开工项目本年完成投资689.82亿元，同比增长38.9%，占全部项目完成投资的比重达71.2%，比上年提高8.7个百分点，拉动投资增长24.2个百分点。其中亿元以上新开工项目108个，完成投资192.01亿元；5亿元以上新开工项目14个，完成投资39.78亿元。三是服务业投资快速增长。2011年，全市服务业投资在固定资产投资中的比重进一步提高，共完成投资557.65亿元，同比增长34.4%，高出全省平均水平12.1个百分点，所占全市投资比重比上年提高1.8个百分点。

2011年，泰州城市居民人均可支配收入和农民人均纯收入分别达24 344元和11 046元，分别增长14.0%和18.5%。城镇登记失业率为2.6%，全市新增城镇就业8.93万人。城乡居民人均居住面积分别达到40.4米^{2}和53.9米^2。居民恩格尔系数为36.2%。物价得到有效控制，居民消费品价格指数为105.1，与全省平均水平持平。

3）文化条件

泰州境内名胜古迹众多，现存古遗址、古建筑、古石刻数百处，其中列为省市级文物保护的有 134 处，全市建有 5 座博物馆，珍藏文物万余件，不少为稀世珍品。千年古刹光孝寺在海内外佛教界享有盛名，日涉园、崇儒祠、岳王庙、安定书院、施耐庵陵园、郑板桥故居、梅兰芳纪念馆等人文景观俱是泰州历史文化的瑰宝。

泰州人文荟萃、名贤辈出，“儒风之盛、夙冠淮南”，书法评论家张怀瓘、教育家胡瑗、《水浒传》作者施耐庵、“泰州学派”创始人哲学家王艮、评话宗师柳敬亭、“棋圣”黄龙士、“扬州八怪”代表人物郑板桥、京剧艺术大师梅兰芳及地质学家丁文江等，均是泰州历代名贤中的杰出代表。宋代名相吕夷简、晏殊、范仲淹，抗金名将岳飞，《桃花扇》作者孔尚任，《镜花缘》作者李汝珍，民族英雄林则徐和书画大师齐白石等均在此主政或兴业。2 100 多年的岁月流转、沧海变迁，泰州越发显得神定气闲，清新脱俗。徜徉在泰州的大街小巷，厚重的历史文化气息扑面而来。千年文化的遗迹仿佛粒粒珍珠，遍布在城市的角角落落，连缀成一幅波澜壮阔、神采毕现的历史画卷。

4）交通条件

泰州市交通便捷，集水路、公路、铁路和国际航空交通为一体。

(1) 水路

泰州港从 1999 年开始，港口货物吞吐量连续 9 年以年均 33%高速递增，由 100 万吨跃升至 1 500 万吨，成为长三角港口群中“奔跑”最快、最具活力的港口之一。

(2) 铁路

规划中的疏港大道直通货运站场，可直达北京、深圳等国内大中城市。货物进出快速便捷。

(3) 公路

境内有京沪高速、宁通高速等多条高速公路。江阴长江大桥和正在建设之中的泰州长江大桥是泰州连接苏南和长三角地区的两条大通道。

(4) 航空

距上海、南京国际机场车程均在 2 个小时左右，紧邻泰州的江都机场已于 2012 年通航。

(5) 外部交通

该工程选址于泰州经济开发区内。外部的交通网主要由海陵南路、G328 路、鼓楼南路等城市路网组成，路况较好。工程区域有 4 个车行主入口，南北各 2 个；有 1 个人行主入口，位于北部；有 2 个人与车混合入口，位于东西侧，面向海陵南路与鼓楼南路。

(6) 内部交通

内部交通包括主、次干道，消防环道及景观园路等。

5）土地条件

该工程项目用地性质为出让。

6）资金条件

依据建筑群的每幢楼具体情况，泰州金融服务区项目资金来源由建设单位自筹和政府代建两种解决途径。

7）其他条件

该金融服务区位于泰州经济开发区内，海陵南路东侧，市文化中心南侧，鼓楼南路西侧，328 国道北侧，位置适中，交通方便，基础设施条件均已具备，水、电供给均能满足工程施工需要。工程建设所需建筑修饰材料中有一部分属于当地产，另一部分需外购解决。鉴于泰州市水陆运输条件较理想，且建材市场旺盛，故资源条件基本能保证该工程的实施需求。特别是泰州是全国闻名的建筑之乡，有较好的建筑修饰施工队伍，这也是实施该工程极为有利的条件之一。

第 2 章　金融服务区建设业主方项目管理

2.1　项目管理大纲概述

泰州市金融服务区项目为 20 幢高楼的建筑群项目，总建筑面积约为 74 万米^2，总投资约为 50 亿元，工程体量之大、投入之多，是泰州市的重点实施项目。为了做好该项目的项目管理，加强管理的规划化、制度化，提高项目管理的效率和水平，充分发挥投资效益、保证质量、确保工期和安全生产，特制订项目管理实施大纲。项目管理实施大纲涵盖内容如图 2-1 所示。

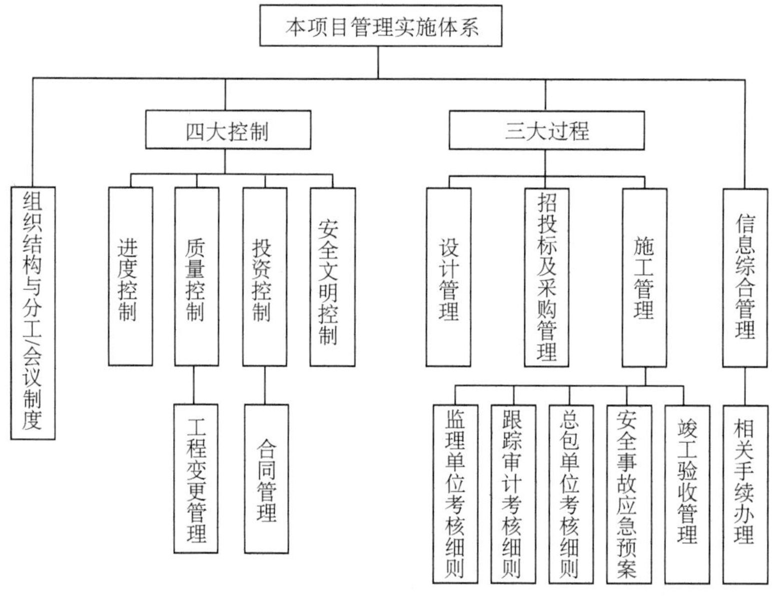

图 2-1　项目管理实施大纲范围

2.1.1　项目组织与分工与会议制度

为了提高项目管理的效率和效果，明确项目参与各方的职责分工，从泰州市金融服务区项目的实际出发，在“项目利益高于一切的”的指导思想下，特制订了项目的组织结构模式(图 2-2)，并明确了项目各参与方的职责分工，同时对项目会议组织与管理进行了较为详细的说明(表 2-1)。

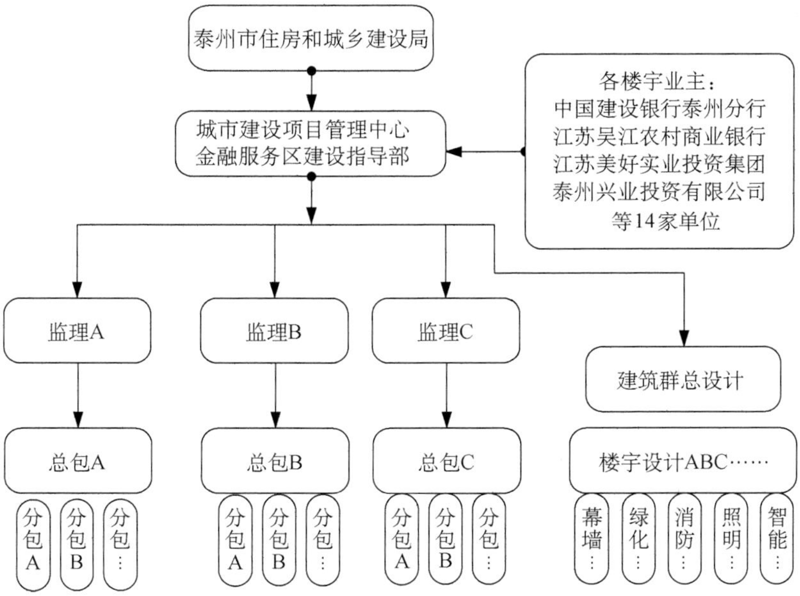

图 2-2　项目管理组织结构模式

表 2-1　每周定期工作会议列表

时间	会议名称	主题	主持人	参加人
周一 14:00	监理例会	现场进度、质量目标的实施情况，以及存在的问题和协调解决（土建问题捎带解决）	监理总监	项目中心全体、监理全体、总包项目经理、各专业分包项目经理、设计代表
周一 16:00	总包生产及技术协调会	生产、技术协调组织	总包负责人	总包各主要部门负责人、分包各主要负责人（监理代表、项目中心生产、技术经理、设计负责人）
周二 14:30	甲方例会	项目整体情况汇报，以及存在问题需业主协调解决	项目中心负责人	项目中心全体、监理总监、总包和专业分包项目经理
周三 14:30	安全检查会议	施工现场安全检查	总包负责人	项目中心、监理、总包、专业分包
周一至周五 8:30	专题研讨会议	造价控制、设计协调、技术难题等专项问题	项目中心专业负责人	项目中心、跟踪审计、设计院、施工、监理等相关技术管理人员

2.1.2　进度计划控制

为了落实项目年度投资计划，协调推进各参与单位工作，明确各参建单位进度控制计划，加强工作计划性，确保该项目在保证质量和安全的前提下按计划完成，实现全过程、全方位综合管控，项目进度计划管理采用以下总体思路：建立以年度统筹计划为纲、以形象进度计划为抓手、以资金使用计划为保障、以分级计划为支撑的项目计划体系，通过组织、制度、流程及报告等措施，规范计划的编制与更新、执行与控制、检查与考核管理。

检查与考核以项目总进度工期和项目关键节点为重要考核目标，其中关键节点考核主要为超大面积的地下室大地板完成、地下室工程完成（±0.00）、20 幢单体主体土建结构封顶、20 幢单体幕墙完成和 20 幢单体竣工完成等。

奖罚与考核联动，才能更好地推进项目的进度。奖罚措施简要如下：如遇不能按照业主审核后的进度计划完成既定工程，施工单位每延期一天罚款 1 万元；如遇提前完成既定工程，则每提前一天奖励施工单位 5 000 元。

奖罚关联性：为明确总包单位与分包单位职责关联性及奖罚连带性，促使总包单位加强对分包单位的管理，统筹分包单位施工计划，特要求在总包招投标清单中，将总包管理费及配合服务费单列，且不允许竞标单位让利。总包连带奖罚措施如下：每延期一天罚款 5 000 元，提前不予以奖励。

2.1.3 质量控制

为了使泰州市金融服务区工程的质量能够被业主单位所掌控、达到预期要求，符合国家和江苏省施工及验收规范和标准，对工程质量采用以下思路进行管理：基于“全过程控制”（包括设计、施工、采购等）原则，通过管理组织的健全化，落实各部分工作职责；通过设计质量控制，实现工程质量的预控；通过质量管理的制度化，实现工程质量控制的规范；通过对过程质量控制（包括施工、安装调试、预验收及验收）的加强，增强工程质量的可控性；通过对工程质量事故的严肃处理，强化各责任方的防范意识。

项目的施工质量控制目标为：单位工程合格率 100%，并按区段和楼宇特征设定省优工程“扬子杯”奖、钢结构金奖等创优目标。

2.1.4 投资控制

投资控制和结算是工程建设项目的一大重点，投资控制贯穿建设全过程。投资控制的总体目标是确保工程建设费用控制在批准的限额内，在项目建设全过程，按照投资控制与合同管理总框架，保证投资估算、设计概算和竣工结算目标的实现，达到合理使用人财物力和投资效益最大化。

投资控制方法涵盖项目决策阶段、设计阶段、施工阶段及竣工阶段等。

2.1.5 招投标及材料设备采购管理

招投标及设备采购管理的思路和总体目标：确保招投标工作的合法性，确保招投标计划和招投标结果满足项目的需求；确定甲供、甲定乙供和乙供材料设备范围，优化不同的采购模式，在工程建设材料设备先进适用、经济合理的基础上，确保材料设备的质量，确保采购和供货进度，进而确保工程建设总体进度目标，降低材料设备采购成本和工程造价。

2.1.6 设计管理

勘察设计阶段是影响项目质量、投资和进度的重要阶段。勘察设计管理的总体思路和目标：通过对设计程序的制度化实现设计工作的规范化；通过合理设置工作界面(图 2-3)确保设计成果的专业性；通过对设计过程的协调与控制推动设计进度；通过对设计成果的控制提高设计质量，控制总造价目标，为招标采购和施工提供依据；通过对设计文件的管理与实施来规范文件的标准性和确保实施的精准性，并且保证工程变更的规范化推进。

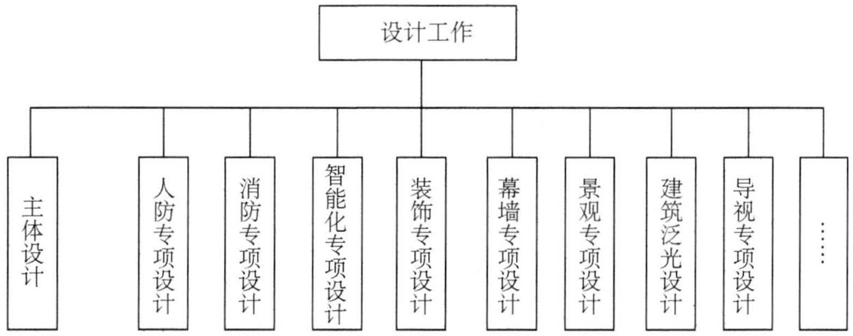

图 2-3　设计工作界面

2.1.7　安全与文明施工管理

为了确保该项目建设期间的安全文明施工，确保施工过程中的人身和财产安全，保障建设工程顺利进行，安全与文明施工管理采用以下思路：依据"安全第一、预防为主"的方针，在建设期间建立健全安全生产责任制和群防群治制度，达到不发生重特大安全事故的安全目标和文明工地创建率 100%的文明施工标准。

(1) 明确安全与文明施工标准化管理内容，对施工现场围挡、封闭管理、施工现场、主体封闭防护、材料堆放、临时设施、现场防火、治安综合治理、现场标牌、保健急救及社区服务等设定统一的标准，施工单位需严格遵守和执行。

(2) 建立以施工总承包单位为核心的安全文明生产体系，以提高施工现场安全生产的管理水平，达到文明工地安全文明施工标准，以及与施工总承包单位签署安全文明生产责任书。

(3) 建立各级安全生产责任制，责任落实到人，在整个工地形成职责分明的安全工作网络，要求施工总承包单位与监理单位负责组织成立安全管理委员会，并制订相应的检查及奖罚制度，每周定期举行检查会议，检查要抓住重点部位。

(4) 严格执行三级安全教育制度，凡进场人员，必须接受安全生产教育，合格后方能上岗作业，并确保入场手续和证照齐全。

(5) 在安全和文明施工的基础上，严格对工程质量、进度、投资进行过程控制，确保工程科学化、规范化完成。

(6) 制订安全事故应急处置预案，以有效地预防和处置项目建设过程中各类安全事故的发生。

2.1.8 综合信息管理

综合信息管理包括文档信息管理和相关手续办理(表 2-2)及管理。为了确保项目建设过程中所形成的有参考价值的文件材料、图纸材料(包括实物、照片、声像资料等)进行科学化、规范化有序管理;确保项目建设过程中相关手续的办理时效性;综合信息管理采用以下思路:建立科学化文档(文件)编码、分类和管理体系,确保信息可查性、规范性、时效性,为项目建设过程中的决策、纠纷协调,以及项目完成后的资料归档移交提供科学化的项目建设全套资料;依据项目实施总进度计划,建立项目建设过程中相关手续办理进度计划,并根据进度的调整进行更新,确保项目建设过程中的科学性和合法性。

表 2-2 项目建设过程中相关手续办理计划表

项目前期报批报建已完成工作				表一
序号	目录及内容	文号	办理开始时间	完成时间
1	用地批准书	【2010】泰国土资准字第××号	2011.10.25	2012.1.10
2	……	……	……	……

项目前期报批报建未完成工作				表二
序号	目录及内容	文号	办理开始时间	完成时间
1	建设工程规划许可证	……	2011.12.20	2011.12.30
2	……	……	……	……

项目施工过程及竣工验收阶段需办理手续				表三
序号	目录及内容	文号	办理开始时间	完成时间
1	规划验收合格证	……	2018.11.30	2019.5.08
2	……	……	……	……

2.2 项目管理的内容、特点和难点

2.2.1 项目管理的工作内容

建设工程项目的实施阶段,泰州市金融服务区建筑群参建单位众多(表 2-3),参与建设的各方都要对项目的实施进行管理。但各承包单位仅负责所承包段的管理;而业主方则要与咨询单位、监理单位、勘察设计单位、施工单位和物资供应单位签订相应的合同。要负责从可行性研究开始,直到工程竣工交付运行的全过程管理,鉴于业主处于建设工程项目实施

阶段项目管理的核心地位，因此，必须运用系统工程的观念、理论和方法进行管理。

表 2-3 泰州市金融服务区主要参建单位一览表

序号	参建单位	服务内容
1	江苏省岩土工程勘察设计研究院	金融服务区地质勘探
2	江苏省建筑设计研究院有限公司	金融服务区地下室整体及配套工程
3	解放军理工大学人防建筑设计研究院	金融服务区地下室人防工程
4	无锡市建筑设计研究院有限责任公司	$1^{\#}2^{\#}$、$7^{\#}8^{\#}$楼建筑主体设计
5	上海宝厦建筑设计有限公司	$3^{\#}$、$4^{\#}$、$9^{\#}10^{\#}$楼建筑主体设计
6	江苏省建筑设计研究院有限公司	$5^{\#}6^{\#}$兴业国际大厦建筑主体设计
7	中船第九设计研究院工程有限公司	$11^{\#}12^{\#}$楼建筑主体设计
8	启迪设计集团股份有限公司	$13^{\#}14^{\#}$吴江农商行泰州管理总部建筑主体设计
9	浙江大学建筑设计研究院	$15^{\#}16^{\#}$楼建筑主体设计
10	东南大学建筑设计研究院	$17^{\#}18^{\#}$楼建筑主体设计
11	上海联创建筑设计有限公司	$19^{\#}20^{\#}$中国建设银行泰州分行办公楼建筑主体设计
12	浙江中南建设集团有限公司建筑幕墙设计研究院	$1^{\#}2^{\#}$、$3^{\#}$、$4^{\#}$、$7^{\#}8^{\#}$、$9^{\#}10^{\#}$、$15^{\#}16^{\#}$、$17^{\#}18^{\#}$楼宇幕墙设计
13	苏州金鼎建筑装饰工程有限公司	$11^{\#}12^{\#}$楼宇幕墙设计
14	江苏苏鑫装饰(集团)公司	$13^{\#}14^{\#}$吴江农商行泰州管理总部幕墙设计
15	苏州金螳螂幕墙有限公司	$19^{\#}20^{\#}$中国建设银行泰州分行营业办公楼幕墙设计
16	南京市建筑设计研究院有限公司	整体地下室及地面建筑公共部分弱电智能化系统设计
17	浙江中南建设集团有限公司建筑幕墙设计研究院	$1^{\#}2^{\#}$、$3^{\#}$、$4^{\#}$、$7^{\#}8^{\#}$、$9^{\#}10^{\#}$、$11^{\#}12^{\#}$、$13^{\#}14^{\#}$、$15^{\#}16^{\#}$、$17^{\#}18^{\#}$、$19^{\#}20^{\#}$楼夜景泛光照明设计
18	江苏承煦电气集团有限公司	$5^{\#}6^{\#}$楼泰州兴业大厦亮化工程设计施工一体化(EPC)
19	江苏扬建集团有限公司	金融服务区地下室整体及配套工程 $1^{\#}2^{\#}$、$3^{\#}$、$4^{\#}$、$11^{\#}12^{\#}$、$13^{\#}14^{\#}$、$15^{\#}16^{\#}$楼主体及安装工程
20	江苏省华建建设股份有限公司	$5^{\#}6^{\#}$、$7^{\#}8^{\#}$、$9^{\#}10^{\#}$、$17^{\#}18^{\#}$、$19^{\#}20^{\#}$楼主体工程及安装工程
21	苏州金螳螂幕墙有限公司	$1^{\#}2^{\#}$、$3^{\#}$、$4^{\#}$、$11^{\#}12^{\#}$、$15^{\#}16^{\#}$幕墙工程
22	江苏广源幕墙工程有限公司	$7^{\#}8^{\#}$、$9^{\#}10^{\#}$、$17^{\#}18^{\#}$幕墙工程
23	沈阳远大铝业工程有限公司	$5^{\#}6^{\#}$兴业大厦幕墙工程
24	苏州苏明装饰股份有限公司	$13^{\#}14^{\#}$吴江农商行泰州管理总部幕墙工程

（续表）

序号	参建单位	服务内容
25	无锡恒尚装饰工程有限公司	19$^{\#}$20$^{\#}$中国建设银行泰州分行营业办公楼幕墙工程
26	深圳市深装总装饰股份有限公司	泰州市金融服务区 17$^{\#}$楼装修设计施工一体化工程
27	江苏中安工程设备安装有限公司	泰州市金融服务区整体地下室消防及防排烟工程
28	南京协成楼宇系统工程有限公司	整体地下室及地面建筑公共部分弱电智能化工程
29	江苏山水环境建设集团股份有限公司	泰州市金融服务区景观绿化工程
30	江苏承煦电气集团有限公司	5$^{\#}$6$^{\#}$楼泰州兴业大厦亮化工程设计施工一体化(EPC)
31	苏州基业生态园林股份有限公司	1$^{\#}$2$^{\#}$、3$^{\#}$、11$^{\#}$12$^{\#}$、15$^{\#}$16$^{\#}$楼夜景泛光照明工程
32	泰州市华强照明器材有限公司	4$^{\#}$楼夜景泛光照明工程
33	万源生态股份有限公司	7$^{\#}$8$^{\#}$、17$^{\#}$18$^{\#}$楼夜景泛光照明工程
34	江苏海田建设工程有限公司	9$^{\#}$10$^{\#}$楼夜景泛光照明工程
35	江苏锐拓照明系统工程有限公司	13$^{\#}$14$^{\#}$吴江农商行泰州管理总部夜景泛光照明工程
36	苏州市天幕景观装饰工程有限公司	19$^{\#}$20$^{\#}$楼中国建设银行泰州分行营业办公楼夜景泛光照明工程
37	江苏建科建设监理有限公司	金融服务区地下室整体工程
		5$^{\#}$6$^{\#}$、7$^{\#}$8$^{\#}$、9$^{\#}$10$^{\#}$、17$^{\#}$18$^{\#}$、19$^{\#}$20$^{\#}$楼主体工程、幕墙工程及亮化工程
38	江苏腾飞工程项目管理有限公司	1$^{\#}$2$^{\#}$、3$^{\#}$、4$^{\#}$楼主体工程、幕墙工程及亮化工程
39	江苏国兴建设项目管理有限公司	11$^{\#}$12$^{\#}$、13$^{\#}$14$^{\#}$、15$^{\#}$16$^{\#}$楼主体工程、幕墙工程及亮化工程
40	泰州开源工程设计咨询监理有限公司	泰州市金融服务区后配套及景观绿化工程
41	同济大学复杂工程管理研究院	泰州市金融服务区工程建设项目科技应用与创新研究
42	上海科瑞漫拓信息技术有限公司	
43	泰州职业技术学院	

建设工程项目管理的主要内容包括：进度控制、质量控制、投资控制、合同管理、信息管理和组织协调。为了保证管理目标的实现，业主对项目的管理应包括以下职能：

决策职能。项目建设过程是一个系统工程，因此，每一建设阶段的启动都要依靠决策。

计划职能。围绕项目的全过程、总目标，将实施过程的全部活动都纳入计划轨道，用动态的计划系统协调与控制整个项目，保证建设活动协调有序地实现预期目标。只有执行计划职能，才能使各种情况可以预见和能够控制。

组织职能。业主的组织职能既包括在内部建立项目管理的组织机构，又包括在外部选择可靠的承包单位，实施建设工程项目不同阶段、不同内容的建设任务。

协调职能。由于建设工程项目实施的各阶段在相关层次、相关部门之间存在大量的结合部，容易形成复杂的关系和矛盾，应通过协调职能进行沟通，排除不必要的干扰，确保系统的正常运行，控制职能。建设工程项目主要目标的实现是以控制职能为保证手段，不断地通过决策、计划、协调、信息反馈等手段，采用科学的管理方法确保目标的实现。目标有总体目标，也有分项目标和阶段目标，各分项目标组成一个体系，因此，对目标的控制也必须是系统的、连续的，建设工程项目管理的主要任务就是要对投资、进度和质量进行控制。

业主在整个项目的建设过程中，其工作内容可以包括以下 14 个方面：建设工程项目立项决策阶段的管理；建设工程项目的资金筹措和管理；建设工程项目的设计管理；建设工程项目监理业务的管理；建设工程项目施工招标与合同管理；建设工程项目采购管理；建设工程项目准备管理；建设工程项目的施工管理；建设工程项目的竣工验收与试运行阶段的管理；建设工程项目的文档管理；建设工程项目后评价管理；建设工程项目信息管理；建设工程项目风险管理；建设工程项目的其他管理，如组织、计划、统计和审计。

2.2.2　项目管理的工作特点

与其他管理方式相比，项目管理有许多特点，表现为以下几个方面：

(1) 项目管理具有独特性和创新性。因为项目的唯一性和独特性，决定了每实施一个项目都要具有一定的创新性。项目管理必须承担风险、勇于探索、发挥创造力才能成功，这也是它与一般重复性管理的主要区别。泰州市金融服务区建筑群工程项目 20 幢高楼共享一个超大面积的地下室，且有 2 幢超高层建筑，设计具有独特性，施工过程中应用了许多创新技术。

(2) 项目管理具有复杂性。项目一般由多个部分组成，工作跨越多个部门或机构，需要运用多种学科的知识来解决问题；项目工作通常没有或很少有可以借鉴的经验；项目实施中有很多不确定性因素和风险；项目团队往往由来自不同组织、具有不同背景和经验的人员组成，管理上难度较大等。这些因素都决定了项目管理是一项复杂的工作。泰州市金融服务区建筑群工程项目，由于其建筑面积大，功能复杂，因此设计单位多达 17 家，施工总承包单位划分了 3 个大的标段，各类分包单位 20 多家，其管理难度显著增大。

(3) 项目管理的整体性。项目是为实现特定目标而展开的多项任务的集合，是一系列的活动或过程。项目管理追求整体目标的整体优化，而不是某个活动或过程的优化，即项目没有局部最优(Sub-optimization)，只有整体最优(Global-optimization)。

(4) 项目管理需要更多协调与沟通。项目的复杂性随着范围不同而变化很大。项目越大越复杂，所涉及的学科、技术、知识和技能等要求也越高。同时，在项目进行过程中，冲突是一种常态，在整个项目的生命周期中，存在各种各样的冲突，如范围、时间、成本和质量的冲突，不同项目利益相关者的需求和期望的冲突，项目经理必须对这些冲突迅速做出反应。缺乏良好组织协调和沟通的项目管理根本不可能成功。

(5) 项目管理的集成性。项目的复杂性和整体性的特点决定了项目管理中不能孤立地开展项目各个专项或专业的独立管理。项目的复杂性和整体性主要体现在以下几个方面：项目管理中的不同知识领域的活动相互关联和集成；项目工作和组织的日常工作相互关联和集成；项目管理活动和项目具体活动相互关联和集成；项目范围、时间、成本、质量、风险和采购等各个专项管理相互关联和集成等。

2.2.3 项目管理的工作难点

"建筑工程项目管理"概念：工程建设者运用系统工程的观点、理论和方法，对工程建设全过程、全方位的管理，实现生产要素在工程项目上的优化配置，为业主提供优质产品。建筑工程项目的管理是一个系统工程，它包括风险、投资、合同、进度、质量和人员等多方面的工作，涉及设计、监理、施工、设备、物资及运营等部门和单位。它的特点是其内容涵盖了整个建筑工程项目的所有阶段、所有部门和所有细节，并且有明确的固定的目标，随着建筑工程的开始而开始，随着建筑工程的完工而暂告段落。

图 2-4 泰州市金融服务区整体地下室的"超大"深基坑

泰州市金融服务区建筑群工程项目整体地下室的基坑(图 2-4)，总面积达到 12 万米^2，约为 600 米×200 米×12 米，业内号称"华东第一坑"，在施工现场挖到－12 米标高处发现了黏土层(不透水层)，从而增加了施工难度。另外，超高层建筑的钢结构施工也是该项目的难点。

建筑工程项目管理包含了方方面面，其中最重要的是以下几个方面。

1) 安全管理

安全管理是建筑工程项目中必须要注意的重要一点。其他方面管理不到位，可能会引起经济损失，而安全管理不到位，很有可能会造成人员伤亡。必须贯彻预防为主的方针，坚持安全管理的目的性。安全管理重点分为六方面：建立和完善安全生产责任制、编制专项安全施工组织设计、专职安全员认真履行其岗位职责、加强安全人员教育、做好安全技术交底工作、认真落实安全检查制度。

(1) 建立和完善安全生产责任制

根据"管生产必须管安全"和"谁主管，谁负责"的安全管理原则，施工现场要建立以项目经理为首的安全生产管理机构，建立项目安全管理目标，并将目标分解到项目各成员，明确项目各管理人员、班组各成员的安全管理职责，并用制度固定下来，把安全与生产从组织领导上统一起来，形成一个较为严密的管理体系。

实行目标管理，严格考核和奖惩。仅有制度没有措施不行，必须坚持安全责任与经济责任挂钩二者统一的原则，实行目标管理，严格考核，严格奖惩。把治理安全隐患、监控危险源，预防和控制各类事故的发生作为考核安全责任制。

(2) 编制专项安全施工组织设计

根据拟建工程规模、结构特点要求和在对原始资料调查分析的基础上，编制一份能切实指导工程全部施工活动的施工组织设计。施工单位应根据项目施工的特点，对施工现场易发生重大事故的部位、环节进行重点监控，制订项目施工生产事故的应急救援预案。建立应急救援组织或者应急救援人员。配备救援器材、设备，并定期组织演练。

(3) 专职安全员认真履行其岗位职责

项目专职安全员负责对安全生产进行现场监督检查，及时制止违章指挥、违章操作行为，发现事故隐患及时向项目经理及安全监督管理机构报告。

(4) 加强安全人员教育

项目部在配合公司做好工人的二级安全教育的同时，必须将安全教育贯穿于施工的全过程。对于一些非常重要的安全常识，必须年年讲、月月讲、天天讲，以提高工人的安全意识，使其在工作中做到既不伤害自己，也不伤害别人，也不被人伤害。

(5) 做好安全技术交底工作

安全技术交底是一项技术性很强的工作，对保证施工安全十分重要。施工作业人员操作前，专职安全员要以书面形式和清楚、简洁的方法，对施工全体人员进行安全技术交底，双方签字认可。安全技术交底应分不同工种、不同施工对象，或是分阶段、分部分项、分工种进行。安全技术交底的内容包括施工中的特殊问题和危险部位所应采取的安全技术措施。总之，安全技术交底应及时、细致、切合现场实际，做到有的放矢。

(6) 认真落实安全检查制度

定时定期进行安全生产情况检查。安全检查形式分经常性、定期制度性、突击性、专业性和季节性等形式。对检查中发现的事故隐患要做到“定人、定时间、定措施”，整改完毕须及时组织人员复检。为了确保今后不再出现类似事故隐患，项目部还应对检查中发现的重大事故隐患，按“四不放过”原则处罚相关责任人。

2) 质量管理

质量是建筑施工企业的命脉，因此加强建筑工程项目的质量管理工作极其重要，必须将质量管理活动贯穿到生产的各个环节和过程中。质量管理工作总体上包括事前控制、事中管理和事后自检三部分。

(1) 事前控制

建立质量保证体系：明确项目施工要达成的质量总目标，向各部分明晰其各自的职能与目标，分工明确，责任到人；设工程项目管理规程、标准和文件等依据；建立工程质量控制程序；明确奖罚体系及其他操作流程规范。要求各部门各施工参与者树立质量意识，树立高度责任心，确保施工质量。

(2) 事中管理

建筑工程项目的质量计划，在施工过程中必须严格遵守执行，积极对待施工过程中的每一道工序。把影响工序质量的因素都纳入管理状态中，建立细化的质量管理点，及时检查和审核质量统计资料和质量控制图表；建立有必要的内部监督和外部监督，对施工活动进行时刻检查；对人工操作严格要求，施工活动必须按照流程和规范进行；在原材料的购置和运输上加强管理，确保原材料的质量和运输过程的顺畅；在相关机械设备使用上，应严格按照操作规范和工序顺序，防止机械使用不当出现各种质量问题。

(3) 事后自检

施工单位应按国家有关的质量评定标准和办法，对完成的分项、分部工程和单位工程进行自检，发现问题应及时给予解决，绝不能搪塞或掩盖。只有内部通过验收再交给有关单位验收，才能保证一次验收通过，并提高整体的建设工程质量。

3) 成本管理

成本管理是施工项目质量的综合反映，是增加企业利润、扩大社会积累的最主要途径，是推行项目经理责任制的动力。因此，在保证质量的前提下，应当做好成本管理工作。成本管理工作可以分为：

(1) 成本预算

预算员根据现实条件，在对影响工程项目施工的各种因素、当前技术和经济条件以及外界变化和可能采取的管理措施做充分分析的基础上，运用专门的方法，对工程项目施工成本目标进行测算、分析和判断，并对其发展趋势及可能达到的水平作出分析判断。由于建筑施工周期较长，还需增强市场敏感度，要能预估到各种成本的市场价格波动变化。

(2) 成本控制

成本控制应是全员、全过程的控制。而成本控制中心人物就是项目经理。项目经理应根据确定的成本预算总额分解到各职工作业班组，各施工作业班组应做好施工日志记录，真实反映每一工日、每一工序的成本，并定期与项目经理下达的成本计划进行分析比较，确定成本费用差异，分析成本费用脱离实际目标的程序和性质，确定造成成本费用差异的原因和责任归属，并采取相应措施进行调整，消除成本费用差异，防止成本失控。

(3) 成本管理体系建设

建立成本管理体系，并严格按照管理体系执行，减少因为各种主观原因造成的成本失控。将成本分解到各作业班组，逐级负责，落实目标成本确定的责任制。

4) 进度管理

建筑工程项目都是有一定期限的，超过这个施工期限就会造成成本的大幅增加和其他一些不必要的问题。因此做好进度管理工作，不仅是外部的要求，也对建筑企业本身有利。进度管理中两个最实际的过程为：

(1) 进度计划

在制订工程进度计划时要有一定的预见性和前瞻性。编制进度计划时，要根据计划配置人数、机械设备和周转材料，使投入的人力、设备、周转材料并综合考虑影响施工进度的因素，以确保工程进度。同时，为了确保总工期目标，必须实行分段控制，根据总进度计划制订月计划、周计划，用周计划保月计划，用月计划保总计划。制订计划时一定要留有余地。

（2）跟踪调整

在施工过程中，应特别注意施工进度计划的实施、检查、分析调整等。在对项目进度的跟踪中，对实施情况不断进行跟踪检查，收集有关实际进度的信息，比较和分析实际进度与计划进度的偏差，找出偏差产生的原因和解决办法，确定调整措施，对原进度计划修改后再予以实施。随后继续检查、分析、修正；再检查、分析、修正……，直至项目最终完成。

2.3　项目组织管理

工程项目的建设过程，绝大多数存在于一个非常复杂的环境之中，而并非是孤立存在的单体。在建设过程中，会产生许多项目管理班子与企业部门、项目经理、设计方或施工方等的交界面，这就决定了项目在建设过程中必须要进行有效组织。

组织包含两层含义。第一层指各生产要素相结合的形式和制度。通常，前者表现为组织结构，后者表现为组织的工作规则。组织结构一般又称为组织形式，反映了生产要素相结合的结构形式，即管理活动中各种职能的横向分工和层次划分。组织结构运行的规则和各种管理职能分工的规则即是工作制度。第二层指管理的一种重要职能，即指通过一定权力体系或影响力，为达到某种工作的目标，对所需要的一切资源（生产要素）进行合理配置的过程。它实质上是一种管理行为。

2.3.1　建筑工程项目管理组织设置的原则

（1）目的性原则

从“一切为了确保建筑工程项目目标实现”这一根本目的出发，因目标而设事，因事而设人、设机构、分层次，因事而定岗定责，因责而授权。如果离开项目目标，或者违背了这种客观规律，组织机构设置就会走偏方向。

（2）管理跨度原则

适当的管理跨度，加上适当的层次划分和适当的授权，是建立高效率组织的基本条件。因为，领导是以良好的沟通为前提的。只有命令而没有良好的双向沟通不可能实施有效的领导，而良好的双向沟通只能在有限的范围内进行。因此，对于建筑工程项目管理组织来说，一要限制管理跨度，二要适当划分层次，即限制纵向领导深度，这样使每一级领导都保持适当的领导幅度，以便集中精力在职责范围内实施有效的领导。

（3）系统化管理原则

这是由项目自身的系统性所决定的。项目是个由众多子系统组成的有机整体，这就要求项目管理组织也必须是个完整的组织结构系统，否则就会出现组织和项目之间不匹配、不协调。因此，建筑工程项目管理组织机构设置伊始，就应根据项目管理的需要把职责划分、授权范围、人员配备加以统筹考虑。

（4）精简原则

建筑工程项目管理组织在保证履行必要职能的前提下，应尽量简化机构。“不用多余的人”“一专多能”是建筑工程项目管理组织人员配备的原则，特别是要从严控制二、三线人员，以便提高效率、降低人工费用。

当然，精简应适度。怎样掌握这个“度”呢？国内一些建筑企业曾做过某种探索。例如，上海第一建筑工程公司对项目管理班子规模的定量规定是：项目每聘用 1 名管理人员，全年按完成 3 000 米^2 竣工面积和 42 万元咨询费工作量考核。《北京市建设工程施工项目管理试行办法》规定，项目管理班子人数“一般不少于现场施工人员总数的 5%”。

（5）类型适应原则

建筑工程项目管理组织有多种类型，分别适应于规模、地域、工艺技术等各不相同的工程项目。对每个工程应当在正确分析工程特点的基础上选择适当的类型，设置相应的项目管理组织。

2.3.2 建筑工程项目管理组织的形式

承包商承接到建筑工程项目后，要根据项目的特定条件和承包企业的具体情况，聘请项目经理，组建项目管理机构。本章不具体讨论组织结构的四种基本形式，即直线式、职能式、直线职能式和矩阵式，仅从承包企业组织与项目管理组织间的关系阐明承包企业的项目管理组织的三种形式。

（1）部门控制式

这种组织方式在不打乱企业现行建制的条件下，把项目委托给企业下属某一部门或施工队单独组织项目实施。这种项目管理组织方式适用于小型简单项目，如简单的管道工程、土方开挖工程等。这种项目管理组织方式具有职责单一、明确、关系简单，便于协调。

（2）混合工程队式

这是以承包项目为对象来组织项目承包队伍的形式，企业职能部门和下属施工单位处于服从地位。首先由公司任命项目经理，在公司的支持下由项目经理负责从公司有关部门抽调或招聘得力的人员组成项目管理班子，然后按项目需要抽调施工队伍，组成混合工程队，它是一个相对独立的经济实体。在工程承包施工期间所有该项目管理人员和施工队伍脱离与原单位的领导关系，原单位的负责人只负责业务指导，不得随意调回人员或干预其工作。承包项目完工后，这些人员方可回到原所在单位。

混合工程队项目管理组织方式适用于大型项目和工期紧迫的项目，或者要求多工种、多部门密切配合的项目。

（3）矩阵式组织形式

矩阵式组织形式把企业职能原则和项目对象原则结合起来，形成了一种纵向企业职能机构和横向项目机构相互交叉的“矩阵”式组织形式（图 2-5），解决了以实现企业目标为宗旨的长期稳定的企业组织专业分工与具有较强综合性和临时性的一次性项目组织的矛盾。

在矩阵组织中，企业的永久性专业职能部门和临时性项目管理组织交互起作用。纵向，职能部门负责人对各项目中的本专业人员负有组织调配、业务指导和管理考察的责任；横向，项目经理对参加该项目的各种专业人才负有领导责任，并按项目实施的要求把它们有效地组织协调起来，为实现项目目标共同配合工作。

矩阵式项目组织适用于同时承担多个项目的企业，大型复杂项目和对人工利用率要求高的项目。

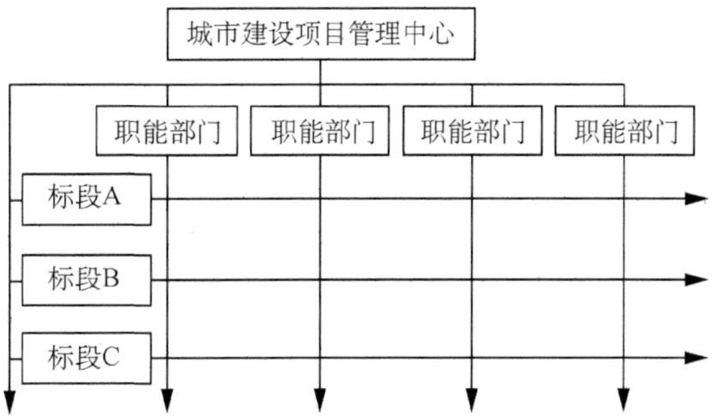

图 2-5　“矩阵”式组织形式

2.4　进度管理

2.4.1　进度控制计划的确定

项目进度计划是表达项目中各项工作的开展顺序、开始和完成时间以及相互衔接关系的计划。进度计划是进度控制和管理的依据。制订进度计划的目的是控制项目工期。筹建办根据项目建设期间的所有项目管理任务，并根据项目实际进展情况逐层分解，分别编制项目子系统进度规划和项目子系统中的单项工程进度计划等，逐层确定项目工程进度目标，由不同深度的计划构成进度计划系统。高层次计划是低层次计划的指导和依据，低层次计划是高层次计划的细化和支撑，低层次计划必须保证高层次计划的实现。如图 2-6 和表 2-4 所示，泰州市金融服务区项目根据进度控制的分级管理、层层控制的指导思想，其中工程管理计划分为 4 级，项目实施计划分为 5 级。

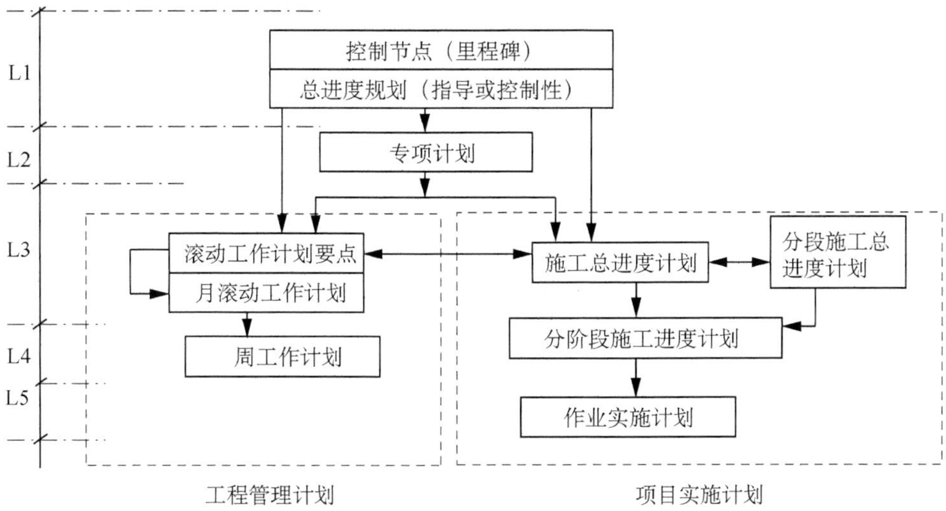

图 2-6　构建分级的进度计划

表 2-4 进度计划的分级及要求

级别	计划名称	深度要求	编制	审查	审批
L1	控制节点(里程碑)	各阶段控制节点	管理部	项目中心	住建局
	总进度规划(指导性或控制性)	明确各阶段及分部工程完成时间	管理部	项目中心	住建局
L2	专项计划	包含招标、采购计划和设计出图计划	招投标单位设计院	管理部 管理单位	项目中心
L3	工程管理月度工作计划	能指导日常工作,具有可检查性	管理部	管理部	项目中心
	施工总进度计划	明确分项工程施工开展计划	总承包单位	管理部 监理单位	项目中心
L4	工程管理周工作计划	各单位按要求规定单编	管理单位汇编	—	—
	分阶段滚动施工进度计划	按年、季度、月滚动编制	总承包单位分包单位	管理部 管理部 监理单位	项目中心
L5	作业实施计划	由总包单位和分包单位按要求规定	施工单位	监理单位 总承包单位	—

2.4.2 进度计划的检查与调整

在进度计划的执行过程中,由于资源、环境、自然条件等因素的影响,往往会造成实际进度与计划进度产生偏差,如果不能及时纠正,将会影响到项目进度目标的实现。

建设项目是在动态条件下实施的,因此项目进度控制也就必须是一个动态的管理过程。筹建办运用动态控制原则控制进度,使得进度计划的编制、执行、跟踪检查、比较分析和调整过程形成一个动态的循环系统。在进度动态控制中,进度计划的动态调整是关键,在调整进度计划时应注意各层次的计划协同调整。

(1) 按照进度控制的要求,收集实际工程进度信息。定期收集反映工程实际进度的有关数据,收集的数据应当全面、真实、可靠,不完整或不正确的进度数据将导致判断不准确或决策失误。

(2) 定期对工程进度的计划目标和实际进展进行比较。进度的控制周期应视项目的规模和特点而定,一般的项目控制周期为一个月,对于重要的项目,控制周期可定为一旬或一周等。比较工程进度的计划和实际值时应注意,其对应的工程内容应一致。将实际进度数据与计划进度数据进行比较,可以确定工程项目实际执行状况与计划目标之间的差距。为了直观反映实际进度偏差,通常采用横道图或表格进行实际进度与计划进度的对比分析,从而得出实际进度比计划进度超前、滞后还是一致的结论。

(3) 一旦发现进度的偏差,分析产生偏差的主要原因,采取相应的措施纠偏。

在项目进度监测过程中,一旦发现实际进度偏离计划进度,必须认真分析产生偏差的原因及其对后续工作和总工期的影响，并采取合理的调整措施，确保进度目标的实现。具体过程如下：出现进度偏差→分析产生偏差的原因→分析偏差对后续工作和工期的影响→确定影响后续工作和工期的限制条件→采取进度调整措施→形成调整的进度计划→采取相应的经济、组织、合同措施→实施调整后的进度计划→进度持续监测。

(4) 如有必要(即发现原定的工程进度目标不合理，或原定的工程进度目标无法实现等)，则调整工程进度目标。

2.4.3　进度管理的具体措施

在整个金融服务区建设项目中，项目管理部对进度控制的任务是控制整个项目实施阶段的进度，包括控制建设准备阶段、施工阶段及竣工阶段等工作进度。在这些阶段，筹建办的进度管理主要工作内容如下。

1) 建设准备阶段

(1) 根据建设项目决策时确定的建设项目工期总目标，审核建设项目总进度计划。

(2) 审核里程碑控制进度计划。

(3) 审核准备阶段详细工作计划并控制其执行。

(4) 制订招标进度计划并控制其执行。

2) 施工阶段

(1) 监督施工单位科学管理，制订合理的进度计划，制订合理的网络控制计划，每月向金融服务区汇报项目进展情况。复核总分包单位分别编制的各项单体工程施工进度计划之间是否相协调，专业分工与计划衔接是否明确合理。

(2) 资金供应满足进度需要的安排。

(3) 复核施工组织设计及关键施工路线的进度安排，并提出合理建议。

(4) 督促施工单位在冬、雨季施工前编制详细的雨季施工方案，做好事先准备和预防措施，并对材料和特殊设备进行妥善保管。

(5) 组织相关人员全面检查施工现场的准备工作，做好基坑临时排水设施、临电设施、机械设备等准备工作。检查施工现场的排水设施，疏通各种排水渠道，清理排水口，保证雨天排水畅通。

(6) 会同施工监理监督施工单位根据结构施工位置划分不同的施工流水段，合理安排劳动力，实现立体交叉施工。

(7) 要求施工单位定期更新进度计划。施工单位根据工程进展的实际情况，按合同要求定期编制更新进度计划。更新进度计划，就是以经施工监理审查、统一的施工总进度为基础，以报告日为截止日期，将现场的实际情况反映在施工总进度上的进度计划。它能动态地反映施工进度情况，能预测今后实施中的可能趋势。这种定期更新的进度计划，经同意和确认后可作为记录进度，并将成为这段时间的进度评价，也是工期延误评价的基础。

(8) 工期延误处理。分析工期延误的原因和责任，若为施工单位原因，责令其采取一切措施保证工程按原进度计划完工。若为非施工单位原因并导致关键节点延误，将会同金融服务区、施工监理及施工单位共同协商调整进度计划。

3）竣工阶段

（1）审核各项竣工验收工作详细进度计划并控制其执行。

（2）审核建设项目交付运行管理进度计划并控制其执行。

在泰州市金融服务区项目建设各阶段，项目管理部依据 PDCA 的流程（图 2-7）执行工程管理计划。

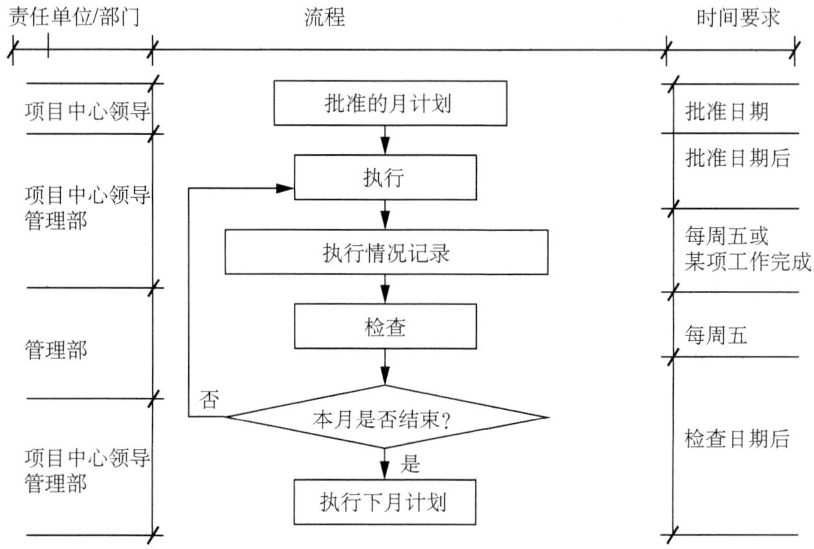

图 2-7　工程管理计划的执行流程

2.4.4　项目进度管理的关键点

1）报批进度管理

金融服务区建设项目的报批内容比一般公共建筑多，前期报批工作的推进不利，会对总工期造成较大影响。筹建办通过制订合理的报批工作计划，梳理所有报批工作内容，了解每项报批工作的对口审批部门、联系人、审批期限及前置条件等事项，按照建设程序编制报批进度计划。

按常规速度，金融服务区建设项目的前期工作申报时间约为 1～2 年，筹建办在前期申报过程中先后向市规划局、消防局、水务局、交运局、供电局、电信局、燃气公司、抗震办、环保局、防雷办、卫监所、疾控中心、市政部门、民防办、绿化局、交警总队、地铁运行公司和招标办等多个部门请示汇报、联系协调以及申请批复，使项目扎实推进，如期开工。

2）设计进度管理

设计进度是工程进度滞后的影响因素之一，充分了解金融服务区的建设需求及功能要求，编制科学的设计进度计划和出图时间是实现工程总进度计划的重要保证。

在设计过程中，首先需要与金融服务区充分沟通，了解金融服务区的功能需求和定位，并协助金融服务区提出需求，帮助设计单位开展设计工作，加快设计进度，减少后期因金融服务区方的需求问题引起的设计变更。

同时，金融服务区项目的设计包含方案设计、初步设计、施工图设计，人防、基坑围护、智能化楼宇、室内二次装饰、幕墙及景观等专业设计，供水、供电、燃气等配套设计。项目管理方需要提前规划各项设计的启动时间、设计周期以及出图时间等，编制设计进度计划，避免设计漏项和设计滞后，保证总进度计划节点目标的实现。

根据金融服务区建设项目的特点，在初步设计时对专项设计的要求进行整合，在总平面图上体现液氧站、污水处理站的位置，功能上要考虑设备机房、专用管道井等。地下人防和基坑围护设计统一由设计单位进行管理，与主体工程施工图设计同步进行、同步完成，便于施工总承包招标时纳入其招标范围。

此外，智能化设计在地下室结构开始施工前就要完成，便于管线的预埋。幕墙、钢结构设计在地下室结构完成之前完成，便于主体结构施工时预埋件的实施。由于室内二次装修设计的周期很长（功能调研周期长、效果确定周期长、定材定质周期长），应尽早开展该项设计工作。例如，某改扩建工程已完成结构封顶，但二次装修招标由于现阶段缺少图纸，无法启动招标工作，虽相关单位正在补救，但显然已影响到工程进度。

3）招标进度管理

金融服务区项目的招标进度是关系到总控进度能否实现的关键因素，金融服务区项目的招标内容包括服务类、设备类、施工类等共几十项招标内容，为减少招标的盲目性和随意性，根据总控进度计划和招标采购规划结合当地招投标流程所需时间编制招标计划，以指导招标工作开展，避免因招标问题影响工程总体进展。

招标采购计划的编制要与工程总进度计划相结合，根据总进度计划中的各专业施工进场时间推算合理的单项招标启动时间，往往需要 3～5 轮反复的论证过程。

筹建办对部分影响后续施工的招标内容进行提前招标。在施工图出图阶段，为了确保桩位图的准确性，提前对项目污水处理站、电梯、锅炉等进行公开招标。特别是污水处理站的提前招标，为进行深化设计、减少地下室结构的改动及后续的施工创造了极为有利的条件。较早地确定政府采购的电梯、冷冻机、锅炉等的技术参数，为设计施工一次完成提供了条件。在总包进场后对玻璃幕墙、弱电等专业分包提前招标，避免施工滞后、设计变更导致资金浪费。

4）施工阶段进度管理

施工阶段的进度管理是全过程中进度管理的难点，筹建办需要考虑的事项及协调的参建方较多，在该过程中对以下四个方面作重点考虑。

（1）金融服务区项目专业分包多，将专业分包的进度纳入总包进度计划体系，各项工作配合开展。筹建办参加总包对分包的专题会议，要求总包及专业分包单位对照计划，列出每周计划完成工作量、实际完成工作量、未完成原因分析、赶工措施及需要协调的事项，确保在计划内完成各项任务，一旦工期延误，及时与项目经理、总包公司领导层、重大办沟通，采取相关措施，使工期落实在可控范围内。

(2) 材料进场不及时，会造成工程延误。筹建办要求订货方提前确定送货时间，供应商严格按计划时间送货到现场，供应时间准确。

(3) 金融服务区工程有大量的金融设备，对结构、进场路线、吊装口及装修等均有特殊要求。筹建办根据施工进度计划编制金融设备的预留预埋计划和进场计划。

(4) 筹建办定期检查施工现场进度的实际完成情况，在上、下道工序交接过程中及时组织人员对上道工序进行验收，保证下道工序的正常施工，促进施工进度及时完成，同时及时提醒总包单位施工进度滞后的工序，督促其采取有效措施抢回拖延的工期。

2.5 质量管理

2.5.1 各参建单位质量管理的职责和义务

规范好各参建单位对金融服务区建筑群质量管理的职责和义务，主要包括业主方(代甲方)、工程勘察单位、工程设计单位、工程监理单位、招标代理单位、施工单位和设备/材料供应单位的管理要求。

1) 业主(代甲方)的质量责任和义务

(1) 严格按照建设工程程序办事，办理好报批报建手续，确保工程实施。

(2) 通过招投标委托具有相应资质等级和业绩的单位参与项目建设。

(3) 提供与建设工程有关的原始资料和要求。原始资料必须真实、准确、齐全。

(4) 对未经审查批准的施工图设计文件，不得使用。

(5) 按专业配备相应的质量管理人员，对工程实行监督管理。

(6) 对甲供设备、材料应当保证符合设计文件要求。

(7) 按国家已公布的各专业竣工验收规范进行竣工验收，并按竣工备案要求向质量监督站申办竣工备案。

(8) 建立、健全建设项目档案，竣工验收后，向档案馆移交建设项目档案。

(9) 代甲方承担项目管理职能时，在设计阶段还应进行如下工作：审核设计各阶段的图纸、技术说明等设计文件是否符合业主要求、国家有关设计规范、有关设计质量要求和标准，并提出修改意见；参与设备材料选型，提出咨询报告。

(10) 代甲方承担项目管理职能时，在招标阶段还应进行如下工作：参加招标考察、分析招标文件、招标过程、合同文件中的有关质量条款，并提出咨询意见。

(11) 代甲方承担项目管理职能时，在施工阶段还应进行如下工作：参与对施工单位递交的施工组织设计、质量保证体系的审查，提出咨询意见；在施工过程中，监督抽查工程质量，督促监理方严把工程质量关，对各分部(子分部)、分项工程质量严格管理；对工程质量、安全事故处理提出咨询意见。

2) 工程勘察单位质量责任和义务

(1) 在其资质等级范围内承揽勘察任务，按工程建设强制性标准进行勘察，对其勘察质量负责。

(2) 勘察成果报告反映的工程地质、地形地貌、水文地质状况应评价准确、数据可靠。

(3) 对地基处理、桩基的设计方案提出建议。

3) 工程设计单位质量责任和义务

(1) 在其资质等级范围内承揽工程设计任务。

(2) 按建筑设计规范、工程建设标准强制性进行工程设计，对工程设计质量全面负责。

(3) 安排具有相应资质和水平的设计人员承担设计任务，注册结构工程师应当在结构图纸等设计文件上签字，对结构设计文件负责。

(4) 设计单位根据勘察成果文件和有关的设计标准规范进行设计；把业主单位提出的设计要求以工作联络单作为设计依据，但不得违反法律、法规和国家对工程建设的强制性技术标准；设计文件应当符合建设部批准的设计深度要求，注明合理使用年限，设计文件应标准化、规范化。

(5) 在设计文件中选用的建筑材料、建筑构配件、机电设备及工艺设备，应当详细注明规格、性能等技术指标，其质量要求必须符合国家规定的标准。

(6) 国外工艺设备供应商的设计对其工艺设备(生产线)以合同形式明确由供方负责，并将供方设计参数条件反馈给设计单位确认；网架、钢结构、精装修等深化设计也应反馈给设计院确认。

(7) 除对特殊要求的建筑材料、专用设备、工艺生产线设备等不具备招标条件外，不得指定生产厂和供应商。

(8) 施工图设计文件应当经施工图审图单位审查合格后，才能向施工单位交底、组织图纸会审，并有会审纪要。

(9) 配合招标工作，编制合格的技术规格书。

(10) 派遣具有相应资质、水平和能力的人员担任现场常驻设计代表。

(11) 参与地基、桩基、验槽的地基与基础工程验收，钢结构(网架)的主体工程验收。

(12) 应当参与工程质量事故分析，并对因设计造成的质量事故，提出相应的技术处理方案。

4) 工程监理单位的质量责任和义务

(1) 在其资质等级范围内承揽工程监理业务。

(2) 应当依照法律、法规、技术标准以及工程建设强制性标准、设计文件和建设工程承包合同，在开工前组织施工组织设计(方案)审查和对施工单位质量安全管理体系和保证体系的审查，代表业主单位对施工质量采取旁站、巡视、平行检验实施全过程监理，并对施工质量承担监理责任。

(3) 做好隐蔽工程的检查和验收,做好分项、分部、单位工程质量检验评定报审,对主要工序、重要部位全过程完成情况的见证工作;对建筑材料、构配件会同施工单位按批、按量做好见证取样工作。

(4) 选派的总监理工程师应是注册监理工程师,专业监理工程师、监理员必须持证上岗,总监必须常驻现场。

(5) 未经监理工程师检验签字认可的建筑材料、构配件和设备不得在工程上使用或安装。如已使用或安装,不能进行下道工序的施工。

(6) 按照建设工程监理规范的规定进行施工和保修阶段监理,编制监理规划及监理实施细则。

(7) 每月按时向业主单位上报监理月报,对施工单位桩基、基础、主体、钢结构(网架)、精装饰(幕墙)和竣工验收的评估报告及时上报业主单位。

(8) 做好竣工资料的收集和整理工作,提交监理资料,检查施工单位竣工验收资料,协助完成竣工备案验收工作。

(9) 竣工验收时应做好监理工作总结。

5) 招标代理单位质量责任和义务

(1) 严格履行招标委托合同,维护业主权益,做好全过程服务。

(2) 组建一个招标业务经验丰富、商务及法律专业人员齐全的、稳定的招标项目组。

(3) 协助完成商务标、技术标书的采集、编制,为业主提供优质的服务。

(4) 对招投入围企业的业绩、信誉等提出建设性意见。

(5) 在设备、材料单位招标时,对型号、规格等技术要求应反复核实设计文件和同建设单位专业人员确认。

(6) 协助建设单位做好与相关审批部门和进出口部门的审批及衔接工作。

6) 施工单位的质量责任和义务

(1) 在其资质等级范围内承揽施工任务,对本单位施工的质量负责。

(2) 按 ISO 9000 质量安全管理体系要求建立质量安全责任制,总承包单位的项目经理应具有一级项目经理证书;主承包单位、主要分包单位的项目经理亦应具有一级项目经理证书;总承包单位项目主任工程师应具有高级职称;主承包单位、分包单位项目工程师应具有中级及以上职称,施工管理人员(含质量监督员)须持证上岗。

(3) 总(主)承包单位对分包单位质量全面负责。

(4) 按照工程设计图纸和施工规范标准施工,不得擅自修改工程设计、不得偷工减料;在施工过程中发现设计文件和图纸差错的应当及时提出意见和建议,并在收到设计修改通知单后再继续施工。

(5) 对自行采购的建筑材料、建筑构配件、设备和混凝土试块、试件应进行检验,会同监理见证员现场取样委托具有相应资质的社会质量检测单位检验,做好书面记录,施工单位送样员和监理单位见证员签字；未经检验或者检验不合格的，不得使用；施工现场设置标准养护室，使用的计量装置在年检期限内。

（6）建立、健全施工质量的检验制度，严格工序管理，做好隐蔽工程的检查和记录。隐蔽工程在监理工程师检查后，基础钢筋、吊顶封顶施工单位应及时、真实、完整整理工程质量保证资料和隐蔽工程资料（与工程进度同步要求）。

（7）竣工交付使用签署工程质量保修书，在保修范围和期限内履行保修义务，并对造成的损失承担赔偿责任。

（8）整理技术档案和竣工图移交（分包单位向总承包单位移交）建设单位。

（9）对职工进行教育培训和安全培训，未经教育培训或者考核不合格的人员，不得上岗作业，特殊工种持有有效期内的上岗证。

7）设备/材料供应单位的质量责任和义务

（1）对其生产或供应的产品质量负责。

（2）应签订购销合同，并按合同条款进行质量验收。

（3）具备相应的资质、生产条件、技术装备和质量保证体系，具有必要的检测人员和设备，把好产品看样、订货、储存、运输和核验的质量关。

（4）产品质量应符合以下要求：符合国家和行业现行有关技术标准规定的合格标准和设计要求；符合在国家和行业现行有关技术标准规定的设备或其包装上注明采用标准、说明、实物样品等方式表明的质量状况；有产品检验合格证；设备应有产品说明书，电气设备还应附有线路图；实施生产许可证或使用产品质量认证标志的产品，应有许可证或质量认证的编号、批准日期和有效期限。

2.5.2　质量创优的控制技术要点

质量控制要从结构工程安全可靠、装饰工程美观协调、安装工程安全适用、资料管理完整真实四个方面进行控制。

1）结构工程安全可靠

（1）使用合格的材料、构配件、设备，并在施工过程中严格控制，确保正确使用，保证工程的总体强度满足设计要求。

（2）控制结构的平面和空间体系符合设计要求，保证达到结构设计的结构整体稳定性符合设计意图。

（3）严格控制结构的轴线、标高，确保结构的位置正确，保证结构的使用空间，保证使用功能符合设计意图。

（4）严格控制构件的几何尺寸，使结构强度和自重得到控制，为装饰创造良好条件。

2）装饰工程美观协调

（1）完善装饰装修设计，进行多方案比较，从尺度、对称、对比、色差及环境等方面优化设计方案，提高装饰的完整性、协调性。

(2) 采购选择合格的、环保的装饰材料，严格进场检验。使用前进行挑选，充分发挥材料的优良性质来提高装饰效果。

(3) 改进和完善装饰工程的足尺大样和样板工程的工作，达到体现和完善设计的意图和效果。

(4) 注意装修的收尾整理和成品保护，使工程达到安全适用、美观、考究和具有魅力的要求。

3) 安装工程安全适用

(1) 设备管道安装位置、标高正确，固定牢固可靠。

(2) 设备管道安装坡度、强度、严密性、朝向正确合理，保证功能完善、开关方便和使用安全。

(3) 接地、防护设施有效，使用安全标识清晰、检修维护方便；在可能条件下，注意美观协调。

(4) 用资料和数据反映工程质量的水平。

4) 资料管理完整真实可查

(1) 工程资料的可追溯性

"根据记载的标识，追踪实体的历史、应用情况和所处场所的能力。"对于优质工程来讲主要是：原材料、设备的来源和施工（安装）过程形成的资料。应该注意检测、试验报告等资料，责任人须亲笔签字，姓名不可用计算机打印，否则会失去追溯性。

(2) 工程资料的感觉真实性

如有些工程资料的数据不符合实际，不满足规范的要求，有些质量验收（验评）记录未进行验收（验评），人为编造，有的还在执行作废的标准，分项不准或缺失分项验收（验评）记录，采取"后补资料"的做法，这是犯规行为，切不可取。

5) 工程资料的签认和审批

各种工程资料只有经过相应人员的签认或审批才是有效的；施工组织设计、质量计划应经过相关职能部门会签和总工审批，不能只有编制人签字，也未经监理单位和建设单位审核同意；重要的施工方案、作业指导书也应送监理单位确认；各种检验和试验报告签字应齐全，有的只有作者签字，有的虽然有作者、质检员、工长或技术负责人签字，但未经监理或建设单位代表签字，还有的质检员和工长竟是同一个人，此类情况都应避免；工程文件的内容必须真实、准确，与工程实际相符；工程文件应采用耐久性强的书写材料，若有大的修改或者变更部分超过 1/3 图面积的，应重新绘制竣工图。

2.5.3 质量创优的建筑结构细节控制

1) 预制桩施工质量控制

施工前应对成品桩做外观及强度检验，接桩用焊条或半成品硫磺胶泥应有产品合格证书或有关部门检验，硫磺胶泥半成品应每 100 千克做一组试件（三件），重要工程对电焊接桩的接头还应做10%的探伤检查。

2）不能缺少回填土压实系数的检测记录

在压实填土的过程中，应分层取样检验土的干密度和含水量，每50～100米^{2}面积应有一个检验点，根据检验结果求得压实系数。一般系数c取值为0.94～0.97。

3）不能缺少建筑物在施工期间及使用期间的变形观测记录

图纸没有特别要求时，施工人员不进行观测或仅有部分记录；主体结构完成后，人为因素将变形观测点掩盖或损坏导致数据不全；这些不符合规范要求的做法应避免。建筑物必须进行施工和使用期间的变形观测。

4）原材料出厂合格证书及进场检(试)验报告记录

由于这部分资料量大面广，经常出现缺件、报告不规范、复试不按规范规定的数量和批量来做。如钢材、水泥的批量、编号和出厂的质量证明不符，复验报告和进场报告对不上符号，等等，诸类常规的问题必须杜绝。

5）工程观感质量控制细节

工程观感质量中，往往地下室部分不为人们重视，存在一定程度上的墙面、平顶粗糙，还留有明显的跑模、胀模、漏浆的痕迹，水泥砂浆地坪起灰，空鼓开裂，门洞周边不直，楼梯踏步高低不平与上部精良的建筑装修很不匹配。因此现浇结构外观质量不应该有露筋、蜂窝、孔洞、夹渣、疏松、裂缝等严重缺陷存在，在施工中应彻底整改。

6）混凝土及砌筑砂浆的试块强度检测记录

混凝土及砌筑砂浆的试块强度检测记录应齐全，如果对照施工日志进行检查，应保证达到规定批量检测的规定数。采用商品混凝土，只有每月一报表，在工程上无法分清用在结构上的哪个部位，也不便于追溯，这种情况应避免。工程现场的报告不能缺失，混凝土配比单要与每次浇注的混凝土配套，不能一单多次使用。

7）结构混凝土的强度等级必须符合设计要求

用于检查结构混凝土强度的试件，应在混凝土浇筑地点随机抽取，取样与试件留置应符合规范规定；每次取样至少留置一组标准养护试件，同条件养护试件的留置组数应根据实际需要确定；数据统计应规范，不是同一批次的不能在一起进行综合评定。

8）强制性条文规定执行应到位

(1) 建筑物垂直度、标高、全高测量记录中，应具备该工程的整幢建筑的垂直度观测记录；在工程的建造过程中，记录每一层或若干层的相对垂直偏差，以确定该建筑物的垂直度。

(2) 针对屋面工程问题的有关要求：

- 应按照设计要求、规范，尤其是屋面防水应按照地区城市标准设置，不可单单只按设计图纸。
- 现场卷材、涂膜或细石混凝土防水层应防止渗漏和积水。

• 使用的防水、保温隔热材料的产品合格证和性能检测报告不可是复印件或宣传广告资料，应有盖印章且注明原件存放处。

• 找平层表面应平整，不得有疏松、起砂、起皮现象，保温层的厚度、含水率和表面密度、天沟、檐口、泛水、变形缝和伸出屋面管道的防水构造均应符合设计要求。

• 卷材或涂膜防水层的厚度应符合设计要求，无裂纹、皱褶、流淌、鼓泡和翘边露胎体的现象，刚性防水层表面应平整、压光、不起砂、不起皮、不开裂，分格缝应平直、位置正确。

• 嵌缝密封材料应与侧基层粘牢，底部应填放背衬材料，密封部位光滑、平直，不得有开裂、鼓泡、下塌现象，有条件时，外露的密封材料上应设置保护层，其宽度不小于200毫米。

• 室内外平台的临空面栏杆高度不应小于1.05米，高层建筑栏杆高度应再适当提高，但不宜超过1.20米，且离楼面、地面0.10米高度内不应留空。这点常被忽略。

(3) 地下室内不得有渗、潮、霉的现象，水泥砂浆地坪应避免如下情况：分格缝不规范；用切割机事后切割，分格缝缝宽、缝深都不够，离墙、柱边切不到位；室内排水地沟有的倒坡积水，地沟铁篦子盖板破损不全，集水井没有护栏或盖板。

(4) 浴厕间应避免如下情况：地漏套孔不够圆顺，有的不在房间地坪最低处，地面砖套割不美观，只用碎砖或白水泥填补，盥洗台下角钢支架漏刷防锈漆，厕所隔断门单面开铰链等质量通病。

(5) 门窗工程应避免如下情况：小五金安装不够细腻，有油漆污染，缝隙超标，铰链单面开槽，“吃肉少钉”，木夹板门上冒头处，没有钻通气孔，油漆漏做，十分粗糙；铝合金或塑钢门窗，硅胶打注不均匀饱满，不够细腻、美观，有污染，橡胶密封条短缺，泄水孔不规范，玻璃窗窗台低于0.80米时没有采取防护措施，窗台吃框，外窗台比内窗台高等。

(6) 室外装饰应避免如下情况：

• 石材饰面：由于石材背面及四周没有做防水涂层处理，板缝注胶不够饱满、密实，造成返潮泛碱，污染墙面(石材的弯曲强度不应小于8.0兆帕，吸水率应小于0.8%，石材幕墙的铝合金挂件厚度不应小于4.0毫米，不锈钢挂件的厚度不应小于3.0毫米)。有些石材进入施工现场，没有防雨淋措施，造成石材翘曲不平，或被包装的草绳水浸污染，形成墙面色泽不均。石材地面采用湿作业法施工，也应进行防碱背涂处理，面层应洁净、平整，不出现磨痕。作为优质工程，更应图案清晰，色泽一致，接缝均匀，周边顺直，镶嵌正确，杜绝裂缝、掉角、缺棱等缺陷。

• 墙面饰面砖工程，必须事先排列，缝隙均匀，沟缝呈“米”字形。墙面角边接口达到45度镶接，整个墙面不应有半砖，窗口的泛水和滴水均要符合规范要求。

• 门口的门套线及室外平台和踏步，不管采用何种材料，都必须铺贴平整。而实际工程检查中常发现不同程度的问题，如门套边角线接缝不细腻，硅胶打缝不密实，不够光滑平整、美观。

• 墙面和明沟应注意接缝外，有些墙外与绿化连接，常会出现石材(面砖)下端没有用砂浆或细石混凝土封口，工程没有收尾；也有室外散水设置在回填土上，没有与主体结构外墙面断开，没有设置变形缝，有变形缝者嵌缝油膏质量也不佳，雨水管少固定卡，落水口距地面过高，散水坡纵向分格缝超过6米等。

• 玻璃幕墙及金属幕墙工程，缺承建的设计与制作安装企业的资质证和计算书，缺使用的材料质量证明文件及相容性检验证明，结构胶和密封胶的打注欠饱满密实，宽度和厚度也不够规范。特别是隐框、半隐框幕墙所采用的结构粘接材料必须是中性硅酮结构密封胶，必须检查使用的有效期。各项性能应符合建筑用硅酮的要求。

(7) 室内装饰应避免如下情况：

• 石材装饰：在墙面上主要是图案划分不够美观和石材泛色，在地面上存在不平整。局部色差很大。有时为了弥补不平，采用二次打磨方法，造成人为毛糙，光洁度差，地面使用水洗清洁后，形成泛色及水迹的大花脸状况。

• 地砖地面划分不够合理，造成不美观或图形琐碎，不管何种地面，铺地毯的边上踢脚线没有留嵌地毯的槽，这种情况时有产生；大面积的水泥砂浆地面常发现空鼓和裂缝。

• 石膏或木夹板平顶出现细小裂缝，矿棉板平顶受潮吸水后变形；花式吊顶边线不够圆顺；窝档、线角不够顺直；轻钢龙骨吊顶随着时间的推移，多种原因造成不同程度的下坠。

• 一般粉刷墙面，阴阳角不直，涂料粉刷起皮；门窗洞口位置粉刷不挺直、不成方；消防楼梯抹灰不细致、油漆手感质差；不锈钢扶手接口位置粉刷不平顺；粉刷的成品保护欠佳，有交叉污染等现象。

2.5.4 质量创优的机电工程细节控制

1) 给排水、消防工程应避免的情况

(1) 采暖、消防、生活给水管道管件连接后明装的接口处尚能做到外露油麻清根，露出的螺纹进行防腐处理。但安装在吊顶内的管道连接后，既不清除外露的油麻，也不对外露的螺纹进行防腐处理。

(2) 自动喷水灭火系统管道倒坡现象较普遍，尤其是配水管的配水支管。管道的坡度应坡向泄水装置或辅助排水管，并应注意按规范要求设置防晃吊架(见自动喷水灭火系统设计规范、自动喷水系统施工及验收规范)。由于管道倒坡使管内水排不出去，当清洗或更换喷头时，易产生污染。

(3) 消防、燃气管道及硬聚氯乙烯管道穿墙(楼板)应按规定加设套管。在工程检查中，这方面的缺陷与不足较为普遍：有的虽然加了套管，穿越楼板与楼板面齐平或嵌入楼板，有的穿越墙面，比饰面多出20～50毫米，有的没有设套管或预埋套配偏位，干脆用水泥圈(楼面)塑料圈(墙面)护(粘)，掩人耳目，表面上好看，去掉后就露马脚；有的套管比管道只大一个规格，有的大三到五个规格；有的随手方便拿到什么管材就用什么，套管与管道间隙有的用泡沫、油麻堵塞，而不是规范地用阻燃材料齐全地填实。套管的设置若无设计要求时，一般按规定：套管应安装牢固不松动，比管道大两个规格，与管道之间间隙均匀。安装在楼板内的套管，其顶部应高出地面20毫米。用水量较大的地方(如卫生间内)应高出地面50毫米，底面与楼板面平齐，安装在墙壁内的套管，其末端应与饰面平齐，做到美观、整洁。

(4) 消防水泵吸水管阀门采用碟阀:消防水泵和消防水池为独立的两个基础,管道连接时未加柔性连接管。自动喷水系统施工验收规范规定:吸水管上的控制阀“其直径不应小于消防水泵吸水口直径,且不应采用碟阀”,这是因为当水泵开始运转时,管道内的水头冲击较大,碟阀由于水阻力大,受震动等因素可自行关闭或关小,因此不能在吸水管上使用。规范条文规定:“当消防水泵和消防水池位于独立的两个基础上且相互为刚性连接时,吸水管上应加设柔性连接管。”这是由于沉降不均匀,可能造成消防水泵吸水管承受内应力,最终应力加在水泵上将会造成消防泵损坏。在安装消防水泵和管道时应特别注意这个问题。

(5) 气体灭火系统和自动喷水灭火系统管道安装对于公称直径小的一般都采用管件丝接,对于管径较大的,如DN65、DN73、DN89及以上的有采用焊接的,但焊接后只对外表面进行了防腐处理,容易造成喷头堵塞。规范规定:“无缝钢管采用法兰连接时,应在焊接后进行内外镀锌处理。”“已镀锌的无缝钢管不宜采用焊接连接,与选择阀等个别连接部位需用法兰焊接连接时,应对被焊接损坏的镀锌层做防腐处理。”“管网安装、当管子公称直径小于或等于100毫米时应采用螺纹连接;当管子公称直径大于100毫米时,可采用焊接或法兰连接。”并进行防腐处理,但采取焊接连接应进行二次镀锌,规范明确规定:“管径小于或等于100毫米的镀锌钢管应采用螺纹连接,套螺纹时破坏的镀锌层表面及外露的螺纹部分应做防腐处理。”

(6) 采暖管道、消防管道(吊顶内)防腐和保温存在的问题:油漆厚度不均匀,有的工程是在申报鲁班奖整修工程时补刷的,水平管子下部有油漆流淌、结瘤等缺陷,管道保温层表面不平整,圆弧不均匀,外表粗细不一等缺陷,影响观感。有的应做色环圈标识的未做。如,自动喷水灭火系统的配水干管、配水管规范要求做红色或红色环圈标志。

(7) 消防箱进水管孔与管道安装位置不匹配,对消防箱进水管口用氧焊切割扩孔,破坏了消防箱产品。燃气管道安装横不平、竖不直,且没有坡度,室内立管和水平管距离墙、电气开关、插座等太近。有的甚至将管子一半装在墙内,不符合家用燃气燃烧器具安装及验收规程的规定。消防系统的施工与土建施工配合不够认真,造成预留洞口偏差较大,致使实际安装质量不符合规范要求。如,箱式消火栓的安装应符合下列规定:栓口应朝外,并不应安装在门轴侧;栓口中心距地面为1.1米,允许偏差±20毫米;阀门中心距箱侧面为140毫米,距箱后面为100毫米,允许偏差±5毫米;消火栓箱体安装的允许偏差为3毫米。而在工程检查中,相当比例的消火栓安装不符合规范要求。集中表现为:栓口朝向箱体侧面;有的安装在门轴一侧;阀门中心距地面1.40～1.55米之间;阀门中心距箱侧面240毫米左右等。

(8) 规范规定,地下式消防水泵接合器顶部进水口或地下式消火栓的顶部出水口与消防井盖底面距离不得大于400毫米,井内应有足够的操作空间,并设爬梯。检查中发现某地下式消防水泵接合器顶部进水口与消防井盖底面的距离达1.9米,且井内未设置爬梯,这是不符合规范规定的。

(9) 水泵吸水管安装若有倒坡现象则会产生气囊,采用异径水泵吸水口连接,如果是同心异径大小头时,则在吸水管上部有倒坡现象存在,同心异径管大小头上部会存留从水中析出的气体,因此在安装时应注意采用偏心异径大小头连接,且保持吸水管上部平直。

(10) 管道安装前,应对建筑物进行实际测量,绘出施工草图,根据草图进行管道的下料、预制、调直和套丝等，这样可避免管道下料不准，管段中间拼接短管过多，环向焊缝距支架净距、直管管端与相邻环向焊缝的间距及拼接短管长度严重超标的缺陷。如某个工程中，就存在管段中间拼接的短管只有近 30 毫米长，管卡卡在环向焊缝上，在不到 250 毫米长的一截短管上有四条环向焊缝等缺陷。而国家现行规范规定：钢管焊接时，环向焊缝距支架净距不应小于 100 毫米，直管管端相邻环行焊缝的间距不应小于 200 毫米，直线管段中间不应采用长度小于 800 毫米的短管拼接。

(11) 管道支架应按不同的管道正确选择其构造形式，合理布置，埋设平整牢固，成排支架应排列整齐，与管道接触紧密。管道支架在安装前应事先选好，进行预制，统一下料，机械打孔，将飞边毛刺处理干净，统一进行防腐防锈涂漆。这样就避免了支架气焊、电焊开孔、焊缝长度不够，构造形式五花八门、长短不一、油漆漏涂等缺陷。同时管道上的卡环，也根据不同管径统一下料、套丝、煨制，也可避免这方面的质量通病。例如在工程检查中，发现由于管道支架选择不当，造成支架不起作用，使管道变形；管道支架安装间距过大、标高不准，使管道塌腰下沉，特别是支架用气焊、电焊割孔，U 形卡环紧固后，螺纹露出过长(达 50～70 毫米)等现象较为普遍。

(12) 在设备及水泵与管道连接时应注意在进出口处专门设置支架；大口径的阀门和部件处应设支架，不得由设备承受管道、管件的重量；管道井内的立管应合理设置承重支架或支座；在穿墙上返的水平弯管或下返的水平弯管下应加设支架。

(13) 法兰与管道焊接时应注意同心度，也就是法兰应垂直于管子中心，防止柔性接头或法兰受力不均，且影响观感质量。

(14) 有的卫生器具安装后，整体外观不平正，有松动现象，容易引起管道连接零件损坏或漏水。采用的预埋螺栓或膨胀螺栓规格与卫生器具不匹配。卫生器具及给水配件的安装高度无设计要求时，应符合规范规定。地漏应安装在楼地面最低处，其蓖子顶应低于地面 5 毫米，在工程检查中，这一部分缺陷较为普遍，有的低于楼地面 10～40 毫米，有的高出楼地面 10～20 毫米，影响集水效果。

(15) 如下质量通病也需要特别注意。管道穿过吊顶楼地面、墙面的饰面材料套孔极不规矩，管四周的空隙过大或饰面板材破损，用白水泥填塞，极不美观。管道贴墙敷设，影响管后抹灰的平整，或使管道保温材料嵌入墙内。小直径管道的水平与垂直度欠佳，暖气片回水管坡度过大，排水管坡度过小或倒坡。管道吊杆不齐，不顺直，螺纹过短或过长，涂漆不到位，管道转弯或 U 形管处应该设吊杆而未设，个别的小管道直接吊在大管道上。管道支架构造选用不当，多条管道共用一个吊架，仍采用角钢做横担，致吊架塌腰变形，有的同一墙面的同一根管道，什么形式的支架都有，长短不一，里出外进。水平管道只用汽包钩子托位，不予紧固。支架用气焊、电焊割孔、下料、氧化铁不处理，漏涂油漆、焊缝长度不够，只点焊不满焊，有的支架焊接固定在相邻管道上；有的支架间距过大，设置的数量不够；U 形卡环头不套丝，直接焊在支架上或套丝的部分螺纹过长；门式支架支腿做成内八字，穿墙上返或下返的水平弯管均不加设支架。塑料或复合管道架设在角钢支架上，管道卡不用非金属材料进行隔离；管道法兰的连接螺栓过长，在法兰连接紧固后螺栓头部露出螺母 50 毫米，或螺栓朝向不一。两法兰选用不配套,法兰外径及厚度尺寸相差较大;弯管制作弯曲半径超标,截面变形、管壁内侧起皱较多;管道碰头连接短管过短;管道走向十字交叉间距不够,两相交管道管壁紧贴,且排水管在上、给水管在下。管道的保温与防腐施工不细腻,管道焊缝欠美观;管道对口焊接有错口现象;管道介质分色走向标志欠完善;铸铁管的承插口灰浆欠饱满,低于20毫米。多种规格、型号的阀门缺耐压试验报告;管道卡由于未做防腐而锈蚀严重;PVC管不使用专用卡子,卡距过长,未按规范要求做;管道井壁内未粉刷,井内垃圾没有清除干净等。消防喷淋头和烟感器及平顶各种灯具排列位置不合理,不成行、不成线,有死角,不讲求均衡、对称,极不美观,有的甚至紧靠在灯具边或者梁柱边,满足不了使用功能。

2) 通风空调、设备安装工程应避免的情况

(1) 金属风管制作在弯头、三通、四通处常见咬口不紧密,宽度不一致,有半咬口和胀裂等质量缺陷;复合材料风管、玻璃钢风管表面常见不平整,法兰强度不够等质量缺陷。应按规范的规定严格控制弯头、三通、四通的加工制作质量。玻璃钢风管和复合材料风管施工单位应严格按上述规范和行业标准进行进货检验和验收。在工程检查中还发现矩形风管刚度不够,风管大边上下有不同程度的下沉,侧小边向外凸出,明显变形。

(2) 通风管道安装中,风管之间采用角钢法兰连接的,由于制作时没有注意法兰的平整和焊缝的清理,造成连接处四角翘曲不平而漏风。有时法兰螺栓朝向不一致,螺栓不是镀锌的,且未加镀锌钢制垫圈。

(3) 风管保温问题较多,主要是新风机组的新风风管保温层与风管未贴严实或固定不牢固,两者之间产生空隙,长时间运行就会产生凝结水外渗或滴漏。有的工程矩形风管保温钉的排布不规矩,间距不等,保温钉的个数未按规范规定,且由于排布问题使保温层凹凸不平。特别是在使用一段时间后,由于检修关系,弄得保温钉极不整齐。

(4) 一般对风管系统漏风量未进行检测,风管系统的严密程度是反映安装质量的一个重要指标。优质工程应按规范的规定根据系统的不同工作压力,采用漏光法检测对系统进行漏风量测试。

(5) 风管穿过防火墙时未设置预埋管或防护套管,有的甚至将墙体直接作为风管,将墙侧的风管固定在墙上,这是不允许的;有的虽设置了预埋管或防护套管,但强度、刚度不够,塌落在风管上,风管与防护套管之间无法填塞,没采用不燃和对人体无危害的柔性材料。

(6) 防排烟系统的柔性短管没采用不燃材料,柔性短管多数采用帆布制作、外刷油漆或防火漆,也有采用三防布或铝箔玻璃布制作。

(7) 风机盘管供、回水管保温不到位,运行时产生凝结水,污染吊顶;凝水盘安装倒坡度,盘内积水,排水不顺畅,个别工程因排水软管弯折、压扁,使凝结水外溢。

(8) 制冷系统管道焊接组对焊口错边量超出允许的范围,对口件未留间隙或间隙过小,造成未焊透或焊缝堆积过高;焊缝有结瘤、咬边和夹渣等质量缺陷。

(9) 冷冻水供、回水管道、凝结水管道保温接口不严密,缝隙未填实;玻璃丝布做保护层,缠绕松紧不一,搭接不均匀,产生凝结水渗出;管道上安装的阀门与管道保温层成一整体，对阀门未采取单独保温，不便于检修。有的甚至不保温，形成凝水流淌。以薄金属板做保护壳搭接接口不是顺水流方向，而是逆水流方向，并不在侧面下方，个别是在管道弯头处保护壳做成直角，不符合规范要求。

(10) 设备安装方面，常见的是风机或水泵的连接轴处未加防护罩；基础缺减振垫块，由于螺栓固定过紧，未能起到减振的作用，有的螺栓长度不够，螺母上留螺牙太少；支架任意设立，随意性较大，混凝土设备基础因施工一般都十分粗糙，有的被撞坏，缺棱少角，很不美观。

3) 建筑电气、建筑智能化应避免的情况

(1) 优质工程奖的建筑电气和建筑智能化工程特别强调综合布局。应做好二次设计，布局不好不仅影响工程的美观，甚至影响使用功能，而布局得好还可降低工程成本。内在质量必须符合设计和规范要求，必须满足使用功能和使用安全的要求，必须达到：技术先进，性能优良，可靠性、安全性、经济性及舒适性等方面都满足用户的需求。宏观上要做到：布置合理、安装牢固、横平竖直、整齐美观、居中对称、成行成线、外表清洁、油漆光亮、标识清楚。微观上要做到：工艺精湛、做工细腻、精工细作、精雕细刻、细部到位。

(2) 室内插座、开关不在同一标高，大面积室内灯具排列欠整齐，日光灯吊线不平行，或正八字或反八字；电气线槽内的导线铺设较乱，电缆支架不涂刷漆；插座及螺口灯具局部接反，有的插座无地线；电缆软管使用过长，电管入箱盒处缺护口；明配管的间距大于规范规定值；导线分色不符合要求，配电箱、柜内地线有“串”接现象；有的导线接头未烫锡；电气部件被涂料污染；开关、插座周边露有缝隙等。

(3) 接地线的标志不明显，往往有的部分不到位，甚至接地测试记录有数量级差错。屋面避雷带不平直，单面焊接，防腐不良，接头不好，欠美观；沿女儿墙走向任意，高低偏低，没有和建筑物牢固卡接，其间距最大不得超过800毫米，接头搭接长度为6倍的钢筋直径。接地电阻的测试记录也不正确。高度在1.8米以下灯具应接地，各电气金属部分应接地，金属软管要接地，接地绝缘记录和防雷接地、均匀环的隐蔽记录一定要细致、准确、可靠。

(4) 重物吊点、支架设置一定要牢固可靠，没有坠落的可能性，如，大型灯具；吊点埋设隐蔽记录、超载试验记录要齐全。桥架要平直，接缝应严密，接地应良好，连接螺丝不能穿反，跨接线必须大于4平方毫米，进出桥架的管路应跨接地线。电线接线、室外保护管应加水弯或采用金属软管连接，软管要用专用接头。

(5) 配电箱、开关、插座安装标高不正确、面板歪、缝隙大，盒内有垃圾、配线乱、接头不良、表面污染。优质工程要求做到：箱、开关、插座的埋设应符合标准，位置正确，标高一致；箱(盒)口和墙面齐平，并应做油漆防腐，接地跨接，盒内清洁无垃圾。电气管路进入箱盒应垂直，管口应平整无毛刺，锁母应拧紧，露出螺纹应在2～3螺距，并加护套。配电箱、开关、插座、管路和导线不应有污染；接地线的跨线应用D6圆钢，$6D$焊缝长度双面焊；配电箱应做到箱壳平整，表面清洁，箱内配线，应做到横平竖直，绑扎牢固，接线正确，接触良好，黄、绿、红、浅蓝和黄绿双色不得混用。软包装和木装修处的开关、插座、电管一定要到位，电盒一定要平装修表面，线头包扎一定要紧密、牢固，该烫锡的要烫锡，导线不能外露，放火封堵要到位。各种灯具应居中对称，成行成线，标高一致，安装规范，协调美观。

(6) 线槽和桥架的安装位置应符合施工图规定，左右偏差不应超过 50 毫米；水平度每条偏差不应超过 2 毫米，垂直交加及线槽应与地面保持垂直，无倾斜现象，垂直度偏差不应超过 3 毫米，线槽截断处线槽拼接处应平滑无毛刺；金属桥架及线槽节与节间应接触良好、安装牢固，吊架和支架安装亦应保持垂直，整齐牢固，无歪斜现象。质量应符合建筑与建筑群综合布线验收规范。

(7) 暗配的电线管埋入墙内或混凝土内，离表面净距不应小于 15 毫米，直线布管每 30 米处应设置过线盒装置。暗管管口应光滑，并加护口保护，管口伸出部位宜为 25～50 毫米；明配管的弯曲处应无折皱、凹穴和裂缝等现象，弯曲半径应不小于管外径的 6 倍；固定点的距离应均匀管卡与终端、弯中点，弱电设备或接线盒边缘的距离为 150～500 毫米。

(8) 电源线、弱电系统缆线应分隔布放，槽内缆线布放顺直，尽量不交叉，在缆线进出线槽部位，转弯处以及垂直线槽每间隔 1.5 米处均应绑扎牢固。

(9) 机柜、机架安装应牢固，垂直度偏差不应大于 3 毫米，机柜、机架上各种零件不得脱落或碰坏，各种标志应完整、清晰。接地安装检验：直流工作接地电阻，安全保护接地电阻均不大于 4 欧姆；防雷保护接地电阻不大于 10 欧姆；弱电系统的接地和利用建筑物的复合接地体，其接地电阻应小于 1 欧姆。

2.6 投资管理

2.6.1 投资控制实施

1) 项目决策阶段控制内容

编制切实可行的"项目可行性研究报告"，合理确定项目规模、建设标准和建设内容；合理确定项目的投资估算，根据确定的项目规模和建设内容及标准进行投资估算编制工作。投资估算需准确、全面，不漏项，原始数据确切，估算方法适当。

2) 设计阶段控制内容

在方案设计阶段，对投资估算进行分析论证；在初步设计阶段，坚持实事求是，严格控制，分析初设概算编制的正确性、真实性、可行性，要求设计方将批准的初设概算投资按专业切块，按各专业分解进行限额设计，不得随意提高标准和扩大功能，当发现某分部分项工程投资变化较大时要及时向业主方报告；在施工图设计阶段要求设计部门严格按批准的初步设计开展并优化设计。同时应严格管理设计过程，严格控制设计过程中盲目追求高标准或刻意加大结构保险系数而造成造价偏高的情况发生；另外，多角度审核设计图纸，监督施工单位和监理单位要对图纸审核，从施工之前控制减低工程变更的发生。

3) 工程发包及物资采购阶段控制内容

对投资计划值和实际值进行比较，以批准的初设概算作为依据进行招投标和投资控制，对超出概算的分项工程要及时向业主方提出分析报告和处理意见。

4) 工程施工阶段控制内容

加强工程变更的预控和审批管理。严控工程变更时施工阶段费用增加的主要途径。必须重视工程变更的管理，严格工程变更的审批程序，并重点加强工程变更的预防工作，将工程变更控制在合理的范围内；注重索赔预防，严格索赔处理程序。严格预防索赔，并注意做好日常记录，为可能发生的索赔提供证据。

5) 竣工结算阶段控制内容

严格按照合同条款、工程量清单报价计量规定和有关工程量计算规则进行审查，做到审查合理、合规、正确。结算管理的主要工作重点包括：完善相应资料的收集；准确核准工作量；把握材料价差调整；查对资料、核实工程造价等；重点应关注变更减项、重叠项和反索赔内容。

6) 严格控制好“暂定价”

对由于招标条件不具备或有特殊要求的，对招投标报价的“暂定价”部分（大部分是专业分包）严格控制，当在发包或采购时，对投标单位报价应与原“暂定价”进行分析比较（如货比三家、性价比分析等），择优选定中标单位。

2.6.2　项目参与各方在投资控制中的职责

1) 业主方

(1) 为项目管理方提供分阶段投资计划和目标。

(2) 审核由项目管理方等参与方批转的施工验工月报。

(3) 审核由项目管理方等参与方复核后提交的：月进度（合同）用款申请表、工程现场签证单。

(4) 审核项目管理方等参与方复核后提交的项目参与方最终工程结算。

(5) 为项目管理方提供业主方指定材料、设备的资料。

2) 项目管理方

(1) 根据业主方对该项目的投资目标控制和要求，协同业主方对项目参与方的合同和造价的管理，协调和处理施工中发生的各种事件的索赔工作。

(2) 根据现场工程实施情况，编报工程投资情况分析表，对有可能突破和降低投资目标的情况，进行提前的预测和预报，上报业主方决策。

(3) 复核工程监理方、跟踪审计方有关造价（付款）方面的报告。

(4) 协调招标代理方和跟踪审计方的日常工作。

3) 跟踪审计方

(1) 接受业主方的委托（合同），负责土建、安装、内外装修、设备和总体等的全过程审计、审查咨询工作。

(2) 对该项目进行前期投资测控、招投标书审核、施工阶段造价控制、竣工阶段造价控制和竣工结算审计。

(3) 按时编报单位工程的投资控制目标值,以此编报投资月计划和年度计划。

(4) 按照施工合同,按时审核施工方的验工月报,对其中发现的问题提出整改建议。

(5) 及时做好设计变更、工程变更、现场签证的核价,及时做好各种索赔的审核和合同争议的鉴定,并为业主方提供材料、设备采购信息和询价的支持。

(6) 及时核定分阶段完工的分部工程结算。

(7) 根据业主方的要求,办理工程竣工结算,提供整套结算报告及各项费用结算表。

4) 招标代理方

(1) 根据业主方的工期目标和投资测控目标,依法公开、公平、公正地挑选到最佳的投标单位,并及时向业主方相关部门传递招投标成果。

(2) 挑选素质高的足量的经济技术人员,按时编制招标文件、发出招标文件、组织现场踏勘和组织答疑会并印发纪要。

(3) 协调好招标办工作,组织评标委员会专家评标、定标,直至草拟中标单位的合同。

(4) 招标结束后,及时总结并提交工作总结报告和资料归档。

5) 工程监理方

(1) 根据施工总承包方的合同条款审核各单位上报的验工月报和工程款拨付申请表中工程完成情况(进度、质量)。

(2) 协助项目管理方和跟踪审计方对工程变更、工程签证和设计变更进行确认。

(3) 对施工中遇到影响工程造价的情况应及时向项目管理方通报,并提出处理意见。

6) 施工总承包方/分包方

(1) 严格执行招投标文件和合同条款。

(2) 严格按照招标文件中的承诺进行施工成本控制。

(3) 对超出合同范围必须发生的工程费用,承包方在该项目费用发生前,必须向工程监理方、跟踪审计方、项目管理方和业主方申报,经批准后方能实施。

(4) 按时向现场工程监理方、项目管理方和跟踪审计方提交月报和工程拨付款申请资料。

2.6.3 制订合理的工程变更管理办法

1) 工程变更管理原则

(1) 鼓励优化设计、优化施工方案以提高工程质量、缩短工期、节约工程成本,符合国家有关强制性标准及技术规范,符合工程质量和使用功能要求,符合环境保护。

(2) 实行审批制,严禁未经批准或无正当理由自行变更并施工的行为。

(3) 严禁利用工程变更提高设计标准、改变功能、降低安全储备、延长工期、扩大规模和增加工程造价。

(4) 按照不同类型的工程变更,依据合法工作流程进行审批(图 2-8)。

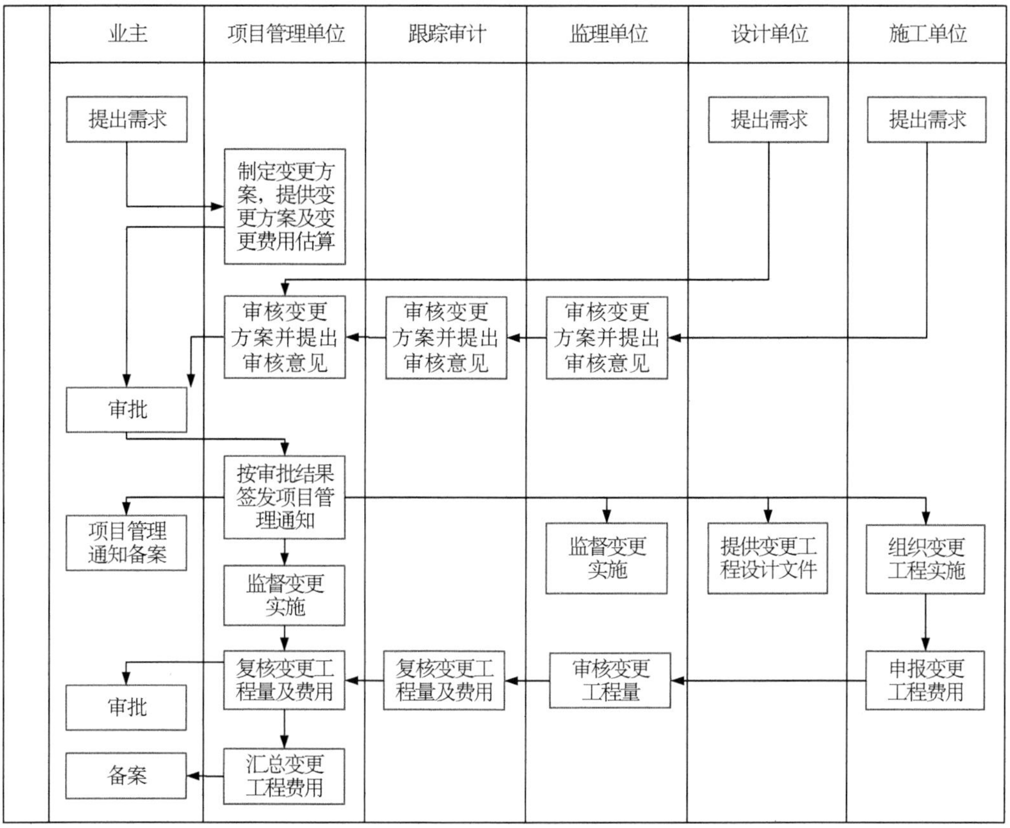

图 2-8　工程变更工作流程

2) 工程变更审批原则

(1) 工程变更审批实行事前控制、事后监督的动态管理;对逾期未报及后报的工程变更将不予办理,且在年底结算时不予认定。

(2) 工程变更审批应包括技术评审、造价审核、综合审批。

• 技术评审是指对工程变更引起的合同工期、质量、进度等要素进行评审,评定工程变更是否满足技术上可行、可靠,不降低工程质量标准,满足使用功能要求和安全储备,对竣工后的使用和管理无不良影响;尽可能对工期、施工条件无不良影响并保证工程连续施工。

• 造价审核是指根据合同约定,对工程变更所引起的工程量及价格的增减进行审核,评定工程变更是否增加工程投资及其经济合理性,评估工程变更对合同总价、工程结算价、项目总投资的影响。变更项目的工程量计算规则、合同单价及新增单价计算按原合同规定执行。

• 综合审批是指在技术评审及造价审核的基础上,根据合同约定,综合考虑合同工程目标的各方面因素,对工程变更进行审批决策。

（3）由于施工方原因造成工程变更而发生的费用由承包人自行承担。

（4）工程变更签证发生时，应由监理工程师（总监、专业工程师）、跟踪审计、项目管理单位及业主方等相关单位共同审批确认签发方可生效。

（5）在特殊情况下，如出现危及生命、工程或工程相邻财产安全的紧急情况时，监理单位不必事先审批而会同施工方采取一切必要处理措施，保证生命和工程安全，同时应立即口头报告业主方，24 小时内书面报告业主，7 天内相关单位按实事求是的原则补办手续。

（6）执行严格的审批流程（图 2-9）。

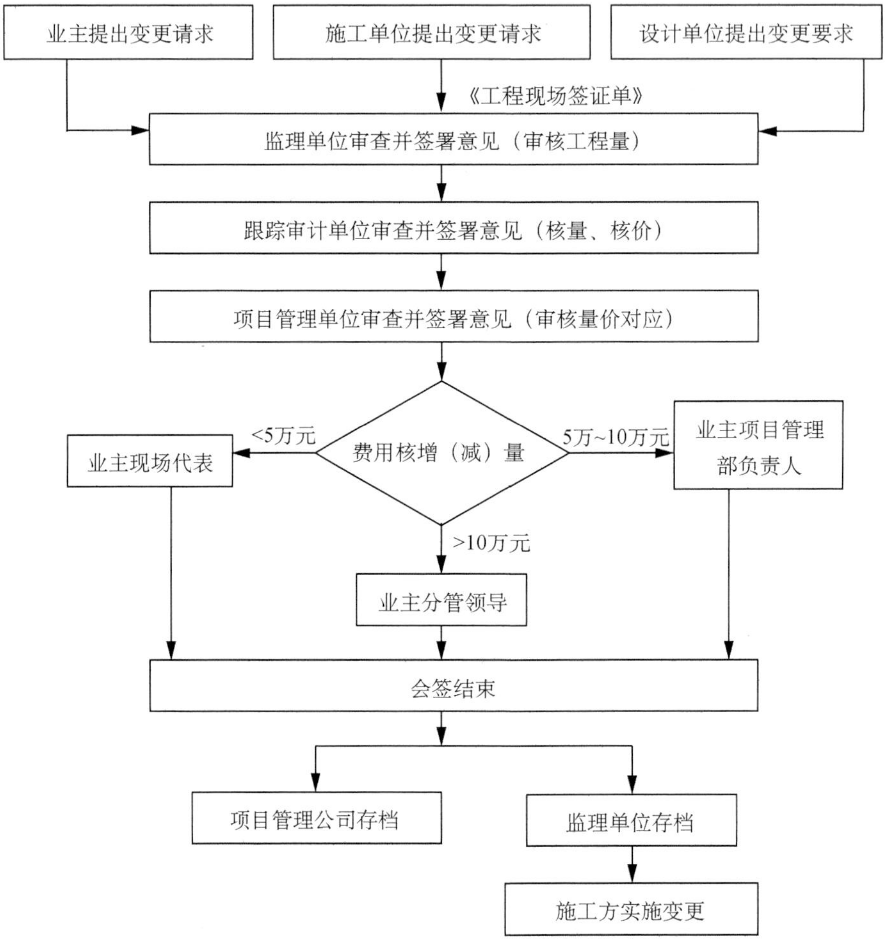

图 2-9　工程变更的审批流程

2.6.4　针对建筑群项目业主方控制造价的典型案例

1）"合并同类项法"减少试桩数量

泰州市金融服务区建筑群项目，20 幢楼宇的单幢楼设计分别由 9 家设计院完成，因此每幢楼的桩基基础是自成体系的。按照国家规范要求，现场设计试桩每个业主提供的桩基图

图 2-10　泰州市金融服务区"试桩"实景

需要试三根，如果简单处理这种情况，则需试桩数达 60 根之多。但是，金融服务区指挥部作为项目管理的总牵头、总负责部门，为了减少工作量、节约成本，提出了"合并同类项法"，对承载力类似，桩长、桩径等参数相近的试桩，在同一地块上可以通盘考虑。经召集所有设计院单位进行协调、优化设计，并经专家论证、审图中心同意，最终用了 15 根试桩(图 2-10)。此举大大节省了工程造价和施工进度，对建筑群项目的建设产生了良好的经济效益和社会效益。而且泰州市金融服务区工程的试桩创新采用后注浆灌注桩(直径 1.2 米，桩长达 166 米)，单桩承载力最大达到上万吨，为泰州首次。

2) 选用性价比高的深基坑支护体系

泰州市金融服务区建筑群项目，矩形基坑尺寸为 600 米×200 米，总面积达到 12 万米^2，基坑深度为 12 米，当时号称"华东第一坑"。为了保证施工安全，深基坑支护必须可靠，在此前提下还需考虑节约成本，达到良好的经济性，指挥部组织专业人员进行多方案比选，最终选择"钻孔灌注桩＋斜拉锚杆"的桩锚支撑体系：顶部厚度 2.5 米放坡＋挂网喷射混凝土，灌注桩体设二道斜拉锚杆(图 2-11)，与内支撑及其他形式的支护体系相比，节约较多工程造价。

图 2-11　深基坑及支护体系现场实景

3) 综合考虑临时用电和临时道路

由于金融服务区建筑群项目同步建设，用电负荷巨大，因此根据精确计算，并结合以往工程经验，适当增加余量，应对不确定用电。现场临时用电一次性申请了 7 台 500 千伏安的变压器(南侧 3 台、北侧 4 台)，从而保证施工过程中用电不间断，避免由于用电扩容而引发的造价增加和工期拖延。

考虑施工现场复杂的人流物流车流情况，且建设全过程货运线路的不断变化，因此沿着基坑四周设置施工环道(图 2-12)，对于临时道路采用了重载道路的设计：面层混凝土 C35，厚度设计 300 毫米，配直双层双向钢筋 ϕ20@200×200。实践证明，该重载施工环道使用 7 年，未出现影响施工运输的情况。

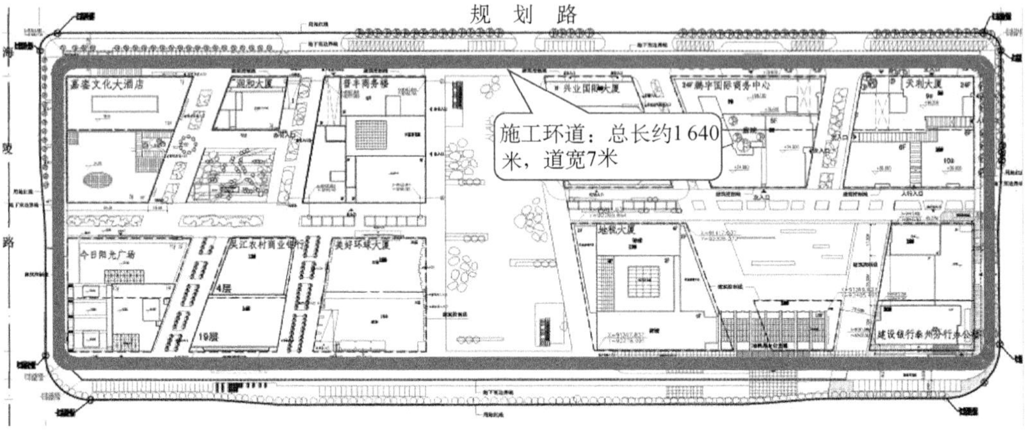

图 2-12　施工环道

4) 土方平衡节约成本

泰州市金融服务区超大面积深基坑的土方量高达 80 万米^3(图 2-13)，土方外运不仅涉及费用问题，而且很难处理。金融服务区指挥部发挥政府平台优势，寻找需土、缺土的土木工程项目，获知泰镇高速项目需要土方。于是与交通局签订协议，将金融服务区需运出的土方运至泰镇高速项目，使得双方共同受益。据此建议：泰州市政府需建立城市土方平衡平台，实现土方资源在大土木范围内优化配置。

图 2-13　泰州市金融服务区土方开挖实景

2.7　安全文明生产管理

认真贯彻“安全第一，预防为主”的方针，加大安全监控力度，树立“管生产必须管安全”“安全生产，人人有责”的原则，始终把安全生产放在金融服务区建筑群工程建设的重要地位。

2.7.1 分层次制订安全管理目标

1) 项目部控制目标

(1) 杜绝任何重大伤亡事故。

(2) 一般事故年负伤率不超过2‰。

(3) 安全达标率100%,优良率85%。

(4) 实现安全生产,文明施工优秀红牌工地。

(5) 责任期内不得发生经济损失超过5 000元的事故。

2) 班组目标

(1) 杜绝任何重大伤亡事故。

(2) 一般事故年负伤率不超过1‰。

(3) 每天坚持班前会,班中检查,班后验收制度做到工完场清,不留任何安全隐患。

(4) 保证本班组安全达标。

(5) 人人做到遵章守纪,文明施工。

3) 个人目标

(1) 杜绝违章作业。

(2) 杜绝一切事故。

(3) 爱护安全设施,正确使用安全防护用品。

(4) 遵章守纪。

(5) 发现隐患及时上报。

2.7.2 安全教育活动

为了认真贯彻“管生产必须管安全”的原则,进一步强化施工过程中的安全生产管理,从根本上提高职工的自我防护意识,达到人人讲安全,人人管安全的目的,实现安全生产,特制订安全制度。

(1) 工地(项目)负责人在每日上班前召开的班组长会议上,于布置生产任务的同时,应同时布置安全工作,要针对不同工种的实际情况或操作时的位置进行安全交底,使班组长能够从思想上引起高度重视。

(2) 对于险情较大的施工项目(如构件吊装、组装塔吊等),除了制订有针对性的安全技术措施及施工方案外,还应召开由全体操作人员参加的安全会议,交代施工中应注意的安全问题,克服冒险蛮干、违章指挥,确保安全生产。

(3) 各施工班组长或专(兼)职安全员,应在操作工人上岗前对作业面进行一次全面检查。然后由班组长召开全组成员班前安全会,针对当日施工的部位、操作中应注意的事项向操作人员进行详细的安全技术交底,使操作人员上岗前具备较强的安全意识。

2.7.3 安全管理制度

1) 施工现场安全管理制度

(1) 建筑施工现场安全管理,具有高度的政策性、复杂的技术性、广泛的群众性,做好这项工作,对于保障劳动者在生产中的安全和健康,促进施工的良好发展和提高经济效益有着非常重要的意义。

(2) 切实提高职工对安全生产法律、法规的认识,自觉地贯彻执行安全生产的方针、政策、规章制度和各项劳动保护条例,掌握安全技术知识,确保安全生产。

(3) 对调换到新工作岗位的人、生产实习人员、技能低的工人,在上岗之前实行岗位教育和安全知识的培训。

(4) 对架子、电气、起重、机械操作、焊接和车辆驾驶等特殊工种的工人,进行专门的安全操作技术教育训练,持证上岗。

(5) 现场施工的临时用电,大型机械设备(如塔式起重机等)安全、拆卸、脚手架、高压线下的防护架等搭设拆除均应编制施工方案,经批准后方可实施。

(6) 进入施工现场的各种机械设备、材料、构件和临时设施等必须按照施工平面图进行有序布置,保证现场道路的排水畅通;高压线路和防火设施要遵照供电局消防部门的规定,设施应完备可靠,使用方便。

(7) 施工现场应做好可靠的防护措施,在楼梯口、阳台口、电梯井口及预留洞口处,必须安装防护措施以及各种安全标志,确保作业安全。

(8) 凡进入施工现场的作业人员、管理人员(包括外来现场参观的检查人员),必须戴好安全帽,系好帽带,高空作业人员必须系好安全带。

(9) 严禁高空作业人员由高向低或由下向上抛投任何物料。

(10) 进行安全吊装时,吊具必须牢固,严禁吊臂下站人。

(11) 进入施工现场的操作人员,必须认真执行和遵守安全技术操作规程,严禁违章指挥、违章作业。

(12) 严禁在六级以上的强风或大雨、雪、雾等恶劣天气环境中从事高空作业。

(13) 患高血压、心脏病等不适于高空作业的人员,严禁从事高空作业。

(14) 凡在交通要道、公共场所、人员进出集中处施工,必须搭设防护棚,张设安全网。施工组织设计在编制时,必须明确规定安全防护的部位及要求。项目经理必须按方案,明确布置架子工搭设,架子工必须按方案、按操作要求搭设防护棚、张设安全网。

(15) 所有劳动保护用品要有合格证,按规定期限使用,在使用前要做强度质量试验,符合有关规定方可使用。

(16) 起重设备必须有保险装置,不准带故障运转、不准超负荷作业、不准在运转中维修保养。

(17) 现场施工使用的机械、保险装置必须逐台检查,验收试运转合格后,方可使用。

(18) 大、中型机械设备必须固定操作工，必须持上级颁发的上岗证，严禁无证操作。

(19) 机械设备防护装置一定要齐全有效，在安装机械设备时，必须将防护装置一同安装，否则不能运转，严禁一闸多机、一闸多用，做到一机一闸、一箱一锁，禁止用钢丝代替保险丝。

(20) 现场电动机和电动手持工具要设置漏电保护装置。

(21) 在施工中使用具有毒性的材料要严加保管，限量使用，并做好防中毒措施。

(22) 对从事高温和夏季露天作业人员要做防暑降温，对不适合高温露天作业人员要调离。对高温季节露天作业人员，工作时间应适当调整，避开气温高峰。

(23) 在有取暖火炉的场所，要保持一定的通风，预防一氧化碳中毒和火灾发生。

(24) 现场施工人员应在规定的施工区域内安全施工、文明施工，不得随处乱走动，随地大小便，上班时间不得随便躺地休息。

(25) 特殊作业人员，一定要按特种工种作业的安全规定进行施工。特殊作业一定要向安全管理机构部门请示，待方案批准后才能施工。

2) 安全检查制度

安全检查是施工现场安全工作的一项重要内容，是保护施工人员的人身安全，保护国家和集体财产不受损失，杜绝各类伤亡事故发生的一项主要施工措施。各施工现场，工程不论大小，都要建立定期或不定期的安全检查制度，并将检查情况予以记录、整改。

(1) 根据不同的季节特点和施工进度，每周由工地安全领导小组组织进行针对性的安全检查一至二次。

(2) 施工现场要贯彻“五查”“三边”的相关内容(五查即是查安全管理、查安全意识、查事故隐患、查整改措施、查安全技术资料；三边即是边检查、边宣传、边整改)。

(3) 施工现场要根据工程自检或各级检查提出的隐患整改通知单，按照“三定”整改原则，及时准确将隐患整改完毕，整改内容认真落实，做好书面记录。

(4) 每次检查的记录都要认真填写，并做好技术资料予以存档。

(5) 公司月检查，项目部周检查，工地安全员巡回检查。

(6) 项目负责人及安全管理人员每日巡回检查，记安全日记。

(7) 上级各部门检查所下达隐患整改通知单一律留存并后附“三定”整改反馈资料。

3) 工伤事故统计调查报告制度

(1) 施工现场发生工伤事故，必须及时上报总公司领导及安全处(轻伤上报时间不得超过 2 小时，重伤以上不得超过 1 小时)。

(2) 轻伤事故公司组织施工队进行调查并书面报总公司存档备查。

(3) 重伤以上事故，总公司组织有关处(室)调查处理，施工队要保护好事故现场，不得随意变动。

(4) 凡发生工伤事故，必须按照“三不放过”的原则调查处理，分清责任、吸取教训、采取措施、消除隐患。

(5) 发生工伤事故隐瞒不报或不按规定调查处理,必须接受有关部门的经济处罚,认真填写职工伤亡事故月报表。

4) 门卫制度

(1) 严格执行门卫制度,值班期间不得脱岗、替岗、串岗,不喝酒,不打扑克、下棋以及做其他与值班无关的活动。

(2) 对外来人员进行认真询问登记,未经许可不得入内,未戴安全帽禁止进入施工现场,严禁外来人员留宿工地。

(3) 严格值班制度,下班时间要认真检查,预防材料、成品件以及其他物件的丢失,发现问题立即向值班管理人员汇报。

(4) 夜间值班要对重点部位进行巡逻,发现可疑人员要进行盘问,并及时报告公安部门。

(5) 值班期间要做好交接班记录,对发现的问题和丢失的材料要及时上报。

(6) 对所有进出施工现场的材料,认真做好验证工作,办理有关手续。

(7) 认真做好门前环境卫生工作,保持清洁。

5) 治安保卫制度

(1) 成立以项目经理(单位工程负责人)为组长,以安全负责人为副组长的保卫领导小组,负责该工程的保卫领导工作。

(2) 加强对全体施工人员的管理,掌握人员底数,及时按有关部门的要求办理暂住证、施工现场出入证及注册手续。非施工人员不得在施工现场留宿。特殊情况须经保卫负责人批准,否则将给予当事人一定的处罚。

(3) 加强对职工的政治思想教育、保卫教育、治安教育,严禁赌博酗酒、传播淫秽物品和打架斗殴。

(4) 施工现场保卫值班人员必须佩戴袖标上岗,建立门卫和巡逻值班及交接班制度。

(5) 施工现场易燃、易爆物品必须有严格的管理制度,并设专库、专人发放保管,不准在工程内及库房内调配油漆、稀料。做好成品保护工作,并制订具体措施严防盗窃、破坏和治安灾害事故发生。

(6) 每月对职工进行一次现场保卫定期检查记录。

6) 安全防护、临时设施费与准用证管理制度

为加强建筑施工安全防护用品和临时设施的使用管理,避免因防护用品、临时设施不合格导致发生事故,根据省市有关文件精神和区有关规定特制订下列制度:

(1) 工程开工前,施工单位要根据工程实际情况,统计出工程所需防护用品、临时设施费用,在施工中,要专款专用。

(2) 严把防护用品进货渠道关,认清所购产品是否为部、省推荐产品。凡假冒伪劣及未粘贴(缝制)产品推荐标志和带复印推荐标志的产品一律不得购买使用。

(3) 购买的配电箱、开关箱都必须是主管部门推荐产品。

(4) 防护用品必须由施工单位安全负责人购买，并管理使用。

(5) 施工现场起重机械安装完成，在安装单位和使用单位调试合格并核发《安全准用证》后，方可投入使用。

(6) 防护用品、临时设施、起重机械准用证必须存档，妥善保管。

(7) 处罚规定：违反上述规定，公司根据实际情况，给予施工单位100～1 000元罚款，使用假冒伪劣产品要立即更换，若因此造成伤亡事故根据公司内部管理实施细则加倍处罚。

7) 安全生产例会制度

(1) 每次例会各科室和项目部负责人和专职安全生产管理人员必须参加，无故不参加者，将根据有关制度给予罚款，并纳入年终单位评先评优考核指标。

(2) 会议内容：①由总承包单位安全经理主持会议，宣读当次会议的主要内容；②传达上级部门有关文件及会议精神；③针对生产状况，学习有关安全规程和安全技术等；④各科室和项目部介绍本月的安全生产情况及事故情况，每次大型活动后交流经验；⑤布置下月安全工作及安全活动内容。

(3) 发放有关文件及材料：建筑施工安全有关文件、技术刊物、安全简报及各类报表等。

(4) 每月30日上午9:00为安全生产例会时间。例会时间、地点如有临时变动，由总承包安全科负责提前通知。

8) 安全隐患排查制度

加强建设行业安全生产事故隐患的排查是减少安全生产事故发生的根本性措施，为了减少安全生产事故，保证广大人民群众的人身、财产安全，依据《建设工程安全生产管理条例》(中华人民共和国国务院令第393号)《安全生产许可证条例》(中华人民共和国国务院令第397号)《建筑施工安全检查标准》(JGJ 59—99)制订下列制度：

(1) 结合每月的安全生产检查，开展经常性的安全生产隐患排查，对排查出的安全隐患要立即向安监站汇报，下发隐患整改书，督促责任单位整改。

(2) 在重大节假日开展安全隐患的大排查，如五一节、国庆节节前的排查，做到针对性强、效果突出，主要开展安全隐患的大排查。

(3) 对已经存在的但一时不能进行整改的安全隐患单位及场所要加强监控，加强排查，防止安全生产事故的发生。

(4) 把隐患排查治理工作与建筑安全治理重点相结合，解决影响建筑安全生产的突出矛盾和问题。

(5) 隐患排查治理工作与日常建筑安全生产监督管理相结合，严格建筑安全生产许可，加大监督检查力度。

(6) 隐患排查治理工作与加强建筑企业安全管理和技术进步相结合，提高建筑施工安全质量标准化管理水平，加大安全投入，推进安全技术改造，夯实安全管理基础。

(7) 隐患排查治理工作与加强应急管理相结合，建立健全应急管理制度，完善事故应急救援预案体系，落实隐患治理责任与监控措施，严防整治期间发生事故。

(8) 隐患排查治理工作与提高从业人员素质相结合,加强监管人员业务素质培训,严格"三类人员"安全能力教育培训和考核,全面推广民工业余学习,提高从业人员安全意识。

9) 机械设备安全管理制度

为充分发挥机械设备在施工生产中的作用,切实做到科学管理、合理使用,贯彻管理为使用服务,使用要加强管理的原则,从根本上克服只顾使用忽视管理的倾向,特制订下列制度。

(1) 机械设备应按照有关技术资料和出厂说明书的规定进行安装。安装前应向操作人员进行详细的安全技术交底,由安装队长、技术员、安全员在现场指挥安装。

(2) 凡经过大修改造重新组装的机械设备,在使用前应进行技术试验和安全装置检验,虽经试验但未取得合格签证前不准投放使用。

(3) 大型吊装设备试验前应做一般技术检验、空载试验、额定荷载及超载试验,在试验前先对整机的外观进行全面检查,看润滑油是否充足,机件的装配是否牢固,工作装置与试验项目是否符合要求。

(4) 设备试验与负荷试验,主要试验机械设备的起动性能、动力性能、经济性能、操作性能等,对试验中所发生的问题进行认真分析与处理,以便作出是否合格、能否使用的决定,试验合格后按照技术试验记录本逐项填写,由参加人员共同签字认可。

(5) 机械设备的操作人员,必须遵守安全操作规程,做到精心保养,正确操作,合理使用,并做到"四懂、三会、二精",即懂原理、懂结构、懂性能、懂用途;会操作、会维修、会排除故障;精心保养,精心操作。

(6) 机械操作人员必须听从指挥,端正工作态度,保证作业质量。并对机械设备进行定期安全检查,如发现有故障,应立即停止使用,以确保设备和操作人员的安全。

10) 施工现场防火管理责任制度

(1) 消防负责人防火责任制

• 管理本工地的义务消防队和灭火训练。

• 拟订项目经理部及义务消防队的消防工作计划。

• 配备灭火器材,落实定期维护、保养措施,改善防火条件,开展消防安全检查,及时消除隐患。

• 对职工进行消防安全教育,组织消防知识学习,使职工懂得安全动火、用电和其他防火、灭火常识,增强职工消防意识和自防自救能力。

• 制订并落实消防安全责任制和防火安全管理制度,组织编制火灾的应急预案和落实防火、灭火方法以及火灾发生时应急预案的实施。

(2) 焊工防火责任制

• 有压力或密封的容器、管道,不准焊、割。

• 焊割部位附近堆有易燃、易燃物品,在未做彻底清理或采取切实有效的措施之前,不准焊、割。

• 在用可燃材料作保温、冷却、隔声、隔热、装饰的部位，未采取切实可靠的防火安全措施，不准焊、割。

• 盛装过可燃、易燃气体、液体的各种容器、管道、仓间和罐柜等，未经清洗和测爆，没有安全保障时，不准焊、割。

• 凡属一、二、三级动火审批范围的焊、割作业，未办理动火审批手续和落实防火、防暴措施之前，不准焊、割。

• 因火星飞溅、导体传热和感应能引起焊、割部位毗连的物体、建筑物起火或爆炸的，未采取安全措施，不准焊、割。

• 没有“焊、割工种消防专业培训合格证”，实习员没有正式焊工在场指导，不准从事焊、割作业。

• 不了解焊、割现场和周围安全情况，不准焊、割。不了解焊、割件内部是否安全时，不准焊、割。

• 有与明火作业相抵触的情况，不准焊、割。

（3）木工防火责任制

• 禁止在木工间使用明火。

• 要积极参加消防活动，掌握防火灭火知识。禁止在木工间和木工作业场所吸烟。

• 禁止在木工间和木工作业场所吸烟。

• 在操作各种木工机械前，仔细检查电气设备是否完好。

• 在工作完毕和下班时，清理场地，将木屑、刨花堆放到安全地点，并切断电源，关闭门窗。

（4）油漆工防火责任制

• 禁止火种进入工作现场。

• 禁止乱倒生漆料溶剂。

• 掌握防火灭火知识，熟练使用灭火器材。

• 禁止使用明火加温或在密闭状态下溶解漆料。

• 随领随用油漆溶剂，剩料要及时加盖，注意储存安全。

• 经常消除工作场地的油漆沉积物，并要注意工作场地的通风。

（5）现场电工防火责任制

• 配合义务消防员对电器防火器材进行维护。

• 不得使用铜丝、铁丝代替熔丝，须按电路电器的功率正确选用。

• 要按照有关规范安装检修电气线路和电气设备。

• 电工必须持安全生产监察局合法的“电工安全操作证”上岗操作。

• 积极主动向用电人员宣传安全用电常识，组织职工进行电器知识讲座，制止违章用电行为。

• 要掌握排除电器故障的方法，并会使用灭火器扑灭电器火灾。

• 要经常检查电气设备运行情况，对超负荷和擅自加大熔丝容量等隐患，及时向有关部门提出整改意见。

- 配合技术人员正确计算配电线路符合相关要求，配线正确，对配电线路指定专人负责和维修，不得擅自增加用电设备，不得随便乱装乱用。

(6) 义务消防队防火责任制

- 组织队员轮流执勤。
- 积极参加本地区的消防联防活动。
- 组织消防业务学习和技术操练，提高消防业务水平。
- 模范地遵守和贯彻该工程地防火制度，对违犯者进行劝阻。
- 了解该工程的防火措施，定期进行检查。发现不安全因素立即解决，并向领导汇报。
- 协助领导制订本单位灭火的应急预案。发生火警立即启动应急预案，实施灭火与抢救工作。协助有关部门调查起火原因，提出改进措施。
- 经常维修、保养消防器材设备，保证完好可用，并根据本单位的实际情况需要报请领导添置各种消防器材。
- 安全员达到“三懂三会”，即懂得防火知识，会报火警；懂得消防器材的性能和使用方法，会使用灭火器材；懂得灭火知识，会扑救初起火灾。

(7) 门卫、警卫人员防火守则

- 严禁任何人擅自将易燃、易爆危险物品带入施工现场。
- 严格执行值班制度，对违反防火规定的行为要及时劝阻和制止。
- 熟悉火灾、救护、公安报警和上级主管部门的电话号码，发生火灾，及时报警。
- 加强夜间巡逻，认真检查货源、火种和电源等重要部位的防火安全，并做好值班记录。
- 掌握单位内重点部位生产储存物质的性质和灭火器材的分布情况，会使用灭火器材扑灭初起火灾。

(8) 职工防火守则

- 爱护消防设施及消防器材。
- 严禁在宿舍内使用电加热器具和燃气具。
- 发现有火灾险肇立即向领导反映，避免事故发生。
- 严禁在床上吸烟及乱扔烟头，严禁私自乱接乱拉电气设备。
- 自觉遵守工地有关部门的消防制度，听从职能人员的劝告。
- 在消防负责人领导下，学习消防知识，懂得消防工作重要性。

(9) 仓库管理人员防火责任制

- 不准携带火种入库。
- 不准在库房内设置办公室和工场间。
- 不准在库房内存放仓库人员使用的油棉纱、油手套等物品。
- 认真检查物质堆放安全情况，离开仓库时切断电源，并关闭门窗。
- 要将各类物质分类、限额存放；堆放的物质留出顶、灯、墙、柱、堆等防火间距。

• 掌握储存物质性质和防火灭火知识，发现火灾后能熟练使用灭火器材，及时扑救。

• 不准在库房内使用电加热器具和燃气具。

• 不准在库房内架设临时电线和使用 60 瓦以上的白炽灯；使用有镇流器的灯具，应将镇流器安装在库房外。

11）施工用电管理制度

(1) 独立的配电系统必须按部颁标准采用三相五线的接零保护系统，非独立系统可根据现场的实际情况采取相应的接零或接地保护方式。各种电气设备和电力施工机械的金属外壳、金属支架和底座必须按规定采取可靠的接零或接地保护。

(2) 临时配电线路必须按规范架设，架空线必须采用绝缘导线，不得采用塑胶软线，不得成束架空敷设，也不得沿地面敷设。

(3) 建立现场临时用电检查制度，按无锡市建委关于现场临时用电管理规定对现场的各种线路和设施进行定期检查和不定期抽查，并将检查、抽查记录存档。

(4) 结构施工内部照明使用行灯照明的，其电源电压不超过 36 伏，灯体与手柄应坚固，绝缘良好，电源线须使用橡胶套电缆线，不得使用塑胶线。行灯变压器应有防潮、防雨水措施。外围的强电照明，必须搭设灯架，灯架高度不得低于 2 米，并做好绝缘。

(5) 施工机具、车辆及人员，应与内、外电线路保持安全距离。达不到规范规定的最小距离时，必须采用可靠的防护措施。

(6) 配电系统必须实行分级配电。现场内所有电闸箱的内部设置必须符合有关规定，箱内电气必须可靠、完好，其选型、定值要符合有关规定，开关电气应标明用途。电闸箱内电器系统须统一式样、统一配制，箱体统一刷涂橘黄色，并按规定设置围栏和防护棚，流动箱与上一级电闸箱的连接，采用外插连接方式。

(7) 在采用接地和接零保护方式的同时，必须设两级漏电保护装置，实行分级保护，形成完整的保护系统。漏电保护装置的选择应符合规定。

(8) 手持电动工具的使用应符合国家标准的有关规定。工具的电源线、插头和插座应完好，电源线不得任意接长和调换，工具的外绝缘应完好无损，维修和保管应由专人负责。

(9) 电焊机应设单独的开关，其外壳应做接零或接地保护。施工现场内使用的所有电焊机必须加装电焊机触点保护器。电焊机一次线长度应小于 5 米，二次线长度应小于 30 米。接线应压接牢固，并安装可靠防护罩。焊把线应双线到位，不得借用金属管道、金属脚手架、轨道及结构钢筋做回路地线。焊把线无破损，绝缘良好。电焊机设置地点应防潮、防雨、防砸。

(10) 照明必须做到一灯一制一保险。

(11) 电线残旧要及时更换，电气设备和电线不准超过安全负荷。

(12) 不准使用铜丝和其他不合规范的金属丝做照明电路的熔丝。

(13) 加强碘钨灯、金属卤化物灯的使用管理。

(14) 室内、外电线架设应有瓷管与其他物体隔离，室内电线不得直接敷设在可燃物、金属物上，要套防火绝缘线管。

(15) 施工现场一切电气设备必须由有上岗操作证的电工进行安装管理，认真做好班前班后检查，及时消除不安全因素，并做好每日检查登记。

12) 特种作业人员安全生产管理制度

(1) 凡属国家规定的特种作业人员(如电工、电气焊工、登高架设工、塔吊起重工、信号工、急救人员和机械操作工等工种)，必须按建设部规定要求持证上岗。

(2) 特种作业人员，除应接受三级安全教育外，还应接受特种作业人员的专门针对性的安全教育，严格安全技术操作规程，并经有关部门培训考试合格后凭操作证方可上岗操作。

(3) 特种作业人员由企业每年进行一次复审教育和参加体检，由企业安全部门负责进行考核，自发证之日起定期到发证机关进行复审考核。

(4) 工种发生变化时，应经企业安全有关部门同意，进行备案，一般工种转变为特殊工种时，应接受特殊工种安全技术教育，经有关部门考核合格后方可持证上岗。

(5) 特种作业人员必须要责任心强，熟悉本工种业务技术和本工种安全知识和检查标准与操作规程，不冒险蛮干，发现问题须及时处理。

(6) 特种作业人员须保存好自己的上岗证件，如有丢失及时汇报。

(7) 凡特种作业人员须遵守以上管理制度及公司规章制度。

13) 现场材料管理制度

(1) 库房管理制度

• 易燃、易爆材料严禁在结构工程内部存放。

• 易燃、易爆、贵重物品及有毒物品应设专库存放，并有保管措施。

• 对质量、数量、品种、规格、型号不符合要求的，有权拒绝入库，并及时向上级有关部门反映。

• 库房要达到防火、防盗要求，进入库房的工作人员严禁吸烟，库内配置灭火器材。

• 做到先入库，先使用的原则，按照制度规定的手续发料，做好货物的发料记录。

• 内货架应摆放合理，利于货物的存储，按照品种、规格进行码放，表明货物的名称、规格、数量。

• 出入库的账目要齐全，要有出门证，账实相符，日清月结，做到有物必有账。

• 材料管理人员要坚守岗位，保证库容整洁干净，对入库的各种材料，对照计划单、来料单逐一核对，对物质的品种、规格、质量、数量实行验收入库。

• 根据材料性能要求，保管好物质，做好防护措施。

(2) 现场料具管理、使用和周转制度

• 超计划用料须由工地经理签发领料单。

• 所有工程用料须按计划使用，不得随意丢弃浪费和损坏，对故意损坏浪费材料的人酌情处罚。

• 妥善保管和合理使用各种工具，不得损坏，不得丢失。

• 负责现场材料管理工作，对进场材料认真检查，做好检测、发放记录，建立健全材料设备台账。

• 各班组、各外包队班组，必须设有专人领料，由材料人员登记入账。

• 各种工具、劳动工具、机具使用完毕后，必须清理干净，完整地交回材料组，不得在班组长期存放。

• 负责仓储管理工作，现场材料要分规格、分区域码放，做到标识清楚。

• 各种工具、材料，因保管不当丢失的照价赔偿。

(3) 现场管理制度

为了加强施工现场管理，提高现场的管理水平，合理、有效地使用面积狭窄的施工现场，规定如下：

• 所有运送材料的车辆进入现场后必须听从材料人员的指挥，把材料卸到指定地点。

• 做好施工现场的安全、保卫、防火、防盗的工作，设专人做好施工现场清洁保洁工作。

• 保持施工现场的道路畅通。

• 堆料时要轻拿轻放，码放整齐，不得随意抛、投，不得超高码放；夜间来料卸料不能影响周围居民的休息。

• 凡进入施工现场的车辆需停在指定位置，不得影响施工作业。

2.8 设计管理

勘察设计阶段是影响项目质量、投资和进度的重要阶段。勘察设计管理的总体目标是：通过对设计程序的制度化实现设计工作的标准化和规范化；通过对设计过程的协调与控制推动设计进度；通过对设计成果的控制提高设计质量，控制总造价目标，为招标采购和施工提供依据；通过对设计单位的考核强化奖惩机制和信用管理机制。勘察设计管理应在“项目利益高于一切”的项目文化指引下，遵循“操作流程规范化、进度控制严格化、工作态度认真化”的原则，做出“定位准确、品质优良、成本领先”的产品。

2.8.1 设计单位选定

设计单位的选定可以采取设计招标及设计方案竞赛等方式。设计招标的目的和作用主要是为了优选，保证工程设计质量，降低设计费用，缩短设计周期。而设计方案竞赛的主要目的是用来获得理想的设计方案，同时也有助于选择理想的设计单位，从而为以后的工程设计打下良好的基础。当设计单位选定以后，建设单位和设计单位就设计费用及委托设计合同中的一些细节进行谈判、磋商，双方取得一致意见后，即签订建设工程设计合同。并在设计合同的实施阶段进行合同管理。

2.8.2 工程勘察设计基本要求与进度管理

1) 工程勘察设计基本要求

(1) 工程勘察设计必须下发设计委托书,并严格执行工程主要技术规范和建设程序,先勘察、后设计。

(2) 项目决策阶段展开可行性研究和方案设计,在实施阶段将开展初步设计和施工图设计。

(3) 勘察设计配合可行性研究文件编制。设计单位应根据国家批准的城市中长期规划或项目建议书开展初测,进行社会、经济调查,从技术、经济、环保、节能及土地利用等方面进行全面深入的论证,对建设方案、建设规模、主要技术标准等比较分析后,提出推荐意见,进行基础性设计,提出主要工程数量、主要设备和材料概数、用地概数、施工组织方案、建设工期和投资估算,进行经济评价后编制,论证建设项目的可行性。可行性研究的工程数量和投资估算要有较高的准确度,环境保护、水土保持和交通流量分析应达到规定的深度。

(4) 方案设计文件应当满足编制初步设计文件的需要。

(5) 初步设计文件是确定建设规模和投资的主要依据,根据批准的可行性研究报告开展定测、现场调查,通过局部方案比选和比较详细的设计,提出工程数量、主要设备和材料数量、用地总量与分类、施工组织设计及工程总投资后编制。初步设计文件应满足主要设备采购和施工图设计的需要;初步设计概算静态投资一般不应大于批复可行性研究报告的静态投资。

(6) 施工图文件是工程实施和验收的依据,根据审批的初步设计文件进行编制,为工程建设提供施工图、表、设计说明(包括指导施工的说明)和工程投资检算。建设项目施工图投资预算不得大于批准初步设计概算。

(7) 各阶段勘察设计工作必须达到规定工程设计文件编制的要求。

(8) 勘察设计单位应根据建设管理单位要求及合同规定提供详细的勘察设计资料(包括电子版图纸)。

2) 设计进度的管理

(1) 设计进度控制的主要任务是出图控制,也就是通过采取一些有效的措施使工程设计单位如期完成方案设计、初步(基础)设计、施工图设计等各阶段的设计工作,并提交相应的设计图纸和说明。

(2) 设计管理人员应和合同管理人员一道按照合同要求对设计单位的工作进度进行严格的控制。

(3) 在设计合同中明确表示出以项目设计阶段的可交付成果(里程碑)作为支付设计费用的必要要求。以对设计单位的工作进度进行严格的控制。

(4) 审核设计单位提出的详细的设计进度计划和出图计划,并控制其执行,避免发生因设计单位推迟进度而造成施工单位索赔。

（5）协调室内外装修设计、其他专业设备设计与主设计的关系，使专业设计进度能满足施工进度的要求。

2.8.3　工程设计概预算管理与图纸审查

1）工程设计概预算管理

（1）工程设计单位依据国家相关法律、法规及相关文件编制工程设计概预算。

（2）按照业主委托，根据实际情况依据初步设计图纸、施工图纸进行编制，本着公平、公正、合理的原则。

（3）上报预算材料应包括：

- 有关部门批准的建设工程估算、概算文件。
- 工程施工图设计、设计变更、洽商协议等。
- 工程预算书、工程量计算书、工料分析表等。
- 编制工程概预算的其他有关资料。
- 工程概预算应与施工图同时送到经发集团项目管理部。

（4）概预算编制应满足以下条件：

- 工程项目概预算应在批准的工程计划和概算范围内。
- 工程量计算和定额的套用、换算及取费应准确。
- 材料价差计算应合理。
- 设计变更、增减内容应符合要求。
- 合同条款应符合国家有关规定。
- 设计概算、施工图预算之外的费用应符合国家规定。
- 概预算编制中的材料、机械、人工费用要满足当地实际情况，因地制宜，材料单价不应超过有关造价部门当时公布的限价。为了降低预算造价，各设计部门应对主要材料、施工机械、土方运距等进行市场询价。
- 有相关文件规定，不能擅自改变主体工程取费项目及费率。
- 以上条件有缺陷时，设计单位应及时整改，以达到要求。

（5）预算审核及施工阶段设计变更预算管理。

- 设计单位根据施工阶段实际实施情况，提出设计变更。
- 所有预算经审核并下发“预算审核意见表”。
- 设计单位严格检查所做的工程预算，预算中工程量必须与设计施工图相符。

2）设计图纸审查

（1）规划和建筑方案设计阶段：由项目管理部组织，公司经理层参加，会同业主、设计单位、项目管理单位进行图纸会审。

（2）扩初设计、施工图设计阶段：由项目管理部组织各专业工程师、投资管理部等相关部门进行图纸会审。

(3) 施工前图纸会审：由项目管理部组织设计单位、监理单位、施工单位进行会审。

(4) 图纸会审要求：

• 设计单位提交各阶段设计图纸及文件后，参与图纸会审的部门必须组织设计图纸和文件的学习及自审，认真熟悉图纸文件，了解设计意图，熟悉相关的技术标准及工艺流程。

• 各阶段图纸会审后，由项目管理部详细整理会审纪要，并由部门负责人签字确认以后，分发各相关部门及单位，并将其归档保存。

(5) 图纸会审要点：

• 在方案会审阶段，检查总平面布局；房型、建筑层数、层高、建筑间距、退线要求；建筑外檐形式、立面效果、屋面形式；建筑密度、容积率、绿化率及场区道路、出入口数量、方向等；建筑、结构、给排水、暖通、强弱电、燃气等专业设计说明；消防及人防设计。

• 在扩初会审阶段，检查建筑设计的建筑平面详细布局，建筑各项量化指标是否满足要求；结构设计的桩基形式、基础类型、主体结构形式、内隔墙的墙体材料、屋顶结构形式等内容；给排水设计、电气设计、暖通设计、燃气设计、消防设计等设备设施的系统参数是否合理。

• 在施工图会审阶段，检查检查图纸目录、注解、说明、门窗表、工程做法、标高及相关标准有无差错和遗漏；查对建筑、结构、水、电、暖、卫、地下管道及设备安装等图纸是否相符，内部结构与工艺管线、工艺设备有无矛盾；查对各类构件、配件和特殊材料的供应渠道有无困难，构件在预制加工、运输和吊装过程中有无问题；审查设计计算和采用的处理方式是否符合实际情况；施工过程中结构是否有足够的强度和稳定性，对安全施工有无影响；建筑物与地下工程、地下管线之间有无矛盾，地基处理、围护及基础设计有无问题；设计中要求采用的新技术、新工艺、新结构、新材料在技术上实现的可能性和经济上的合理性。

2.8.4 设计文件管理与实施

1) 设计文件管理

(1) 工程设计文件应依据下列要求编制：

• 城市规划；
• 项目批准文件及设计委托书要求；
• 设计阶段对应的勘察成果；
• 工程建筑强制性标准；
• 地块规划设计条件及要求；
• 设计合同；
• 遵守有关法律、法规，执行国家和省工程建设的标准、规范、规程；
• 其他与设计要求相关的过程文件。

(2) 设计单位在接到设计委托后必须进行详细现场调查，在设计过程中需详细调查施工障碍物，确保施工可行性。如由于地下管线调查不细等设计方原因而引起设计变更的，将对设计单位处以相应的罚款。

(3) 工程设计必须依据经审查合格的勘察资料进行，并在说明书中写明岩土勘察审查机构名称及审查编号，达到规定的深度，满足项目决策和工程实施的要求。

(4) 工程设计选用的材料、设备，应注明其规格、性能等技术指标，其质量必须符合国家有关规定。除特殊要求的材料、专业设备外，设计单位不得指定生产厂、供应商。

(5) 设计过程中设计单位需每周五上报设计进度报表。

(6) 工程项目的设计文件实行审查制度。建设管理单位将对勘察设计单位提交的勘察设计文件进行初步审核，然后报送具备施工图审查资质的单位审查通过后方可生效。项目建议书和可行性研究报告、初步设计按规定程序审查，需要上报的，按国家规定程序上报。勘察设计单位应积极配合勘察设计文件审核及审查工作，对于审核及审查意见应及时进行回复。

(7) 在施工图设计中，对初步设计批准的设计内容需要做较大修改的，设计单位应及时上报建设管理单位，经建设管理单位报原初步设计审批单位批准后方可修改。

(8) 设计单位应按设计委托书要求提交设计文件(图纸、计算机、电子版设计文件、概预算)，设计应详细考虑施工技术方案、组织、措施，保证施工可行性。设计文件的份数和详细要求见设计委托书。

(9) 工程勘察设计单位对所编制的勘察设计文件质量负责，承担相应的经济责任和法律责任。勘察设计单位的法定代表人、技术总负责人、项目负责人、执业注册人员和勘察设计人员，按各自的职责对经手的建设工程勘察设计项目，在工程寿命期限和法律追诉期内负终身质量责任，并承担相应的行政、经济和法律责任。

(10) 工程勘察过程中形成的原始资料、成果报告以及设计文件中的施工图、计算书等，都应有相应的责任人亲笔签字。

(11) 工程勘察、设计文件应当符合项目可行性批准文件和合同约定的质量、进度、投资控制等要求，保证工程勘察设计的先进性和可靠性。

(12) 工程设计应当符合工程安全规程和技术规范，保证工程的安全性能，保障施工人员的安全。

(13) 工程设计文件中确定的工程造价、工期应当符合工程建设的标准、规范、规程，科学合理。

(14) 勘察设计费与勘察设计质量挂钩。勘察设计质量达不到合同约定或造成质量事故的，勘察设计单位应无偿补充勘察、修改设计，并按规定承担相应责任及赔偿。

2) 设计文件实施

(1) 勘察设计单位应当根据勘察设计合同约定，向业主或建设管理单位提交勘察设计文件，说明设计意图。

(2) 勘察设计单位应在建设项目开工前，按审核后的施工图，向施工、监理单位说明设计意图，提出相关注意事项。

(3) 建设项目开工后，勘察设计单位应设立现场设计代表机构，选派主持或参与该项目施工图设计的主要技术人员常驻现场，完善和优化勘察设计，及时解决施工中出现的勘察设计问题。

(4) 勘察设计单位应及时对业主、项目管理单位、监理单位等提出的勘察设计文件中存在的问题进行研究，提出处理意见和实施方案。

(5) 业主、项目管理单位、施工单位、监理单位不得修改建设工程勘察、设计文件；确需修改的，应当由原建设工程勘察、设计单位修改。经原建设工程勘察、设计单位书面同意，业主也可以委托其他具备相应资质的建设工程勘察、设计单位修改。修改单位对修改的勘察、设计文件承担相应责任。施工单位、监理单位发现建设工程勘察设计文件不符合工程建设强制性标准、合同约定的质量要求的，应当报告业主，业主有权要求建设工程勘察设计单位对建设工程勘察设计文件进行补充、修改。

(6) 设计变更严格按变更程序审批、实施。

(7) 工程补充设计及变更必须附补充预算及变更预算。

(8) 勘察设计单位有权督促施工单位按审核后的施工图文件施工，对发现不按施工图文件施工的，应及时通知业主和监理单位。

(9) 勘察设计单位应在建设项目正式交付运营后，针对勘察设计质量进行回访，及时协助解决因勘察设计原因出现的问题。

(10) 工程勘察设计单位应当配合工程施工，积极解决施工过程中因设计而引起的技术问题，并按规定及时参加各阶段的验收；同时积极配合工程竣工验收文件编制工作。

2.9 信息综合管理

由于建设项目实施的跨组织、开放式的特点，项目参与各方在项目实施过程中会产生大量的信息，信息内容及其来源也十分复杂，是否有效地做好信息的收集、汇总、交流以及沟通，将直接影响项目管理工作的成败。同时，信息资源是建设项目实施过程中需要充分开发利用的重要资源之一，随着信息技术、计算机技术和通信技术的飞速发展以及建设项目的规模的日益增大，信息资源的有效组织与管理对建设项目的顺利实施有着越来越重要的意义。

2.9.1 信息管理的定义和必要性

1) 业主建设工程项目信息管理的定义

业主建设工程项目信息管理是指业主在建设工程项目的各个阶段，为正确开发和有效利用建设工程项目信息，对建设工程项目信息的收集、整理、储存、加工、传递和应用等一系列工作的总称。或者说，业主建设工程项目信息管理是业主把建设工程项目信息作为管理对象进行有效管理，并根据建设工程项目信息的特点和不同层次管理者对信息的需求，有目的地组织信息沟通，使项目管理者和项目决策层都能及时、准确地获得所需要的信息。

2）业主建设工程项目信息管理的必要性

任何一个大中型建设工程项目，与其相关的信息量都是巨大的，随着项目的启动、规划会不断地产生，业主建设工程项目信息管理的效率和成本直接影响其他项目管理工作的效率、质量和成本。在工程项目建设的每一个阶段都要收集、处理和分析大量的数据、资料，每一项工作本身又会产生大量的数据、资料。由于这些数据、资料的来源各不相同，数据资料的格式、重要程度、保密程度也不相同，而且这些数据、资料只有经过加工处理和解释，才能成为真正实施的工程项目信息。围绕项目生命周期进行管理，项目的文件、报告、合同、照片、图样及影像等各种介质信息才能成为真正有用的信息。因此，如何有效、有序、有组织地对项目全过程的各类介质信息资源进行管理，是现代建设工程项目管理的一项重要工作。

另外，以计算机为基础的现代信息处理技术在业主建设工程项目管理中的应用，又为大型项目信息管理系统的规划、设计和实施提供全新的信息管理理念、技术支撑平台和全面的解决方案。

2. 9. 2　业主建设工程项目信息管理的主要环节

业主建设工程项目信息管理系统有人工管理信息系统和计算机管理信息系统两种类型。业主建设工程项目信息管理的主要环节有项目信息收集、传递、加工、存储、维护和使用等。

1）信息收集

收集信息首先要识别信息，确定信息需求。信息的需求要由业主建设工程项目管理的目标出发，从客观情况调查入手，加上主观思路规定数据的范围。业主建设工程项目信息的收集，应按信息规划，建立信息收集渠道的结构，即明确各类项目信息的收集部门，收集者为何人，从何处收集，采用何种收集方法，所收集信息的规格、形式，何时进行收集等。业主建设工程项目信息的收集最重要的是必须保证所需信息的准确、完整、可靠和及时。

2）信息传递

传递信息应建立信息传递渠道的结构，明确各类信息应传输至何地，传递给何人，何时传输，采用何种方式传输等。应按业主建设工程项目信息规划规定的传递渠道，将项目信息在建设工程项目管理的有关各方、各个部门之间及时传递。信息传递者应保持原始信息的完整、清楚，使接收者能准确地理解所接收的工程项目信息。

3）信息加工

数据要经过加工以后才能成为信息，信息与决策的关系如下：

数据→预信息→信息→决策→结果

数据经加工后成为预信息或统计信息，再经处理、解释后才成为信息。业主只有具有必要的信息，才能作出决策，决策才有结果。关于项目管理信息的加工和处理，应明确由业主的哪个部门、由何人负责，并明确各类信息加工、整理、处理和解释的要求，加工、整理的方式,信息报告的格式,信息报告的周期等。

对于不同管理层次,信息加工者应提供不同要求和不同浓缩程度的信息。业主建设工程项目的管理人员可分为高级、中级和一般管理人员,不同等级的管理人员所处的管理层面不同,实施项目管理的工作、任务、职责也不相同,因而所需的信息也不相同。在业主建设工程项目管理的班子中,由下而上的信息应逐层浓缩,而由上而下的信息应逐层细化。

4）信息存储

存储信息的目的是将信息保存起来以备将来应用,同时也是为了信息的处理。信息的存储应明确由业主的哪个部门、由谁操作;存储在什么介质上;怎样分类,有规律地存储;要存什么信息、存多长时间、采用的信息存储方式主要应由业主建设工程项目管理目标来确定。

5）信息维护与使用

业主建设工程项目信息维护是保证项目信息处于准确、及时、安全和保密的合理状态,能够为管理决策提供有用的帮助。准确是要保持数据为最新的状态,数据在合理的误差范围以内。及时性是指能够及时地提供信息,常用的信息放在易获取的地方,能够高速高质地把各类信息、各种信息报告提供到使用者手边。安全性和保密性即防止信息受到破坏和丢失。

2.9.3　业主建设工程项目信息管理的组织规划

对于周期短、规模小的项目,业主建设工程项目信息管理没有必要在建设工程项目运作的业务流程中单独构成一个独立的管理环节。但是对于周期较长、规模较大的项目,信息管理工作对于业主决策和项目的成功将起到重要的作用。业主建设工程项目信息管理组织机构的规划应遵循以下原则。

1）设立专门的信息管理机构

业主在大型建设工程项目的组织和资源规划中必须设立专门的信息管理机构,部门名称可以叫项目信息中心或项目信息办公室。如果受人员编制的限制,可以把信息管理部门与档案管理部门等合并设置,但须保证至少 2 名信息管理员的专职编制。

2）成立建设领导小组

业主应成立以项目总经理为核心的项目信息管理系统建设领导小组,统一规划部署项目信息化工作。设立项目信息总监或项目总信息师,项目信息化领导小组办公室设在项目总信息师办公室。在条件具备时,项目信息总监最好由项目总经理亲自兼任,也可以由项目总工程师兼任,但必须制订与总经理办公室的职能和程序相独立的项目信息管理岗位职责和信息采集、加工、传递、处理和存储等管理程序。

3）设立部门级项目信息员

业主在项目的计划、财务、合同、物资、档案、质量和办公室等职能部门设立部门级项目信息员。项目信息员服从部门领导和总信息师双重领导，从而建成上通下达的项目信息资源管理组织体系。

4) 信息管理系统的建设费用

目前，业主在建设工程项目信息管理系统建设的费用在每个行业的项目划分和投资估算中没有专门列编，许多业主单位从总预备费或办公管理费中列支计算机网络、数据库、项目管理软件等采购费用。

2.9.4 业主建设工程项目信息管理的基本要求

业主建设工程项目信息管理是业主建设工程项目管理系统中的一个子系统。业主建设工程项目信息管理的基本任务是为业主建设工程项目管理和决策提供及时、准确的信息服务。业主建设工程项目信息管理的基本目标是实现项目信息化。为此，业主建设工程项目信息管理必须采用先进的计算机技术、网络技术来管理数据和信息。业主建设工程项目信息管理的基本要求是实现信息定量化、信息电子化、信息系统化、信息规范化和标准化。要用先进的数据库技术来管理建设工程项目信息，用先进的信息管理系统来分析和处理建设工程项目信息。

根据国内外成功经验，业主建设工程项目信息管理要循序渐进，从基础工作做起。通常是按照四个层面依次开展工作，不可急于求成。这四个层面分别是基础数据信息化、基本业务流程和事务处理信息化、内部控制及实施控制过程信息化和项目管理中管理行为规范化。

以上四个层次，依次由浅入深，由易到难，应从基础数据的积累开始，直至达到规范建设工程项目信息管理的目标。

业主建设工程项目信息管理要求既要有完整、系统、及时和准确的信息，又要使信息能在项目管理系统中按照实际管理的需要流动。因此，要求建设工程项目具备合理的管理体制，完善的规章制度，稳定的工作秩序，科学的管理方法和完整的原始数据。也就是说，实行有效的信息管理，要从项目管理的基础工作做起。完善和健全的建设工程项目管理基础工作是信息管理的前提和条件。信息管理具体要求有以下六方面。

(1) 转变观念。按照现代企业制度和现代项目管理的理念，建立层次分明、授权清楚、职责明确、符合建设工程项目管理实际需要的建设工程项目内部管理机构。

(2) 制订完整的规章制度和规范的业务工作程序。即实现管理工作制度化、规范化，管理业务程序化，使业务流程和信息流程保持一致。

(3) 建立科学的定额指标体系。统一质量检验评定标准和规范质量检查和评定行为；采用统一的进度计划管理软件实时跟踪工程进度；采用统一的支付软件确保支付的科学性和及时性，提高资金支付的效率。

(4) 统一报表体系。要在充分调查的基础上设计出一套标准化的指标体系，形成能满足各管理部门需求的统一制式的报表体系。

(5) 统一建设工科项目信息编码。要从建设工程项刚开始就研究确定建设工程项目信息的统一编码,实现项目信息完整的信息代码化。

(6) 建立可靠的组织保障体系。由于业主建设工程项目信息管理是为业主有效进行项目管理提供信息服务的人机系统,信息资源及信息技术的开发和利用所涉及的面很广,涉及的人也很多,为保证信息管理系统的正常进行,必须有一个专门的机构或部门来统筹安排,具体组织和落实;同时,还要有一支素质过硬的技术队伍,保证系统的开发和运行顺利进行。

2.9.5 业主建设工程项目信息管理系统建设的基本原则

(1) 整体性原则。业主建设工程项目管理信息系统是为业主进行项目管理服务的,是项目的组成部分,因此建设工程项目管理信息系统的建设要服从业主的整体利益,要把建设工程项目管理信息系统作为项目的一个子系统。

(2) 实用性原则。一个建设工程项目管理信息系统对应一个项目,因此,业主建设工程项目管理信息系统要注重实用性,不能脱离项目的实际。比如项目的规模、项目管理人员的素质、项目所处环境的复杂性、项目数据获取的难易程度及项目的重要性等,都将决定业主建设工程项目管理信息系统的规模和功能结构。

(3) 开放原则。考虑到与其他环境系统进行数据交换问题,业主在系统设计时应考虑系统的可扩充。

(4) 标准化原则。业主应重视项目管理信息系统的规范化,它关系到系统的实用性、可扩充性、开放性和易维护性问题,关系到系统的生命力。

(5) 安全性原则。系统用到的数据量较大,必须从技术管理上保证系统的安全运行。

(6) 时效性原则。项目的一次性特点决定了业主建设工程项目管理信息系统的时效性,其研制的时间也受到限制。

2.9.6 业主建设工程项目信息管理系统总体规划

由于建设工程项目管理信息系统开发周期长、涉及面广、技术复杂、投资大,因此,从一开始业主就必须对整个系统进行分析,根据建设工程项目管理环境和实际需求,确定系统的目标和主要功能,进行可行性研究,为系统分析、设计和实施打下基础。从总体上把握系统目标功能框架,提出解决方案。业主建设工程项目信息管理系统总体规划一般分以下几个过程。

1) 确定新系统目标

业主进行初步调查的主要内容有以下五个方面。

(1) 建设工程项目基本情况。主要包括建设工程项目的规模、总投资、建设周期、重要里程碑进度、建设工程项目的子项目、工程设计单位、施工承包单位、设备供应商、工程监理单位等。

(2) 项目管理组织的基本情况。管理组织机构设置及人员安排,工作制度和业务流程,管理目标和信息需求,计算机应用状况等。

（3）系统运行的环境。原有系统的情况，信息管理和信息处理方式，原始数据的采集和管理，数据的完整性和准确性，原有系统的技术条件和工作效率，对新系统的需求和态度等。

（4）项目管理组织与外部的联系。与外部实体单位的联系内容及方式，外部环境条件对项目组织管理的影响及影响程度。

（5）调查研究建立新系统的基本条件。

2）建设工程项目管理信息系统总体方案

业主拟定系统总体方案应重点分析以下内容。

（1）确定系统的目标和主要功能。系统的近期目标和长远目标，项目管理信息系统与项目管理组织系统，组织外部环境的信息联系和接口，建设工程项目管理信息系统的类型和主要功能。

（2）系统运行的环境。描述建设工程项目管理信息系统与工程项目管理体制，管理组织之间的相互联系和相互影响，提出为确保项目管理信息系统运行需要进行的管理体制改革，组织机构调整和业务流程合理化的建议。

（3）系统的资源要求。建设工程项目管理信息系统所需软件、硬件的性能指标的分析选型原则。

（4）系统开发计划。建设工程项目管理信息系统开发的方式、方法，人员安排、进度安排和投资概算等。

3）建设工程项目管理信息系统开发的可行性研究

业主建设工程项目管理信息系统开发的可行性研究主要包括以下内容：

（1）系统使用环境分析。建设工程项目管理信息系统的主体（建设工程项目业主）对信息技术的认知程度、对信息技术规范化管理的理解程度和信息管理中数据为主原则的认可程度等。

（2）技术可行性分析。主要是业主根据系统的目标和功能要求，分析论证硬件的性能和软件配置能否达到要求，技术人员的结构是否合理，各种数学模型能否满足项目管理分析、预测的需要。还要特别注意系统安全能否得到有效的保障。

（3）经济可行性分析。业主进行建设工程项目管理信息系统的投资效益分析。要在估算系统开发的投资费用、将来的运行费用以及系统运行的效益的基础上，对系统的投资效益进行分析。

（4）系统运行（组织管理）方面。主要是分析建设工程项目管理信息系统投入运营后，可能导致管理体制、组织机构和职能分工以及管理方法和业务流程的改变，对项目管理和个人行为产生的影响，充分考虑这种改变的可能性和人们的适应性。

可行性研究阶段一般要提出几个方案，并进行分析比较，选择一个可行的方案，并提出可行性研究报告和系统总体规划报告。

2.9.7　业主建设工程项目信息管理系统分析

建设工程项目信息管理系统分析的任务是设计出能满足系统条件的逻辑模型，即规定项目管理信息系统应该做什么,应该具备的功能。系统分析阶段的主要任务是系统调查,构造系统的逻辑模型。

1）项目管理信息系统的外部结构与处理流程

正确规划项目管理信息系统的外部结构与功能,首先要建立项目信息源的总体结构与处理流程。一个大中型建设工程项目的信息管理,涉及建设工程项目业主、项目规划、工程设计、建筑工程承包商、设备材料供应商、工程监理、贷款银行以及政府有关管理部门(如投资和项目管理部门、环保、土地、工商,进出口、税务、质量监督)等诸多项目参与方。在项目建设不同阶段,项目参与各方参与程度不同,相应的信息管理的内容和要求不同,对项目管理信息系统的结构和功能要求也不相同。

其次,建设工程项目业主必须在项目建设前期对项目管理信息系统的内部信息流程和外部信息的供需关系作出规划和设计。如:对外部信息需求,应在招标文件中向所有承包商和供应商明确指明该项目管理信息系统拟采用的网络平台、数据库平台、安全控制平台等系统特性;明确建设工程项目业主拟采购的管理软件(如财务软件、进度控制软件、设计图和文档管理软件等)的供应商、版本号及数据接口等。统一和规范项目管理信息系统的范围和制订外部信息处理流程的规划都应该在采购招标开始之前完成。建设工程项目业主关于项目管理信息系统的范围和外部信息处理流程规划设计,应作为全部招标文件的重要附件和当然标的。也就是说,在编制建设工程项目招标文件的同时,就应进行建设工程项目管理信息系统的设计规划,并根据信息系统设计规划,将合同各方在信息系统中的权利和义务作为合同条件写进相关招标文件。

建设工程项目管理信息系统的性能、效率,取决于系统的外部接口结构与环境。

2）项目管理信息系统的内部结构和信息流程

大中型建设工程项目的业主管理信息系统的内部结构一般包括:投资管理和控制信息子系统,进度管理和控制信息子系统,质量管理和控制信息子系统,设备管理信息子系统,合同管理信息子系统,物资供应管理信息子系统,人力资源管理信息子系统,设计图和文档管理信息子系统,办公和决策管理信息子系统等。在项目建设的不同阶段,业主管理信息系统的核心功能和管理目标会有所侧重和区别。

由于建设工程项目不同,业主所采用的管理信息系统的结构和功能目标不同,在项目建设不同阶段,项目管理信息系统的内部处理流程也会有所不同。根据我国大中型建设工程项目管理信息系统的实际应用经验,建设工程项目业主在规划设计项目管理信息系统内部处理流程时应重点掌握:①统一信息编码。目前,统一信息编码的重要性已被大家接受,在各种项目管理信息系统中都已采用信息编码技术,并在项目管理信息系统设计阶段,根据建设工程项目的实际情况和未来发展的需要,制订统一的信息编码,确保项目质量管理、进度管理、投资管理三大信息控制子系统在分部工程、单位工程、单项工程的划分与项目信息编码一一对应;物资需求计划与采购合同的编码一一对应,项目财务管理信息系统的项目与概预算的项目划分编码一一对应,施工合同、采购合同编码及财务科目编码一一对应,等等。

②以施工图设计和概预算数据库为基础，以进度计划网络图为工具，自动生成指导性项目资源计划，作为项目管理和控制的预期目标。③以实际工程消耗、财务数据为依据，动态生成实际资源支出消耗数据，并自动进行对比，为成本控制、合同支付和结算提供动态实时信息和依据。

2.10　技术创新管理

2.10.1　金融服务区项目科技创新的意义

泰州市金融服务区建筑群项目实行技术创新管理，并且委托同济大学复杂工程管理研究院、上海科瑞漫拓信息技术有限公司、泰州职业技术学院联合体负责科技创新相关工作咨询工作。主要具有如下深远意义。

1）提升档次

通过科技应用与创新提升项目的品质与档次，增加工程项目建设的内涵，从技术层面提升“泰州市金融服务区”的品牌效应、广告效应。

2）产生效益

通过科技应用与创新，确保 20 幢大楼的工程进度、施工质量和施工安全，同时降低工程造价，使大型工程建设项目产生良好的经济效益和社会效益。

3）知识积累

通过科技应用与创新的工程实践和课题研究，收集整理建筑群建设全过程的宝贵资料，进行提炼与加工，形成“泰州市地标建筑”设计、施工与项目管理的无形资产，为类似工程建设提供借鉴。

4）培养团队

通过技术应用与创新实践活动，提高各参建单位与管理部门的技术和管理水平，培养一批具有创新能力的技术与管理人员，培养高水平的工程建设项目管理团队，为企业转型升级、泰州建筑业可持续发展、泰州“建筑强市”称号提供强有力的支撑。

2.10.2　科技创新技术应用

泰州市金融服务区建筑群项目建设全过程，推广应用建设部和江苏省“十项新技术”项目，获得良好的应用效果。

1）混凝土裂缝控制技术

为了有效地控制混凝土裂缝，达到该工程要求的一级防水效果，泰州金融服务区一标段（东组团）工程在主体施工过程中（图 2-14），从混凝土材料角度出发，通过原材料选择、配比设计、试验比选等选择抗裂性较好的混凝土，并在大体积混凝土梁板柱施工中采取一些技术措施，即采用了掺加抗裂纤维的纤维混凝土。该工程掺入了派尼尔 LK-PP-1 型抗裂纤维，单方混凝土掺量为 30 千克，抗裂纤维的掺入显著提高了混凝土的抗拉强度、抗弯强度、抗疲劳特性及耐久性，提高了混凝土的韧性，特别是可以阻断混凝土内部毛细管通道，因而减少混凝土暴露面的水分蒸发，大大减少混凝土塑性裂缝和干缩裂缝，同时从混凝土配合比、施工分层浇筑、养护等各个方面加强裂缝的控制和管理，达到了很好的裂缝控制效果(图 2-15)。混凝土裂缝控制技术的应用使施工成本降低 20 余万元。

图 2-14　混凝土施工

图 2-15　混凝土成形效果

2) 超高泵送混凝土技术

金融服务区 58 层超高层建筑，混凝土的泵送高度最高为 244 米，采用现代先进混凝土泵送技术。近年来，随着经济和社会发展，泵送高度超过 300 米的建筑工程越来越多，因而超高泵送混凝土技术已成为超高层建筑施工中的关键技术之一。超高泵送混凝土技术是一项综合技术，包含混凝土制备技术、泵送参数计算、泵送机械选定与调试(图 2-16)、泵管布设(图 2-17)和过程控制等内容。该工程采用的是中联重科 ZLJ5180THBE 车载泵，通过采

图 2-16　泵车

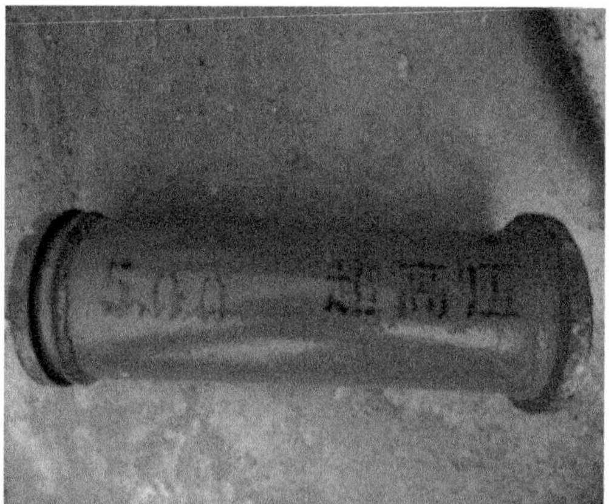

图 2-17　泵管

用两台 BF6M1013195 千瓦的柴油机，泵送压力高达 28 兆帕，是目前全国最高泵送压力的车载泵，理论最大输送垂直高度达 300 米，可一泵到顶，不需中途中转。施工中保证了工程泵送的高度要求和混凝土泵送的连续性、可靠性。因此节约成本近 20 万元。

3) 高强钢筋应用技术

该工程高强钢筋是现行国家标准中规定的、屈服强度为 400 兆帕的普通热轧带肋钢筋(HRB)。普通热轧钢筋(HRB)多采用钒、铌或钛等微合金化工艺进行生产，其工艺成熟、产品质量稳定，钢筋综合性能好。经过多年的技术研究、产品开发和市场推广，目前，400 兆帕级钢筋已得到一定应用，该工程使用 HRB400 钢筋 5 000 吨，使生产效率和施工质量得到有效提高。现场施工情况如图 2-18 所示。

(a) F卡控制钢筋间距

(b) 混凝土保护层厚度控制

图 2-18　高强钢筋现场施工情况

由于 HRB400 级钢筋是在 HRB335 级钢筋基础上添加一定数量的钒、铌合金元素，其成本相应增加，但由于在建筑结构中，根据相关资料显示和上述分析可知，在同样技术条件下，使用 HRB400 级钢筋替代 HRB335 级钢筋，其抗拉、抗压强度设计值从 300 兆帕提高至 360 兆帕，可节约 10%～15%的钢材，节约 5%～8%以上的费用；代替 HPB235 级钢筋可节省 42%的钢材，节约资金 20%左右。从工程整体来看，既提高了钢筋混凝土结构的综合性能，又减少了钢材用量，降低了工程总成本。由于用量减少，钢筋的运输、加工、人工等费用也都相应减少，经测算每 10 米^3 钢筋混凝土结构工程钢筋费用可节省 170～250 元。

4) 大直径钢筋直螺纹连接技术

该工程中钢筋连接主要是大直径钢筋直螺纹机械连接(图 2-19)，$\phi 22$ 及以上钢筋连接采用直螺纹连接接头，该技术工效高、成本低、连接方法容易掌握、质量稳定。经过公司成本部的计算，当钢筋直径 $d \geqslant 18$ 毫米，直螺纹钢筋接头成本对其他钢筋连接成本持平甚至偏低，而且直螺纹钢筋接头具有对施工操

图 2-19　大直径钢筋直螺纹加工

作环境要求低、连接质量好、操作方便等优点。该工程推广使用部位:梁、柱和板钢筋连接,使用数量 32 400 个,节约成本 23 万元。

5）附着升降脚手架技术

该工程 5#、6# 楼采用附着升降脚手架(图 2-20)。它只需搭设 4～5 层的脚手架,随主体结构施工逐层爬升,也可随装修作业逐层下降。附着升降脚手架的基本原理是利用建筑物已浇筑混凝土的承载力将脚手架和专门设计的升降机构分别固定在建筑结构上,当升降时解开脚手架同建筑物的约束而将其固定在升降机上,通过升降动力设备实现脚手架的升降,升降到位后,再将脚手架固定在建筑物上,解除脚手架同升降机的约束,如此循环逐层升降。该工程核心筒及外围板从 8 层开始采用两道工具化附着式升降脚手架,全钢防护,美观亮丽。整体自动升降,不仅最大程度地降低了工人劳动强度和高空临边作业的危险,消除了架体火灾隐患,同时提高了工作效率,符合绿色施工的发展方向。因此节约成本 50 余万元。

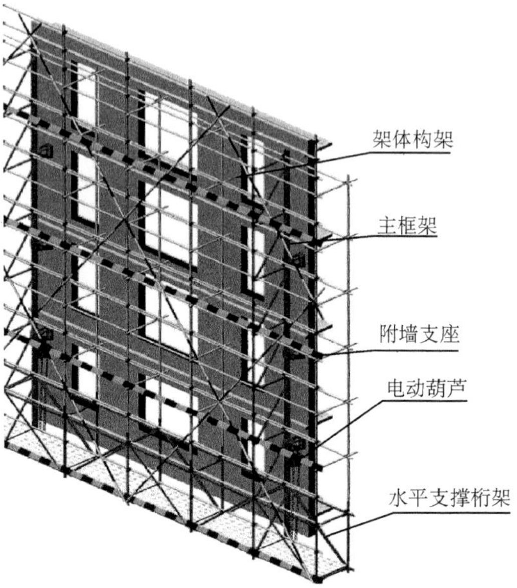

图 2-20　附着升降脚手架构造图

6）深化设计技术

深化设计是在钢结构工程原设计图的基础上,结合工程情况、钢结构加工、运输及安装等施工工艺和其他专业的配合要求进行的二次设计。其主要技术内容有:使用绘图软件建立结构空间实体模型或使用计算机放样制图,提供制造加工和安装的施工用详图、构件清单及设计说明。该工程超高层建筑主体为钢筋混凝土核心筒＋外框钢结构形式的超高层建筑,用钢量约 8 000 吨。深化设计任务繁重,每层约 150 个零部件需要认真细化、核对。通过前期及时合理的钢结构深化设计,使钢结构的加工、运输、现场吊装有序进行,和其他专业配合的矛盾冲突很少,提高了钢结构施工的工效,经济和社会效益显著。通过前期的深化设计,施工成本节约近 80 万元。

7）钢与混凝土组合结构技术

该工程型钢与混凝土组合结构主要包括:钢管混凝土柱,十字形、H 形混凝土柱,H 形钢骨梁。钢管混凝土可显著减小柱的截面尺寸,提高承载力;钢骨混凝土承载能力高,刚度大且抗震性能好;钢管混凝土施工简便,梁柱节点采用外环板式,施工与普通钢结构一致,钢管内的混凝土采用微膨胀混凝土。关键技术是设计合理的梁柱节点与确保钢管内浇捣混凝土的密实性。该工程超高层建筑为泰州地区第一栋主体为钢筋混凝土核心筒＋外框钢结构形式的超高层建筑,且为苏中地区单体钢结构建筑高度最高、用钢量最多(约 8 000 吨)的建筑。

钢结构建筑的特点：使用钢结构不但可以利用钢结构本身的刚性强、自重小、抗震强度大的特点，而且可以减少柱子截面面积，美化建筑立面和使用效果，节省材料。

该工程钢结构施工的难点分析：

- 深化设计任务繁重，每层约 150 个零部件需要认真细化、核对。
- 场地狭小，工期紧张，需对构件的进场、堆放需做周密计划，保证吊装进度。
- 塔吊使用时间紧凑，一机多吊。合理安排，保证工期 5～6 天一层。
- 保证焊接质量是该工程的重中之重，根据工艺要求，采取合理的焊接顺序及坡口形式，焊前预热，层间加热，保证焊缝一次性成形美观。该工程现场焊缝超声波探伤(Ultrasonic Test，UT)检测合格率达 99.7%。

8) 管线综合布置技术

该工程各个楼栋的消防及机电安装工程均采用了管线综合布置技术。综合布线是一种模块化的、灵活性极高的信息传输通道，通过它可使话音设备、数据设备、交换设备及各种控制设备与信息管理系统连接起来，同时也使这些设备与外部通信网络相连。它还包括建筑物外部网络或电信线路的连接点与应用系统设备之间的所有线缆及相关的连接部件。综合布线由不同系列和规格的部件组成，其中包括传输介质、相关联接硬件(如配线架、连接器、插座、插头和适配器)以及电气保护设备等(图 2-21)。这些部件可用来构建各种子系统，它们都有各自的具体用途，不仅易于实施且可降低成本、提高经济效益，也能随需求的变化而平稳升级。运用此技术施工节约成本近 20 万元。

图 2-21　管线综合布置施工现场实景

9) 预分支电缆施工技术

该工程各个楼栋的电线电缆施工采用了预分支电缆施工技术。预分支电缆是近年来的一项新技术产品，该产品根据各个具体建筑的结构特点和配电要求，将主干电缆、分支线电缆、分支连接体三部分进行特殊设计与制造，产品到现场经检查合格后可直接安装就位，极大地缩短了施工周期、减少了材料费用和施工费用，更好地保证了配电的可靠性。预分支电缆由三部分组成：主干电缆、分支线、起吊装置，并具有三种类型：普通型、阻燃型、耐火型。预分支电缆是高层建筑中母线槽供电的替代产品，具有供电可靠、安装方便、占用建筑面积小、故障率低、价格便宜、免维修等优点，目前已广泛应用于中高层建筑采用电气竖井垂直供电的系统和隧道、机场、桥梁和公路等供电系统。

10) 电缆穿刺线夹施工技术

电缆穿刺线夹施工技术是一种新型的电缆连接器技术(图 2-22)，是代替分线箱、T 接

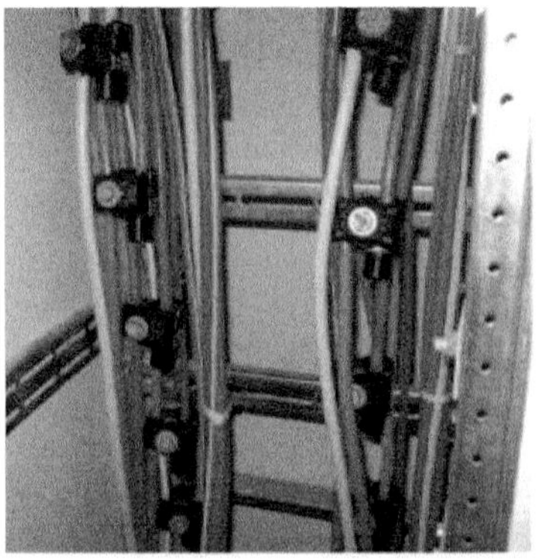

图 2-22 电缆穿刺线夹施工现场实景

箱最佳的产品，施工时无需截断主电缆，可在电缆任意位置做分支，不需要对导线和线夹做特殊处理，操作简单、快捷，与常规接线方式相比，免去了剥除绝缘层、烫锡或压接端子、绝缘包扎等工序，减少了绝缘层、电线头等施工垃圾，降低了常规做法难以避免的环境污染，节省人工和安装费用。该工程采用电缆穿刺线夹 980 个，节约成本约 20 万元。

11）施工过程水回收利用技术

施工过程水回收利用技术一般包含两种技术：一是利用自渗效果将上层滞水引渗至下层潜水层中，可使大部分水资源重新回灌至地下的回收利用技术；二是将降水所抽水体集中存放，用于生活用水中洗漱、冲刷厕所及现场洒水控制扬尘，经过处理或水质达到要求的水体可用于结构养护用水、基坑支护用水，如土钉墙支护用水、土钉孔灌注水泥浆液用水，以及混凝土试块养护用水、现场砌筑抹灰施工用水等的回收利用技术。泰州金融服务区一标段（东组团）在施工过程中于 6# 楼的东侧设置了高压泵房与消防水池（10 米×12 米×1.8 米），将地下降水引至消防水池（图 2-23），供应整个现场施工用水，降低了成本，节约了水资源约 65 000 米^3。此举大大节约了施工过程中自来水的用量，取得了比较明显的经济效益。

图 2-23 施工过程水回收设施实景

12）预拌砂浆技术

预拌砂浆是指由专业生产厂生产的，用于建设工程中的各类砂浆拌合物。预拌砂浆分为干拌砂浆和湿拌砂浆两种。该工程全部采用预拌砂浆，预拌砂浆充分利用工业废料如粉煤灰、矿渣、钢渣、石屑和尾矿砂等，在降低成本的同时，还能改善砂浆的施工性能；与现场搅拌比，可减少砂浆使用量；罐车密闭运输，减少了运输过程中的漏撒；减少了使用袋装水泥造成的包装资源浪费；减少工程维修费用，延长了建筑物的使用寿命；减少粉尘排放，改善施工环境、实现绿色施工。施工中预拌砂浆品质稳定，施工质量得到提高。该工程预拌砂浆用量约 7 800 米^3，节约成本 30 余万元。

13）施工现场远程监控管理工程远程验收技术

泰州金融服务区工程一标段（东组团）施工现场利用远程数字视频监控系统和基于射频技术的非接触式技术或 3G 通信技术对工程现场施工情况及人员进出场情况进行实时监控，通过信息化手段实现对工程的监控和管理（图 2-24）。该技术的应用不但能实现现场的监控，还具有通过监控发现问题，能通过信息化手段整改反馈并检查记录的功能。

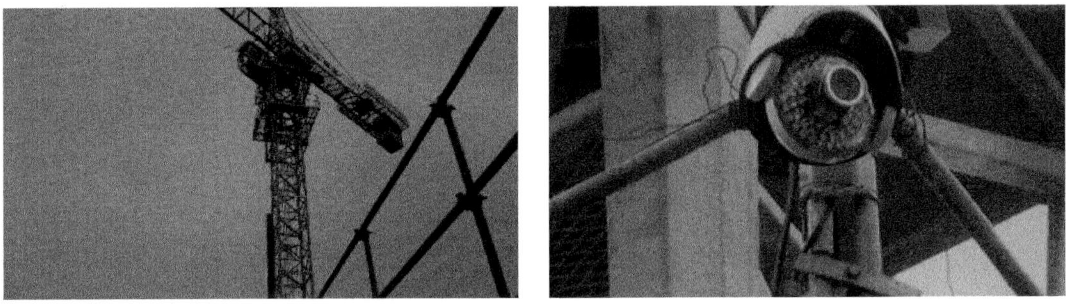

(a) 塔吊监控　　(b) 工棚监控

图 2-24　远程监控管理设施实景

该工程还应用远程验收和远程监控系统，通过视频信息随时了解和掌握工程进展，远程协调与指挥工作能够实现将施工现场的图像、语音通过网络传输到任何能上网的地点，实现与现场完全同步、实时的图像效果；通过视频语音通信客户端软件，对工程项目进行远程验收和监控，并能实现将现场图像实时显示并存储下来。因此节约成本 10 余万元。

14）工程量自动计算技术

工程量和钢筋量的计算是工程建设过程中的重要环节，其工作贯穿项目招投标、工程设计、施工、验收和结算的全过程。其特点是工作量大、内容繁杂，需要技术人员做大量细致、重复的计算工作。泰州金融服务区工程一标段（东组团）施工现场总建筑面积达 27.9 万米^2，工程量庞大，为了减轻核算人员的工作负担，项目部特地配备了一套广联达图形算量及钢筋算量软件用于该工程的工程量计算。通过三维建模，将设计图纸上的工程信息输入广联达软件，然后通过软件自动计算出工程的各项工程量，应用于建模、工程量统计、钢筋统计等过程，实现砌体、混凝土、装饰及基础等各部分的自动算量，避免了核算人员手工计算工作量大、内容繁杂、重复计算工作的弊端，大大提高了核算人员的工作效率和工程量计算的准确性。节约成本近 10 万元。

15）原浆机械抹光技术

该工程楼层顶板地面地坪采用原浆机械抹光技术，对混凝土地面浇筑时注意找平和标高控制，分多次进行找平。机械抹光时，表面收水后做粗抹，粗抹 1～2 小时后做精抹，最后盖薄膜养护，并注意成品保护。工程实践证明，混凝土楼地面的综合防裂与施工工艺密切相关，也与材料相关，通过收缩及温度应力分析，确定合理的面层厚度、面块大小及合理的切缝时机等，保证工程质量，相应避免或减少了今后的维修费用。节约成本 50 余万元。

16）工地木方接木技术

在以往施工过程中，都会有大量短木方，既占地方，又存在一些消防安全隐患，一般都会把这些废料当作垃圾进行付费处理。有些可以利用的短木方，专门组织人员进行清理和整理，额外增加了人工成本。废弃这些短木方既浪费人工也浪费资源，不符合绿色施工的精神。针对上述情况，项目部引进专业木方拼接机到工地现场，根据建筑工地的实际情况，进行有针对性的拼接和整理。经人工整理、机械梳齿、涂胶及拼接等工序，拼接成建筑施工中所需的各种长度的木方（现场拼接）。拼接木方的使用寿命、质量几乎等同于同材质同成色的木方，极大地降低了木方使用成本。废旧木方利用量为 600 米^3，成本节约 30 余万元。

17）剪力墙转角斜向短螺杆对拉组合体模板施工技术

项目部在混凝土剪力墙结构常规模板支撑体系施工工艺的基础上，对模板支撑体系中螺杆对拉支撑施工技术要点、施工工艺、工序质量及过程控制进行了综合研究，并在此基础上进行了创新设计，取得了“超厚超长剪力墙转角斜向短螺杆对拉组合体模板支撑体系施工技术”这一创新技术成果。采用由新型螺母、螺纹套筒、支撑铁垫片以及斜向短螺杆组合式模板支撑体系定型装置，在超厚超长剪力墙转角阳角纵横墙面模板支撑施工中，用斜向短螺杆与纵横墙面成 45 度穿越，配合螺母、螺纹套筒、支撑铁垫片组成的组合体定型配件进行斜向对拉构成的新型墙体模板支撑施工工艺，该组合体模板支撑体系的制作、安装都很方便，而且提高了墙体模板支撑的刚度、强度、稳定性，避免了通长螺栓对拉，节约材料、构造简单、操作快捷、施工方便，提高了超长超厚剪力墙模板支撑的施工质量，避免模板施工质量通病的发生，经济效益显著。该工法已在多个工程项目施工中应用，取得显著社会、经济效益。节约成本近 28 万元。

18）垂直运输用双层双柱电动爬升平台安装施工技术

项目部组织相关技术管理力量经过技术分析和经济对比，运用一种新型的垂直运输用双层双柱电动爬升平台，即 GJJ 双层升降平台替代建筑外立面钢管脚手架和施工升降机应用于高层建筑施工中。对双层双柱电动爬升平台安装施工技术要点、施工工艺、工序质量及过程控制进行了综合研究，取得了“垂直运输用双层双柱电动爬升平台安装施工工法”这一技术成果。该爬升平台安装施工方法工艺优良、技术先进、施工高效、安全性可靠性较高，安装及操作方便快捷。其特征是，技术设备为两级双柱双层平台，其组成主要由两级双层平台板、导轨、主机箱等构成，每套主机有两个电机及减速机，通过减速机输出端的齿轮与标准节的齿条啮合，以实现平台的上下运行。双柱平台还带有自动控制系统，以确保平台的水平状态，大大提高施工运输工效，节约成本 30 余万元。

2.10.3　科技创新探索研究

1）研究课题汇总

泰州市金融服务区项目实施过程中，金融服务区建设指挥部推进相关参建单位走科技创新之路，并将研究成果应用于工程建设，提升项目品质。主要开展的课题研究如表 2-5 所示。

表 2-5　泰州市金融服务区项目研究课题一览表

序号	研究课题
1	大型复杂工程项目管理研究
2	建筑业十项新技术的应用与创新
3	建筑信息化(BIM)技术的实践与研究
4	绿色建筑与绿色施工技术应用与创新
5	大型项目高层建筑群无负压供水系统设计研究与实践
6	超高层建筑供电供水设计研究与实践
7	智慧楼宇控制系统设计施工与研究
8	超高层钢结构施工关键技术实践与研究
9	高层和超高层建筑施工脚手架、模板系统、施工设备等相关技术实践与研究
10	高层建筑施工的整体提升平台应用与研究
11	大面积基坑与地下结构施工技术的实践与研究
12	泰州地区大面积深基坑降水施工技术的应用与研究
13	超高层建筑幕墙系统设计与施工技术研究
14	建筑泛光系统的设计与施工技术研究与实践
15	超高层建筑消防系统、机电设施的研究与实践
16	城市地下综合管廊的建设全过程研究

在项目研究的基础上，指挥部组织了纵向课题申报，获得泰州市科技支撑计划（社会发展）项目立项 4 项：超高层建筑安全施工关键技术的研究与应用、基于 BIM 技术的大型工程施工进度研究、金融服务区项目绿色建筑关键技术的集成与应用研究、城市地下综合管廊建设全生命周期管理的 BIM 技术。

2）城市地下综合管廊的相关技术研究

泰州市金融服务区地块因有 20 幢高层建筑，功能繁多，引起地下管线复杂，因此指挥部组织研究城市地下综合管廊相关课题，并且申报了 2016 年度住建部科技计划项目“基于 BIM 技术的城市地下综合管廊项目建设研究与实践”，获得立项。课题组系统研究了城市地下综合管廊规划、设计、施工和运维各阶段的管廊建设技术和 BIM 技术的创新应用。课题于 2019 年 3 月 28 日结题验收，获得评审专家组"研究成果达到国内先进水平"的好评。课题组的研究成果旨在服务于金融服务区建筑群，并且基于多方案比选(表 2-6)，提出了建设方案(图 2-25、图 2-26)。

表 2-6 综合管廊规划方案投资估算表

方案一 规划道路综合管廊					方案二 G328 道路综合管廊				
估价项次	数量	单位	单价 (万元)	合计 (万元)	估价项次	数量	单位	单价 (万元)	合计 (万元)
三舱综合管廊 (2.3+3.1+1.9)×3	600	米	9.323	5 593.8	三舱综合管廊 (2.4+3.3+2.0)×3	600	米	9.775	5 865
临时管理房	1	座	—	100	临时管理房	1	座	100	100
20 m 宽规划道路 (含照明及绿化)	600	米	1.2	720	道路破除及管线 迁改(暂估)	—	—	—	500
总计	—	—	—	6 413.8	总计	—	—	—	6 465

注：初步确定该项目的综合管廊布置于规划道路南侧人行道下，布置形式为污水、市政、燃气三舱布置。纳入管线包括 DN400 污水管、DN400 给水管、DN300 中水管、10 千伏电力管、通信 8 孔和 DN200 燃气管。管廊实施可与规划道路同期实施，避免道路开挖及管线迁改。

图 2-25 综合管廊规划方案断面 BIM 图

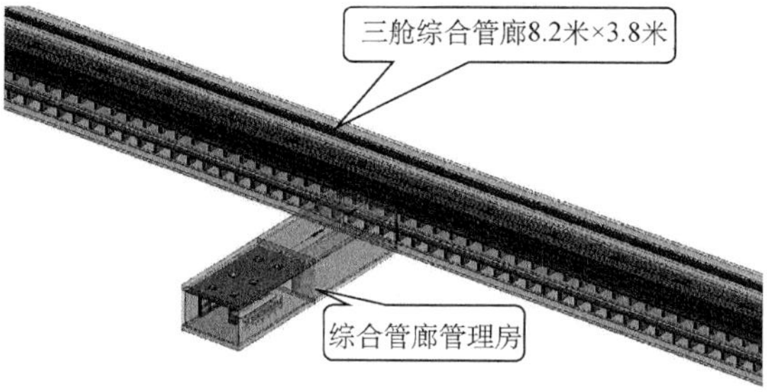

图 2-26 综合管廊规划方案布局 BIM 图

在泰州市金融服务区地块建设城市地下综合管廊的方案，经过上级主管部门的反复讨论，最终未能获得批准，未获批准的主要原因有：①管廊的运营使用权属复杂，不易达成共识；②管廊造价 6 000 多万元，财政支出有困难，且暂时发挥作用较小。

2.10.4 科技管理成果

通过金融服务区项目建设过程的科技管理创新，促进技术创新，获得了丰硕的研究成果。主要包括：5 项研究课题结题，发表 20 余篇论文，出版专著《城市地下综合管廊工程建设与 BIM 技术应用》，申请专利 10 余项，获得江苏省施工工法 5 项，获得泰州市优质结构、江苏省文明标化工地、江苏省优秀质量管理小组奖、江苏省建筑业新技术应用示范工程(图 2-27)和中国钢结构金奖(图 2-28)。

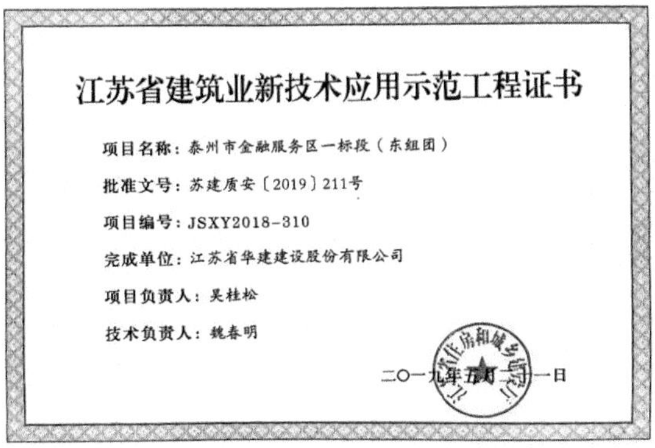

图 2-27　江苏省建筑业新技术应用示范工程证书

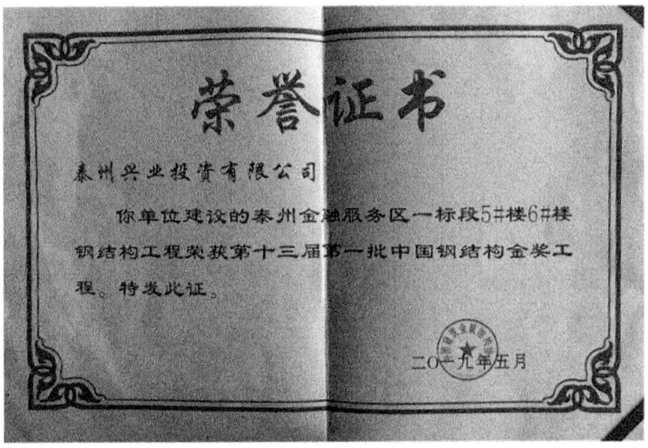

图 2-28　中国钢结构金奖证书

第 3 章　金融服务区建筑群总控设计

3.1　建筑群设计总说明

泰州市金融服务区建筑群项目是泰州立市以来投资总量最多、建筑规模最大的单体建筑群，居于城市发展新区与城市中轴线之上，且地理位置优越，使它天生具备与时代对话的天赋，也被赋予了“泰州市新时代地标建筑”的符号。设计师们试图从建筑单体的艺术性与时代性入手，令其承载一方希望与梦想，为促进当地经济和社会发展，提高当地人民生活品质贡献力量。

图 3-1　泰州市金融服务区建筑群鸟瞰图

泰州市金融服务区建筑群（图 3-1）的总体控制及联合地下室公共区域配套设计，建设地点位于江苏省泰州市永定路（328 国道）以北，鼓楼路以西，海陵路以东，文化中心以南的文化中心南侧地块。

区域位置位于泰州金融服务区位于城市中轴线上，北端为泰州市人民政府，南端为城市多功能发展区，两翼为新城区。

设计规模及主要技术经济指标详见表 3-1。用地红线内地块面积 109 744 米^2，东西长 535.907 米，南北宽 207.95 米，地块内建设 11 栋高层建筑，由 9 栋高层建筑和 2 栋超高层建筑组成；建筑层数：14～58 层；最高建筑高度 232.35 米，裙房高度低于 24 米。建筑性质及功能包括：办公建筑、商业及旅馆建筑。建筑总占地面积为 34 194.48 米^2；总建筑面积为 700 707.48 米^2，建筑密度为 33.34%；容积率为 4.683；绿化率为 35.5%。地下建筑共二层，由地面 11 栋高层建筑的 11 个地下区域与公共配套区域共同组成联合地下室，作为机动车及非机动车停放区域及配套用房使用。地下二层东侧区域为人防区域，作为核 6 级甲类二等人员掩蔽部及核 6B 级人防物资库，人防区域面积为

47 167 米^2。联合地下室总建筑面积为 186 766.18 米^2。地下机动车停车位为 3 611 个。

表 3-1　建筑群设计主要技术经济指标

项目名称		单位	数量
建设用地面积		米^2	109 744
占地面积		米^2	34 194.48
总建筑面积		米^2	740 707.48
其中	地上总建筑面积	米^2	553 941.3
	地下总建筑面积	米^2	186 766.18
道路广场面积		米^2	14 127.6
绿地面积		米^2	38 959.12
建筑密度			33.34%
容积率			4.683
绿地率			35.5%
机动车停车位		个	3 811
其中	地上停车位	个	200
	地下停车位	个	3 611
非机动车停车位		个	3 973
其中	地上停车位	个	0
	地下停车位	个	3 973

建设单位共 15 个，分别为泰州市城市建设项目管理中心、泰州嘉銮文化大酒店有限公司、泰州润泰餐饮服务有限公司、泰州市杰盛房地产开发有限公司、泰州市普丰园林绿化工程有限公司、泰州兴业投资有限公司、江苏鹏宇实业投资有限公司、泰州市鹏宇房地产开发有限公司、江苏昌龙工贸有限公司、泰州市天利投资发展有限公司、江苏今日阳光房地产发展有限公司、江苏吴江农村商业银行股份有限公司、江苏美好实业投资集团有限公司、泰州市城市建设投资集团有限公司、中国建设银行股份有限公司泰州分行。

联合设计单位共 9 个，分别是：上海宝厦建筑设计有限公司、无锡市建筑设计研究院有限责任公司、浙江大学建筑设计研究院、中国建筑上海设计研究院有限公司、中船第九设计研究院工程有限公司、苏州市建筑设计研究院有限责任公司、东南大学建筑设计研究院、上海联创建筑设计有限公司、解放军理工大学人防工程设计研究院。

建筑类别为一类高层；抗震设防烈度为 7 度；防火类别为防火等级为一级；防水等级为地下Ⅰ级和屋面Ⅰ级；设计使用年限为 50 年。

3.2 总平面设计

3.2.1 场地概况

泰州市金融服务区项目位于泰州新区永定路(328 国道)以北,场地地势较平坦,场地现状高程为黄海高程 4.61～5.20 米;场地外临市政道路,鼓楼路在本地块入口处为黄海高程 5.79 米,鼓楼路在本地块入口处为黄海高程 5.86 米,永定路(328 国道)在本地块入口处为黄海高程 5.92～5.95 米。

公用工程线路接口:金融服务区项目建设是新建工程,海陵路、鼓楼路及永定路(328 国道)已建成,且均已敷设市政给水管、雨水管、污水管和电信电缆等。项目公用工程市政接口均来自这三条路。

泰州金融服务区(即文化中心南侧地块)总用地红线内按规划要求划分了 20 个分地块建筑控制线,编号为 1# ～20# 楼用地建筑控制线。其中 1# 2# 楼、3# 楼、4# 楼、5# 6# 楼、7# 8# 楼、9# 10# 楼、11# 12# 楼、13# 14# 楼、15# 16# 楼、17# 18# 楼、19# 20# 楼地块分别为一栋单体建筑,总体由 11 栋建筑组成,其中 6# 楼地块、15# 楼地块为超高层建筑用地控制线。

3.2.2 总平面布局设计

项目位于城市南北中央发展轴线上,根据规划要求,结合泰州当地气候、基地空间特征、城市天际线、地块周边环境等条件的分析研究,将两栋超高层建筑设置在场地中部,分别位于场地南北两侧,超高层建筑之间设大型绿化广场,其余 9 栋建筑位列其左右两翼,沿东西轴展开,建筑群高度绘出了一条美丽的城市天际线,形成一个门的概念,意味着泰州金融服务区是泰州的城市之门、希望之门。在平面布局上,建筑群立足于城市主轴上,并以一种聚拢的势态完成一种趋势,创意的组合,使泰州金融服务区形成鲜明的标志,成为泰州城市的一张醒目的名片。沿南北主要城市道路建筑群立面,空间呈现有序的组合,又处处充满空间的变化,体现了建筑坚实而挺拔的形象,凸显金融服务的特性。

位于中部的主要建筑功能为金融办公、会议;两翼建筑主要功能为金融办公及银行办公,西北端为一栋星级酒店,每栋建筑裙房功能均为配套商业及服务性用房。场地中部设置大型公共绿地,南北各设一个下沉式广场,为服务区及周边区域提供室外休闲活动的场所。

地下空间为联合地下室,共两层。主要功能作为服务区的机动车及非机动车停放区域,为服务区配套的公用工程设备用房均设于地下层内,保证室外场地的完整性。

3.2.3 交通组织设计

如图 3-2 所示,车行道路布置于基地的外围,机动车通过车行道路可进入地下室进行停车,沿车行道路一侧布置地面停车位以满足机动车及非机动车临时停车要求。每一组建筑

(塔楼及裙房)都设有一个独立的地下室车道入口,这样在互不干扰使用的同时也能为整个基地的分期开发创造条件。

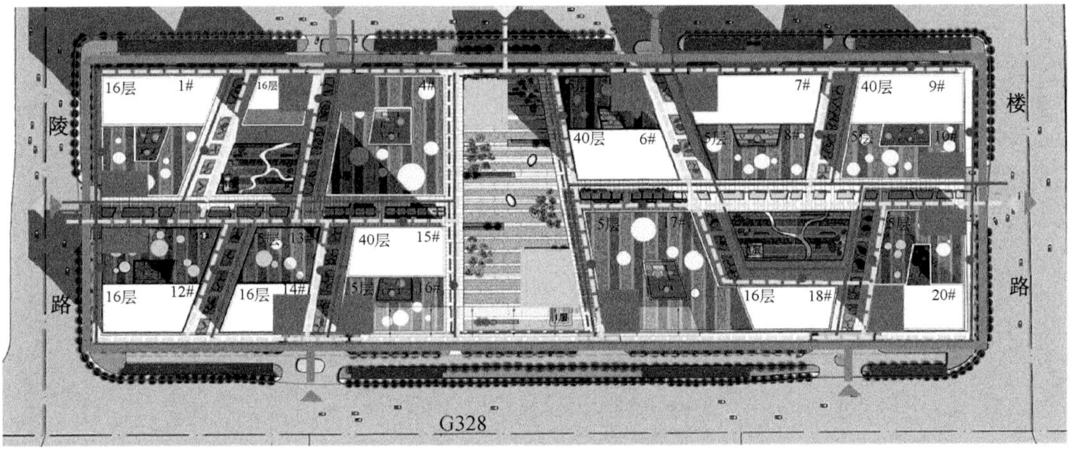

图 3-2　交通组织流线分析图

(1) 周边道路:地块南临永定路(328 国道),路宽 60 米;西临海陵路,路宽 35 米,东临鼓楼路,路宽 45 米;北临规划道路,路宽 20 米,交通可达性高。根据城市道路发展规划,本地块设计主要车流来自海陵路和鼓楼路及 328 国道。

(2) 设计原则:道路系统设计为人车分流。车行流线由地面内部环道和地下室共享公共通道车行系统共同完成。

(3) 机动车行车设计:地面组织定向通行,地下组织贯通。沿道路设置多处开口,单进单出组织车流,通过环路系统衔接地块出入与周边干道,保证车流就近到达每栋建筑,方便楼栋之间交流,降低内部车流对市政道路影响。地下车行通道开放共享,形成贯通的联系通道。具体做法是,地面通行系统,在场地中各建筑与红线之间沿建筑外侧设一东一西两条车行通道(仅消防车环通),场地中央及建筑之间为人行步道,人行步道兼做应急消防车道,与主环道构成围绕每栋建筑四周的消防环道。地下通行系统,地下室共两层,在每一层公共区域设一条贯通各区域的主干道作为主通道,每个单体建筑区域均设两个以上通道与主通道连接。每个单体各设一个双车道机动车坡道将车辆引入地下,地面与地下连通的机动车坡道共 12 处,这些坡道通过连通口进入地下室公共主通道,可以从一个出口到达另一个出口,以保证各个连通口形成互通。

(4) 场地出入口:沿地块周边共设置 7 个机动车主要出入口,2 个人行主要出入口。其中沿 328 国道设置 2 个机动车出入口,沿海陵路及鼓楼路各设 1 个机动车出入口,沿规划道路设置 3 个机动车出入口,机动车出入口均为双出入口,单向进单向出,顺时针行驶。人行主出入口位于地块南北两侧中部,辅助人行出入口位于鼓楼路和海陵路中间,结合景观设计,与 328 国道和规划道路自然衔接,形成金融服务区开放式景观广场。

(5) 车行流线:第一条线路,沿 328 国道西口进入,顺时针行驶经过海陵路出入口,从地块北面规划道路西口出，沿途可就近从建筑地下机动车出入口进入地下公共通道可到达目的地建筑，并选择合适的出口离开地块。第二条线路，沿地块北面规划道路中部及东部口进入，顺时针经过鼓楼路出入口，从 328 国道东口出，沿途可就近从建筑地下机动车出入口进入地下公共通道到达目的地建筑，并选择合适的出口离开地块。消防车线路：可以从任何出入口进入，顺地块内环道到达每栋建筑并环绕一圈，沿建筑周围景观设计设可通行消防车区域，保证消防车可到达建筑的任何一个位置。

(6) 非机动车：与机动车共用出入口，沿道路组织线路停放于地下非机动车库。

(7) 行人：沿规划道路及 328 国道中部，连接中心绿化广场位置设人行主出入口，地块两翼临街设置人行次出入口，基地内部建立以绿化广场为中心的景观步行系统，形成通向各个单体的贯通人行交通空间。

(8) 货运后勤用车：沿 328 国道及鼓楼路机动车出入口进入基地，沿南向公共区域出入口进入地下一层相关区域。

(9) 无障碍通道：机动车通过基地环道可达各单体及中央公共绿地，通过无障碍电梯及无障碍设施到达地下室及各个建筑单体内部。在中央公共绿地内设无障碍通道，结合人行步道设置。与各单体及公共无障碍电梯衔接，使残障人士通行无阻。

(10) 机动车道宽度：不小于 6 米，兼做消防车道沿建筑四周环通的通道宽不小于 4 米。

(11) 机动车及非机动车停放：机动车固定停车均设于地下停车场，设 3 611 个泊位；地面为临时停车位，结合景观设计，作为大客车、出租车等车辆临时停放之用，设 200 个泊位，机动车总停车数为 3 811 个。非机动车停放在地下停车库，设 3 973 个车位。本案建筑面积大、场地小、地下室面积少，除了满足机动车停放的要求，余下的面积仅可满足 3 973 个非机动车停放。若按《江苏省城市规划管理技术规定》要求，至少需配置 15 420 个机动车位，还需 11 447 个非机动车停车位，该地块无处停放，所以提请泰州市有关管理部门批准，与周边设施建设结合，统筹安排。

(12) 竖向设计：场地外临市政道路，鼓楼路在本地块入口处为黄海高程 5.79 米，海陵南路在本地块入口处为黄海高程 5.86 米，永定路(328 国道)在该地块入口处为黄海高程 5.92～5.95 米。设计将场地内道路中心标高定为黄海高程 6.200 米，高于市政道路入口处中心标高，避免场地积水。场地内建筑一层±0.000 标高相当于黄海高程 6.650 米。

3.2.4 景观绿化设计

景观设计遵循规划方案所确定的总体功能布局的总思想。在地块中心布置南北通长的中心景观绿化广场场地，形象入口在 G328 国道入口处设置(图 3-3)。在 3# 楼、7# 8# 楼南侧设置 2 片集中绿化场地节点，改善局部生态环境，同时提供办公休闲场地。扩初阶段考虑规划道路和各单体的出入口的位置的影响，合理布置广场、绿化、小品、水景。积极配合总体要求，充分营造出办公的景观环境；在四周城市道路与基地衔接关系的处理上，遵循总体规划方案，采用草地隔离的方法；绿化选择上，尽量采用乡土植物，因覆土深度 1 500 毫米，故可以采用茂密、根系发达的大乔木来衬托建筑的高耸。同时须增加绿色。利用草坪、花卉配合营造气氛；水景的设计和处理上，以大面静水为主要元素，在重要的节点点缀动水，如喷泉。水景充分和草地结合设计处理，其设计遵循规范对安全的要求。城市家具方面，采用统一的休闲坐凳和灯具照明，从城市家具的元素上来加强金融区的名片效应。草地、水、树是景观的基本元素，共同创造了环境的优雅，符合办公这特定的环境要求。

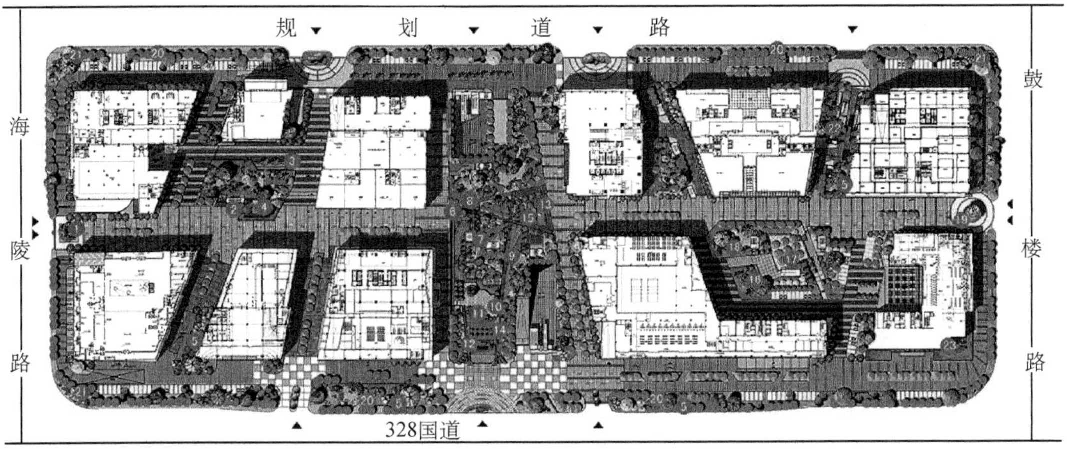

❶ 鸡爪槭孤植　❷ 对景喷泉　❸ 休闲茶座　❹ 雕塑小品　❺ 花带　❻ 亲水平台　❼ 金融主题廊道　❽ 时代景墙　❾ 幽幽小径　❿ 露天咖啡座　⓫ 闲趣亭廊　⓬ 特色跌水　⓭ 树池跌水　⓮ 竹林　⓯ 主题景墙　⓰ 景墙　⓱ 树阵小广场　⓲ 小品　⓳ 元宝槭孤植　⓴ 景墙小品　㉑ 置石小景　㉒ 休息空间　㉓ 入口水景

图 3-3　金融服务区绿化景点布置

3.3　建筑设计

3.3.1　建筑平面

泰州金融服务区 1# ～20# 楼联合地下室建筑设计为该区域建筑群的重要设计内容，建筑平面设计主要包括平面布置和内部交通分析两部分。

1) 平面布置

为了综合利用资源，泰州市金融服务区建筑群设计为联合地下室，是地块中 11 栋建筑单体地下室与公共区域共同组成的整体型地下室，共两层，东西长 510.477 米，南北宽 183.689 米，地下室边界控制线距用地红线均不小于 10 米，单体之间地下室分控制线按建筑控制线之间距离中分设定。

地下室总建筑面积为 186 766.18 米^2。其中，地下一层建筑面积为 91 870.21 米^2，地下二层建筑面积为 92 961.74 米^2，5# 6# 楼夹层面积为 1 576.09 米^2，13# 14# 楼夹层面积为 358.14 米^2。地下室单体建筑内部地下一、二层平面主要功能为机动车停车库及非机动车停车库，以及为上部建筑配套的设备用房及辅助用房。

地下室公共区域位于中部，地上一层中部南北侧各设一个下沉式广场，附设辅助服务用房，为地块配设的公共设备用房位于地下一层南部，如开闭所、变配电房、弱电机房等，公共区域两翼为连通各单体的公共车行通道（双车道），车道两侧停放机动车。公共区域地下二层边界线与地下一层相同，中部区域均为机动车停放及为机动车停车库配套的设备机房，两翼为连通各单体的公共车行通道（双车道），车道两侧停放机动车。地下二层沿东西向公共走廊沿线设置三个消防水泵房及消防水池，分别为西侧、中部超高层建筑和东侧高层建筑服务。

联合地下室的构造做法：地下室防水等级为 1 级，地下室屋面防水等级为一级，防水层为 3 层，防水层合理使用年限为 25 年。地下室防火等级为一级。地下二层东部区域为人防设计区域，包括 5# 6# 楼、7# 8# 楼、9# 10# 楼、17# 18# 楼、19# 20# 楼及部分公共区域面积，作为核 6 级甲类二等人员掩蔽部及核 6B 级人防物资库，人防设计面积为 47 167 米^2。

2）内部交通分析

地下室（图 3-4）作为机动车及非机动车停车库，机动车停放数量为 3 611 个，联合地下室共设 12 个双车道汽车坡道连接地面道路与地下各层，其中每个单体建筑设置一个双车道汽车坡道，公共区域设置一个，共 12 个，每一层公共区域均有一条贯通各区域的主干道作为主通道，每个单体建筑区域均设两个以上通道与主通道连接。各个坡道与各通道连通，地下车行通道开放共享，形成贯通的联系通道。地面机动车可就近选择一个双车道机动车坡道进入地下，通过连通口进入地下室公共主通道，选择合适的方向，可方便地从任一个出口出去，与地面车行系统构成顺畅连接。

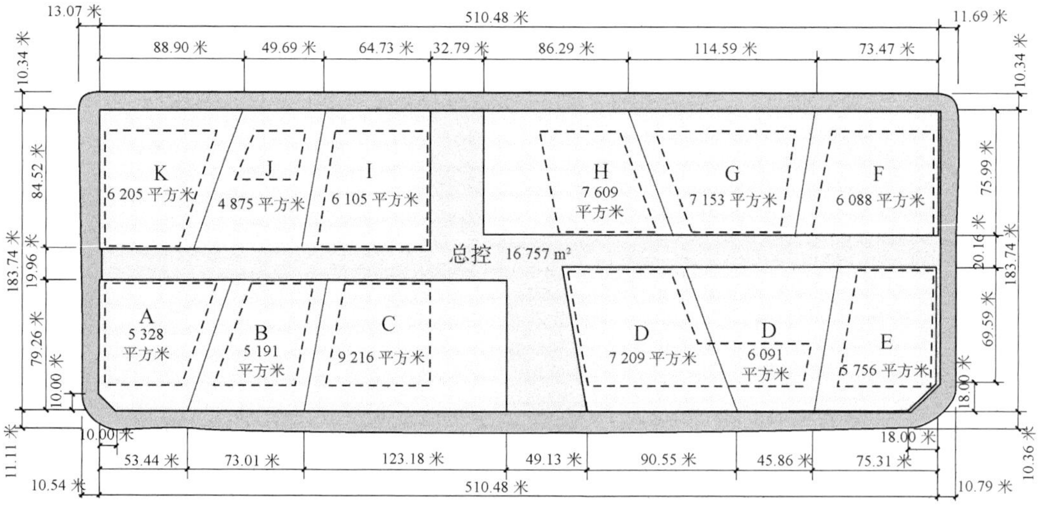

图 3-4　地下室面积分布图

联合地下室一层公共区域的南北两个下沉式广场各配备了一台无障碍电梯、一部室外楼梯及多部疏散楼梯、自动扶梯，方便行人及残障人士使用。停车库内设置无障碍停车位，下沉式广场与停车库用无障碍坡道联系，方便使用。

地下室非机动车停放由单体建筑自行解决，公共区域在下沉式广场内均设置了非机动车停车库，设坡道与地面道路连接。

3.3.2 建筑造型与剖面设计

下沉式广场内辅助用房均采用大玻璃结合石材外墙面材料，与整个金融服务区立面风格协调一致，到达地面后均采用玻璃幕墙外立面形式，与周边景观融为一体，并同时满足人防设计要求。

联合地下室工程地下二层层高 4.0 米，地下一层层高建筑范围以内 6.0 米，建筑范围以外 4.05 米，室内外高差 450 毫米，覆土深度 1.5 米。下沉式广场地面低于室内停车库 50 毫米，所有楼梯、无障碍电梯均通至地面。

3.3.3 主要建筑材料和构造做法

地下二层底板做法依次为：混凝土密封固化剂；30 毫米厚 C40 钢纤维细石混凝土，随捣随抹光；120 毫米厚 C25 钢筋混凝土结构层；150 毫米厚二灰土，找 1%坡，最薄处 100 毫米厚；坡向集水坑、地漏或排水沟；抗渗等级为 P8 级钢筋混凝土底板，随打随抹光；50 毫米厚 C20 细石混凝土保护层；3.0 毫米厚 AU3 自粘橡胶改性沥青防水卷材(预铺反粘)；素水泥浆黏结层；20 毫米厚 1：2.5 水泥砂浆找平层；100 毫米厚 C15 混凝土垫层；素土夯实。

地下一层地面做法依次为：混凝土密封固化剂；50 毫米厚 C40 钢纤维细石混凝土，随捣随抹光；100 毫米厚 C20 素混凝土找坡层，最薄处 20 毫米厚；清除表面积灰、浮尘和油污；抗渗等级 P6 级钢筋混凝土底板，随打随抹光；刷界面剂一道；6 毫米厚1：0.3：3水泥石灰膏砂浆粉面打底扫毛；6 毫米厚 1：0.3：3 水泥石灰膏砂浆粉面压实抹光；刷白色涂料。

地下室顶板(上部绿化)依次为：面层(做法以景观专业设计为准)；回填土夯实(厚度根据实际面层标高调整)；聚酯无纺布一层；防根穿排水板；70 毫米厚 C20 防水细石混凝土，内配双向 $\phi 6$ 中距 200 毫米钢筋网片；卷材自带隔离膜；3.0 毫米厚 AU3 自粘橡胶改性沥青防水卷材(预铺反粘)；素水泥砂浆结合层；20 毫米厚 1：2.5 水泥砂浆找平层；C20 细石混凝土 1%向外找坡，最薄处为 0；抗渗等级 P6 级钢筋混凝土顶板；刷界面剂一道；6 毫米厚 1：0.3：3水泥石灰膏砂浆粉面打底扫毛；6 毫米厚 1：0.3：3 水泥石灰膏砂浆粉面压实抹光；刷白色涂料。

地下室侧墙做法(自内而外)依次为：刷白色防霉涂料(防霉腻子，需 A 级耐火材料)；10 毫米厚 1：2.5 水泥砂浆抹面；15 毫米厚 1：3 水泥砂浆打底；抗渗等级 P8 级钢筋混凝土墙体自防水；20 毫米厚 1：2.5 水泥砂浆找平层；1.5 毫米厚三涂聚合物水泥防水涂膜；1.5 毫米厚自粘性橡胶沥青防水卷材；20 毫米厚 1：3 水泥砂浆保护层；素填土回填分层夯实。

3.3.4 地下室排水设计

地下一层室内两翼排水，LD-M 与 LD-N 轴中线为坡顶，坡向两侧坡度 1%，两侧设地面浅沟，沟深 50 毫米，设地漏排水；室外下沉式广场设环形拦截排水沟，沟深 300 毫米，沟内地漏排水。地下二层设明沟结合集水井排水，LD-M与LD-N轴中线为坡顶，坡向两侧坡度1%，两侧设地面排水沟，沟深200毫米，沟内排水坡度0.5%，起坡点沟深80毫米，集水井1 200毫米×1 200毫米。

3.4 结构设计

3.4.1 工程概况

泰州市金融服务区工程各幢建筑的具体情况如表3-2所示。

表3-2 泰州市金融服务区建筑群的主要参数

单体号	建设单位	地下建筑面积/米^2	层数(地上)	结构类型
1#	泰州嘉蜜文化大酒店有限公司	12 871	19	框剪
2#			6	框架
3#	泰州杰盛房地产开发有限公司	10 546	19	框剪
4#	泰州市普丰园林绿化工程有限公司	12 898	主楼16层 裙楼3层	主楼框剪 裙楼框架
5#	泰州兴业投资有限公司	40 117	主楼56层 裙楼7层	主楼框剪 裙楼框架
6#				
7#	江苏鹏宇实业投资有限公司	15 047	25	框剪
8#	泰州市鹏宇房地产开发有限公司		5	框架
9#	江苏昌龙工贸有限公司	13 084	19	框剪
10#	泰州市天利投资发展有限公司		6	框架
11#	江苏今日阳光房地产发展有限公司	11 439	5	框架
12#			19	框剪
13#	江苏吴江农村商业银行股份有限公司	11 329	4	框架
14#			19	框剪
15#	江苏美好实业投资集团有限公司	19 501	39	框剪
16#			5	框架
17#	泰州市城市建设投资集团有限公司	13 186	2～5	框架
18#			19	框剪
19#	中国建设银行股份有限公司泰州分行	10 924	主楼14～15层 裙楼2～5层	主楼框剪 裙楼框架
20#				

注：公共区域地下室面积为16 832米^2。

整个工程外包尺寸约为183 740毫米×510 477毫米，地下室共两层，地下一层层高为6米，地下二层层高为4米。地下二层部分为人防地下室。

3.4.2　结构设计条件

（1）自然条件。建筑设计使用年限为50年，建筑结构安全等级为二级，混凝土结构的环境类别：地下室临水面和露天混凝土结构为二类a组，其余均为一类；建筑结构防火等级为一级；地基基础的设计等级为甲级。单体建筑±0.000相当于黄海标高6.650米，部分单体由于建筑使用上的要求有局部的标高调整。

（2）荷载取值。①楼层活荷载、风荷载：各单体建筑的楼层活荷载及风荷载由各单体设计单位按规范要求以及实验数据自行取用；②地下室公共区域活荷载：地下一层顶面室外消防车取16千牛/米²（按覆土1.5米扩散折算），施工荷载10千牛/米²，消防车荷载与施工荷载不同时考虑；③地下二层顶面停车荷载5.5千牛/米²；④鉴于室外绿化景观的设计滞后，地下室顶板降板区（室外部分）楼面静载标准值取31千牛/米²（按建筑做法计算值），活载标准值统一取16千牛/米²，活荷载在绿化区（无消防车荷载）代替适度的土坡起伏荷载。

（3）地震作用。泰州地区抗震设防烈度为7度，建筑场地类别为Ⅲ类，设计地震分组为第一组。设计基本地震加速度为0.10g（g为自由落体加速度），场地特征周期值为0.45秒。抗震设防类别按照各单体设计。

（4）地质条件。拟建场地地基土类型为中软土，建筑场地类别为Ⅲ类，地基土不考虑地震液化，拟建场地内及其附近无滑坡、泥石流、崩塌及活动断裂带分布等不良地质现象和地质灾害发育，适宜作为该工程的建筑场地。根据对地下水位的勘察，最不利水位取－1.00米（相对标高），常态有利水位取－7.65（相对标高）米。场地内岩土层可分为15层，地质剖面及相关信息详见表3-3，并参见典型剖面图（图3-5）。

表3-3　泰州市金融服务区建筑群场地内地质信息

层号	名称	重度γ/千牛·米$^{-3}$	压缩模量E_{s1-2}(兆帕)	泥浆护壁钻孔桩压力/千帕		抗拔系数λ_i
				q_{sik}	q_{pk}	
①	素填土	18.0	0	0		0.70
②	粉土	18.8	10.81	35		0.70
③	粉砂	19.3	11.52	40		0.80
④	粉质黏土	19.9	6.17	40		0.80
⑤	粉质黏土	19.7	8.08	68		0.80
⑥	粉质黏土	19.1	6.01	50		0.70
⑦	粉土	18.9	7.58	42		0.70
⑧	粉砂	19.3	10.55	46		0.80

（续表）

层号	名称	重度 γ/千牛·米⁻³	压缩模量 $E_{s1\text{-}2}$(兆帕)	泥浆护壁钻孔桩压力/千帕		抗拔系数 λ_i
				q_{sik}	q_{pk}	
⑨	粉质黏土	19.5	6.69	53		0.80
⑩	粉质黏土	19.6	8.31	68		0.70
⑪	粉土	19.3	8.52	62	850	0.70
⑫	粉砂	19.4	11.53	70	1 100	
⑬	中砂	20.3	13.57	75	1 900	
⑭	粉质黏土	19.9	8.42			
⑮	粉砂	19.6	11.40			

注：表中重度、压缩模量为平均值。

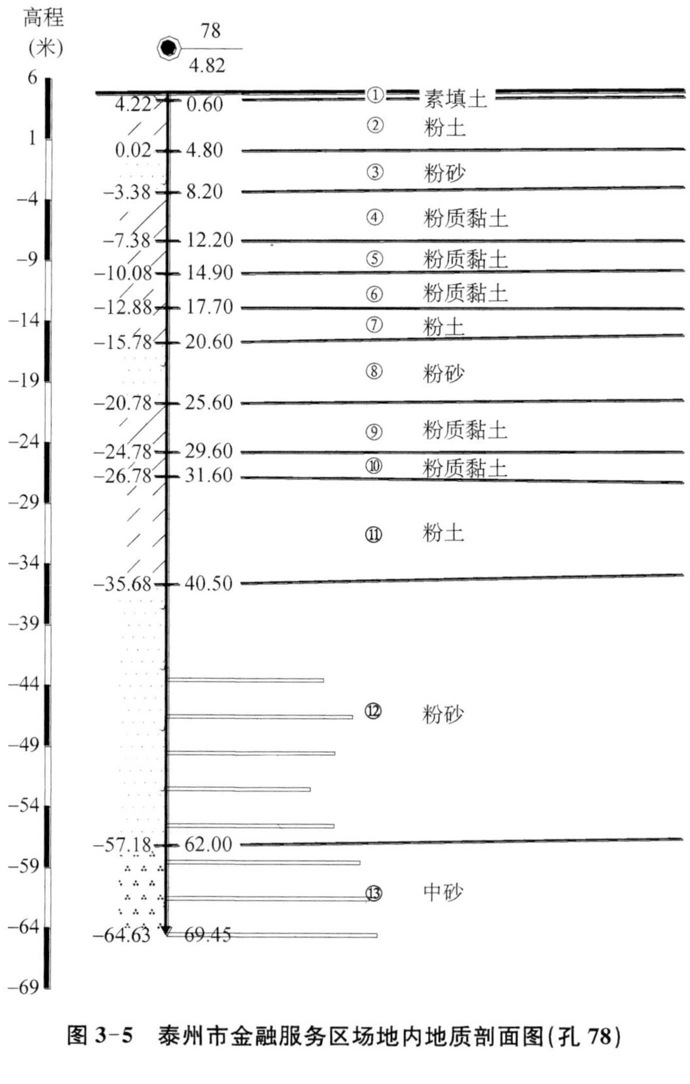

图 3-5　泰州市金融服务区场地内地质剖面图(孔 78)

3.4.3 材料

(1) 混凝土强度等级。基础垫层为C15;基础(承台、底板)为C35;墙、柱、梁和板按各单体分控单位设计;地下二层采用防水混凝土的抗渗等级为P8,地下一层抗渗等级为P6。

(2) 钢筋除电梯吊钩外采用HPB400级。

(3) 填充墙体、砂浆:±0.000以下,采用200毫米厚蒸压加气混凝土砌块,用M7.5的水泥砂浆砌筑。

(4) 结构计算自重取值:钢筋混凝土取27千牛/米^3,素混凝土取20千牛/米^3,蒸压加气混凝土砌块取7千牛/米^3,覆土取18千牛/米^3,墙体抹灰取双面总厚50毫米,玻璃幕墙与外装饰荷载按单体设计取值。

3.4.4 结构主体设计分工协作

由于泰州市金融服务区建筑群工程设计由多家设计单位协同设计,故总控制订了设计单位之间的协同设计措施。各单体主体结构由各单体设计单位设计(主楼下部的所有对应部位结构设计)。单体的衔接部位以及公共区域由总控单位负责协调设计,并由分控设计确认。总控将分控提供的模型拼装整理,分控的最终设计按总控整合后提供的整体模型进行实际的计算配筋设计。

3.4.5 基础设计

(1) 除主楼或核心筒区域外,采用柱下独立承台桩基础加抗水楼盖方案,为适度考虑沉降差异的不利影响,抗水板下设置了100毫米厚聚苯板。

(2) 基桩采用钻孔灌注桩,最小直径800毫米,桩间距3.0d。结合已进行的试桩报告结论,基桩拟采用桩侧桩端后注浆工艺,主楼区灌注桩承载力特征值暂取5 000千牛(桩端进入⑬层),裙楼区灌注桩承载力特征值暂取为3 000千牛(桩端进入⑫层)。

(3) 抗水楼盖采用十字梁板结构,板厚取500毫米。

(4) 倒楼盖法计算抗水板配筋,计算基本组合荷载代表值K按下式计算:

$$K=\frac{1.2F-0.9(G_1+G_2)}{1.2}$$

式中,F为水浮力(取最不利水位取−1.000〈相对标高〉);G_1为抗水板自重;G_2为抗水板面层自重。

(5) 抗拔桩验算采用公式:(标准组合抗力)/(标准组合荷载)≥1.05。其中,标准组合抗力=桩抗拔力标准值作用范围总和+恒载标准值;标准组合荷载=极限水浮力标准值。

(6) 为节约工程造价,抗拔桩的设计考虑覆土的有利作用。抗压桩的设计考虑水浮力的有利作用,并分别对覆土与回填基坑的时间进行计算规定。

3.4.6 温度裂缝控制

(1) 诱导缝的设置。结构底盘尺寸达 183 740 毫米×510 477 毫米，为满足建筑使用功能的要求，以及高层建筑埋深的规范要求，地下结构没有设变形缝，采用封闭的结构诱导缝来引导裂缝的发展，以期能够向有利的控制裂缝发展区域发展，减小温度应力的不利作用。同时附加了结构后浇带，沉降后浇带，最大限度地减小沉降与温度变形的不利影响。诱导缝所划分出的相对较小的区域同时也解决了结构超大所带来的软件计算限制问题。

(2) 沉降后浇带。在高层结构外包线的第二跨的 1/3 近跨处设置沉降后浇带(800 毫米宽)，高层主体封顶 60 天后再封闭浇筑。

(3) 混凝土后浇带。每隔 70～80 米设置后浇带，800 毫米宽，迎水结构处设置止水型后浇带。在两侧结构完成 60 天后封闭。

(4) 膨胀加强带。后浇带之间采用连续浇筑混凝土，每隔 30～40 米设置膨胀加强带，带宽 2 000 毫米。

(5) 混凝土外加剂。为解决现浇混凝土超大超长的固结收缩，以及大体积混凝土施工浇筑的体积稳定，混凝土中均要添加微膨胀剂，对于高强混凝土尚应根据需要添加减水剂等。另外，在满足强度、刚度、整体性和耐久性等结构计算的前提下，尽量降低混凝土强度等级。

(6) 配筋构造。超长结构梁侧面加强构造腰筋。在结构突变(或断面突变)部位易产生应力集中，故在转角和孔洞处通过增设构造钢筋来加强。适度提高楼板的配筋率并双层双向配置(单面单向最小取 0.20%)，适度提高地下室外墙的水平钢筋配筋率，采用细密配筋双层双向配置(单面单向最小取 0.25%)，适度提高刚度较大竖向构件的周围楼板厚度与配筋。

3.5 给水排水设计

3.5.1 工程概况

泰州市金融服务区位于新城区北侧，行政中心南侧。工程项目为二层地下车库，主要用于停车、设备用房、商业及人防区域。该工程总建筑面积为 186 766.18 米^2，其中，地下一层面积为 91 870.21 米^2，地下二层建筑面积为 92 961.74 米^2。由海陵南路及永定路引入两条供水管道在基地内形成环网供基地内生活、消防使用。市政水压为 0.25 兆帕。雨水按区域划分分别排入海陵南路和永定路，污水按区域分别排入海陵南路和鼓楼路。

3.5.2 方案概述

(1) 生活给水系统。泰州市金融服务区内给水管呈环状布置，各单体生活用水可从就近的生活给水管上接入，－2 层～2 层生活用水由市政压力直接供给，加压泵设于地下二层水泵房内。

(2) 排水系统。室内采用污、废合流制，专用伸顶通气管通气，一层污水单独排放。污水排水管道出户后由室外排水管收集排入化粪池，经处理后排入总控预留的污水管网。消防电梯井设有有效容积不小于 2 米^3 的集水坑，再由流量不小于 10 升/秒的潜污泵排至室外排水管网。地下车库设集水坑及潜污泵排水。

(3) 雨水系统。雨水立管收集屋面雨水，排至室外雨水管，再由室外雨水管排至市政雨水管网。该项目设计按重现期 $P=50$ 年考虑。

3.5.3　消防给水排水

根据高层民用建筑设计防火规范，设室内消火栓系统和自动喷水灭火系统：室外消火栓流量为 30 升/秒，火灾延续时间为 3 小时；室内消火栓流量为 40 升/秒，火灾延续时间为 3 小时；自动喷水灭火系统流量为 40 升/秒，火灾延续时间为 1 小时。室外消防给水由市政管网直接供给，由海陵南路和永定路引入两条市政管道在建筑红线内形成环状，室外消火栓沿消防车道布置，其保护半径不大于 150 米，间距不大于 120 米。

1) 消火栓给水系统

所有单体按区域及功能共划分为三个消防系统，1$^{\#}$、2$^{\#}$、3$^{\#}$、4$^{\#}$、11$^{\#}$、12$^{\#}$、13$^{\#}$楼和 14$^{\#}$楼为一个消防系统，共用一个消防泵房及消防水池。采用临时高压系统，每栋单体单独设置 18 米^3 屋顶消防水箱，消防设备型号为 XBD13/40-150DN，$Q=40$ 升/秒，$H=130$ 米，$N=90$ 千瓦；各单体室内消防管均环状布置，消火栓布置间距小于 25 米，满足两股水柱同时到达室内任何位置。5$^{\#}$楼和 6$^{\#}$楼、15$^{\#}$楼和 16$^{\#}$楼是超高层及裙楼，为一个消防系统，共用一个消防泵房及消防水池。采用临时高压系统，每栋单体单独设置屋顶消防水箱，消防设备型号为 XBD17/40-150DN，$Q=40$ 升/秒，$H=170$ 米，$N=132$ 千瓦；消防转输设备型号为 XBD15/40-150DN，$Q=40$ 升/秒，$H=150$ 米，$N=110$ 千瓦；各单体室内消防管均环状布置，消火栓布置间距小于 25 米，满足两股水柱同时到达室内任何位置。7$^{\#}$、8$^{\#}$、9$^{\#}$、10$^{\#}$、17$^{\#}$、18$^{\#}$、19$^{\#}$楼和 20$^{\#}$楼为一个消防系统，共用一个消防泵房及消防水池。采用临时高压系统，每栋单体单独设置屋顶消防水箱，消防设备型号为 XBD15/40-150DN，$Q=40$ 升/秒，$H=150$ 米，$N=110$ 千瓦；各单体室内消防管均环状布置，消火栓布置间距小于 25 米，满足两股水柱同时到达室内任何位置。

消防水池储存室内消防用水及自动喷水灭火系统的消防用水量共计 576 米^3。其中储存有 3 小时室内消火栓用水量及 1 小时自喷用水量。消防给水干管在室外连成环状，在室内也成环状。室内消火栓用水量 40 升/秒。各消火栓箱内配置：消防麻质衬胶水龙带(DN65，$L=25$ 米)、消防水枪($\phi19$)、自救卷盘、远距离消防水泵控制按钮各一套。

2) 自动喷水灭火系统

除卫生间、楼梯间及不宜用水扑救的变配电室以外，均设有闭式喷头。按中危险级Ⅱ级设计，设计喷水强度 8 升/(分钟・米^2)，系统作用面积 160 米^2。所有单体按区域及功能共分为 3 个喷淋系统，1#、2#、3#、4#、11#、12#、13#楼和 14#楼共用一个消防泵房及消防水池，采用临时高压系统，每栋单体屋面均设置 18 米^3 的消防水箱供火灾初期使用。自动喷水泵湿式报警阀均设置在各单体报警阀间内。主喷淋泵型号为 XBD15/40-150DN；流量 40 升/秒；扬程 150 米；功率 110 千瓦。5#楼和 6#楼、15#楼和 16#楼是超高层及裙楼，共用一个消防泵房及消防水池，采用临时高压系统，每栋单体屋面均设置 18 米^3 的消防水箱供火灾初期使用。自动喷水泵湿式报警阀均设置在各单体报警阀间内。主喷淋泵型号为 XBD16/40-150DN；流量 40 升/秒；扬程 160 米；功率 110 千瓦。喷淋转输泵的型号为 XBD16/40-150DN；流量 40 升/秒；扬程 160 米；功率 110 千瓦。7#、8#、9#、10#、17#、18#、19#楼和 20#楼共用一个消防泵房及消防水池，采用临时高压系统，每栋单体屋面均设置 18 米^3 的消防水箱供火灾初期使用。自动喷水泵湿式报警阀均设置在各单体报警阀间内。主喷淋泵型号 XBD15/40-150DN；流量 40 升/秒；扬程 150 米；功率 110 千瓦。

每个防火分区，每层均设水流指示器，当喷头喷水、管网水流动时，水流指示器动作，向每层区域报警盘和消防中心报警，标明着火部位。水流指示器于湿式报警阀前的控制阀门采用电触点信号阀，其开、关均有信号反馈到消防中心。每个报警阀所带的最不利喷头处，设末端试水装置，其他每个水流指示器所带的最不利喷头处，均设 DN25 的试水阀。每个湿式自动喷水灭火系统设 3 套墙壁式消防水泵结合器，供消防车向室内自动喷淋灭火系统补水用。喷头动作温度除厨房为 93 摄氏度温级的喷头，其余部分均采用 68 摄氏度温级的喷头，根据具体位置分别设吊顶型或直立型等闭式玻璃球喷头。公共娱乐部位及超出水泵接合器供水高度的楼层采用快速响应喷头。

3）灭火器配置系统

主楼、裙房及地下车库均配置灭火器，为 A 类火灾、严重危险级。根据规范配置磷酸铵盐干粉灭火器。

4）气体灭火系统

高低压配电室及发电机房采用气溶胶灭火装置，由建设方委托有消防资质的专业安装公司设计安装。

3.5.4 管材

（1）室外给水管道采用球墨铸铁给水管，柔性连接。

（2）室内生活给水干管采用钢塑复合管，支管采用 PP-R 管。

（3）室内消火栓及喷淋管采用内外热镀锌钢管，螺纹或卡箍连接（部分采用热镀锌无缝钢管）。

（4）室外排水管、雨水管采用 UPVC 双壁波纹管或钢筋混凝土管。

（5）室内排水管采用柔性抗震排水铸铁管，柔性法兰接口。

3.6 暖通设计

泰州市金融服务区建筑群的暖通设计主要包括地下车库、设备用房的通风设计和消防系统的防排烟设计。

3.6.1 设计计算参数

1) 室外空气计算参数

参照吕泗基准站气象参数，具体内容详见表3-4。

表3-4　泰州市金融服务区室外空气计算参数

	夏季	冬季
空调计算干球温度	33.3摄氏度	−2.5摄氏度
空调计算湿球温度	28.0摄氏度	—
空调计算日平均温度	29.7摄氏度	—
空调计算相对湿度	—	80%
通风计算温度	29.1摄氏度	0.8摄氏度
大气压力	1003.4百帕	1027.5百帕
室外平均风速	4.0米/秒	4.0米/秒
主要风向平均风速	—	4.8米/秒
冬季日照率	—	42%
位置：北纬32°04′，东经121°36′；海拔高度：5.5米		

2) 设备用房通风标准

参见表3-5。

表3-5　泰州市金融服务区项目设备用房通风标准

序号	部位	排风/（米^3·小时$^{-1}$）	送风风/（米^3·小时$^{-1}$）	事故通风风/（米^3·小时$^{-1}$）	备注
1	地下车库	4～6	3～5	6（排烟）	机械补风
2	电梯机房	12	10	—	分体空调
3	厨房	30～40	80%排风	12	不工作时>3小时$^{-1}$
4	变配电间	12	10	—	分体空调
6	卫生间	10	8	—	自然补风
7	设备用房	3～12	2～10	—	自然补风

3.6.2 通风设计

1）地下车库通风设计

地下车库设置机械排风系统，以排出汽车的尾气。汽车尾气经由土建排风竖井引至地上排放，其排风风口底部高出室外地面 2.5 米，距附近建筑的水平距离>10 米，满足当地环保部门的间距要求。大部分采用机械补风，小部分采用车道入口或采光通风井自然补风。通风标准为 4～6 次/小时换气次数，室外防雨百叶风口风速 $v \leqslant 4$ 米/秒。车库内部采用诱导通风系统，由一氧化碳废气浓度探测装置控制主排风系统的自动启闭。

2）地下设备用房通风设计

地下设备用房均设置机械排风系统、机械送风或通过隔墙上的防火风口自然补风。锅炉房设事故排风。

3）卫生间通风设计

卫生间设机械排风，设带止回装置的防火排风竖井，竖井顶部出屋面或避难层后设置联动风机。由电气专业预留卫生间排风扇及浴霸的电源插座。

3.6.3 防排烟设计

1）防烟、排烟简述

（1）防烟楼梯间及前室均设防烟设施。

（2）大空间房间、大堂、长度大于 20 米的内走道、地下汽车库均设排烟设施。

2）防烟设计

（1）防烟楼梯间及合用前室均分段设机械加压送风系统，独立前室则不单设正压送风。消防风机设在屋顶或避难层。

（2）封闭楼梯间采用开窗自然排烟的防烟设施，其开窗面积及方式均符合相关消防规范的要求。

（3）加压送风机出口处设止回阀。加压送风量均根据国家消防规范的有关规定经计算后确定。

3）排烟设计

（1）地下车库设机械排烟系统，与其机械排风系统合用一套系统。排烟换气频率为 6 次/小时。采用机械送风、车道入口或采光风井自然补风。火灾时由车库上部排风口进行排烟，当风道内烟气温度超过 280 摄氏度时，排烟风机入口处的排烟防火阀自动熔断关闭，并输出电信号关闭排烟风机。消防补风量大于排烟量的 50%，送排风机都设在专用的风机房内，通过土建竖井排至室外。

（2）可利用开启外窗进行自然排烟的排烟设施，其外窗可开启的有效面积及方式均符合消防规范的有关规定。

（3）排烟设施为机械排烟系统的部位，其机械排烟量均按 60 米^3/小时的排烟标准进行计算。

4）防、排烟的控制方式

（1）每段防烟楼梯间（带独立前室或合用前室）：地下、地上楼梯间的防烟系统合用一套机械加压送风系统，加压风量取两者之和，共用一套加压风机，合用一个风井，地下楼梯间每层设一个常开百叶风口送风口，地上楼梯间每隔两层设置一个常开百叶风口送风。火灾时开启屋顶或避难层加压风机送风。

（2）每段合用前室：地下、地上合用前室的防烟系统合用一套机械加压送风系统，加压风量取两者之间较大者，共用一套加压风机，合用一个风井，每层前室设置一个常闭多叶送风口。火灾时开启着火层及上下相邻层的风口，同时开启屋顶加压风机送风。

（3）火灾时着火的防烟分区内的排烟口均自动打开，同时联动相应的排烟风机启动进行机械排烟。当风道内烟气温度超过 280 摄氏度时，排烟风机入口处的排烟防火阀自动熔断关闭，并输出电信号关闭排烟风机。

（4）排烟口现场均设置手动开启装置。消防加压风机一般设在屋顶或避难层，与风井连接处设有止回阀。

5）暖通空调系统的防火措施

（1）风管穿越设备用房及重要的或火灾危险性大的房间隔墙处均设 70 摄氏度防火阀，排油烟风管则设 150 摄氏度防火阀。

（2）公共卫生间的垂直排风管道，采取防止回流的措施且在支管上设置 70 摄氏度防火阀。

（3）排烟风道及隔热材料均采用耐高温不燃材料制作，消防用风管法兰密封垫均为耐高温的不燃材料制成。

（4）排烟风机的入口处设有 280 摄氏度熔断并与风机联动的排烟防火阀。排烟风管穿越防火分区处设 280 摄氏度熔断的常开排烟防火阀。

3.7　电气设计

3.7.1　工程概况

泰州市金融服务区地下室，占地面积 109 744 米^2，东西长 535.907 米，南北宽 207.95 米。建筑群总建筑面积 700 707.48 米^2。设计内容主要包括：10/0.4 千伏变配电系统、动力配电及自动控制、消防配电及控制、照明及应急照明装置；防雷接地装置。

3.7.2　低压配电系统

该工程消防用电为一级负荷，采用双电源末端切换以保证其供电可靠性；弱电中心机房重要设备电源、生活水泵、排水泵、普通客梯等重要负荷为二级负荷供电；其他一般照明、电力、空调等按三级负荷要求供电。负荷计算采用单位指标法估算，办公室按 100 瓦/米^2 进行估算，地下车库按 20 瓦/米^2 估算。电梯另计 130 千瓦。负荷容量详见表 3-6。

表 3-6 负荷容量

序号	功能区域	负荷	备注
1	办公室	165 千瓦	1 655×0.1
2	地下车库	50 千瓦	2 588×0.02
3	电梯	130 千瓦	
4	消防水泵	882 千瓦	
5	其他	260 千瓦	
总负荷容量		1 487 千瓦	总负荷容量估算为 2 000 千伏安

该工程采用二路 10 千伏高压进线，设 10/0.4 千伏变电站 1 个，其中包括二台 1 000 千伏安的变压器，供整个工程的负荷用电。低压配电系统的实施方案为：各分区的供电采用从变电所电缆桥架敷设至各个用电设备；在区域总进线处加装电度表。

3.7.3 电力及自动控制

该工程采用 380/220 伏供电，TN-S 系统，设专用保护接地线(PE)，且 PE 线随供电线路通配全楼。低压系统采用树干式和放射式供电。给排水、空调通风等系统控制要求按照给排水、暖通等专业相关设计说明文件实施。

3.7.4 照明设计

设计照度参照国标，并有所提高，详见表 3-7。灯具均匀布置，采用节能型日光灯以及金卤灯。电气线路敷设按下述要求实施：建筑内的电力、照明、主要线路采用 YJV 电缆；应急照明系统配线采用耐火型电缆及导线。

表 3-7 泰州市金融服务区的设计照度

名　称	照度(勒克斯)
走道	50～75
办公室	300
会议室	300
卫生间	100
设备机房	100

3.7.5 防雷、接地设计

该工程防雷按二类防雷设计，防雷接地装置接地电阻应不大于 1 欧。防雷电波入侵的措施为:进出建筑物的各种金属管道、电缆钢铠等均于入户处与防雷接地装置连接。配电系统在电表箱内设避雷器进行保护。接地均共用接地体,且把各个单体的接地可靠连为一体,实测接地电阻不小于1欧姆,否则须增加接地极。建筑均做总等电位连接,建筑物内所有设备外露可导电部分均应可靠接地(PE),卫生间均做局部等电位联结。

3.7.6 弱电方案说明

(1) 设计内容。主要包括:数据网络、通信及综合布线系统;安全防范系统;有线电视系统;火灾自动报警及联动控制系统;电气火灾监测系统。

(2) 通信网络系统。①电话网络:电话信息插座按每办公室拟设置2～4门电话信息插座;其他功能用房等处按需要设置。②计算机网络:计算机信息插座按每办公室拟设置2～3个计算机网络信息插座,其他功能用房等处按需要设置。

(3) 综合布线系统。结构化布线系统由工作区子系统、水平子系统、管理子系统、垂直干线子系统和设备间子系统构成。每层设配线间,配线间内设置分配线架。

(4) 有线电视系统。有线电视引自市电视网,建筑设置有线电视放大箱,信号由此再引至每层。

(5) 安全防范系统。设有防盗报警设备及监控设备,该设计只给出接线箱,设备位置待厂家施工时确定。主入口及走道设有摄像机,线路引自消控中心。各主要设备用房等处均设门禁装置,线路引自消控中心。

(6) 火灾报警及联动系统。金融服务区项目的建筑按照一级保护对象设置火灾自动报警系统。在该工程设置总消防控制室,采用总线制火灾报警及联动系统,设置控制中心报警系统,与其他单体进行联动。按要求设置感烟、感温探测器,消防广播及联动控制、手动报警按钮、声光报警器等消防报警设备。

(7) 其他。为便于维护及美化,外部管线均采用穿管暗敷设;弱电管线埋深0.8米。各种弱电管线在当地有关部门的许可下共用手孔井。

3.8 动力设计

3.8.1 燃气介质及负荷的确定

泰州金融服务区天然气管道总体设计:根据燃气规划,本地块燃气种类可采用天然气。由市政燃气管网提供中低压燃气经调压站减压后向各单体提供燃气。

3.8.2 燃气系统设计

根据当地燃气公司规定,该工程的燃气进户管、室外燃气管网、箱式调压站及燃气计量间均由燃气公司负责设计施工。建筑设计单位向燃气公司提供单体建筑的燃气引入口位置及管径。厨房及热水间内设置火灾自动报警装置、自动灭火装置和可燃气体浓度报警装置，紧急切断阀设置在燃气计量间内，均由燃气公司负责设计和施工。

3.8.3 管道材料及安装

(1) 中压燃气管道采用厚壁无缝钢管，氩弧焊打底，焊接连接。低压燃气管道采用镀锌钢管，丝扣连接。燃气入户主要为低压入户，明装并设置沉降补偿器。

(2) 管道的热补偿器、法兰、盲板及紧固件等管道附件均符合现行国家标准的相关要求。

(3) 燃气阀门均采用适用于燃气介质，并有良好密封性和耐腐蚀的专用阀门。

(4) 楼内燃气管道井设气体报警探测器，底部设防火进风百叶，并由消防控制中心监控。管道井顶部设直通室外的百叶窗，燃气管道进管道井前安装紧急切断阀。

3.9 消防设计

3.9.1 总平面防火设计

(1) 地块消防出入口共 7 处。其中，沿 328 国道设两个机动车出入口，沿海陵路及鼓楼路各设一个机动车出入口，沿规划道路三个机动车出入口均可用于消防车进出。

(2) 场地中，在各建筑与红线之间沿建筑外侧设一条车行环道，道宽 6 米，场地中央及建筑之间为人行步道，人行步道兼做应急消防车道，道宽不小于 4 米与主环道构成围绕每个建筑四周的消防环道。

(3) 每栋建筑均设置一个消防登高面，主要设于环道上，部分按照高层建筑的位置合理布置。

(4) 每栋建筑及公共绿地处各设一个机动车道进入地下室。地下室停车 3 611 辆，共 12 个双车道机动车坡道出入口。

3.9.2 地下室防火设计

(1) 地下室为联合地下室，耐火等级一级。总建筑面积为 186 766.18 米^2。地下一层建筑面积为 91 870.21 米^2，地下二层建筑面积为 92 961.74 米^2，按照 11 个单体建筑的各自功能区域，划分为 12 块，第十二块区域为公共区域。

(2) 在公共区域设一条贯通各区域的主干道，作为消防疏散主通道，各个建筑区域均设两个以上通道与主通道连接。地面与地下连通的机动车坡道共十二处，这些坡道通过连通口进入地下室公共主通道，可以从一个出口到达另一个出口，以保证各个连通口形成互通。

(3) 地下室防火分区按功能分为地下车库及非车库两种，地下车库面积按每个分区 4 000 米^2(加喷淋)，非车库区域按 500 米×2 米(加喷淋)作为每个分区最大面积。各区之间用防火墙或防火卷帘分隔。

(4) 公共区域防火分区除中央三个区域为独立分区以外，公共区域两翼按面积不等分为六块，分别并入邻近单体防火分区内，并入后的分区面积不大于4 000米^2。面积及疏散出口均须满足规范要求。并入邻近单体防火分区内的部分功能仍需保证其中间为公共通道，两侧为公共停车位，不可改为其他用途（防火分区详见最新地下室平面图）。单体建筑每个防火分区的疏散要求按《高层民用建筑设计防火规范》设置防烟楼梯间；公共区域每个分区内设置两个独立疏散楼梯间，地下室总高度应不大于10米，按照防火规范的规定，疏散楼梯间采用封闭楼梯间。室外下沉式广场防火分区按江苏省《商业建筑设计防火规范》要求，每个分区应小于2 000米^2，设两个疏散楼梯间。

3.9.3　建筑防火构造

(1) 公共通道防火卷帘做法：无机特级双帘双轨防火卷帘门（背火面温升3小时），宽度6 000毫米，高度2 700毫米，门两侧均有开启按钮。

(2) 防火墙墙体材料：耐火极限不小于3小时，采用200毫米厚蒸压加气混凝土砌块。

(3) 开向公共区域窗：采用钢制甲级防火窗，窗台高900毫米，窗高1 500毫米。

(4) 开向公共区域门：采用钢制甲级防火门，门宽为1 000毫米（单扇）和1 500毫米（双扇），门高为2 400毫米。

3.9.4　消防给水系统

泰州市金融服务区项目的室外消防给水由市政管网直接供给，由泰州市海陵南路和永定路引入两条市政管道在建筑红线内形成环状，室外消火栓沿消防车道布置，其保护半径不大于150米，间距不大于120米。所有单体按区域及功能共划分为三个消防系统，1#、2#、3#、4#、11#、12#、13#楼和14#楼为一个消防系统，共用一个消防泵房及消防水池；5#和6#、15#楼和16#楼是超高层及裙楼，为一个消防系统，共用一个消防泵房及消防水池；7#、8#、9#、10#、17#、18#、19#楼和20#楼为一个消防系统，共用一个消防泵房及消防水池。

3.10　节能设计

3.10.1　建筑节能设计措施

泰州市金融服务区项目需做节能设计的位置为：建筑外墙范围内地下室顶板、下沉式广场辅助用房外墙面、顶面无覆土区域，下沉式广场底板及冷桥部位。根据《民用建筑热工设计规范》的气候条件，该工程处于夏热冬冷地区，主要满足夏季防热、遮阳、通风降温等要求，冬季应兼顾防寒。根据上述标准级地方节能标准，采取的主要节能措施如下：

(1) 屋面保温。钢筋混凝土屋面，采用90毫米厚泡沫玻璃板保温隔热层。

(2) 墙体保温。外墙暂定采用100毫米厚岩棉保温层;地下室与土壤接触的外墙,外保温材料采用35毫米厚岩棉板。

(3) 门窗节能。外窗及外门的气密性等级,应不低于现行《建筑外窗气密性其检测方法》(GB/T7107)规定的6级;玻璃根据不同朝向的节能指标采用相应Low-E中空玻璃,明框,隐框玻璃幕墙采用断热铝合金;外立面设置水平遮阳雨棚。

3.10.2 给排水节能设计措施

(1) 采用节水型卫生洁具。

(2) 生活给水泵采用变频水泵,并充分利用市政给水管网压力。

3.10.3 电气节能设计措施

(1) 金融服务区建筑群的主要房间和场所其照度标准值以及功率密度,设计取值不大于表3-8的要求。

表3-8 泰州市金融服务区建筑群的主要功能区域照明设计限值

序号	主要功能区域	照度标准值(勒克斯/米^2)	功率密度(18瓦/米^2)
1	办公	≤300	≤11
2	通信/网络机房、安保/消防中心	≤500	≤18
3	变电所、电梯机房、门厅	≤200	≤8
4	水泵房、风机房、走廊	≤100	≤5
5	电梯前厅、厕所	≤150	≤8
6	车库、楼梯	≤75	≤4

(2) 金融服务区建筑群一般场所的光源应采用T8三基色荧光灯配电子镇流器。所有气体放电灯配低损耗电感镇流器及补偿电容器,单灯功率因数不小于0.9。

(3) 开敞式荧光灯灯具效率不应低于75%;带透明保护罩荧光灯灯具效率不应低于65%;带磨砂、棱镜保护罩荧光灯灯具效率不应低于55%;格栅荧光灯灯具效率不应低于60%。

(4) 低压电器(如交流接触器、热继电器、信号灯等)采用节电型产品。

3.10.4 暖通节能设计措施

(1) 泰州市金融服务区建筑为公共建筑,节能设计依据《江苏省公共建筑节能设计标准》。

(2) 地下广场商业冷指标为150瓦/米^2,热指标为60瓦/米^2。

(3) 该工程空调机组单位风量耗功率均小于0.32瓦/(米^3·小时)。

(4) 空调水管,冷媒管均需做保温,保温材料选用优质橡塑发泡保温材料,空调风管均需保温,也采用橡塑发泡保温材料。

3.10.5　建筑群的绿色等级规划

泰州市金融服务区建筑群依据各幢楼的功能和要求不同，进行了绿色等级规划，如图 3-6所示，分为三类：通过《绿色建筑评价标准》三星级认可、通过 LEED 论证、通过《绿色建筑评价标准》一星级认可。

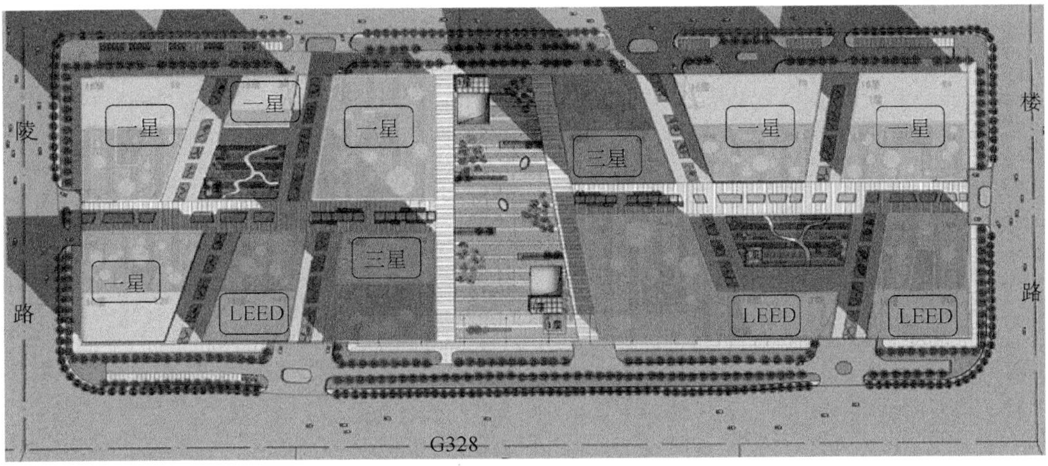

图 3-6　建筑群的绿色等级规划

3.11　环境保护与卫生防疫设计

3.11.1　环境保护

泰州市金融服务区建筑属公共建筑。所产生的生活污水、废气、噪声等采用以下措施处置：

(1) 污水。①排出生活污水不含有毒物质。生活污水汇集后经化粪池排入市政管网后，排入污水处理厂，达到排放标准后排放。②厨房、餐厅排出含油生活废水经隔油池处理后，排入市政管网。③地下车库含油生活废水经隔油沉砂池处理后，由潜水排污泵提升至市政污水管网。

(2) 废气。车库内废气结合绿地小品排向空中。

(3) 噪声。①选用振动小、噪声低的水泵。②设备基础采用隔震处理。③管道与设备接口采用软接头。④对产生较大噪声的机房，采用隔音门、吸声墙和吊顶。⑤水泵房远离办公建筑主体使用空间。

3.11.2　环卫

(1) 垃圾收集方式为分散管理，集中收集。

(2) 商务办公及企业家会所由专人收集后送区域内的垃圾站，垃圾站的位置满足环卫车的进出要求。

3.11.2 卫生防疫

(1) 给水。①生活水箱及水池采用不锈钢水箱，以保证水质。②餐饮、食品生产部门采取消毒，灭菌设备，保证饮食卫生。

(2) 排水。①厨房、餐厅生活水池上方不设卫生间或采用同层排水方式，无污水管穿越。②生活污水、生产废水及屋面雨水系统采用分流质。③生活污、废水系统设置专用通气立管。④地下室废水均采用潜污泵压力排放，检修方便，避免倒流。⑤水池溢流水管采用孔径为 10 毫米、孔距为 20 毫米、长 200 毫米的花管，在花管外，用 18 目不锈钢丝网包扎。

3.12 人防设计

3.12.1 建筑设计

泰州市金融服务区项目地下建筑共两层，作为机动车和非机动车停放区域及配套用房使用。人防地下室位于地下负二层东侧区域，总建筑面积 47 167 米^2，平时为汽车停车库，战时为核 6 级常 6 级甲类二等人员掩蔽所和核 6B 级常 6 级甲类人防物资库。

1) 平时平面布置

人防地下室平时为汽车停车库，消防水池和水泵房也位于地下室内。汽车停车库为单层停车库，汽车库共设三个双车道汽车出入口和一个单车道汽车出入口，汽车停车库内行车道分布合理。汽车停车库与非防护区相连通，与地面建筑地下室的电梯间之间均有出入口，可方便驾乘人员进出停车库。

2) 战时平面布置

人防地下室战时为 12 个核 6 级常 6 级甲类二等人员掩蔽所、7 个核 6B 级常 6 级甲类人防物资库和一个人防电站，共划分 19 个防护单元，总人防建筑面积为 44 226 米^2。其中核 6 级常 6 级甲类二等人员掩蔽所 21 228 米^2(电站 306 米^2)，共可掩蔽 10 740 人；核 6B 级常 6 级甲类人防物资库 22 998 米^2。人员掩蔽所的主要出入口绝大部分在地面建筑倒塌范围之外，结合地面建筑楼梯间设置主要出入口均可直接对外。物资库的部分主要出入口在地面建筑倒塌范围之外，由于受地面建筑的控制红线限制，部分主要出入口结合地面建筑的楼梯间设置(楼梯宽度不小于 2 米宽)，但该地面建筑为钢筋混凝土结构，且可直接通向室外，满足主要出入口的设置要求。工程设有自备柴油发电机房，设有两台 200 千瓦柴油发电机组。该发电机房战时可满足人防用电，平时可作为地下停车库的应急用电。各防护单元的防护功能、人防面积等参数详见表 3-9。

表 3-9　泰州市金融服务区人防设计主要参数

防护单元	战时用途	人防面积/米^2	掩蔽人数	出入口数量/个
1	人员掩蔽所	1 754	800	2
2	人员掩蔽所	1 756	800	2
3	人员掩蔽所	1 977	1 200	3
4	人员掩蔽所	1 439	800	2
5	人员掩蔽所	1 882	800	2
6	人员掩蔽所	1 556	900	2
7	人员掩蔽所	1 877	1 000	2
8	人员掩蔽所	1 618	800	3
9	人员掩蔽所	1 802	1 000	2
10	人员掩蔽所	1 545	900	2
11	人员掩蔽所	1 729	940	2
12	人员掩蔽所	2 293	800	2
13	人防物资库	2 197	0	2
14	人防物资库	4 004	0	2
15	人防物资库	3 716	0	2
16	人防物资库	3 796	0	2
17	人防物资库	2 768	0	2
18	人防物资库	3 360	0	2
19	人防物资库	3 112	0	2
合计	人员掩蔽所	21 228	10 740	26
	人防物资库	22 953	0	14

每个防护单元之间均设有连通口，各防护单元分若干个抗爆单元。抗爆单元墙体为沙袋临战堆垒。各防护单元之间的平时汽车行车道连通口安装双向受力的人防大门，防护功能无转换工作量。

3）消防设计

人防地下室防火分区结合战时防护单元划分，共划分 14 个防火分区，最大防火分区的建筑面积为 3 796 米^2，且不超过 4 000 米^2。工程内设有自动喷水灭火系统，每个防火分区至少有两个直通地面的消防疏散口，消防疏散距离均满足要求。每个防火分区之间的汽车通行口设双帘双轨防火卷帘。各防火分区均设有独立的进、排风系统，排风井用作排风和消防排烟。工程的消防控制室位于地下负一层。工程内采用阻燃材料装修。工程内的水泵房、水库内布置由专业公司设计。

4）防水设计

地下室采用结构自防水加外包防水的防水做法，防水等级为二级。

3.12.2 结构设计

泰州市金融服务区项目主体结构设计使用年限为50年。工程抗震设防参数如表3-10所示。

表3-10 泰州市金融服务区工程抗震设防参数

抗震设防烈度	设计基本地震加速度值	设计地震分组	建筑场地类别	特征周期
7度	0.10g	第一组	Ⅱ类	0.45秒

1）主要荷载取值

（1）平时活荷载：室外地面取5.0千牛/米^2；消防通道取20千牛/米^2；室内地面取2.5千牛/米^2。

（2）核6级人防等效静荷载详见表3-11。

表3-11 泰州市金融服务区工程核6级人防等效静荷载(千牛/米^2)

顶板	外墙	底板		临空墙		单元隔墙		门框墙		主要出入口楼梯	
		主楼区域	地库区域	坡道入口处	楼梯、竖井处	人防区与非人防区	6级与6级	坡道入口处	楼梯、竖井处	正面	反面
50	40	50	50	160	130	110	50	240	200	60	30

（3）核6B级人防等效静荷载详见表3-12。

表3-12 泰州市金融服务区工程核6B级人防等效静荷载(千牛/米^2)

顶板	外墙	底板		临空墙		单元隔墙		门框墙		主要出入口楼梯	
		主楼区域	地库区域	坡道入口处	楼梯、竖井处	人防区与非人防区	6B级与6B级	坡道入口处	楼梯、竖井处	正面	反面
35	35	35	35	140	110	70	30	210	160	40	20

2）地下室结构设计

（1）由于地下室较长，需设置后浇带。

（2）地下室结构体系均为框架结构。

3）计算分析

（1）整体结构计算软件为中国建筑科学研究院PKPM系列SATWE，人防地下室部分采用北京理正人防结构设计软件R3.11版计算，内力计算采用等效静载法，按弹塑性工作阶段进行设计。

(2) 结构主要截面尺寸如下：顶板 250 毫米厚，顶板梁 500 毫米×1 000 毫米、400 毫米×800 毫米；柱子 600 毫米×600 毫米，临空墙 300 毫米厚，防护隔墙 300 毫米厚。

4) 主要结构材料

(1) 混凝土等级：与负一层相同。

(2) 钢筋采用 HRB300 及 HRB335 级、HRB400 级。HPB235 钢筋采用 E43 系列焊条，HRB335 钢筋采用 E50 系列焊条，HRB400 钢筋采用 E55 系列焊条，钢筋与型钢焊接随钢筋定焊条。

(3) 预埋件钢板采用 Q235-B 板，吊钩、吊环均采用 HPB235 级钢筋，不得采用冷加工钢筋。

(4) 地下室室内砖砌墙体采用 MU10 混凝土空心砖、M7.5 水泥砂浆砌筑。

5) 其他技术措施

(1) 为防止混凝土结构产生早期收缩裂缝和不均匀沉降，需设置后浇带，掺混凝土外加剂。

(2) 平战功能转换：人防部分与非人防部分连通处及不同等级防护单元间采用防护及战时封堵。

3.12.3 通风设计

1) 概况

泰州市金融服务区人防地下室为地下负二层，总建筑面积 47 167 米^2，平时为汽车停车库，战时为核 6 级常 6 级甲类二等人员掩蔽所和核 6B 级常 6 级甲类人防物资库。

人防地下室平时为汽车停车库。消防水池和水泵房也位于地下室内。汽车停车库主要为单层停车库，汽车库共设三个双车道汽车出入口和一个单车道汽车出入口，汽车停车库内行车道分布合理。汽车停车库和地面建筑地下室的电梯间之间均有出入口，可方便驾乘人员进出停车库。

人防地下室战时为核 6 级常 6 级甲类二等人员掩蔽所和核 6B 级常 6 级甲类人防物资库，共划分 19 个防护单元，总人防建筑面积为 44 226 米^2。其中，核 6 级常 6 级甲类二等人员掩蔽所 21 228 米^2(电站 306 米^2)，共划分 12 个防护单元，共可掩蔽 10 740 人；核 6B 级常 6 级甲类人防物资库 22 998 米^2，共划分 7 个防护单元。

平时为机械通风和消防排烟；战时为二等人员掩蔽所，采用清洁式、滤毒式、隔绝式通风；物资库采用清洁式、隔绝式通风。

2) 通风系统设计

(1) 平时通风。地下停车库按防火分区设置通风系统。有自然车道的防火分区由车道自然进风，无车道的防火分区则通过设在车库里的送风机输送到车库内(经计算补风量大于排烟量的50%)。排风机设置于通风机房内,机械排风换气次数6次/小时。火警时,关闭非火警区设备及其他通风设备电源。开启火警区域排烟风机;排烟温度大于280摄氏度时,排烟风机前排烟防火阀熔断关闭,连锁关闭排烟风机。排烟口距离防烟分区最远点距离小于30米。所有穿越通风机房处,水平干管上均设防火阀,所有通风管道遇三通处需设置三通调节阀调节风量。

(2) 战时通风。该工程战时分为19个防护单元。其中,1至12防护单元为核6级甲类二等人员掩蔽所,第12防护单元含一个固定电站,内设两台200千瓦的发电机。二等人员掩蔽部战时可实现清洁式通风、滤毒式通风以及隔绝式通风三种通风方式的转换。其中,清洁式通风按照规范要求每人每小时风量为6.5米^3,滤毒式通风时每人每小时风量为3米^3。13至19防护单元为核6B级人防物资库,战时可实现清洁式通风和隔绝式通风。

3.12.4 给排水设计

设计范围主要包括:人防地下室平时给水系统、排水系统、消火栓给水系统、自动喷水灭火系统设计及战时给排水系统设计。以下主要介绍战时给排水设计的相关内容,设计参数详见表3-13,战时掩蔽部人员饮用水靠重力自流,战时人员生活用水、战后口部冲洗由设在战时水箱旁的战时气压给水设备(临战安装)提供动力。

表3-13 泰州市金融服务区工程战时给排水设计参数

防护单元	抗力等级	使用功能	掩蔽人数	分项	用水量标准	贮水时间	贮水方式	贮水量	备注
第1防护单元	核6级 常6级	二等人员掩蔽所	800人	饮用水	4升/(人·天)	15天	饮用水箱	48吨	第一防火分区
				生活用水	4升/(人·天)	10天	生活水箱	32吨	
				人员简洗	0.8吨			0.8吨	
				口部冲洗	10升/(米^2·次)			一次	
第2防护单元	核6级 常6级	二等人员掩蔽所	800人	饮用水	4升/(人·天)	15天	饮用水箱	48米^3	
				生活用水	4升/(人·天)	10天	生活水箱	32米^3	
				人员简洗	0.8吨			0.8吨	
				口部冲洗	10升/(米^2·次)			一次	
第3防护单元	核6级 常6级	二等人员掩蔽所	1 200人	饮用水	4升/(人·天)	15天	饮用水箱	72吨	第二防火分区
				生活用水	4升/(人·天)	10天	生活水箱	48吨	
				人员简洗	0.8吨			0.8吨	
				口部冲洗	10升/(米^2·次)			一次	

（续表）

防护单元	抗力等级	使用功能	掩蔽人数	分项	用水量标准	贮水时间	贮水方式	贮水量	备注
第 4 防护单元	核 6 级 常 6 级	二等人员掩蔽所	800 人	饮用水	4 升/(人・天)	15 天	饮用水箱	48 吨	第三防火分区
				生活用水	4 升/(人・天)	10 天	生活水箱	32 吨	
				人员简洗	0.8 吨			0.8 吨	
				口部冲洗	10 升/(米²・次)			一次	
第 5 防护单元	核 6 级 常 6 级	二等人员掩蔽所	800 人	饮用水	4 升/(人・天)	15 天	饮用水箱	48 吨	
				生活用水	4 升/(人・天)	10 天	生活水箱	32 吨	
				人员简洗	0.8 吨			0.8 吨	
				口部冲洗	10 升/(米²・次)			一次	
第 6 防护单元	核 6 级 常 6 级	二等人员掩蔽所	900 人	饮用水	4 升/(人・天)	15 天	饮用水箱	54 吨	第四防火分区
				生活用水	4 升/(人・天)	10 天	生活水箱	36 吨	
				人员简洗	0.8 米³			0.8 吨	
				口部冲洗	10 升/(米²・次)			一次	
第 7 防护单元	核 6 级 常 6 级	二等人员掩蔽所	1 000 人	饮用水	4 升/(人・天)	15 天	饮用水箱	60 吨	
				生活用水	4 升/(人・天)	10 天	生活水箱	40 吨	
				人员简洗	0.8 米³			0.8 吨	
				口部冲洗	10 升/(米²・次)			一次	
第 8 防护单元	核 6 级 常 6 级	二等人员掩蔽所	800 人	饮用水	4 升/(人・天)	15 天	饮用水箱	48 吨	第五防火分区
				生活用水	4 升/(人・天)	10 天	生活水箱	32 吨	
				人员简洗	0.8 米³			0.8 吨	
				口部冲洗	10 升/(米²・次)			一次	
第 9 防护单元	核 6 级 常 6 级	二等人员掩蔽所	1 000 人	饮用水	4 升/(人・天)	15 天	饮用水箱	60 吨	
				生活用水	4 升/(人・天)	10 天	生活水箱	40 吨	
				人员简洗	0.8 米³			0.8 吨	
				口部冲洗	10 升/(米²・次)			一次	

（续表）

防护单元	抗力等级	使用功能	掩蔽人数	分项	用水量标准	贮水时间	贮水方式	贮水量	备注
第10防护单元	核6级	二等人员掩蔽所	900人	饮用水	4升/(人·天)	15天	饮用水箱	54吨	第六防火分区
				生活用水	4升/(人·天)	10天	生活水箱	36吨	
				人员简洗	0.8米^3			0.8吨	
				口部冲洗	10升/(米^2·次)			一次	
第11防护单元	核6级 常6级	二等人员掩蔽所	940人	饮用水	4升/(人·天)	15天	饮用水箱	56.4吨	
				生活用水	4升/(人·天)	10天	生活水箱	37.6吨	
				人员简洗	0.8米^3			0.8吨	
				口部冲洗	10升/(米^2·次)			一次	
第12防护单元	核6级 常6级	二等人员掩蔽所	800人	饮用水	4升/(人·天)	15天	饮用水箱	48吨	第七防火分区
				生活用水	4升/(人·天)	10天	生活水箱	32吨	
				人员简洗	0.8米^3			0.8吨	
				口部冲洗	10升/(米^2·次)			一次	
第13防护单元	核6B级 常6级	人防物资库		口部冲洗	10升/(米^2·次)	按冲洗面积算	口部冲洗水箱	10吨	第八防火分区
第14防护单元	核6B级 常6级	人防物资库		口部冲洗	10升/(米^2·次)	按冲洗面积算	口部冲洗水箱	10吨	第九防火分区
第15防护单元	核6B级 常6级	人防物资库		口部冲洗	10升/(米^2·次)	按冲洗面积算	口部冲洗水箱	10吨	第十防火分区
第16防护单元	核6B级 常6级	人防物资库		口部冲洗	10升/(米^2·次)	按冲洗面积算	口部冲洗水箱	10吨	第十一防火分区
第17防护单元	核6B级 常6级	人防物资库		口部冲洗	10升/(米^2·次)	按冲洗面积算	口部冲洗水箱	10吨	第十二防火分区
第18防护单元	核6B级 常6级	人防物资库		口部冲洗	10升/(米^2·次)	按冲洗面积算	口部冲洗水箱	10吨	第十三防火分区
第19防护单元	核6B级 常6级	人防物资库		口部冲洗	10升/(米^2·次)	按冲洗面积算	口部冲洗水箱	10吨	第十四防火分区

1）消防给水设计

按小汽车车库的防火要求设置消防给水设施。室内采用消火栓系统、自动喷水灭火系统和灭火器相结合的消防系统，相关设计参数详见表 3-14。

表 3-14 消防给水设计参数

消防系统名称	消防用水量	火灾延续时间	一次消防用水量	贮水方式	水库容量取值	备 注
室内消火栓系统	10 升/秒	2 小时	72 吨	消防水库	地面院设计	地面院设计泵房
自动喷水系统	30 升/秒	1 小时	108 吨			

(1) 室内消火栓系统

• 消火栓以“被保护范围内任何部位都有两股充实水柱能同时到达”为原则分布设置。消火栓系统供水管道成环形布置。

• 室内消火栓箱选用 SG24D65Z-J 型减压稳压消火栓箱，箱内设置 SN65 型室内消火栓一只，QZ19 型直流水枪一支，DN65 长 25 米衬胶水龙带一根，消防按钮一只。灭火器组合在箱内下方，消防箱均采用铁质箱体、铝合金面框配茶色玻璃。室内消火栓的出水方向与设置消火栓的墙面垂直，栓口中心安装高度距地面 1.1 米。消火栓箱箱门上设有“消火栓”或“火警 119”标志。消火栓箱在钢筋混凝土墙上一律明装，砖墙上可暗装。

(2) 自动喷水灭火系统

• 按中危Ⅱ级设计，喷水强度 8 升/(分钟 · 米^2)，作用面积 160 米^2。采用湿式闭式系统，选用 ZSS DN150 型湿式报警阀。

• 喷头采用动作温度为 68 摄氏度的喷头。自动喷水系统管路为枝状布置。

• 根据建筑防火分区的划分，每个防火分区的管网始端设信号闸阀和水流指示器，分区报警。每套湿式报警阀组控制的喷头数不超过 800 个。一旦发生火灾，喷头动作喷水，水力报警阀报警，同时火灾区的水流指示器也向消防控制中心发出信号，显示火灾位置。消防控制中心根据报警信号，做出正确判断。

• 根据建筑设计，该工程不设吊顶，故本设计除宽度大于 1 200 毫米的矩形风管下方增设下垂型喷头及下层汽车采用侧墙型喷头保护外，其余喷头均采用直立型喷头。侧墙型喷头平面位置为停车位托板顶端的中心，距上层托板 200 毫米。

• 自喷管道上的阀门平时均应常开，报警阀前的控制阀门和水流指示器前的阀门均采用信号阀，能明显地显示信号闸阀的开启或关闭状态。

(3) 灭火器的配置

• 灭火器按中危险级 B 类火灾配置，灭火器选用手提式灭火器 MF/ABC4 型(55B，充装 4 千克磷酸铵盐)，其最大保护距离 12 米。

• 灭火器应设置在位置明显和便于取用的地点，且不得影响安全疏散，具体位置见相关图示。灭火器的摆放应稳固，其铭牌应朝外。

• 成组设置的手提式灭火器设在对应大小的专用落地灭火器箱或消火栓箱内，灭火器箱不得上锁。灭火器箱上设有醒目的“灭火器”或“火警 119”标志。

2) 排水系统

(1) 一般防空地下室在隔绝防护时间内不得向工程外部排水。如必须在隔绝防护时间内排水必须保证能连续均匀地向防空地下室室内进水并连续向室外排水，且应设有使其排水量不大于进水量的措施。

(2) 收集战时生活污水的集水池，应设接至厕所排风口的通气管。防毒通道、密闭通道、扩散室的洗消废水通过排水系统排放至洗消集水井内，洗消间设洗消污水集水井收集洗消污水，洗消污废水由潜水泵提升并经专业人员处理后排放，清洁区内废水就近排至工程外市政排水管网。

3) 柴油机电站

人防战时电站内有两台功率为200千瓦的发电机，考虑同时使用，油耗为0.22千克/(千瓦·小时)，储油时间为10天，储油量为25米^3。战时电站用油采用自流供油，油车通过进油管自流输油至高位油箱，油箱通过电动泵输油至发电机组。油箱采用搪瓷钢板制作，在施工和安装时，必须保证严密不漏油，设置顶盖、人孔、油位计、透气管及排污管等。油箱的油位计采用透明的有机玻璃管。油箱使用前一定做好防腐处理。供油管敷设时应有0.005的坡度，坡向流动方向，同时在最高点设放气阀，最低点设放油阀。电站内各种用途的给水、排水、供油管应刷不同颜色的油漆，并标出管内水流方向以便于识别和管理。柴油机的燃油在使用前应经过净化处理，定期进行油箱底部的放空处理。柴油机组及油箱四周设置灭火沙及干粉灭火器，并固定位置。

4) 管材及接口

(1) 人防地下室给水管采用衬塑热镀锌钢管，DN≤80毫米采用螺纹连接；DN>80毫米采用卡箍连接。破坏的镀锌层表面及外露螺纹部分应做煤沥青防腐处理。

(2) 排水管采用热镀锌钢管，DN≤80毫米采用螺纹连接；DN>80毫米采用卡箍连接。破坏的镀锌层表面及外露螺纹部分应做煤沥青防腐处理。

(3) 室内消火栓给水管道采用热镀锌钢管及其管件，DN≤80毫米采用螺纹连接；DN>80毫米采用卡箍连接。破坏的镀锌层表面及外露螺纹部分应做煤沥青防腐处理。安装过程中对镀锌钢管的镀锌层破坏处须进行煤沥青防腐处理。

(4) 穿越人防围护结构的管道(给水引入管、排水出户管等)均预埋防护套管。

5) 阀门及附件

(1) 阀门：阀门严格按图设置，所有阀门安装前须逐个进行强度和严密性试验，合格后方可安装。

(2) 止回阀：生活给水泵后采用微阻缓闭消声阀，其余部分均采用普通止回阀。

(3) 附件：水泵吸水管、出水管上均安装可曲挠橡胶接头；管道穿越沉降缝、伸缩缝时可采用可曲挠橡胶接头。

(4) 无论平时战时，管道(生活给水及消防给水引入管、排水出户管、通气管和供油管等)穿越人防工事时，均须在工事内侧设置1.6兆帕的防护阀门；防护阀门应采用阀芯为不锈钢或铜材质的闸阀或截止阀；人防围护结构内侧距离防护阀门的近端面不宜大于200毫米，阀门应有明显的启闭标志。

3.12.5　电气系统设计

人防工程在地下二层，平时分14个防火分区，作为汽车停车场。战时分19个防护单元，其中二等人员掩蔽所13个，物资库6个。

1）平时配电

每个防火分区设小配电间一个，人掩部由战时防化值班室兼。每个防火分区二路独立低压电源引自负一层变配电室，其中一路故障时另一路不至于同时中断供电，两路电源同时工作，互为备用，一路故障时另一路可承担全部负荷。消防用电为一级负荷，排水泵按二级负荷，其他为三级负荷供电。战时负荷等级划分见"人防工程篇"内容。平时用电负荷约为300千瓦，其中消防类负荷约160千瓦，0.4千伏低压配电系统采用单母线运行方式，低压断路器设置过载长延时、断路瞬时保护脱扣器。

2）战时配电

该工程人防面积大于5 000米^2，设置柴油发电站一座，供人防战时电源使用。柴油发电机组容量满足战时一级、二级负荷的需要，选用两台200千瓦柴油发电机组，并联运行。柴油发电机组平时可不安装，附属设备及管线应安装到位，柴油电机组应在15天转换时限内完成安装和调试。战时每个防护单元电力系统电源引自负一层变配电室，各防护单元设人防配电总箱，人员隐蔽所设三种通风方式装置系统。应急照明、通信及报警设备为一级负荷，正常照明为二级负荷，其他为三级负荷。

3）配电方式

低压配电系统采用220/380伏放射式与树干式相结合的方式，至单台容量较大的设备或者重要负荷、各防火分区、防护分区配电总箱采用放射式配电，照明及一般动力采用放射式与树干式相结合的方式配电。

一级负荷：采用双电源供电末端切换。

二级负荷：双电源供电，适当位置切换或专线供电。

三级负荷：单电源供电。

非消防设备供电线缆采用阻燃型交联聚乙烯铜芯电线电缆，消防设备采用耐火型交联聚乙烯铜芯电线电缆，双电源供电末端切换，过载保护只报警、不跳闸。

4）照明系统

照明系统依据建筑专业提供资料进行，照明灯具选用荧光灯、金卤灯或者其他节能型灯具。显色指数不小于85。各场所照度设计依据《建筑照明设计标准》设置。如：汽车库75勒克斯，风机房100勒克斯，变配电室200勒克斯。各场所照明功率密度值不大于《建筑照明设计标准》的现行值。照明、插座分别采用不同单相回路供电，插座、Ⅰ类灯具均设置PE线，各回路PE线不共用，插座回路设置漏电断路器保护。

变配电室、配电间、消防控制室、发电机房、防排烟机房及消防水泵房等处应急照明的照度值不低于平时照明。

疏散走道应急照明地面最低水平照度不低于 0.5 勒克斯，楼梯间应急照明地面最低水平照度不低于 5.0 勒克斯。汽车库、疏散走道、楼梯间及前室和主要出入口等场所设置疏散指示灯、安全出口灯。疏散指示灯、安全出口灯自带蓄电池组。

应急照明采用双电源供电末端切换，供电持续时间不小于 30 分钟。疏散指示灯、安全出口灯采用长明方式；其他照明控制方式采用就地或者集中控制，火灾时应急照明灯具无论处于何种状态均可由消防控制强制自动点亮。

战时应急照明利用平时应急照明，战时正常照明利用平时正常照明或者其中一部分。战时应急照明持续供电时间不小于隔绝防护时间。人防内灯具选用链吊式灯具及卡扣灯头，荧光灯管采用尼龙绑扎防脱落。通道、出入口、公用房间照明与房间照明由不同回路供电。

5）管线防护

人防内供电线缆采用铜芯线缆。穿越外墙、临空墙、防护密闭隔墙和密闭隔墙的管线和预留备用管均做防护密闭处理，选用管壁厚度不小于 2.5 毫米的镀锌钢管。各人员出入口和连通口的防护密闭门门框墙、密闭门门框墙上均预埋 4～6 根备用管，管径 50～80 毫米，并符合防护密闭要求。

6）接地及安全措施

电力系统接地和电站系统接地采用 TN-S 接地系统，强弱电采用联合接地体，接地电阻值不大于 1 欧姆，所有正常不带电而绝缘破坏时可能带电的金属外壳均要可靠接地，通信值班室、消防控制室、配电室和电站接地干线采用截面积不小 100 平方毫米的镀锌扁钢。

7）火灾自动报警及消防联动系统

火灾自动报警系统的保护等级按一级设置。系统组成子系统包括火灾自动报警系统、消防联动控制系统、火灾应急广播系统、消防直通对讲电话系统和应急照明控制系统。

（1）消防控制室：该工程消防控制室设置在地上，并有直接通向室外的出口。消防控制室的报警控制设备，由火灾报警控制主机、联动控制台、显示器、打印机、应急广播主机、消防直通对讲电话主机和电源设置等组成。消防控制室可接收感烟、感温等探测器和火灾报警信号及水流指示器、检修阀、压力报警阀、手动报警装置和消火栓按钮等动作信号。消防控制室可显示消防水池、消防水箱水位，显示消防水泵的电源及运行状况。消防控制室可联动控制所有与消防有关的设备。

（2）火灾自动报警系统：该工程采用控制中心报警系统。消防自动报警系统按两总线环路设计。该工程在适当位置设置手动报警装置及消防电话插口。每个防火分区至少设置一处手动报警装置，防火分区内任意位置距最近手动报警装置不超过 30 米设置声光报警及显示装置。消火栓箱内设置消火栓按钮；按钮接线盒设置箱体开门侧，安装高度 1.8 米。

（3）消防联动控制：火灾报警后，消防控制室根据火灾情况控制相关的防火阀，并启动相应送风机、排烟机，排烟阀在 280 摄氏度熔断关闭，防火阀在 70 摄氏度熔断关闭，阀、风机的动作信号反馈至消防控制室。在消防控制室，对消火栓泵、自动喷淋泵、送风机和排烟风机可通过现场模块自动控制，也可在联动控制台上通过硬线手动控制，并接收反馈信号。

（4）火灾应急广播：消防控制室设置火灾应急广播主机，火灾时强制切入应急广播状态。

（5）消防直通对讲电话：消防直通对讲电话为独立的消防通信系统。消防控制室、消防水泵房、变配电室、主要通风机房及排烟机房等与消防联动有关且有人员值班的机房设置消防专用电话，消防控制室设置可直接报警的专用消防电话。

（6）漏电火灾报警系统：该工程设置漏电火灾报警系统。探测漏电电流、过电流等信号，发出声光信号报警，监视故障点的变化。记录各种故障和操作试验信号。切断漏电线路电源并显示状态。显示系统电源状态。

3.13 幕墙总体设计

3.13.1 幕墙“城市符号”的创意

“城市符号”是指一座城市的标志，代表该地区的文化特性，它承载着一座城市的无形资产，也是城市综合信息传递的媒介，是在城市形象树立和传递过程中应用范围最广、出现频率最高、最为关键的元素。而建筑幕墙是“城市符号”的外衣，是直接给人第一印象的重要组成部分。

泰州市金融服务区建筑群项目拥有泰州市最高楼、建筑面积最大的整体地下室和占地面积最大的单体建筑群三项“泰州之最”。该项目集现代金融、高端商务、综合配套于一体，具有城市公园、行政办公、文化传播与商务客厅的功能。幕墙设计范围为20栋单体建筑，总建筑面积约74万米^2，幕墙面积近22万米^2。幕墙形式为石材幕墙、玻璃幕墙、金属板幕墙、玻璃采光顶、铝合金格栅等。

设计师们从概念梳理结果中提炼出的不仅是一个金融中心和单体建筑群，还是一个城市生活的场所，内容丰富的“公园”是城市的一部分，建筑幕墙“外衣”的创意需与泰州市东城河风景区相融合（图3-7），且与泰州市秦潼湖风景区遥相呼应（图3-8），而非独立于城市之外。它必须同时具有吸引力和辐射魅力，在做好自己、发展自身的同时要带动周边，推动新

图3-7 泰州市东城河风景区

图 3-8 泰州市秦潼湖风景区

区全方位综合发展，引导新区文化潮流及生活方式。同时凝聚商务办公和生活服务两种氛围，所在其中的建筑不只是一个个凝结的形象，更是一种大格局体验，具有参与感和共生性。

浙江中南幕墙设计研究院在调查研究的基础上确定了“现代、简约、未来、实用”的设计方向，在设计过程中充分考虑到城市文化底蕴与城市发展诉求，将泰州人文历史与经济发展新元素相融合，经过对幕墙外立面材质与肌理元素的反复推敲，拟定不同设计方案以匹配建筑欲对外界传达的概念，使城市特征突出表达，对受众视觉产生不断刺激和自身形象的反复刻画。

3.13.2 建筑群幕墙的色彩设计

泰州市金融服务区工程作为一座整体统一而又和谐的建筑群，外墙材质大比例运用石材幕墙、金属板幕墙及玻璃幕墙，以灰蓝色为主色调（图 3-9），通过同一色系中色相、彩度与明度的小幅度差异，营造出该建筑群的错落感与层次感，用色彩美烘托材质美进而凸显建筑形态美，在本身高度的加持作用下，远远望去犹如泰州大地掀起的蔚蓝色万丈波涛，乘着中国新时代发展大潮以傲人的身姿昂首环顾整座城市，极大提升了泰州的城市品位与景观环境。

图 3-9 建筑群幕墙的色彩设计

尽可能最大化承载泰州市的有形与无形价值是设计深化的关键。方案设计师们经过反复的设计推敲，通过多轮深入研究、论证，提升完善、精益求精，做到了“高起点规划、高强度投入、高标准建设”。如图 3-10 所示，“泰州巨浪”的设计灵感源于这座城市的历史经济背景与现代经济定位，将原有的自然和城市元素引入建筑之中，给建筑赋予生命和能量，强调建筑与城市空间、建筑与自然、建筑与景观视觉的内外边界的相互影响。

建筑群北立面是建筑愿景在建筑幕墙上充分体现的一个立面。传统泰式建筑喜“清水墙”，梁架简朴，装饰无多，不事奢华。承袭这一传统，北立面不宜有繁复的纵横分缝和过多的面板材料参与，考虑到要营造整体轻质的观感，因此在幕墙部分选用全玻幕墙形式为北立

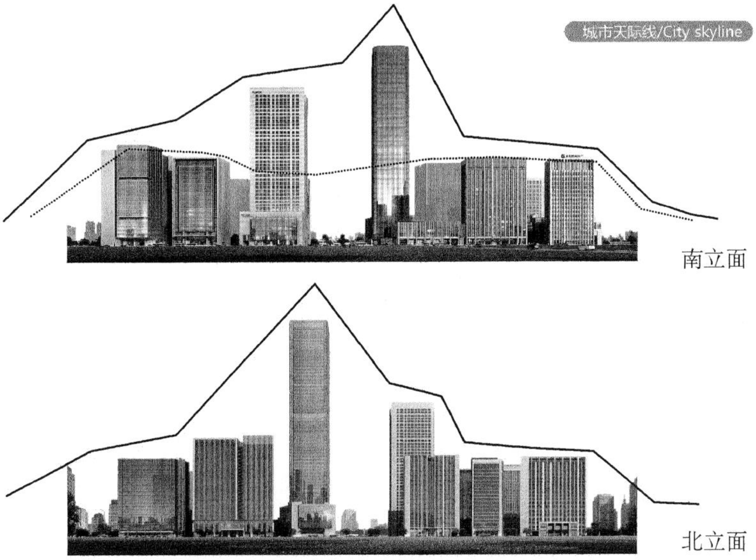

图 3-10　建筑群展示“泰州巨浪”寓意

面主要表皮材料，保证立面的完整性。全玻幕墙由玻璃面板、玻璃肋、不锈钢点爪和不锈钢拉索等构件组成。根据对色彩的需求，设计师选用低彩度冷色系高性能中空钢化多层镀膜玻璃面板，用淡灰色玻璃、浅蓝灰色玻璃与碳蓝灰色玻璃形成色度阶梯递进，在自然光变幻的影响下使得立面色彩整齐而丰富。竖明横隐玻璃幕墙板块强调建筑的纵向拉伸，宽大的幕墙立柱间距使视野几乎无遮挡，加之玻璃材质本身的采光属性给人以通透开阔的明亮感，建筑内外的趣味景象相互映衬，中和了商务建筑本身的部分严肃气息，强化其时尚感与未来感，成为视觉上的一大亮点。

南立面和东西立面部分，设计师增加了石材的使用量，汲取城市文化内涵，传达建筑沉稳气质的同时，给人以虚实结合的视觉感受，赋予其“着眼当下，展望未来”的视觉内涵。东西立面多采用玻璃幕墙与石材沿外墙水平方向相互交替的形式。在南立面，设计师将原有的“窗型网状肌理”做了大幅度改动，调整为纵向立面分格，大幅度减轻建筑体量，增强立面的完整性与平滑性，向现代极简审美方向靠拢，展现时尚的外观效果。

3.13.3　建筑群幕墙的线条设计

在建筑群中，8# 立面垂直方向采用铝板造型线条，塑造明快、挺拔的建筑气质，与侧立面横向百叶装饰形成横竖视觉肌理对比；10# 立面通过玻璃幕墙外表面装饰盖板疏密变化，有机形成建筑形态的虚实对比；18# 底部裙房设计为架空石材幕墙柱廊，玻璃幕墙退后自然形成主楼入口，与沿街空间无缝切换，主楼立面竖向石材造型形成挺拔的视觉张力。石材类目选用浅灰银麻荔枝面、白麻光面、浅黄银麻荔枝面、虾红荔枝面、世贸金麻光面、浅黄银麻光面、浅灰银麻光面和灰钻光面 8 种颜色纹理，在保证建筑群风格整体统一的同时，差别单体建筑间的独立性，避开建筑群单调雷区，为其注入灵动气息。铝板的使用使玻璃与石材的组合搭配得到进一步升华，银灰色、青灰色和碳蓝灰色的铝板与铝型材迎合“高明度冷色系”的色调需求，颜色和材料的相互作用创造了一种静谧低调的动态感，从各个角度来看立面都在不断变化。泰州金融中心区块每栋建筑都与区块气质相适应(图 3-11)，整体组合下形成强烈的集体认同感，是当代建筑和城市发展结晶的完美呈现。

图 3-11 金融服务区建筑群的幕墙线条设计效果

3.13.4 建筑群幕墙的光影设计

泰州金融中心代表了新世纪泰州城市发展形象与风貌，新区格局是以悠久文化肌底为依托的宽阔城宇，大气前卫的特点与城市的秀美形成强烈反差，并相互辉映，在灯光设计中，设计师将光的定义不仅仅局限于光线，广泛涉及灯、光、影的概念，塑造灵动璀璨的夜晚景象，以达到至美境界。作为泰州最高建筑，设计师希望通过照明凸显建筑作用，升华建筑自身价值，同时将泰州城市形象提升至新的高度。照明设计涵盖 11 幢建筑体，其中，248 米高的兴业大厦是整个地块的制高点及视觉中心，也是重点处理对象。设计师选用可控 LED 视频像素灯沿外立面立柱布置，实现夜间立面图案变化(图 3-12)。

其余 10 幢相对弱化处理，使用竖向线条体现建筑宏伟轮廓，宏观把控建筑形体关系，强调各个建筑顶部，形成高低起伏的天际效果。考虑整体板块建筑物较多，且功能方面以商务办公为主，所以在光色上选取暖白光为板块主基调，搭配最高楼动态效果，使整体建筑群动静结合、主次有序。围绕“见光不见灯”的设计原则，设计师将灯具安装与幕墙结合设计，充分考虑灯具安装及管线走向，提前预留灯具空间，将灯具嵌入或隐藏于幕墙系统中，将两者合二为一，既不影响室内人员的办公，又确保建筑在白天的美观性，同时也避免了灯具安装过程中对幕墙造成二次破坏。绿色建筑是在建筑的全生命周期内最大限度地节约资源、保护环境和减少污染，为人们提供健康、适用和高效的使用空间，与自然和谐共生的建筑。设计师将这一理念也引入设计之中，选用具有高效、长寿、美观和防眩光功能的绿色节能灯具，区别建筑体分别使用嵌入式格栅荧光灯、洗墙灯和 LED 钢丝屏，控制投光灯灯具效率不低于 65%，上射光通量不超过标准规定，LED 灯具光损的整体光效≥80 流明/瓦，显色指数≥

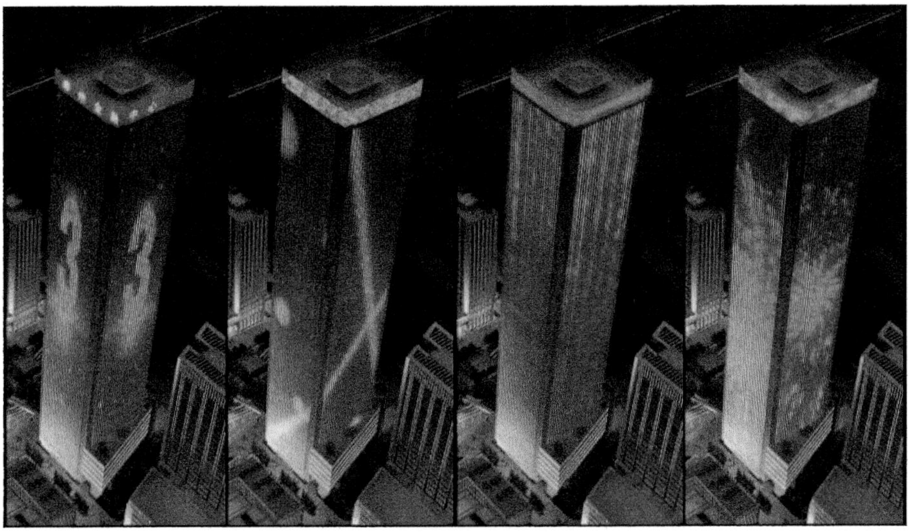

图 3-12　建筑群幕墙的光影设计

70，并通过节日、平日、入夜三种模式控制优化节能功效。

3.13.5　建筑群幕墙的简约风格设计

以最简约的材料、构件组成最有效的传力通道，简洁明快、轻巧纤细、连续明朗，通过对幕墙立面纹理线条，体量避繁趋简的处理（图 3-13），与周围建筑相互补充、和谐共生。满足城市“笙磬得同声，精色俱激扬。栽培俱桃李，栖止俱鸾凰”的需要，折射城市“德星相聚会，千载有余光”的期待，作为城市一大平台，承载这里的希冀与梦想，赋予空间生命和能量。稳重不失趣味，优雅富有张力，活力动感和严肃端庄灵动结合，使人群穿梭其中能享受到震撼且轻盈的空间体验。

泰州金融中心项目从构想中的公共空间走入现实背景，在寻求更为长远发展共识的过程中，也充当起现代城市空间升级与时代进步的黏合剂角色。疏离却又亲和的特质吸引着城市居民和来往人群的参与、共享，未来感与艺术性介入商业空间构建，令该建筑区块经历了从展示到互动再到共生的嬗变，卓尔不群、傲然挺立于泰州大地之上。

图 3-13　建筑群幕墙的简约风格设计

第 4 章　金融服务区建筑群整体地下室结构设计

泰州市金融服务区建筑群的总建筑面积约 74 万米^2，整体地下室地下两层，长约 500 米，宽约 190 米，体量巨大，属于超长超大地下室。地上 20 栋单体，由 10 家单位分别设计，包含钢筋混凝土框架、钢筋混凝土框架-剪力墙、钢筋混凝土框架-核心筒、型钢混凝土框架-核心筒、钢管混凝土钢梁-核心筒结构等形式。江苏省建筑设计研究院作为整体地下室及其中 $5^{\#}$ $6^{\#}$ 楼超高层建筑的设计单位，组建设计团队，协调业主、施工企业、各设计单位，理顺设计界面，兼顾施工企业标段分工，在地基基础设计、地下室顶板方案、负一层梁板方案和超长地下室裂缝控制等方面都进行了探索和方案比选，并采取了针对性措施，最终取得良好的设计效果。

4.1　工程概况

金融服务区工程(图 4-1)位于泰州市海陵路东侧、鼓楼路西侧、328 国道以北。地块内建设 11 栋高层建筑及附属裙房，高层建筑由 9 栋高层和 2 栋超高层组成；建筑层数从 14 层到 58 层；最高建筑高度为 233.90 米。建筑性质及功能包括办公、商业及公寓建筑。项目地下为两层整体地下室，由地面 11 栋高层建筑的 11 个地下区域与公共配套区域共同组成联合地下室，作为机动车及非机动车停放区域及配套用房使用。地下室东西总长 510.5 米，南北总长 183.7 米，地下总建筑面积 18.7 万米^2。其中，地下二层建筑面积 9.3 万米^2，地下一层建筑面积 9.2 万米^2，夹层建筑面积 0.2 万米^2。地下二层东侧区域为人防区域，作为核 6 级甲类二等人员掩蔽部及核 6B 级人防物资库，人防区域面积约 4.7 万米^2。

图 4-1　泰州市金融服务区建筑群效果图

工程地上部分各单体中，5# 6# 兴业国际大厦结构高度为 233.90 米，15# 16# 楼美好大厦高度为 160 米，各单体结构形式包含钢筋混凝土框架、钢筋混凝土框架-剪力墙、钢筋混凝土框架-核心筒、型钢混凝土框架-核心筒和钢管混凝土钢梁-核心筒结构等形式，与上部结构对应的地下室部分结构形式与上部相同，其他地下室部分采用钢筋混凝土框架结构。工程地下一层层高为 6.0 米，地下二层层高为 4.0 米，5# 6# 楼区域设置夹层，负一层层高为 7.0 米。

4.2　基础及地下室设计

4.2.1　基础设计

根据江苏省岩土工程勘察设计研究院编制的《泰州市金融商务区岩土工程勘察报告》(详勘编号:2011018)，场地土层均匀，上部以粉质黏土为主，下部以粉砂为主。无上部结构的公共地下室部分采用直径 600 毫米钻孔灌注桩，竖向抗压承载力特征值为 1 700 千牛，竖向抗拔承载力特征值为 1 000 千牛，混凝土标高 C30。主体结构主楼及裙房，采用钢筋混凝土钻孔灌注桩作为抗压桩，各主体设计单位根据各栋建筑结构形式及荷载条件，分别选择适合桩径及桩长，详情参见图 4-2。

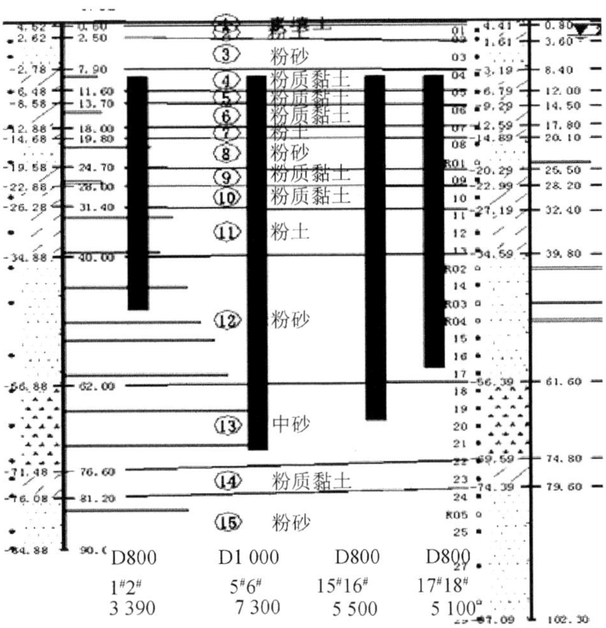

图 4-2　桩基图层分布

4.2.2　地下室顶板设计

该工程室内外高差 0.45 米，室外地下室顶板为－1.95 米，地下室顶板覆土为 1.5 米。

根据抗震规范要求，地下室顶板应采用梁板结构，常用的结构形式有单向次梁＋框架梁、双向十字梁＋框架梁、井字形次梁＋框架梁和大板＋框架梁等结构形式。根据工程经验，对于普通的室内楼盖，单向次梁＋框架梁具有良好的造价优势，但该工程顶板覆土荷载达 2.9 吨/米^2，另外，部分区域有消防车通过，会造成主梁高度及配筋过大。同样，由于荷载较大的原因，大板＋框架梁中的大板配筋较大，用钢量较大。针对室外覆土区域采用双向十字梁＋框架梁、井字形次梁＋框架梁(图 4-3)进行了经济性比较(表 4-1)，结果如下(根据钢材 4 000 元/吨，混凝土 400 元/米^3 评估)：根据经济性对比结果及考虑其他因素，室外覆土区域最终选择井字梁布置，室内无覆土区域基本选择十字梁布置。金融服务区建筑群的一层结构布置如图 4-4 所示。需要指出的是，楼盖经济性与荷载大小、材料、人工和模板费用等相关，各因素的价格随市场波动，在每项工程开始前，都宜进行结构方案的经济性比较。

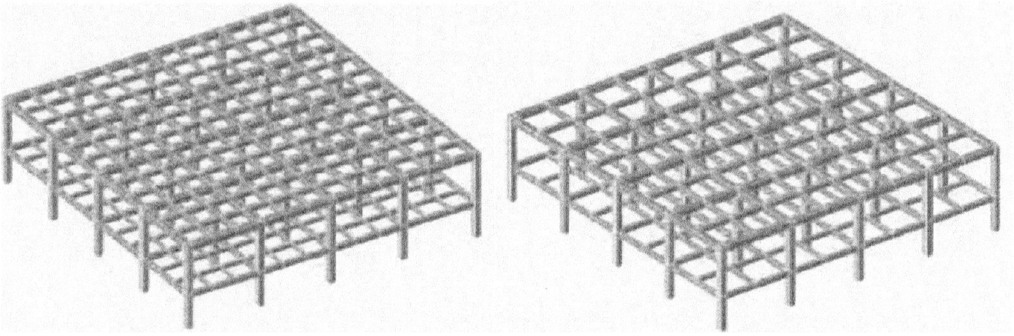

(a) 井字梁结构模型　　(b) 十字梁结构模型

图 4-3　地下室顶板结构模型(比选)

表 4-1　结构布置经济性比较

	钢筋(千克/米^2)	混凝土(米^3/米^2)	造价(元/米^2)
十字梁	69.37	0.41	441.48
井字梁	67.87	0.42	439.48

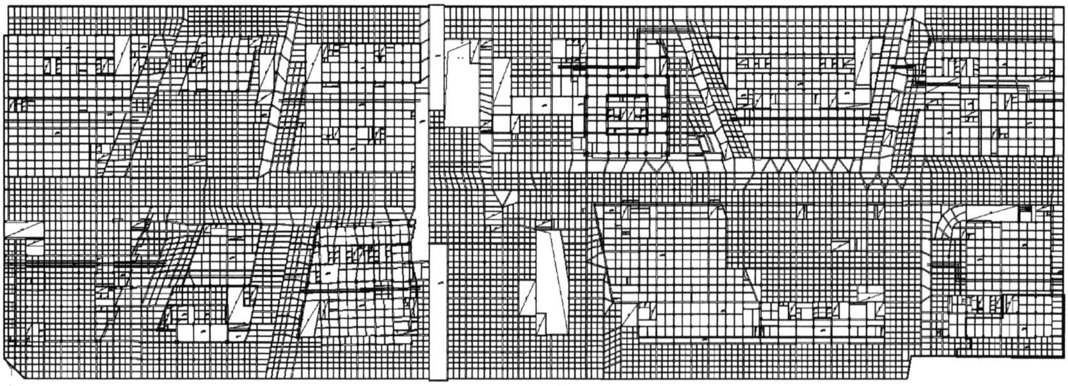

图 4-4　一层结构平面布置图

4.2.3　地下室负一层楼板设计

该工程负一层功能为车库，局部有为上部结构及地下室服务的设备机房。车库荷载不大，功能简单，设备洞口很少，各种梁板结构方案经济性相差不大，最终采用大板＋框架梁结构方案(图 4-5)，跨度 8.4 米，板厚 220 毫米，具有模板少、观感好等优点。对于具有较大荷载的设备机房区域，根据荷载大小，采用单向次梁＋框架梁或双向次梁＋框架梁方案，以满足设备需要及设备洞口。

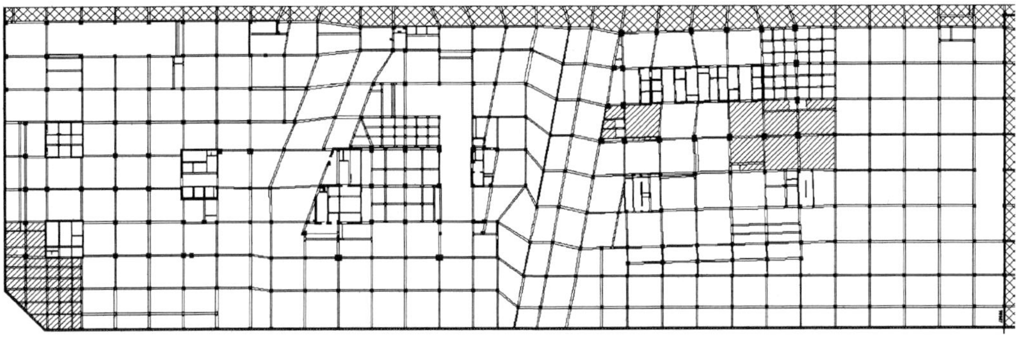

图 4-5　负一层局部结构平面布置图

4.2.4　地下室底板设计

该工程底板部分采用桩基承台＋防水板基础，其优点是结构受力明确，不需采用箍筋、砖模等，防水做法简便，施工简单，周期较短。该工程底板顶结构标高为－10.15 米，面层 150 毫米，用于设置地面排水沟找坡。底板厚度为 600 毫米，最小配筋率按 0.15%控制。承台大小按照桩间距 3.0d，承台边满足距离桩中心一倍桩径，然后与薄板之间设置放坡以改善底板受力。比如，轴网大部分为 8.4 米×8.4 米，柱下四桩，桩径 600 毫米，则承台尺寸为 3.0 米，承台厚度 1.0 米，放坡后的尺寸约 3.8 米。

目前地下室底板计算，对于规则柱网可采用经验系数法手算，对于不规则轴网采用电算＋手算包络。该工程轴网规则，大部分区域轴网为 8.4 米×8.4 米，为验证特定轴网、特定承台大小下底板配筋，建立了局部 MIDAS 有限元模型进行验证。经过验证，对经验系数法的部分参数进行修正，以与有限元模型更加吻合。增加了复核薄板和承台交接处的计算，减少了计算跨中板带跨中及支座以及柱下板带跨中时的支座宽度。

经过计算，该工程地下室底板通长筋采用 18@150 双层双向(上部钢筋加大，考虑到地下室温度效应)，配筋率 0.28%。

4.2.5　地下室顶板嵌固端分析

泰州市金融服务区工程地上单体数量众多，结构形式多样，嵌固端均设置于地下室顶板。根据抗震规范要求，作为嵌固端的地下室顶板应能可靠传递结构底部水平力。而该工程室外地下室顶板为－1.95 米，室内结构标高为－0.10 米，高差 1.85 米，如何理清室内外高差处受力模式，采取可靠、合适的加强措施以与实际受力模型吻合是需要设计人员考虑的问题。

现有的设计通常采取以下措施：在框梁室内外高差处做加掖[图 4-6(a)]、在室内外高差处做斜板[图 4-6(b)]连接室内顶板和室外顶板、将室外结构顶板逐跨降低标高等，但是这样的做法一是增加施工难度，二是可能影响设备管线排布。另外，这样的措施是否真正有效，需要量化的数据验证。

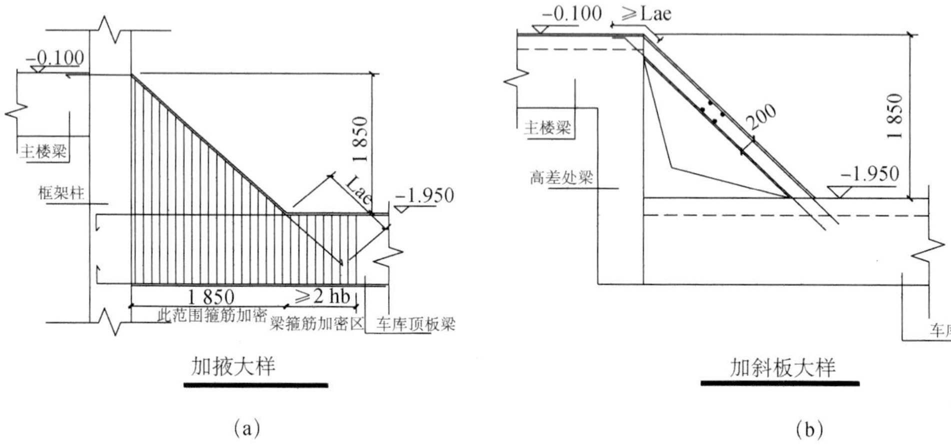

图 4-6 地下室顶板嵌固端的措施大样图

为研究此问题，以泰州市金融服务区 5# 6# 楼超高层结构的底部嵌固区域为基础，建立四种模型，以验证不同模型下的嵌固端传力机制。模型以 5# 6# 楼超高层酒店为例，地下两层层高分别为 6 米和 4 米，室内外高差 2 米，地震影响系数最大值 0.10。建立简单计算模型如图 4-7 所示，由于是对称结构仅建立半边模型，以有高差模型为例。在模型中，核心筒外围墙厚取 1 000 毫米，主楼钢管混凝土柱直径为 1 500 毫米，纯地下室柱截面为 700 毫米。

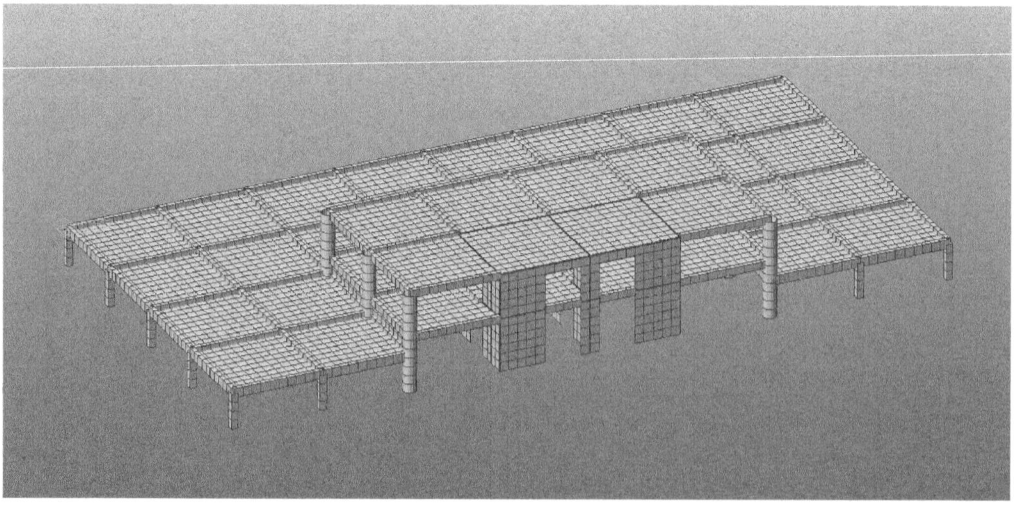

图 4-7 金融服务区超高层建筑地下嵌固端模型

在一层顶施加水平荷载，分析水平力的分布，在加掖或加斜板的情况下支座处水平力的变化。查询 SATWE 模型，底部剪力为 24 000 千牛（本例加载一半），框架承担剪力占 12%，剪力墙承担剪力 88%，按照比例加载在首层楼层处。无高差模型中，板应力分布如图 4-8 所示，右下角区域为明显板传力区域。

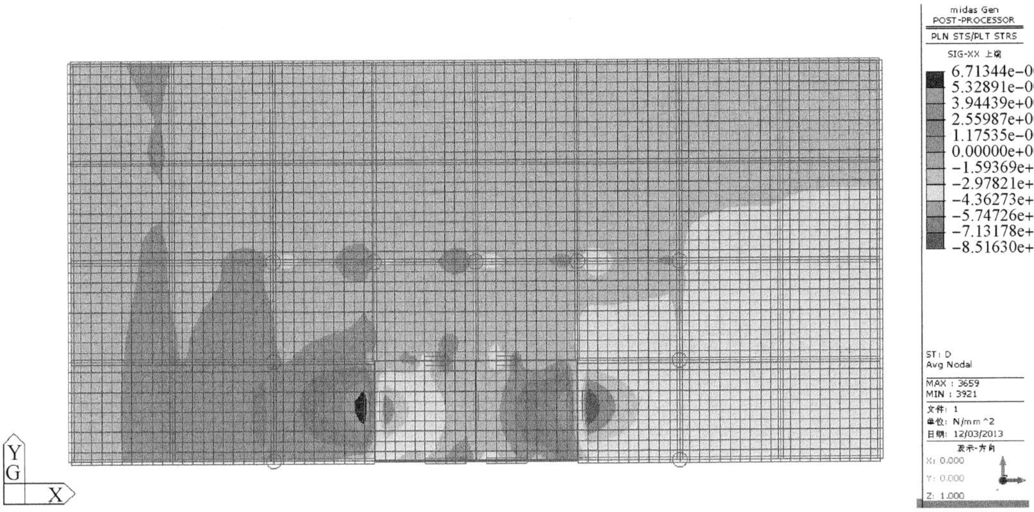

图 4-8　金融服务区超高层地下嵌固端模型加载后应力分布图

各种情况右端水平支座反力与总水平力的比值如表 4-2 所示。

表 4-2　金融服务区超高层建筑地下嵌固端四种模型的分析结果

序号	模型类型	占总水平力比	剪力墙底部水平剪力占比
1	无高差模型	18%	70%
2	有高差	12%	69%
3	有高差加斜板	12.3%	69%
4	有高差加斜梁	12.1%	69%

通过对四种不同模型的数值分析，可以获得以下结论：①是否加斜板及斜梁对水平力传递影响很有限；②框架核心筒结构底部剪力主要仍然由刚度大的剪力墙结构传递至地下室；③由于与剪力墙相比抗侧刚度很小，故框架柱传递剪力非常有限。

另外，以某 7 度区框架结构为例，参数同上例。计算模型如图 4-9 所示。由于是对称结构仅建立半边模型，以加掖模型为例进行分析。

在一层顶施加水平荷载，分析水平力的分布，在加掖或加斜板的情况下，支座处水平力的变化。查询 SATWE 模型，底部剪力为 4 000 千牛（本例加载一半），按照比例加载在首层楼层处。

无高差模型中，板应力分布如图 4-10 所示，右下角区域为明显板传力区域。

各种情况下右端水平支座反力与总水平力的比值如表 4-3 所示。

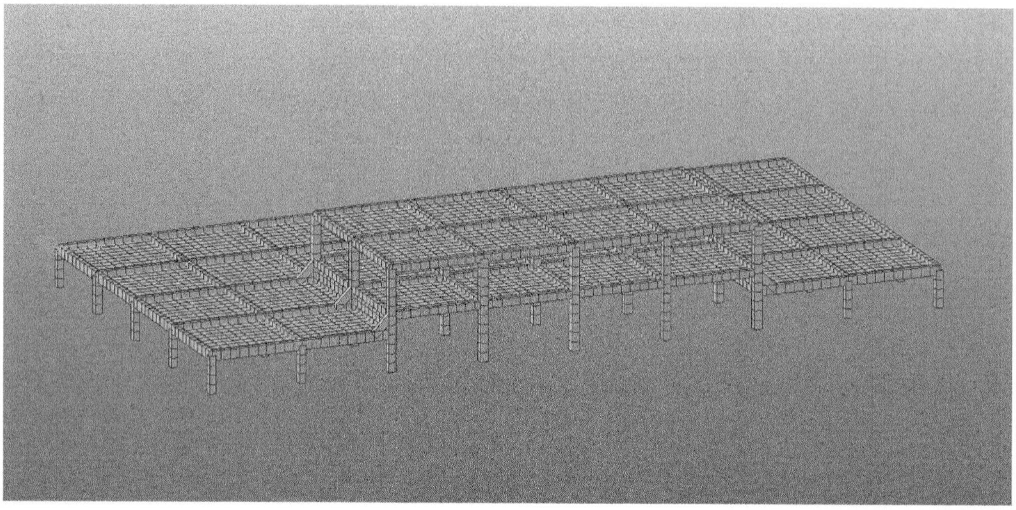

图 4-9　框架结构地下嵌固端(对比分析)模型

图 4-10　框架结构地下嵌固端(对比分析)模型加载后应力分布图

表 4-3　框架结构地下嵌固端四种模型的分析结果

序号	模型类型	占总水平力比
1	无高差模型	83%
2	有高差	68%
3	有高差加斜板	70%
4	有高差加斜梁	69%

根据以上数值分析，可以获得以下结论：①对于框架结构，首层板可以传递大部分底部水平力，对于框架结构，嵌固端的概念与规范较吻合；②斜板及斜梁对水平力传递影响很有

限；③有高差，会对水平力传递削弱较多。

从以上分析可知，对于框架核心筒结构及框架剪力墙结构，水平力主要由抗侧刚度大的构件传递至地下室各层，加掖及加斜板对于水平力传递影响很小。从概念上说，应高度重视地下室部分剪力墙的水平钢筋以及边缘构件箍筋的数量不宜小于地上一层的水准，当然这与竖向构件的刚度关系较大。对于以上两种结构，可将地下几层视为上部结构的嵌固段，而不是仅仅嵌固端的概念，应重视整个嵌固段的设计。在设计中，对于有高差处剪力墙及框架柱按错层设计，提高抗震等级及构造措施。对于普通框架结构，由于板可传递大部分水平力，而高差处端柱抗侧线刚度较大，会比非高差处框柱传递更多的水平力，故设计时除按错层提高抗震等级及构造措施外，还将在高差处新建一层，进行包络设计。除此之外，在主要框架柱及剪力墙的室内外交界处，采用梁加腋的方式，作为改善水平力传递的辅助手段。

4.3　超长地下室裂缝控制设计研究

相比于普通地下室，超长地下室的裂缝控制尤为重要。根据以往工程经验，一些规模不大的地下室也经常出现影响使用的裂缝，给业主使用、后期管理和结构安全带来隐患。虽然随着我国城市建设的不断发展，大尺寸地下室建筑不断涌现，但是如该工程整体地下室这样长500米、宽约190米的项目在国内仍然十分罕见。设计院在研究裂缝产生机理的基础上，会同各参建单位，通过在设计计算、构造措施、施工、材料、养护和现场管理等方面采取综合措施，最终取得了良好的设计效果。

目前裂缝控制措施主要采用“抗”“放”结合的方法。“抗”的方法主要包括施加预应力、在混凝土中添加膨胀剂或抗裂纤维。“放”的方法主要包括设置后浇带、跳仓法施工、采用长龄期混凝土材料、设置滑动层、采用橡胶支座等。该工程结合实际情况，主要在设计、施工管理、材料等方面采取了综合措施如下。

4.3.1　温度应力计算控制

使用MIDAS GEN 7.80软件进行了地下室顶板的温度应力分析，室外覆土1.5米，降温温差取15摄氏度，混凝土线膨胀系数$\alpha_l=1\times10^{-5}$/摄氏度，混凝土应力松弛系数取0.3。该工程在下沉式广场区设置一跨纵贯南北的C形降板带，采用整体模型和左右分区模型分别计算温度应力，得到弹性计算的温度应力结果。应力分析是基于弹性分析的弹性自约束温度应力，最终应力还要根据温差变化速度考虑温差的时间特征，即会出现徐变从而引起应力松弛。因此，考虑到混凝土徐变会释放温度应力，对弹性结果乘以混凝土应力松弛系数0.3(可参见王铁梦《结构裂缝》或其他参考资料的结论)。经过计算，混凝土拉应力乘以应力松弛系数后均小于C35混凝土抗拉强度标准值2.20兆帕，表明在正常使用工况下，温度应力计算可以满足设计要求。为了减少温差，施工图设计要求顶板施工完毕后，尽快完成顶板覆土施工。

4.3.2 设计措施

根据“抗”“放”结合的抗裂宗旨，在设计方面主要采取以下措施：

(1) 在地下室底板、顶板(覆土位置)及外墙混凝土中掺入一定比例的抗裂纤维及微膨胀抗裂防渗剂，抗裂纤维及添加剂的参数由建设单位、设计单位、施工单位和监理单位根据地方经验最终确定。

(2) 在各分区之间以及主楼与裙房之间设置沉降后浇带，待主楼沉降稳定后浇筑。在其他区域设置或者主楼超长区域设置收缩后浇带，待结构封顶后两个月浇筑。

(3) 为减少地下室施工期间温差，顶板达到设计强度后应立即覆土，覆土厚度不小于600毫米，地下室外墙达到设计强度后应立即安排防水层及保护层施工，回填与基坑侧壁之间的空隙。

(4) 基础及地下室的外墙、底板，采用粉煤灰混凝土，采用60天龄期的强度指标应满足混凝土设计强度要求。

(5) 加强温度钢筋配置。地下室顶板室外板厚为200毫米，配筋12@200双层双向，配筋率0.28%。底板600毫米，配筋18@150双层双向，配筋率0.28%。侧墙500毫米厚，水平钢筋12@100，配筋率0.23%，且放置于竖向钢筋外侧。

4.3.3 施工措施

长期的工程实践证明，地下室裂缝与施工管理水平密切相关。参建各方高度重视地下室混凝土施工方案，多次召开协调会议，形成会议纪要，最终在以下方面采取施工措施：

(1) 采用跳仓法减少后浇带。大量后浇带存在填充时间长，垃圾清理易留隐患，后浇带预埋的橡胶止水带与混凝土黏结性能差，混凝土中掺入的膨胀剂在无水、干燥环境中极易发生收缩等弊端，从而导致后浇带裂缝渗水。“跳仓法”施工原理是利用混凝土“抗与放”的设计原则，先放后抗，即先释放混凝土早期的塑形收缩应力，把超长混凝土带分成若干块，并编号标注，通过跳仓方式分段浇筑，间隔时间为7～10天，最终把混凝土带连成整体。整体成形后产生的干缩、碳化收缩等应力依靠混凝土自身的抗拉能力来抵抗住，并通过后期保温、保湿、减缓温度降低，从而最大程度上控制和减少裂缝的产生，把裂缝控制在无害或可易修复的程度。

(2) 严格控制混凝土配比及原材料选择。要求每家混凝土公司、膨胀剂供应公司、外加剂及抗裂纤维供应公司都必须针对该工程特点，进行专门配合比设计及掺量设计。严格控制原材料储备、标识和防护，加强各种材料采购管理，杜绝问题材料进入现场。强化供应过程质量控制，加强混凝土运输管理，加强调度作用，确保供应速度的连续性，加强技术服务及混凝土交货检验。

4.4 实施效果

泰州市金融服务区建筑群工程作为国内少见的超大超长地下室，具有地上单体结构形式多样、单体数量众多、施工标段多、设计单位多和设计交接界面多等特点，江苏省建筑设计研究院作为整体地下室及其中5#6#超高层建筑的设计单位，针对该工程的技术难点和特点，在地基基础设计、地下室顶板方案、负一层梁板方案、嵌固端分析和超长地下室裂缝控制等方面都进行了探索和方案比选，并采取了针对性措施；同时，组建了经验丰富的设计团队，协调业主、施工企业、各设计单位，理顺设计界面，在各参建单位的共同努力下，最终取得良好的设计效果，为泰州城市经济建设发展作出自己应有的贡献。

第5章　金融服务区超大面积地下工程施工技术

5.1　超大面积深基坑降水与土方工程施工技术

5.1.1　施工组织总体设想

1) 施工内容

泰州市金融服务区工程位于泰州市海陵南路东侧，鼓楼路西侧，G328 北侧，主要由 20 幢 2～58 层的建筑群组成，地上总建筑面积 461 219 米^2，地下室为 2 层满堂式，地下建筑面积 18 万～20 万米^2。泰州市金融服务区深基坑降水及土方开挖工程，建设地点为永定路(328 国道)以北、鼓楼南路与海陵南路之间、文化中心以南，工程规模及施工内容有：

(1) 疏干井 214 口[疏干井形式：潜水完整井；管材：无砂管井，如图 5-1 所示；平面布置：在基坑内梅花形布置；单井出水量：不小于 60 米^3/天；管井结构：采用优质成品滤管，如图 5-2(a)所示]。

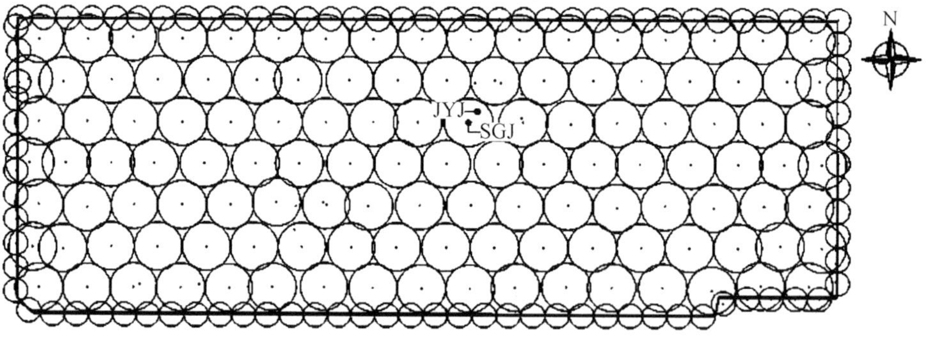

图 5-1　泰州市金融服务区超大面积深基坑管井布置示意图

(2) 减压井 12 口[井点类型：真空井点；管材：钢管；管壁结构：管壁上渗水孔按梅花形布置，滤水管包括管底采用两层尼龙网包裹严实，如图 5-2(b)所示]。

(3) 土方开挖量约 83.4 万米^3；土方回填量约 8 万米^3。

(4) 单项合同估算价 4 300 万元。

超大面积深基坑降水与土方工程施工的工期：施工总工期不超过 120 日历天(指开挖至

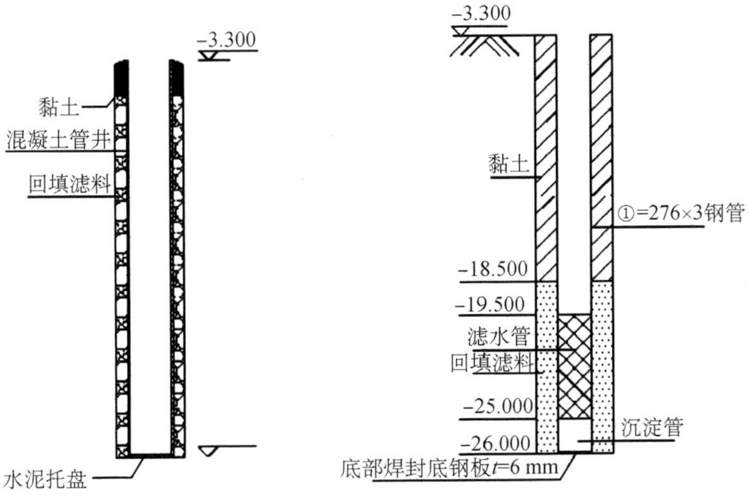

(a) 疏干井SGJ　　(b) 减压井JYJ

图 5-2　泰州市金融服务区超大面积深基坑管井大样图

图纸要求深度的工期)。质量标准要求"合格"。按照省优目标组织施工,为整个项目创省优提供条件和支持。

2) 工程条件概况

(1) 一般说明

- 该工程地下室±0.00 相当于黄海高程 6.650 米。
- 基坑开挖深度:根据业主提供资料,该基坑的实际挖深为 9.9～12.35 米(上述深度不含电梯基坑及集水坑)。
- 基坑安全等级:基坑侧壁安全等级均为一级。
- 基坑支护方案:采用钻孔桩+旋喷锚桩支护形式。
- 坑边允许堆载:地面堆载不大于 40 千帕,坑边 2 米范围内不得堆载,施工道路距坑边不小于 2 米。车辆尽量远离基坑边,且不得停留于基坑侧壁有坑中坑位置。
- 拟建场地包括周边施工道路根据设计要求进行卸土整平,整平后标高不得高于设计标高。
- 基坑施工前准备工作:应对施工现场进行一次测量。测量必须以该工程总平面图和地下室底板施工图为基准,以确定实际工程场地与设计是否一致。测量应包括场地与周围建筑物的尺寸关系等,进一步了解周边地下各种管网的确切位置,以免影响相应管网运营。
- 开挖中如遇与勘察报告不一致之地层或者发现废弃管道等市政设施不得擅自处理。

(2) 地形地貌

场地地貌类型为长江三角洲高河漫滩相冲积平原。场地东侧原为村庄,现已拆迁;西侧原为农田,场地北侧有多处河塘分布,现已回填。场地地形尚平坦,地面高程一般在 3.40～6.04 米。场地位于泰州市海陵南路东侧,鼓楼路西侧,G328 北侧,交通十分便利。

（3）地下水处理

• 泰州地区位处长江中下游地区，属亚热带湿润季风气候。拟建场地内地下水有潜水和承压水两种类型。

潜水：主要赋存于第①、②、③层土中，主要接受大气降水和地表径流的补给，排泄形式主要为侧向径流和蒸发。

勘察期间，测得初见水位埋深在 1.50 米左右，标高在 3.00 米左右，稳定地下水位埋深 0.40～3.60 米，标高 3.02～3.79 米。

地下水位受季节性变化明显，丰水期地下水位上升，枯水期地下水位下降。据调查，该区地下水埋深近 3～5 年变化范围在 0.00～3.60 米之间，即年最高水位 0.00 米，年最低水位 3.60 米，年一般埋深在 1.50 米左右。雨季时地下水位较高，地表有积水现象。

承压水：第一承压含水层为⑦、⑧层构成的含水层，第二承压含水层为⑪、⑫>⑬层构成的含水层，第三承压含水层主要接受侧向径流的补给，排泄形式主要为侧向径流。该工程采用泥浆护壁钻孔桩，承压水对该工程施工无影响。

• 基坑周边采用三轴搅拌桩全封闭止水帷幕，基坑内部布置无砂管井疏干。

• 基坑侧壁采用三轴深层搅拌桩全封闭止水。

• 基坑内部采用无砂管井疏干，直径 360 毫米，间距 15～30 米，土方开挖前提前 15 天疏干。要求水位降低至基坑开挖面以下 0.5～1.0 米。未达到设计要求，不得进行土方开挖；疏干施工开始后，工地现场应配备备用电源，采用二路供电，确保疏干期间不停电。疏干终止时间满足设计临时抗浮以及基坑干作业要求。电梯基坑位置根据实际疏干情况，必要时采用轻型井点辅助疏干。

• 管井应确保施工质量，出水应为清水，不得带有泥砂，施工中对管井要采取适当的保护措施，不得破坏。

• 若局部坑中坑发生流砂现象，应立即停止挖土并回填，采用压密注浆进行加固或井点疏干处理后方可继续开挖。

• 施工期间坑内应排水，严禁积水。对地表水应进行疏导，并应在边坡适当位置设置一定数量的导水孔。抽排的地下水应排放到抽水影响范围以外防止回流入基坑。

（4）场地土地质特征（开挖及降水范围内）

• 层素填土：灰色，松散至稍密，主要由粉质黏土组成，大部分地段为耕植土，局部地段为粉质黏土素填土，呈软塑状，含有植物根茎，分布尚稳定；层厚 0.30～3.60 米。

• 层粉土：灰黄色至灰色，湿，中密，中压缩性，无光泽，摇振反应迅速，摇振时有水溢出，粉土变密实，干强度低，韧性低，分布稳定，土质不均匀，下部颗粒变粗，局部夹有粉砂；顶板标高 5.26～1.62 米，层厚 0.70～4.40 米。

• 层粉砂：青灰色，饱和，稍密至中密，中压缩性，分布稳定，土质不均匀，粉砂颗粒由石英、暗色矿物组成，呈亚圆形及次棱角状，分选性一般，级配一般；顶板标高 3.14～－0.19 米，层厚 2.70～6.80 米。

• 层粉质黏土：灰色，灰褐色，可塑，中压缩性，稍有光泽，摇振反应无，干强度中等，中等韧性；该层分布尚稳定，土质不均匀；顶板标高－1.74～－4.98米，层厚3.00～5.60米。

• 层粉质黏土：灰黄色，黄褐色，可塑至硬塑，中压缩性，稍有光泽，摇振反应无，干强度中等，中等韧性，分布尚稳定，土质尚均匀；顶板标高－6.02～－9.18米，层厚1.30～3.70米。

• 层粉质黏土：灰黄色，可塑，局部软～流塑，中压缩性，稍有光泽，摇振反应无，干强度中等，中等韧性；该层分布尚稳定，土质不均匀，局部粉粒含量较高；顶板标高－8.43～－11.88米，层厚1.50～4.30米。

• 层粉土：灰黄色，湿，中密，中压缩性，无光泽，摇振反应迅速，摇振时有水溢出，干强度低，韧性低，分布尚稳定，土质不均匀，局部夹有粉质黏土；顶板标高－11.46～－13.90米，层厚1.40～4.20米。

(5) 土方开挖及施工

• 基坑土方开挖应待围护结构达到养护强度后严格按照设计要求进行，施工过程中应严禁超挖，减少基坑无支护暴露时间。基坑开挖到底后应及时封闭。在基坑开挖过程中，严格按照土方开挖的施工组织设计进行，慎防土体的局部坍塌造成主体工程结构破坏、现场人员损伤和机械的损坏等工程事故。基坑开挖到坑底后及时施工垫层，暴露时间小于8小时。施工单位应根据挖机及运土车的运行路线，确保车辆运行路线中土体的稳定，限制基坑附近堆载，严防超载。

• 施工堆载应严格遵循设计要求，不得大量堆放。

• 在基坑开挖过程中，在边坡坡顶应设置截、排水系统，防止地表水对坡面产生冲刷和渗透破坏。

• 及时进行基坑监测，严格按照监测信息指导施工，根据变形情况调整施工参数，如发现位移过大应及时采取措施，防止出现突发事故。

• 在开挖过程中应遵循分区、分块、对称和平衡的原则，根据基坑形状合理分块、分段，每一层的挖土深度最大不得超过2.0米，在上一层土方挖完后间隔不少于5天方可开挖下一层土方，同时分段处上下两层土需放坡留土台，坡度不大于1∶3。应保证支撑结构先撑后挖，开挖至支撑底标高后及时架设支撑，减少基坑开挖期间暴露时间、宽度和深度。坑底留30厘米土由人工清除，不得超挖；开挖到位后满堂作碴垫层(至支护桩边)，然后再局部由人工掏挖坑边桩基承台、电梯井和集水坑等坑中坑，承台应采用逐个开挖、砖砌外模护壁，不得大面积开挖。

(6) 监测

基本内容：本基坑应按照国家相关规范一级基坑要求进行基坑监测，以根据监测信息指导施工、预测和分析基坑围护结构工作性能，监测内容应根据《建筑基坑工程监测技术规范》(GB 50497—2009)制订。

基坑监测对象范围为距离基坑开挖边线3倍开挖深度范围内，基坑监测测点间距按规范。开始挖土前需测量初始值，并对周边影响范围内建筑裂缝情况进行调查取证。监测频率为：正常情况下在挖土阶段每1～2天测量1次，基坑底板浇筑完毕后每2天观测1次。

异常情况下应 24 小时连续观测，具体以规范和施工进度为准。报警值要求如下：

- 围护桩桩顶水平位移速率≤3 毫米/天，位移总量≤0.3%挖深；围护桩顶竖向位移速率≤2 毫米/天，位移总量≤0.1%挖深；围护桩深层水平位移速率≤2 毫米/天，位移总量≤0.4%挖深。
- 土钉墙顶端水平位移速率≤8 毫米/天，位移总量≤0.4%挖深；土钉墙顶端竖向位移速率≤4 毫米/天，位移总量≤0.4%挖深。
- 锚桩拉力达到设计值的 80%(预警值)。
- 周边道路、建筑物沉降总量或者不均匀沉降量达到规范许可值的 80%。
- 周边管线、构筑物(塔吊、电线杆等)沉降总量或者不均匀沉降量达到相应规范许可值的 60%。
- 坑外水位下降速率≤500 毫米/天，累计下降≤1 000 毫米。

3) 工程施工目标

(1) 工期目标：按期完成，并力争提前

综合该工程设计图纸要求，现场施工条件和施工实力和人均劳动生产率，该工程投标工期为 120 天(开挖至设计要求深度)，实际施工 115 天完成。

(2) 质量目标：合格

按照省优目标组织施工，为整个项目创省优提供条件和支持。

严格按照质量保证体系的管理要求和管理标准进行该工程的质量管理，充分发挥项目组的技术、质量管理的优势，对质量保证体系、施工过程质量管理制度、分部分项工程质量保证措施、质量通病防治以及质量管理等各方面做严格、详细的规定并贯彻实施。

强化施工质量控制关键程序的管理和控制，并根据设计文件所规定的质量和技术要求，严格按照招标文件所附施工技术规范标准和泰州市有关的技术、质量规定，通过在工程施工过程中强化质量保证和控制体系、加强原材料质量管理、过程质量管理。

(3) 安全目标：无重大事故

采取切实可行的措施和充足的安全投入，通过严密的安全管理，确保施工现场不发生重大伤亡事故、火灾事故和恶性中毒事件，轻伤发生频率控制在千分之一以内。

对深基坑施工可能产生的安全事故进行充分调研，制订详细的应急抢救方案，确保足够的人、材、机的投入。

(4) 环境保护和文明施工目标：创建省级文明工地

严格按照省、市有关工程施工的各项管理规定，加强施工组织和现场安全文明施工管理，使该工程在环境保护、文明施工和形象方面，符合绿色施工的相关要求。该工程地处繁华地段，周边交通环境复杂，需安排专职人员管理交通。车辆进出需注意行车方向和速度，严禁超载，严禁随意洒落尘土造成扬尘；行车时，车辆应远离围护结构边行走。在施工场地进出口设置车辆冲洗台及沉淀池，专人冲洗，严禁出场车辆带泥及污染物污染场外道路。

施工现场采取有效措施减少粉尘的污染，保证施工现场干净整洁，采取有效之措施保证清运的材料或垃圾不遗洒、不扬尘。

4）施工部署指导思想

(1) 工程管理：以工程招标条件和投标承诺为目标，充分发挥自身优势，加强科学管理。配备充足机械，运用先进、成功的施工技术，对工期、质量、安全、文明施工、环境保护进行全方位全过程的科学管理与施工，确保合同内容全面按期完成。

(2) 工程进度：以确保工期为核心，充分考虑该工程施工特点，千方百计扩展工作面，采用平行流水作业法和传统方法施工，在保证总工期的目标前提下，按照“留有余地，关死后门，倒排工期”的原则确保工期；施工安排突出重点，安排好穿插，进行全面布置，整体推进总体施工进度；对进度控制实行动态管理、统一协调的措施，确保各项资源畅通无阻；对进度落实责任制，实行以项目经理部为核心的责任制度，做好各项工程的衔接和各分项工程的施工工序衔接协调，保证令行畅通。

(3) 工程质量：以质量目标为前提，侧重质量保证体系的科学化合理化，加强质量通病的预防；以落实责任为重点，明确人人管质量，项项质量有人管，做到施工全过程管、全员管、全面管；充分利用和发挥公司技术优势，积极采用新技术、新材料、新工艺和新设备，促进质量踏上新的台阶；对季节性施工可能对质量造成的影响，采用先进的施工方法进行质量保障；以计划、实施、检查和处理(PDCA)为手段，持续改进质量水平。

(4) 安全生产：坚持生产必须安全的方针，确保安全设施的投入，加强安全生产教育，建立和完善安全管理和保障体系，坚持贯彻落实行之有效的安全管理制度，确保安全生产。

(5) 文明施工：注重现场平面布置的科学合理，确保现场排水通畅；采取必要的措施，严格控制噪声污染，做到不影响周围环境。

5）施工组织管理机构

(1) 项目经理部组成

由施工承包公司负责直接组成工程项目经理部，选派施工过类似建筑工程、具有丰富施工经验的项目经理。建立由项目经理负责、项目工程师中间控制、质检员基层检查的三级管理系统，形成横向从整体工程到各分项工程，纵向从项目经理到作业班组的施工组织管理网络。

为能更有目的、更有重点、更有成效地分别抓好质量、安全、文明施工管理工作，项目部在项目经理的统一协调领导下，下设技术质量部、工程管理部、材料设备部和财务综合部，负责工程质量、安全、文明施工管理，形成专管成线、群管成网、横管到边和纵管到底的管理网络。

(2) 各部门职责和职能

- 项目经理部

项目经理是工程项目质量的第一责任人，负责项目质量目标制订，负责各类资源的配备，负责合同履约、质量目标的实现，负责施工组织设计实施的检查考核和项目管理人员工作质量的考核。

项目副经理负责施工现场各项具体工作，各工种人员配置，调度和协调工作，提前搞好材料计划审批报告；负责检查、督促质量、安全、施工工效和材料利用等情况，及时反映到项目部，对项目经理负责。

项目工程师负责施工组织设计的编制和该项目的技术指导、各项施工技术的交底、对材料的选择认可等工作；负责组织施工图的自审和图纸会审、工序设计、工程质量管理等工作；负责项目质量改进的领导工作：负责新技术、新工艺、新材料的使用试验、测试及报审的工作：负责召开月度工作会议和每周一次的质量检查工作。

- 工程管理部

负责施工组织、临时用水、临时用电系统管理、机械设备管理和工程测量等工作；负责现场方案的编制及项目的技术实施，负责各项技术交底的工作。

负责施工现场安全、文明施工生产管理，确保安全生产，负责现场施工、机具用电运行情况、生活用电及现场消防情况的督促和纠察工作，有情况立即采取有力措施，杜绝一切安全事故，坚决把事故隐患消除在萌芽状态。做好职工“三上岗、一讲评”活动，做好安全资料的收集整理和归档工作，负责有关对外事务的处理工作。

负责所有施工现场的保卫工作，防止工地材、物的散失，限制非施工人员进入工地，处理一些突发事件。

- 技术质量部

负责对工程质量的督促、检查、验收和评定，做好质量记录，整理归档；负责技术资料的收集整理；负责进货物资的检验、试验；负责现场材料检验和试验状态的标记。

- 材料设备部

材料部负责工程材料计划申请、材料保管、机械设备供应、周转材料供应及维修等工作。按施工进度及时、准确地组织材料进入工地。

- 财务综合部

负责工程合同管理、工程预决算、工程成本的月结、月算等工作。

6) 施工步骤

(1) 总体施工流向

施工准备阶段—疏干井、减压井布设阶段—降水疏干阶段—土方开挖阶段(配合围护结构分层开挖)—降排水维护、部分管井封闭阶段—土方回填阶段。

(2) 施工顺序安排

- 疏干井、减压井施工：该工程基坑降排水采用管井降水，根据设计要求，共布置疏干井 214 口，减压井 12 口。疏干井用于拟开挖土层的降水疏干，并保证地下水位位于基坑底标高以下 0.5～1.0 米，是保证地下结构施工的关键因素，也是进度、质量、安全等工作控制的要点；减压井用以降低土层中的承压水头及渗透压力，以防止发生管涌、流土等现象的一种井管排渗设施。

- 土方开挖施工：土方开挖按照设计要求，配合基坑支护结构施工顺序分层进行，在基坑支护钻孔灌注桩结构和三轴搅拌桩止水帷幕施工完成并达设计强度后，先进行基坑内排水疏干之后，方可进行土方分层开挖。

西侧开挖至－3.800 米，施工旋喷锚桩。其余侧开挖至－4.750 米，施工第一道旋喷锚桩、圈梁。

西侧开挖至－7.300 米，其余侧开挖至－8.000 米，施工第二道旋喷锚桩，局部挖深处开挖至第三道锚桩以下 0.500 米，施工第三道旋喷锚桩。

开挖至坑底设计标高以上 30 厘米。

坑底设计标高以上 30 厘米、电梯井坑、积水坑等均采用人工开挖。

• 土方回填施工：在地下室结构施工完成、外侧壁防水结束后进行回填土，分层回填夯实。

5.1.2　工程重点、难点及针对性措施

1) 工程重点、难点

(1) 土方开挖量大，开挖深度较深，场地狭小，土方需外运。

(2) 基坑工程施工将经历雨季。

(3) 土方开挖施工顺序，与锚杆施工、冠梁施工的交叉配合，选择出土临时道路位置与坡度。

(4) 深基坑出现安全问题时的抢险措施。

(5) 降水深度较深，管井的日常维护管理。

(6) 管井的停降时间和封堵方法。

(7) 与基坑支护施工单位、土建单位、桩基施工单位的配合。

(8) 与基坑支护施工单位一起承担深基坑安全责任。

2) 深基坑工程雨季施工措施

(1) 雨期施工安排

• 雨期施工范围

根据历年来降雨量的统计，每年的 7 月至 9 月间为本市降雨量高峰期，本标段工程土方和降水施工将经历整个雨季。

• 雨期施工管理目标

雨期施工主要以“预防为主”，采取防雨和加强排水相结合的措施，确保雨期施工生产的正常进行，尽量减少因季节性气候对工程施工的影响，加强雨期施工的信息反馈，保证基坑的安全。

• 成立领导小组机构

为了保证工程安全有序地进行，项目经理部成立雨期施工领导小组，具体落实雨期施工前的各项准备工作及解决雨期施工中的生产问题。由项目经理担任组长，生产经理担任副组长，成立雨季施工应急小组。

• 制订应急预案

制订雨季施工防汛应急预案，保证防汛人员、物资和设备及时到位，保证雨季边坡的稳定安全，保证现场内的雨水能及时排除，防止泡槽。

(2) 主要施工技术与措施

该工程的雨季施工主要包括雨季施工边坡的保护(配合基坑支护施工单位)、基坑内的排水和基坑外的排水以及人员、物质、设备的安全防护等内容。

• 基坑工程雨季施工措施：

为了保证基坑支护的安全，确保正常施工，需要采取特殊的措施如下：

雨期施工前，完善施工场地的排水系统，保证排水通畅，并采取良好的挡水措施，以阻止地面水流入基坑内。根据该工程的场地情况，建议业主在边坡顶部砌筑 120 毫米×200 毫米的挡墙，防止雨水进入坑内，坡顶以外区域按一定坡度找平，在低处设置集水坑或直接将水排到场地以外，以防止基坑内积水；

雨期施工中应随时掌握气象变化情况，对于大暴雨要提前做好准备，及时查询天气情况，掌握 3～5 天的天气变化趋势，对雨季施工的常用物资要配备齐全，对于大暴雨要做好应急预案；

雨期施工的工作面不宜过大，分段进行，保证每一段在一天之内完成从挖开到喷混凝土工作。根据天气情况开挖工作面，保证工作面及时施工，刚喷射的混凝土要及时覆盖，防止雨水冲刷；

现场准备足够数量的塑料布，当土方开挖至槽底时，及时进行覆盖，既能防止阳光暴晒，又能防止大雨冲刷；

土方挖到坑底时，要预留 200 毫米左右覆土，待验槽后进行人工清底，并随即进行垫层混凝土的施工；

基槽到底后，必须及时修筑排水沟和集水井，确保雨水能及时排出，防止浸泡基坑边坡，准备充足的潜水泵，及时将现场存水排到场地以外，排水时防止雨水回灌，造成二次冲刷；

用砖块和砂石对坡道及行车路线进行铺垫；

当雨来临时，对于没有喷射和正在喷射混凝土的边坡，要覆盖塑料薄膜；

对于基坑下部土体，因为土体自身强度不足，土方开挖后，如遇小雨，可在喷混凝土中掺加适量速凝剂，掺量 5%～10%，在雨中继续喷射，喷完后用塑料薄膜覆盖；

雨天施工应时刻检查电路，防止漏电产生安全隐患。

• 坑外排水及防止基坑灌水措施：

在护坡结构顶部地面处砌筑 120 毫米×200 毫米的截水砖墙，双侧抹水泥砂浆，并把截水墙外侧地面做成坡面后抹水泥砂浆地面；

基坑四周地面要填平，留一定外坡，并与场地排水管道组成地面外排水系统，使基坑四周地面不能有积水；

在雨期期间，加强值班及收听天气预报，下雨之前清理集水坑及排水沟，预备好潜水泵等抽水工具，雨后及时组织人力、物力进行坑内抽、排水工作及基坑四周积水的疏通工作；

为了防止地表水渗透对喷射混凝土面层产生压力，并降低土体强度和土体与土钉之间的界面黏结力而造成基坑塌方、滑坡，在做好地面排水的同时，在基坑侧壁土中按一定间距预先设置滞水排水管，及时排除渗入坡体的雨水，保证坡体安全；

基坑内排水：为防止地表水、地下水等大量渗入基坑，造成基坑浸水，破坏边坡稳定，影响施工进行，必须采取地面截水、坑内排水相结合的措施，基坑内排水可在基坑底面四周结构以外设置排水沟和集水井，排水沟按宽 0.2 米、深 200 毫米～300 毫米设置，坡度为 1%，距离坡体下脚 0.2～0.3 米，集水井沿坑底边角设置，间距 25 米，直径 0.6 米，井底低于坑底 1 米，下无砂井管和滤料，碎石压底，集水井内的积水要随时用泵排出，保证基坑底干燥。

• 特殊情况下的处理措施：

在砂层中开挖时，如果裸露时间较长，极易失去水分，受到扰动会使砂层成片剥落，为减少对砂层扰动机会，缩短清坡到支护时间，将开挖分段长度减至 3～5 米一段，并改变施工工序，清坡后，立即编网并喷射混凝土；

在整个施工开挖过程中，应连续观察邻近地表、地物的开裂、变形情况，一般情况下，地表发生细小裂缝和紧靠基坑的一般建筑物出现装修层的轻微开裂可以视作正常，但必须密切追踪发展趋势并及时采取特殊处理措施，当裂缝出现不断加速发展并延伸时，必须停止原定施工过程，及时加固；

在施工开挖过程中，基坑顶部的侧向位移与当时开挖深度之比超过设计规定时，应密切加强观察并及时对支护采取加固措施，必要时增用其他支护方法；

雨后出现的地表裂缝，如果经过观察不继续增大，应及时灌注水泥净浆，以尽最大可能地封堵地下和近地表处的裂缝，同时可防止地表水进一步渗入支护结构坡体；

雨中出现边坡局部塌方时，可以用麻袋装土后先压住坡角，待雨停后采取砌砖墙、填砂石、设短土钉并低压注浆的方法使之保持整体性，雨中出现边坡局部滑移时，先用塑料布整体盖住裂缝，防止雨水大量渗入边坡，同时，密切关注裂缝的发展，如果发展很快，需要立即采取坡顶卸载措施；

雨中如果出现大面积的塌方或边坡滑移时，要将该处边坡坡顶的所有设备和人员转移，并通知周边可能要影响的区域内的人员立即搬出，以免造成更大的损失，尽最大可能地对塌方区用塑料薄膜覆盖，同时，通知业主、设计、监理并请相关的专家到现场组成专家抢险委员会，及时商讨并采取果断措施；

对于持续几天的降雨或大暴雨，需要采取地面有效的挡水、排水措施，防止雨水大量灌入基坑，基坑内部排水分两种情况，若基坑未到底或基底的排水沟和集水井未修好时，需要采用泥浆泵进行雨中排水，否则，采用潜水泵排水，排水管要配备足够长，使水一次性排出施工现场。

(3) 主要管理措施

• 雨期施工管理

鉴于该工程的重要性，需在雨期来临前高度重视，成立防汛小组，由项目经理牵头，现场经理全面指挥，合理调配设备、人员和物资，及时消除安全隐患，如有意外情况及时修订补充方案，确保工程的正常施工。雨期来临前，领导小组认真组织有关人员制订雨期施工计划，并组织全面检查，对方案中各项措施进行落实、实施，检查施工中存在的隐患。所需材料要在雨期来临前落实到位；进入雨期后，每周定期综合检查。成立防汛领导小组，制订防汛计划和紧急情况处理措施，除包括工程本身外，还应包括现场及周边区域的安全。项目经理部设专职的值班人员，保证昼夜有人值班并做好值班记录，同时要设天气预报员，负责收听和发布天气情况。做好施工人员的雨期施工培训工作。组织相关人员对施工现场进行一次全面检查，包括临时设施、临电、机械设备和排水情况等。检查施工现场及生产生活区的排水设施，疏通各种排水渠道，清理雨水排水口，保证雨天排水通畅。

• 雨季现场管理：

场地排水：施工现场进行硬化，清理现场障碍物，道路两旁严禁堆放物品，保持现场道路畅通；

保证物资安全施工现场及生产场地的仓库等在雨期前全面检查和维修，保证基础、屋面不塌陷、不漏雨，四周不积水；

加强雨后监测雨天过后加强基坑变形监测，遇到非正常情况及时采取措施，保证基坑支护的安全；

加强天气预报收集工作，防止暴雨突然袭击，合理安排每日的工作；

施工现场设专职安全员，各施工机械台、班组的主要负责人兼职安全员，建立安全责任体系；

夜晚施工需要有足够的照明度；

开工前对参加的施工人员，特别是司机进行安全教育，遇有特殊情况及时向监理、甲方报告；

设立电工值班制度，非电工不得随意接电，电工应随时检查电路情况，及时排除隐患，严禁电缆、电线落地，必须用木架架空，严禁使用破损等不合格电缆、电线，并设专人检查，及时消除安全隐患。

• 原材料及半成品的储存和堆放：

水泥全部存入仓库，下面要架空通风，保证水泥不受潮、不被浸泡；

砂、石等材料要有足够的储备，以保证工程的顺利进行。

• 施工机械设备保护：

现场的混凝土喷射机、挖掘机、电焊机等设备操作必须符合安全操作规程，并采取有效的防雨、防潮、防淹等措施，夜间或不用时应停放在安全区域和较高位置，防止雨水浸泡或坍塌；

变压器等要采取防雷措施，用电和机械设备要按照相应规定做好接地或接零保护装置，并经常检查和测试可靠性，保证接地电阻一般应不大于 4 欧姆，防雷接地电阻一般应不大于 10 欧姆；

电动机械设备和手持电动工具，都必须安装漏电保护器，漏电保护器的容量要与用电机械的容量相符，并专机专用；

雨天施工前，对现场所有动力及照明线路、供配电电器设施进行一次全面检查，对线路老化、安装不良、瓷瓶裂纹以及跑漏电现象，必须及时修理和更换，严禁迁就使用；

各种电器动力设备，雨施前必须进行绝缘、接地、接零保护的摇测（用接地摇表），若发现问题应及时解决。动力设备的接地线不得与避雷地线在一起。

• 施工人员保护：

做好雨天作业人员安全教育和安全交底；

做好雨季施工劳动保护，劳保用品发放到位并且要求作业人员正确使用；

做好避雷和防触电的保护工作，防止意外发生；

做好宿舍的防雷和防触电的保护工作，防止私拉乱接；

做好防汛的演练工作，保证能顺利完成防汛工作。

3) 深基坑开挖应急预案

(1) 编制说明

• 编制目的：项目部在泰州市金融服务区工程项目土方开挖及降水施工过程中，可能发生职业健康安全和环境管理方面存在的潜在重大事故、重大事件以及环境破坏事故或事件，为了能够及时、有序、有效地实施应急抢险救援工作，避免事态扩大，最大限度地降低事故、事件的损害程度，结合项目的实际情况，特制订本预案。

• 适用范围：适用于项目部在工程建设中的基坑施工的全部过程。

• 编制依据：

《安全生产法》《建设工程安全生产管理条例》等相应的法律、法规、标准和技术规范；

市建设行政主管部门、安监站及泰州市城市建设项目管理中心的相关安全管理规定；

职业健康安全和环境管理方面的文件、安全技术操作规程等。

• 编制原则：坚持"安全第一，预防为主""保护人员安全优先，保护环境优先"的方针，贯彻"常备不懈、统一指挥、高效协调、持续改进"的原则。更好地适应法律和经济活动的要求；保证各种应急资源处于良好的备战状态；指导应急行动按计划有序地进行；防止因应急行动组织不力或现场救援工作的无序和混乱而延误事故的应急救援；有效地避免或降低人员伤亡和财产损失；帮助实现应急行动的快速、有序、高效；充分体现应急救援的"应急精神"。

• 适用本预案的范围：

基坑坡面平台及地表出现裂缝，发生坍塌或出现坍塌的迹象时；

基坑坡面平台及地表发生沉降超出警戒值时；

基坑施工时遇到大雨或暴雨天气，基坑易发生大量积水时；

基坑底部隆起超出警戒值时；

基坑围护结构坍塌或出现坍塌的迹象（出现涌水、涌砂、钢支撑失稳、基坑边位移超过标准值等）必须组织进行抢险时；

工程施工影响范围内的建（构）筑物、地下管线因该工程施工而发生异常沉降和损坏时。

• 应急响应等级：

一级紧急情况：项目上的应急资源无法处理，需业主和地方政府介入的紧急情况；

二级紧急情况：项目上的应急资源无法处理，需业主介入，协调周边相邻的项目部进行支援的紧急情况；

三级紧急情况：项目部能自行利用项目上的应急资源处理的紧急情况。

• 应急响应程序：接警→响应等级确定→应急启动→救援行动→应急结束（恢复生产）。

(2) 应急预案工作流程

根据该工程的特点及施工工艺的实际情况，认真组织对危险源和环境因素的识别和评价，特制订该项目发生紧急情况或事故的应急措施，开展应急知识教育和应急演练，提高现场操作人员应急能力，减少突发事件造成的损害和不良环境影响。其应急准备和响应工作程序见图 5-3。

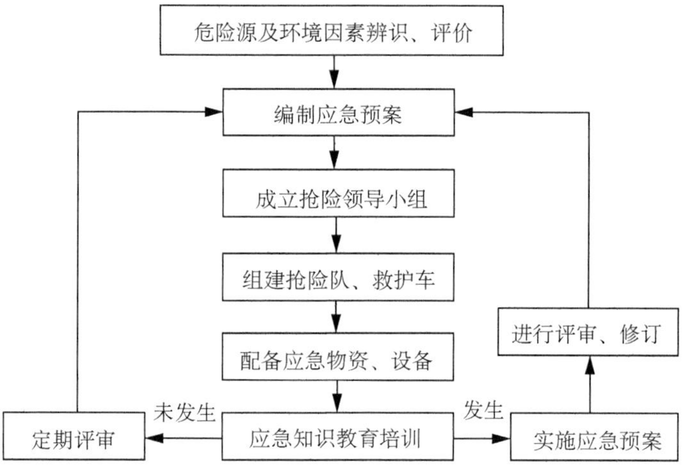

图 5-3 应急准备和响应工作程序图

(3) 突发事件风险分析和预防

为确保正常施工，预防突发事件以及某些预想不到、不可抗拒的事件发生，事前有充足的技术措施准备、抢险物资的储备，最大限度地减少人员伤亡、财产和经济损失，必须进行风险分析和预防。根据该工程基坑施工特点及地质情况，在辨识、分析、评价施工中危险因素和风险的基础上，确定该工程基坑施工过程中的重大危险因素是基坑坍塌、地基不均匀沉降引起附近建筑物倾斜等。

从以上风险情况的分析看，如果不采取相应有效的预防措施，会给施工造成很大影响，而且对施工人员的安全造成很大威胁。因此，应采取下述突发事件及风险预防措施。

• 深基坑开挖前先采取排水疏干降水，将水位降至开挖最深度以下，防止开挖时出现塌方。

• 材料准备：开挖前准备足够优质木桩、工字钢和脚手板、装土袋，以备护坡；为防止基础出水，准备足够的水泵，随时应急。

• 编制基坑施工方案并进行论证，报监理审批。

• 深基坑开挖时现场设专人负责，按比例分台阶开挖，配合基坑支护施工单位及时做好喷锚作业，确保边坡整体稳固。

• 基坑10米以内严禁搭设临时建筑物、库房、停放大型施工机械和车辆，基坑附近严禁超载堆土、堆材料。

• 施工前做好场地排水规划，与市政排水系统连接，防止地表水、施工用水和生活废水浸入施工现场。

• 基坑开挖后及时设置坑内排水沟和集水井，防止坑底积水。开挖至标高后立即进行基底检查，及时进行封底垫层施工。

• 加强日常的安全检查工作，确保各类安全防护措施的可靠与完好，杜绝各类违章作业现象。

• 降雨量过大引起基坑坍塌的预防措施：

基坑的周边砌筑或浇筑防淹挡墙，作为通常情况下的挡水设施，配备足够数量的草包，紧急时对基坑周围施作围堰，防止地表水大量流入坑内；

配备足够的水泵，用于抽排基坑底部积水；

施工现场仓库配备足够数量的潜水泵、泥浆泵、雨衣、胶鞋和铁锹；

及时获取天气信息，预先做好准备工作；

在进行现场平面布置时，考虑适当加大明排系统的能力，并加强管理保持其畅通；

基坑开挖过程中的监测及监控要求：基坑监测单位在监测前编制系统的监测方案并报有关单位批准后方可进行监测，监测基准点设置必须可靠、稳定和牢固，要求监测仪器精度符合基坑监测要求，监测项目在基坑开挖前应测得初始值，且不应少于2次。基坑开挖过程及基坑使用初期，每天监测2次，位移及变形稳定后按要求监测，直至基础工程施工结束。特殊情况下加密监测；

基坑周围采用钻孔桩及搅拌桩形成止水帷幕挡水，坑内采用集水井降水的方法处理地下水（基坑支护施工单位）。

(4) 应急资源分析

• 应急力量的组成及分布：项目部所有成员。

• 应急设备、物资准备：挖掘机、沙袋、工字钢、水泵、铁锹、翻斗车和圆木等，临时急救药品齐全，各应急小分队配有对讲机。

(5) 应急准备

• 机构与职责：一旦发生施工安全事故，项目部领导及有关部门负责人必须立即赶赴现场，组织指挥抢险，成立现场抢险领导小组，并设综合协调组、通信联络组、技术支持组、交通指挥保卫组、抢险抢修组、医疗救治组和后勤保障组。各小组都规定了明确的职责。

• 应急资源：应急资源的准备是应急救援工作的重要保障，项目部应根据潜在事故性质和后果分析，配备应急救援中所需的消防手段、救援机械和设备、交通工具、医疗设备和药品、生活保障物资。主要应急机械设备储备详见表5-1，主要应急抢险物资储备详见表5-2。

表 5-1　主要应急机械设备储备

序号	设备名称	单位	数里	规格型号	主要工作性能指标	备注
1	小型挖掘机	辆	1	WY-4.2	斗容量 0.2 米^3	
2	挖掘机	辆	1	PC200	斗容量 1.6 米^3	
3	自卸汽车	辆	5	15 吨		
4	履带吊	辆	1		50 吨	
5	电焊机	台	2	BX500		
6	对讲机	台	10			
7	喷浆机	台	2	HSP	最大输送距离水平 30 米垂直 20 米	
8	泥浆泵	台	2	7.5 千瓦		
9	潜水泵	台	2	2.2 千瓦		
10	推土机	台	1	SD32		
11	装载机	台	1	ZL40		

表 5-2　主要应急抢险物资储备

序号	材料名称	单位	数量	备注
1	水泥	吨	10	标号 325
2	编织袋	个	5 000	
3	速凝剂	千克	10	
4	砂石料	吨	若干	
5	槽钢	个	30	
6	绳梯	个	4	
7	ϕ600 钢管	个	30	
8	排水软管	条	6	100 米/条
9	钢丝绳	米	50	
10	雨衣	套	30	
11	铁锹	把	30	
12	胶鞋	双	30	
13	急救担架	副	1	
14	交通警示牌	个	6	
15	应急工作灯	个	10	
16	警示灯	个	4	

• 教育、训练：为全面提高应急能力，项目部应对抢险人员进行必要的抢险知识教育，制订出相应的规定，包括应急内容、计划、组织与准备、效果评估等。

• 协议：项目部应事先与相关部门以及地方医院建立正式的协议，以便在事故发生后能及时得到外部救援力量和资源的援助。

（6）应急响应

预案的起动时机：突降大雨或暴雨；基坑隆起；基坑坡顶或边坡开裂；基坑坍塌时应立即起动应急预案。

现场管理人员根据出现的险情或有可能出现的险情迅速逐级上报，次序为 5 分钟内汇报至项目现场值班领导；10 分钟内汇报至抢险领导小组；20 分钟内汇报至监理、业主。由通讯组收集、记录、整理紧急情况信息并向小组及时传递，由小组组长或副组长主持紧急情况处理会议，协调、派遣和统一指挥所有车辆、设备、人员和物资等实施紧急抢救和向上级安监部门、市建设主管部门汇报（整个过程不超过 50 分钟）。

事故处理根据事故大小情况来确定，如果事故特别小，可由项目部自行直接处理。如果事故较大或项目部处理不了，则由项目部向建设单位主管部门请示，请求启动建设单位的救援预案，由临近项目给予支援。建设单位的救援预案仍不能处理，启动上一级救援预案，则由建设单位的质安部或建设事业总部向政府部门请示，给予应急支援。应急启动流程如下：

• 实行昼夜值班制。

• 紧急情况发生后，执行事故发生应急处理流程（图 5-4），现场要做好警戒和疏散工作，保护现场，及时抢救伤员和财产，并由在现场的项目部最高级别负责人指挥，在 3 分钟内电话汇报给项目现场值班领导，主要说明紧急情况性质、地点、发生时间和有无伤亡情况。

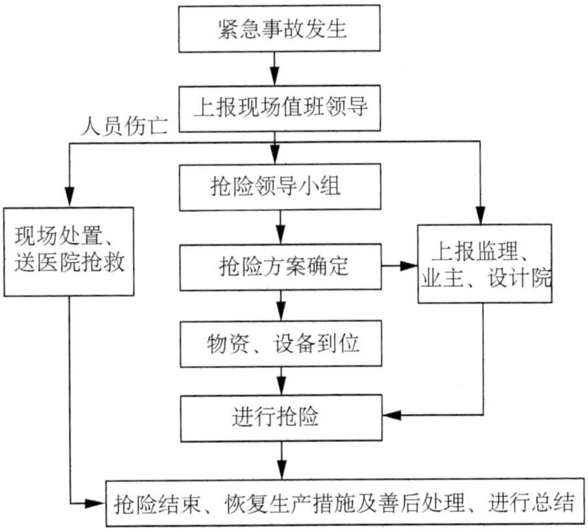

图 5-4　事故发生应急处理流程

• 值班人员在接到紧急情况报告后必须在 2 分钟内将情况报告到应急抢险领导小组组长和副组长。小组组长组织讨论后在最短的时间内发出如何进行现场处置的指令。分派人员车辆等到现场进行抢救、警戒、疏散和保护现场等。由通讯组在 30 分钟内以小组名义打电话向监理和业主以及公司安全部门汇报事故发生情况，主要说明紧急情况性质、发生时间、地点和有无伤亡情况。

• 遇到紧急情况，项目部全体成员应特事特办、急事急办，主动积极地投身到紧急情况的处理中去。各种设备、车辆、器材及物资等应统一调遣，各类人员必须无条件服从组长或副组长的命令和安排，不得拖延、推诿、阻碍紧急情况的处理。

• 在整个施工阶段要从人员、设备、材料和制度做好充分的准备工作，一旦遇到险情能迅速投入抢险工作。

• 对于雨季施工，要及时了解天气信息，遇到暴雨天气要委派专人值班，掌握施工现场情况并及时汇报。

• 对基坑坡顶、坡面位移和坡底隆起应加强日常监测。

(7) 突发事件应急预案

• 基坑开挖引起地面不均匀沉降，引起附近建筑物的倾斜的指挥控制。当发现附近建筑物倾斜达到警戒值 1%时，或沉降速度达到 0.1 毫米/天时，采取的措施为：

立即停止基坑开挖，加强基坑支护；

停止降水作业，然后在围护结构外围的适当位置实施压力注浆进行有效隔水；

加强措施为在基坑周边 5.0 米范围内采用注浆进行加固土体，地面注浆材料采用纯水泥浆，注浆压力 0.5～1.0 兆帕，土体加固深度为 8.0 米；

邀请有关专家共同制订建筑物的纠偏方案并组织实施。

• 突降大雨或暴雨时的指挥控制。立即起动备用水泵抽水，并安排专人不间断观察基坑的稳定情况。

• 基坑坑底隆起指挥控制。当发现由于基坑土回弹变形过大，将危及围护结构安全时，一方面应立即停止基坑内土方开挖，同时在坑底加压重材料(如堆砂袋)，再在坑内加强深井降水减压，使土体失水固结。

• 基坑坍塌事故的指挥控制。发生坍塌事故后，由项目经理负责现场总指挥，发现事故发生的人员应首先高声呼喊，通知现场安全员，由施工现场安全员向项目值班领导和项目安全员汇报，逐级汇报至项目副经理组织紧急应变小组进行现场抢救。组织有关人员清理土方或杂物，如有人员被埋，应首先按部位组织专人抢救，其他组员采取有效措施，防止事故发展扩大，让现场安全负责人随时监护边坡状况，及时清理边坡上堆放的材料，防止造成事故的再次发生。在向有关部门通知抢救的同时，对轻伤人员在现场采取可行的应急抢救，如现场包扎止血等措施，防止受伤人员流血过多造成死亡事故。预先成立的应急小组人员分工，各负其责，重伤人员由其他人员协助送上专用救护车辆或 120 急救车辆，有程序地处理事故、事件，最大限度地减少人员和财产损失。

• 紧急救援的一般原则：以确保人员的安全为第一，其次是控制物资的损失。紧急救援的关键是速度，因为大多数坍塌死亡是窒息死亡，因此，救援时间就是生命。此外，要培养施工人员正确的处险意识，凡发现险情要立刻使用事故报警系统通报，紧急救援响应者必须是紧急工作组成员，其他人员应该撤离至安全区域，并服从紧急工作组成员的指挥。

• 急救知识与技术：鉴于深基坑坍塌事故所造成的伤害主要是机械性窒息引起呼吸功能衰竭和颅脑损伤所致中枢神经系统功能衰竭，因此紧急工作组成员必须熟练掌握止血包扎、骨折固定、伤员搬运及心肺复苏等急救知识与技术等。

• 具体抢险方案实施：首先应采取坡顶卸载的办法，转运坍塌面附近的施工材料，进行未滑坡区段的监测和保护，严防事故的继续扩大；其次在坍塌处坡脚插入槽钢，逐层沿坡面堆筑砂石袋等保证边坡稳定，并用反铲配合抢险。

(8) 恢复生产及应急抢险总结

抢险救援结束后，由监理单位主持，业主、设计、咨询等相关单位参加的恢复生产会，对生产安全事故发生的原因进行分析，确定下一步恢复生产应采取的安全、文明、质量等施工措施和管理措施。项目部主要从以下几个方面进行恢复生产：

• 做好事故处理和善后工作，对受害人或受害单位进行慰问，对良性事迹加强报道。

• 严格落实、认真学习应急预案，以项目经理为中心，将目标层层分解，责任到队，责任到人。

• 健全各组织机构，加强人员管理，完善逐级管理制度。完善安全、质量保证体系，健全安全、质量管理组织机构，整个项目形成一套严密完整的安全、质量管理体系，各级充分发挥管理的机能、职能和人的作用。

• 依据安全、质量体系有关文件，制订安全、质量检查制度，形成安全、质量的管理依据，做到“有法可依”。严格实施岗位责任制。

• 做好技术、试验、测量、机械、施工工艺和后勤等各项保证工作。

• 对恢复生产、确保资金投入不受阻。

• 确保设计、施工方案可行，符合现场实际情况，可利用现场存有的机械、设备和材料。

• 及时调用后备人员和机械设备，进行生产恢复，尽快达到正常生产状态。

(9) 预案管理与评审改进

抢险结束和生产恢复后，对应急预案的整个过程进行评审、分析和总结，找出预案中存在的不足，并进行评审及修订，使以后的应急预案更加成熟，遇到紧急情况等能及时处理，将人员伤亡、财产损失降到最低限度。针对施工的变化及预案演练中暴露的缺陷，不断更新和改进应急预案。

4) 地下障碍物拆除预案

(1) 废弃构筑物拆除

• 随着新建构筑物基坑开挖，挖掘机配合、使用液压破碎机拆除基坑范围内的废弃构筑物；对于废弃构筑物深度大于基坑开挖深度的，超深部分使用撼砂的方法回填，保证其符合基坑开挖要求。

• 拆除的废弃构筑物如为钢筋混凝土结构，需焊工配合割除构筑物内钢筋，以便拆除机械能进行下一步拆除工作。

• 拆除的废弃构筑物由挖掘机配合 5 吨卡车外运至业主指定位置堆放。

(2) 地下管网拆改

• 场区内地下存在诸多管网，在基坑开挖过程中，对于发现的地下管网，需联系相关人员确认其使用情况及内部介质，以便进行拆改施工；如遇无法确认的管线，采用打孔的方式探明其内部介质及使用情况。

• 如发现的地下管网走向影响多个新建构筑物施工，且将影响下一步的新建管网施工的，使用挖掘机把需拆改管线周围的土全部清理干净，以便施工人员将其全部拆除。

• 对于影响施工的在用管线，按照放线要求，确认其拆改长度，由业主及相关人员指定改线走向及拆改时间。

• 如地下管网经确认为废弃的，由人工配合挖掘机把拆除部分管网周围的土清理干净，并在割口位置挖施工操作坑，使用焊具先从管线下端开口，以便其内部介质流出，以减少割口施工的危险性。

• 管网拆改后，须把割除管线的端口用相应厚度的堵板盲死。

• 尽量在焊口位置拆除管网，保证其在拆除后还能用作它用；管网拆改后剩余管材由吊车配合半挂车外运至业主指定位置堆放。

• 如因拆改地下管网造成基坑开挖超深的，超深部分使用撼砂回填的方式，以保证基坑开挖符合设计要求。

5.1.3 施工方案与技术措施

1) 管井降水工程施工方案与技术措施

(1) 估算涌水量

根据基坑开挖深度及范围，并且依据基坑开挖参数(表 5-3)，对基坑涌水量进行估算，基坑涌水量按均质含水层潜水完整井公式进行估算，依据估算公式获得基坑的涌水量为 1 375 吨/天，根据设计要求，该工程采用 214 口管井疏干基坑内地下水，每口管井日排水量不低于 100 吨/天，基坑外地下水采用截水帷幕。

表 5-3 基坑开挖参数一览表

层号	渗透系数	
	垂直 K_v(厘米/秒)	水平 K_h(厘米/秒)
②	3.54×10^{-5}	5.77×10^{-5}
③	1.79×10^{-3}	3.13×10^{-3}
④	3.49×10^{-6}	5.16×10^{-6}
⑤	3.98×10^{-6}	5.63×10^{-6}

(2) 施工工艺

工艺流程准备工作→钻机进场→定位→开孔→下护口管→钻进→终孔→冲孔换浆→下井管→填砾→止水封孔→洗井→下泵试抽→合理安排排水管路及电缆电路→抽水试验→正式抽水→记录。

（3）技术措施

• 准备工作，合同签订后，即开始施工部署。

• 专人负责进料，工程师核定，确保过滤管（无砂混凝土管）、围填砂材料的质量。

• 钻机进场。钻井井位双方按平面布置图校核井位，保证钻机移到位，基础牢固平稳，磨盘水平“三点一线”（孔位、磨盘、大钩成一垂线）。各项准备工作就绪，井管、砂料到位，埋设护孔管要求垂直，护孔管尽可能进入原状土层内 20～50 厘米，外围用黏土填实，保证泥浆返出孔外，孔斜误差不超过 1%。

• 钻进清孔。钻进前测量好钻具总长，精确计算机上余尺，控制钻进深度，钻进中保持泥浆比重在 1.15～1.25，钻进中对地层要分层描述，确定降水含水层的确切层位。终孔深度达到后即可清孔，调浆宜慢，清孔后泥浆比重 1.10 左右，孔底岩粉≤10 厘米。

• 下井管。按设计井深事先将井管排列、组合，下管时所有深井的底部按标高严格控制，并且保持井口标高一致。井管应平稳入孔、搭免脱落，为了保证井管不靠在井壁上和井管外有一定的填砾厚度，在滤水管上、下各加两组扶正器，保证环状填砾间隙厚度大于 100 毫米。下管要准确到位，自然落下，不允许转动落到位，不可强力压下，以免损坏过滤结构。下好井管后，把井管居中固定。

• 填砾冲孔，下入钻杆至离沉淀管底 50 厘米，井口加上补心进行换浆，逐步调稀泥浆到比重 1.08 左右时边填边测，一边填一边开小泵量泥浆循环。填砾达到要求深度后停止。

• 止水封孔，为了防止上部泥浆及降水直接渗入砾料内影响成井质量，等填砾结束 20 分钟后，上部填黏土。

• 洗井要求采用活塞和空压机联合洗井方法，缺一不可。要求洗井至少 2 个台班，确保洗井质量，直至井内出清水，基本不含砂，出水量大，井底沉砂不大于 20 厘米。

• 下泵试抽：洗井结束后，待水位恢复可按设计下泵，下入深度宜在滤水管下半部分即 12～14 米深的位置，以保证足够的降深。排水管道及电源线路一定要先连接好，试抽 3 个小时，测定井内水位及观测孔水位变化，恢复后，积极配合抽水试验。

• 合理安排排水及电缆电路，原则上各井排水管和电缆一齐铺设，排水要畅通无阻，就近往西侧河道排放，连接合理，电缆应绝缘且具有一定抗拉、抗压强度。

• 抽水需要每天 24 小时派 2 人现场值班，并做好抽水记录，每天报水位。记录内容包括降水井涌水量 Q 和水位降深 S，以掌握抽水动态，指导降水运行达到最优。

• 井管封闭。井管封闭在不需要继续降水后进行，封闭时垫层下 2 米井管内用 C30 填实，为了加强施工缝处的防水效果，底板侧壁处用双道止水处理。如甲方另有其他用途，井管不再使用后，应派人做好保护工作。

（4）管井施工技术要求

• 疏干井：其功能为疏干坑内地下水，井数共布设 214 口管井和 12 口减压井，管井形式选择潜水完整井，平面布置方式为在基坑内梅花形布置。初步确定为单井出水量计算值不小于 100 米^3/天（考虑到单管井抽水影响半径因素，实际出水量根据现场抽水试验确定），管井结构采用优质成品无砂混凝土滤管，滤水管包括管底采用多层 200$^\#$ 土工布包裹严实，确保不抽泥砂。减压井采用钢管，水泵型号选用 100QJ36 型深井潜水泵，每口井 1 台，另设备用泵 74 台。

• 技术指标：含砂量≤1/50 000 粗砂、≤1/20 000 中砂、≤1/10 000 细砂；滤料必须筛选，冲洗，水清砂净，无杂质，颗粒形状近似圆形，砂粒粒径范围为 2～3 毫米，中值粒径 d50=1.3 毫米。泥浆要求采用供钻进用的黏土粉，泥浆比重选用 1.15～1.20、黏度为 24 帕·秒；稀浆比重<1.08、黏度为 20 帕·秒。

• 准备工作：施工现场应落实“三通一平”，并满足设备、设施就位和进出场地条件。钻孔前必须做好以下准备工作：

保证供水供电(自备发电机)备好泥浆，钻孔机具完好；

配齐滤料、管材及滤网质量和数量满足要求，经监理检验合格后按沉放先后顺序堆放在孔位附近；

抽水设备(深井潜水泵或深井泵)及排水系统；

钻机附近需设置泥浆坑，以防泥浆水漫流；

信息化资料(疏干记录、施工记录表等)。

• 布孔定线：布孔定线必须按设计图纸的井位平面布置图进行，平面偏差≤5 厘米；遇有障碍物不得不调整管井井位时，应通知设计和监理单位到场确认。

• 钻机就位：钻机就位前场地应平整夯实，地基坚固足以防止钻机自重荷载及钻孔过程中振动荷载引起场地不均匀沉降；钻机架设必须平正牢固，钻头、磨盘和孔位三对中(护口管、转盘和天车应在同一条垂线上)。

• 钻孔：深井钻井机械常用有回旋式钻机和钻孔式钻机；成孔时宜采用护筒及护壁措施；深井管底部 1～2 米应填滤料。钻孔要求如下：

钻孔直径不得小于 D600 毫米；

送水泵压不得低于 2 兆帕；

泵流量不得小于 20 米^3/小时；

钻杆直径与钻孔直径应相适应，避免细钻杆钻大孔；

钻进施工中保持钻杆直立不摆动；

钻孔采用泥浆护壁，泥浆比重控制在 1.15～1.20 范围内；

钻孔深度应大于设计井深至少 1 米，确保井管下至设计井深；

孔身应垂直，垂直倾斜 W1/500；

钻孔过程中应对水位、水温、水洗液、井壁坍塌、涌砂和气体逸出等情况进行观察和记录。

• 清孔换浆：钻到预定孔深后为防止泥浆沉淀和井孔坍塌，应及时清孔换浆，置换的泥浆含砂量不大于 5%；孔底沉渣厚度不得大于 30 厘米。

• 井管安装：安装井管前应采用导向器进行探孔；清孔换浆后应立即安装井管；井管质量必须满足其材料质量及制作要求；第一节井管底部应采用钢板封底口；井管上端口应高出地面至少 50 厘米；安装井管时每隔 4 米应设置扶正器；严禁强行将井管压入井孔；井深偏差

不得超过设计井深土 2/1 000。

• 填料：填料前应采用黏土封闭井管上部管口；填料前应把孔内泥浆适当稀释，井管必须居中；井管到达预定深度后，应适当稀释井内泥浆；然后立即在井管周围灌砂滤料，滤料含泥量应为 3%，滤料粒径 2～3 毫米；采用循环水填料方法；在井管周围必须连续均匀适速投放滤料，滤料质量必须符合滤料要求；要避免填料速度过快或不均造成滤管偏移及滤料在孔内架桥现象，洗井后滤料下沉应及时补充滤料，滤料的充填量不得小于计算充填量的 95%；滤料充填至施工作业面以下 2 米时，应压实滤料，改用优质黏土充填至施工作业面，并压实和封闭填料口；严禁井管内坠落杂物杂质；井管施工时应按施工记录表做好记录。

• 洗井：下管填料完成后应立即进行洗井，即使特殊情况间隔时间应≤24 小时；利用活塞洗井法或活塞与空气压缩机联合洗井；洗井结束后，井水含沙量应小于 1/10 000；井内沉渣厚度不得超过 20 厘米；洗井过程中应控制活塞上下往复速度，不得强硬推拉；严禁活塞坠入沉砂管中；洗井自上而下，分段进行；合理的洗井时间与含水层结构，泥浆指标及洗井设备有关视具体情况确定，一般至少 4 小时；当常规洗井效果不好时，可加洗井剂浸泡后再洗井。

• 试抽：洗井后，应对井管进行单井试抽，如有异常，应重新洗井，并再次进行试抽；在疏干井内装置深井泵时，应注意使电动机转向正确，严禁逆转；装置深井潜水泵时，潜水电机、电缆和接头的绝缘必须安全可靠，并配有保护开关控制，确保安全运转。

• 抽水：无论稳定流还是非稳定流抽水都必须具有连续性，抽水应以地下水源源不断流至管井，使管井滤网不致堵死为原则，根据这一原则配备合适规格（排量和管径）的抽水泵；每个井管设施竣工后应单独试抽，合格才可疏干；深井潜水泵不需要敷设地面管路，可以根据场地情况灵活布置；潜水泵运行时，泵体高出孔底 1 米，以避免被流入井内的细粒沉泥"淤住烧掉"，并使泵体浸在水下 3 米左右，以防"脱水烧掉"；深井井点应备有双电源；采用深井潜水泵，宜间隔分别用两组电源供电，以策安全；深井井点排出之水应向远处排放、防止回渗；抽水的水位和出水量稳定时间为 4～8 小时；每口活井必须配有一台抽水泵，施工单位严禁任意调换配备，否则引起严重结果由施工单位承担责任；有足够数量的备用泵。

• 管井验收：管井竣工后，应按国家规定《供水管井验收规范》和设计要求进行验收；疏干施工过程中改变疏干设计方案，应具有设计人员和施工人员的洽商处理意见书或审批手续；全部疏干运行时，抽排水含砂量（体积比）应符合下列规定：粗砂含量小于 1/50 000、中砂含量小于 1/20 000、细砂含量小于 1/10 000；验收时应提供施工记录、工程统计表、施工说明、洽谈处理意见和审批文件等；实际疏干应等于或深于疏干深度，并稳定 24 小时；应按工程辅助措施、补救措施的可行性进行评估。

• 管井监测：孔隙水压力观测的目的是了解疏干期间地层中孔隙水压力的变化，以便估算地基强度、变形和基坑稳定性；孔隙水压力通常每天观测 1 次，如有异常现象，必须加强观测，每日不少于 2 次。主要进行出水量、含砂量的监测和记录，应符合规范要求。

(5) 管井保护、预留与拆除

无砂管井质地较脆，应切实做好保护措施，防止碾压或者土方开挖侧向挤压；

土方开挖期间应对每口管井显著标示，以免破坏，线路应进行掩埋等保护措施；

随土方开挖，管井应逐级拆除直至坑底，拆除时需谨慎细致。

(6) 封井措施

• 疏干井封井前提条件为：结构底板施工完成；满足主体结构抗浮要求；基坑内疏干井井内稳定水位位于基坑面以下 2～3 米。

• 疏干井封井步骤：首先将处于工作状态的疏干井间隔封堵；疏干井局部封堵后，继续对未封堵疏干井的工作状态(包括出水量情况、水位变化值、稳定水位标高和水泵位置标高等记录)进行观测；当满足上述前提条件后将剩余疏干井逐一封堵。

• 疏干井封井要求：在浇灌垫层前，首先将垫层以下疏干井混凝土滤管外壁清除，内插 $\phi280\times5$ 钢管，其顶标高高出底板顶面 50 毫米，其下端与疏干井搭接长度 0.15 米；钢管外侧缠绕麻丝，并用水泥封死；在底板中用两个半圆钢环焊在钢管外侧，形成止水翼环，焊缝要饱满，不得有缝隙。止水翼环位于底板顶面下 100 毫米；当疏干井封井时(具体时间待定)，于底板顶面下 50 毫米处将钢管切断，用瓜子片材回填至底板板底下 2 米。再用与底板同标号微膨胀素混凝土塞满后(浇到底板顶面下 50 毫米处)加焊钢顶盖板，最后用微膨胀素混凝土浇平；底板钢筋遇疏干井钢管时，钢筋可从周边绕过，但必须另加 4 根同直径钢筋，其一端弯起 250 毫米与钢管焊接，另一端水平长度不少于 1.0 米；止水环内径根据疏干井上插的钢管的外径确定。

(7) 深井的停降时间和封堵方法

• 坑内深井在设计抗浮要求方可停止抽水，坑外深井待地下室外墙回填土完成即可以停止抽水。

• 在后浇带按设计要求封闭前，若达到抗浮要求马上停止降水，则水位上升可以通过后浇带淹没地下室。

• 根据上述要求，施工时坑内保留深井数量将视实际施工时出水情况确定，考虑到基坑已设置止水帷幕，拟保留 1/3 管井数量继续抽水，直至满足结构施工要求。

• 由于深井管直径为 400 毫米，直接穿过地下室底板，如果不做节点处理，必然会对后面的封堵工作带来难度。应采取以下措施：在绑扎钢筋前用直径为 280 毫米的钢管替换穿过底板部分的无砂混凝土管，钢管外一周焊接止水钢板，并用自吸泵替换潜水泵。

• 达到设计要求停止降水后，采取高压注浆，填满降水管以及钢管内空隙。钢管上口加焊钢板封堵，防止产生渗漏现象。

2) 土方工程施工方案与技术措施

(1) 工期目标

该工程的深基坑土方开挖计划从 2013 年 6 月 17 日—2013 年 8 月 31 日，计划工期约 75 天，即开挖至整体地下室标高 −10.7 米，各建筑物基础结构标高 −11.3～−13.1 米。

预留 30 厘米土、桩基承台、电梯井和集水坑等坑中坑、施工坡道收尾等土方开挖结合土建施工工序要求配合进行，主要采用人工开挖。

机械开挖到位后满堂作混凝土垫层(至支护桩边),然后再局部由人工掏挖坑边桩基承台、电梯井和集水坑等坑中坑。承台应采用逐个开挖、砖砌外模护壁,不得大面积开挖。

(2) 施工准备

• 基坑四周设置合格可靠的安全栏杆、踢脚挡板,防止高空坠物事故的发生。

• 场地周围及基坑内必须有足够的照明度。

• 钻孔灌注桩围护结构以及钢筋混凝土内支撑达到设计强度要求。

• 施工前对每个施工作业人员都进行了安全技术交底,使每个施工作业人员都做到心中有数。

(3) 土方开挖顺序及方法

土方开挖顺序:定位放线→第一层土方开挖至－3.800～－4.750米→第二层土方开挖至－7.300～－8.000米→第三层土方开挖至设计标高以上30厘米→第四层人工开挖预留土层及坑中坑(配合土建施工单位施工工序)、挖除运土坡道。

土方开挖方法有:

• 由于该工程土方量较大,土方开挖根据现场实际情况,运土车辆由东侧鼓楼南路进入、出口布置西侧海陵南路。在基坑外侧设环向临时道路,基坑内设四条施工坡道,坡比按1∶12,基坑分为四个开挖区段,采取分段分层、循环开挖土方,直至开挖到设计要求的基底标高。

• 开挖前做好降水及施工道路的铺设及压实工作。

• 第一层土方开挖至－3.800～－4.750米,安排12台C200型挖机,分层分段开挖,每台挖机配4辆15吨汽车,将土方全部运到弃土场。第一层土方量约300 000米^3,计划20天完成,每天需完成12 000米^3。

• 第二层土方开挖－7.300～－8.000米,该阶段安排12台C200型挖机,每台挖机各配4辆15吨汽车,将土方全部运到弃土场。该阶段土方量约350 000米^3,计划25天完成,每天需完成11 700米^3。

• 第三层土方开挖－10.700米,局部－13.100米,该阶段安排12台C200型挖机,每台挖机各配4辆15吨汽车,将土方全部运到弃土场。该阶段土方量约190 000米^3,计划15天完成,每天需完成11 000米^3。

(4) 挖掘、运输机械

• 挖掘机数量的确定:挖掘机的数量N,应根据土方量的大小和工期长短,并考虑合理的经济效果,按下式计算:

$$N=(Q/P)\times(1/T\cdot C\cdot K)(\text{台})$$

式中,Q为土方量(米^3);P为挖土机生产率(米^3/台班);T为工期(工作日),取20天;C为每天工作台班数(台班),暂按2班作业考虑;K为时间利用系数(0.8～0.9)。

挖土机生产率:

$$P=(8\times 3\,600)/t\times q\times(K_c/K_s)K_b$$

式中：t 为挖土机每次作业循环延续时间(秒)，取 30～45 秒；q 为挖土机斗容量；K_s 为土的最初可松性系数，取 $K_s=1.2$；K_c 为铲斗的充盈系数，视土的性质与状态而定，一般为 0.85～1.3；K_b 为时间利用系数，一般取(0.8～0.9)。

挖土机生产率：$P=(8\times 3\,600)/40\times 0.9\times(1.2/1.2)\times 0.85=550$(米^3/台班)。

该工程则需挖掘机台数：$N=(300\,000/550)\times 1/(20\times 2\times 0.85)=16$(台)。

如图 5-5 所示为施工现场挖掘机的布置。

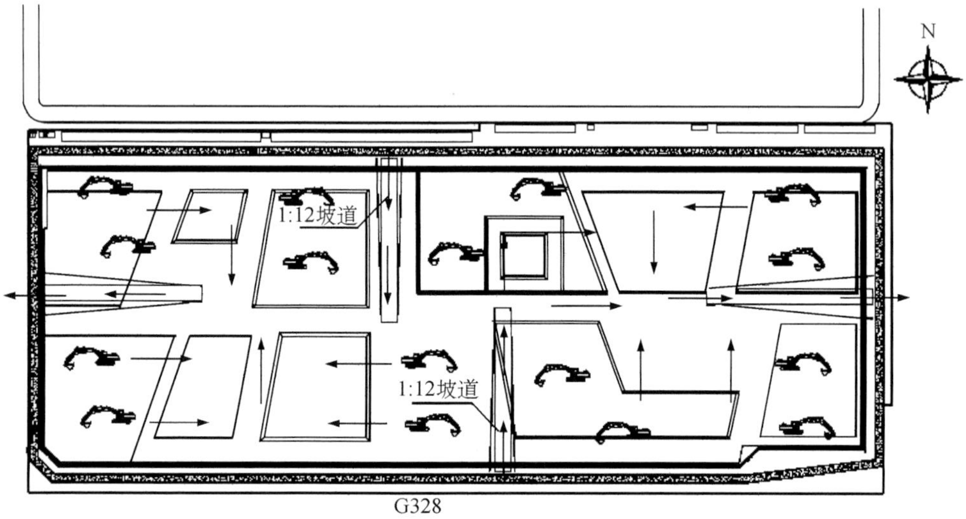

图 5-5　泰州市金融服务区建筑群土方工程的挖掘机布置图

• 自卸汽车数量的确定：自卸汽车配备的数量，应保证挖掘机能连续工作，按下式计算：

$$N=P/P_1$$

式中，N 为自卸汽车数量；P 为挖掘机生产效率(米^3/台班)；P_1 为自卸汽车生产效率(米^3/台班)，它与卸土场地的近远有关，可根据堆土地点来确定自卸汽车数量。

根据该工程的具体情况，所挖土方要全部运出场外，考虑每辆自卸式汽车运土一车 10 米^3，运距 7 公里，按 30 分钟一车考虑。一辆汽车每一台班所运土方：16 车×10 米^3/车=160 米^3/台班，则可得：

$$N=550/160=4(\text{台})$$

根据上述计算，可知：一台挖土机配备 4 台汽车运土，所以，16 台挖土机共需要 64 台自卸机车配合运土。

• 预留 30 厘米厚的土方，集水坑、电梯井等坑中坑、坡道采用小型履带式挖掘机加人工进行开挖。施工坡道收尾采用长臂挖机开挖，部分土方不在其旋转半径内的，则采用小挖机集土堆放到长臂挖机旋转半径内，二类挖机配合分段逐渐向基坑边后退，直至土方开挖完成，最后基坑中的小挖机用汽车吊吊出基坑。

（5）质量检查标准(表 5-4)

表 5-4　质量检查标准

项目	序号	检测项目	允许偏差或允许值（毫米）基坑、基槽	检验方法
主控项目	1	标高	－50	水准仪
	2	长度、宽度（设计中心线向两边量）	＋200　－50	经纬仪、钢尺
	3	边坡	设计要求	观察、坡度尺
一般项目	1	表面平整度	20	靠尺、楔形塞尺
	2	基底土性	设计要求	观察、土样分析

（6）保证质量措施

• 三级验收制：实施公司建立的质量三级验收制度，特别强调做好班组自检和互检。每道工序必须严格按照操作规程、质量要求施工。做好谁操作谁负责施工质量。

• 严格做好施工放线工作，把好工程定位，控制轴线标高，施工前对测量仪器及钢尺进行认真检查，符合规定要求方可施工。确定放线及测量方案，并由专职技术人员负责测量工作，主要轴线及标高应由现场施工员负责复核，此项技术复核工作应认真实施，并填写施工技术复核书面记录。

• 基坑开挖中，对整个围护体系和永久性结构都不得损伤，包括直接碰撞和超载。特别是支撑构件的承受竖向超载和侧向荷载的能力很弱，保护显得更为重要。

• 专门成立挖土指挥机构，设一名总指挥，挖土、土建协调、接受和反馈信息均须派专人负责，并在总指挥统一指挥下工作。

• 土方分层分段开挖，应严格控制挖土标高，严禁超挖(图 5-6)。

图 5-6　泰州市金融服务区超大面积深基坑土方开挖质量控制现场

• 挖土工程中，应随时做好降水、排水工作。基坑外明水处理：根据基坑围护方法，基坑坡外沿四边布置一条砖砌明沟用来排水之用，明沟坡底根据市政管网出水点的管底标高进行放坡控制，最后流向总沉淀池排入市政管网。根据现场施工要求，在大门口做车辆冲洗设备，设明沟及沉淀池，车辆冲洗水经沉淀池向外排水。基坑内明水处理：将在地下室底板外侧设置一道砖砌明沟，沿四周布置，在四角及中间部位设置集水井，各集水井放置一台大功率自动抽水泵，抽水至上面的明沟。

• 预留 30 厘米土方采用人工开挖，以免超挖和干扰基底土。人工修土及时用小推车运至挖土机工作范围内，以便及时把土方运出。待土方挖至设计标高后，经甲方、设计、监理单位验收毕立即浇捣混凝土垫层，避免地基土长时间暴露。

5.2 超大面积地下室混凝土结构整体跳仓法施工工法

5.2.1 技术开发背景

随着城市化建设进程加快，土地资源日趋紧张，地下工程建设规模朝着“越来越大、越来越深”的模式发展。而针对超大面积、超长的混凝土结构，如何控制结构裂缝的产生，杜绝渗漏现象，保证建筑物的使用功能，是一项值得研究的技术课题。

泰州市金融服务区地下室整体工程为地下二层地下室，总建筑面积为 186 833 米^2，东西方向长约 510.5 米，南北方向宽约 183.7 米，属于超大面积地下室。原设计设置了大量的后浇带，为了保证工期、减少后浇带施工带来的隐患，扬建集团公司先后请研究混凝土裂缝专家王铁梦教授、建筑材料专家缪昌文院士、结构专家孟少平教授作为技术指导，在该工程中采用地下室底板、墙板、顶板“整体跳仓法”工艺取代原图纸设计的“后浇带”，利用专利技术“减缩、抗裂型接枝共聚物混凝土超塑化剂及其制备方法”研制出高性能低收缩混凝土用于工程，同时进行混凝土温度和应力的监测，科学灵活地确定跳仓块的间距及间隔时间，合理确定施工缝防水构造节点，保证了混凝土结构的施工质量，圆满达到预期目标，总结出“超大面积地下室混凝土结构整体跳仓法施工工法”被评为江苏省省级工法，关键技术达到国际先进水平。

5.2.2 施工工法特点

(1) 本工法为超大面积地下室底板、墙板、顶板整体采用跳仓法，不同于通常“跳仓法”的底板“跳仓”而上部墙板、顶板留设后浇带，施工便捷，节省工期。

(2) “跳仓”间距灵活确定，根据不同部位，确定不同“跳仓法”分块间距及其浇筑顺序；底板分仓最大间距为 80 米，突破了国内规范中地下连续混凝土结构施工缝许可间距的规定，减少了施工缝，降低了成本。

(3) 在“跳仓法”施工过程中，通过加入聚羧酸高效复合外加剂，优化混凝土配合比，研制出用于超大面积地下室结构的高性能低收缩混凝土，混凝土 7 天、14 天收缩率分别仅为 95×10^{-6}、147×10^{-6}，混凝土收缩显著减小，有效提高了混凝土抗裂性能。

(4) 利用“互联网＋”的模式，远程、自动采集混凝土温度、应力监测数据并进行分析，确定混凝土收缩与时间的关系，控制“跳仓”的间隔时间，指导施工，加快了施工速度，灵活方便。

(5) 本工法采用封闭降水，利用专利技术“地下深井封堵盖板系统”，进行带压封堵，封堵方法有效便捷，获得了良好的降压止水效果，绿色施工，节能环保，保证了周边建筑物的安全。

5.2.3 适用范围

适用于二层超大面积地下混凝土结构；如三层、四层等地下混凝土结构采用本工法，需根据实际情况，合理设置“跳仓”间距及间隔时间。地下室底板设置管井降水的工程。

5.2.4 工艺原理

(1) 本工法针对超大面积地下室的特点，地下室“整体跳仓法”施工是通过水平施工缝将地下室底板、墙板、顶板的混凝土分开浇筑，并分别采用“跳仓法”施工，且三者的“跳仓”分块间距各不相同。

(2) 通过加入高效复合外加剂，优化混凝土配合比，研制并采用高性能低收缩混凝土；利用无线自动数据采集系统进行温度及应力监测，根据数据分析结果，灵活确定“跳仓法”混凝土分块间距、间隔时间；按照地下室底板、墙板、顶板“跳仓”的顺序科学组织混凝土结构施工。

(3) 采取封闭降水、管井带压封堵及施工缝防水构造等措施，保证超大面积地下室干作业和防水工程的施工。

(4) 实施以上施工工艺和措施，有效避免了超大面积地下室混凝土结构有害裂缝的产生，节省了工期和费用，减少了对环境的不利影响。

5.2.5 施工工艺流程

超大面积地下室结构整体“跳仓”施工工艺流程(图 5-7)的主要内容包括：施工准备→混凝土试配→优化施工配合比→确定混凝土收缩量标准→确定“跳仓”分块→编制温度、应力监测方案→支立模板→绑扎钢筋→施工缝止水钢板、阻隔钢丝网安装→混凝土“跳仓”浇筑、保养→管井封堵→验收。

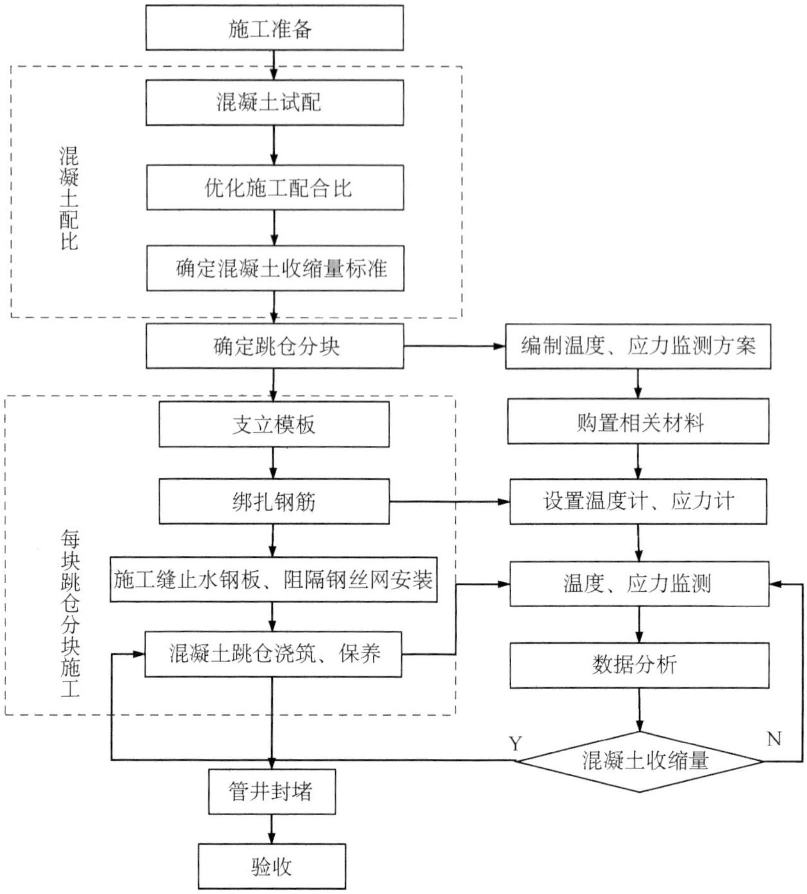

图 5-7　超大面积地下室结构整体“跳仓”施工工艺流程图

5.2.6　操作要点

1) 施工准备

施工准备分为技术准备和生产准备两部分，在做好常规准备外，针对大面积地下室结构施工，要求做好以下准备工作：

(1) 熟悉审查施工图纸和有关的设计资料和设计依据、施工验收规范和有关技术规定。

(2) 施工人员在进场前，必须进行技术、安全交底。

(3) 建立各项管理制度，认真熟悉施工图纸和有关设计资料，严格执行国家行业标准。

(4) 对进场材料、设备及机具设备检验。

(5) 做好混凝土配合比的设计，为“跳仓法”工艺确定提供数据。

(6) 根据工程平面情况、施工进度要求、规范要求、人员材料配备情况和混凝土性能编制方案。

2) 混凝土配合比

(1) 做好混凝土配合比的设计。与混凝土搅拌站沟通，采用聚羧酸外加剂等配制高性能低收缩混凝土。

(2) 总的原则要求包括:适度低用水量原则,将水胶比控制在0.45左右;低水泥用量原则,混凝土采用R60强度,在满足设计要求的前提下尽量降低水泥用量,减少混凝土收缩,提高混凝土的抗裂性能;使用SBTJM ®-PCA聚羧酸高效减水剂,大掺量粉煤灰,采用粉煤灰部分内掺从而减小水泥用量,降低混凝土的发热量,降低混凝土的温升,减小混凝土的收缩;细骨料选用中粗砂,细度模数不小于2.3,含泥量不大于2%;粗骨料采用5~31.5毫米范围连续粒级的石子,含泥量不大于1%;混凝土控制入模坍落度不超过15厘米。

(3) 根据以上要求,通过研究,配制出高性能低收缩的混凝土,其混凝土配合比见表5-5。

表5-5 混凝土配合比

名称	水泥	粉煤灰	石子	砂	水	聚羧酸高效减水剂
掺量(千克/米^3)	240	115	1 170	708	160	3.9

3) 混凝土性能检测

(1) 混凝土的早期收缩性能按照《普通混凝土长期性能和耐久性能试验方法和标准》(GB/T 50082—2009)中规定的接触法的试验方法,分别测量7天、28天、60天的变形读数并计算混凝土收缩值。

(2) 混凝土拌合物性能试验按照《普通混凝土拌合物性能试验方法标准》(GB/T 50080—2002),混凝土力学性能试验按照《普通混凝土力学性能试验方法标准》(GB/T 50081—2002),试验所有试件为100毫米×100毫米×100毫米立方体,试验数据换算成为150毫米×150毫米×150毫米的标准试件数据,得出混凝土的抗压强度试验值。

(3) 试验结果见表5-6。

表5-6 混凝土试验结果

抗压强度(兆帕)			收缩率($\times10^{-6}$)			坍落度(毫米)	
7天	28天	60天	7天	28天	60天	0小时	2小时
30.6	42.1	48.3	95	147	212	200	185

4) 确定跳仓块

(1) 根据工程平面情况、施工进度要求、规范要求、人员材料配备情况、混凝土配比、性能及供应情况确定混凝土的分块,确保流水施工及每块混凝土有足够的技术间歇,间歇时间不得少于7天。

(2) 结构分仓的划分:基础底板分仓划分最大80米为一仓;地下室外墙按不超过30米为一仓;地下室顶板按不超过40米为一仓;相邻两仓浇筑间隔时间必须大于7天;某超大地下室工程的分仓图如图5-8所示。

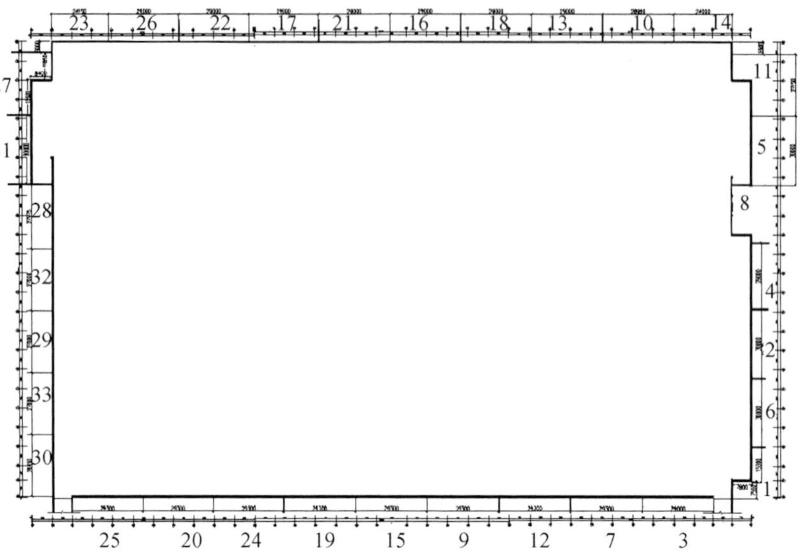

图 5-8　地下室负一层外墙板分仓图(范例)

5）井点及管井降水施工要点

(1) 井点及管井施工严格按图纸设计及相关规范要求实施。

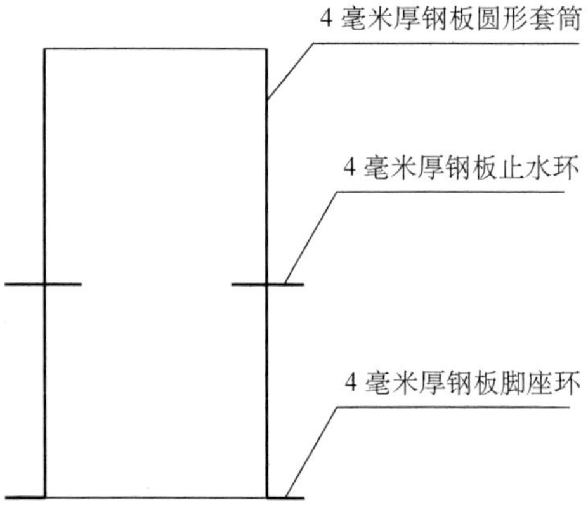

(1) 4 毫米厚钢制环形套筒；　(2) 4 毫米厚钢制环形止水环

图 5-9　管井预留套筒

(2) 管井布设在土方开挖前施工，管井位置需在轴线测放后进行，避免设置在集水坑、基础梁、桩承台范围内。

(3) 垫层施工前，开挖沟槽，把管井用的排水管及水泵用电线埋于槽内，上设盖板保护。严禁排水管及电线暴露于底板表面。

(4) 浇筑地下室底板前，在管井位置预留钢套筒，钢套筒高度高于底板 10～15 厘米，以防止底板混凝土浇筑时混凝土淌入管井内。套筒参见图 5-9。

6）钢筋及模板施工要点

(1) 钢筋及模板施工工艺流程严格按相关规范及操作规程执行。

(2) 底板钢筋施工时，支撑上层钢筋采用焊接支架，保证上层钢筋标高及水平。

(3) 底板钢筋保护层采用高强预制混凝土垫块，不得使用塑料垫块。

(4) 底板及外墙施工缝与止水钢板垂直方向焊接 $\phi 8@400 \times 200$ 的钢筋网片，并绑扎 20 目的不锈钢丝网(靠先浇筑混凝土一侧)，并与底板的上下层受力钢筋焊接在一起形成骨架，钢筋水平支撑间距 200 毫米，立杆间距 400 毫米。底板竖向施工缝留设见图 5-10；外墙板施工缝做法见图 5-11，墙板水平施工缝留设位置：下端为底(楼)板面向上 800 毫米、上端为顶板梁下 100 毫米。

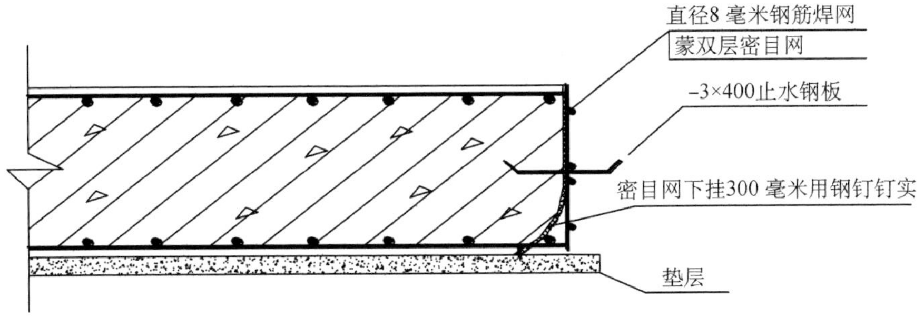

图 5-10　底板施工缝留设示意图

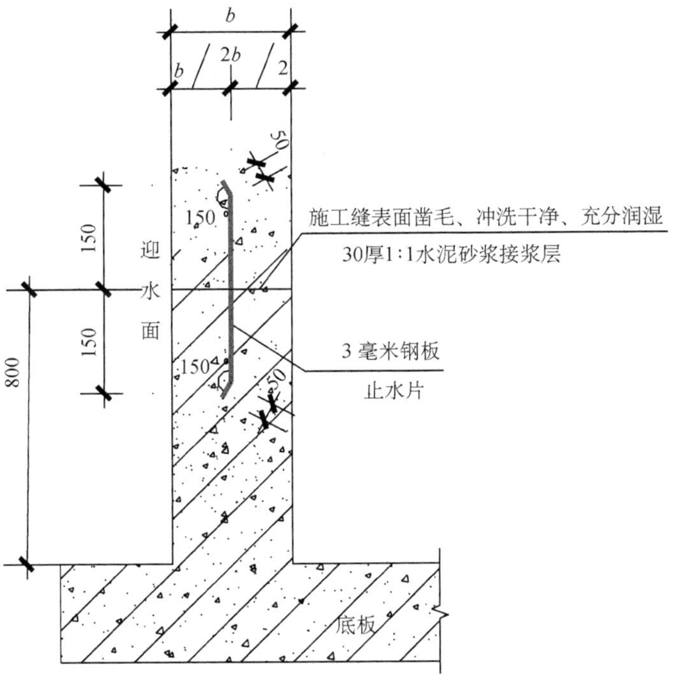

图 5-11　墙板施工缝留设示意图

(5) 采用“跳仓法”施工，模板体系遇施工缝部位不断开，施工缝两边模板支撑系统连成整体。但为了便于清理，施工缝穿过框架梁部位，在梁一侧留一块 50 厘米宽、同梁高的活动模板，在浇筑混凝土前用螺旋顶撑固定好，待处理施工缝时拿掉模板，从侧面对梁端面混凝土凿毛。

7) 混凝土施工要点

(1) 混凝土浇筑

• 底板及顶板混凝土采用斜坡分层连续浇筑的方式。剪力墙竖向施工缝周边的混凝土浇筑应放慢浇筑速度，待分层振捣密实后，方可继续向上浇捣混凝土。底板施工缝周边的混凝土，第一次浇筑高度应略比止水钢板高 2～3 厘米，待振捣密实后方可继续往上浇捣混凝土。墙体混凝土的浇筑从每仓墙体一端向另一端均匀推进浇筑，浇筑点不能过于集中，当墙体有洞口时，洞口两段混凝土浇筑高度要保持一致，墙体混凝土分层浇筑，每次浇筑高度为500毫米。

• 混凝土的振捣严格按操作规程操作，在振捣过程中，不得触及埋置的应力计和温度计。

• 安排专人及时跟踪实测混凝土的坍落度。

• 掌握混凝土的初凝时间。混凝土坍落度下降后及时进行复振及用平板振动器对混凝土表面进行复振，及时进行表面抹压，通常进行2～3次抹压，防止早期收缩裂缝的出现。

• 大体积混凝土浇筑前，现场准备5～25毫米粒径的洁净碎石。因初次振捣后，混凝土表面水泥砂浆较厚，在振捣完成并达到标高后，用人工抛撒石子并二次振捣。在初凝前用木抹子打抹压实，以弥合早期塑性收缩裂缝。

• 墙、柱高度大于5米，掌握时机二次复振。

• 混凝土下料点要分散布置，浇注混凝土要连续进行，间隔时间不宜超过3小时(混凝土初凝时间的一半)，三班连续作业。每层接茬处混凝土要加强振捣，以达到接茬严密，落地的混凝土要及时清理。

• 混凝土浇筑面及时二次抹压处理，浇筑面用圆盘抹光机进行第一次收光处理。接近初凝时用木抹子进行二次抹压处理。

• 施工缝部位在浇筑完成后，于初凝前后安排专人负责用钢丝刷刷掉钢筋上的浮浆，止水钢板上的浮浆用长柄小铲铲除。

(2) 混凝土养护

• 混凝土可以上人时应(一般浇筑12小时后)马上进行保温保湿养护。首先覆盖塑料薄膜，薄膜上覆盖土工布保温，养护时间不少于14天。

• 楼面混凝土养护期间，应至少2天以后方可上施工荷载。

• 底板混凝土二次抹压压光后，及时进行保温保湿覆盖。冬季低温板及顶板混凝土表面二次收光后，立即覆盖塑料薄膜，用以保水，再覆盖土工布或麻袋，用以保温。其间，对有发白现象的混凝土面给予适当喷水用以保湿。

• 外墙带模板养护不少于3天，然后对墙体模板进行松模拆除，随后立即用土工布或麻袋挂在墙体表面进行养护。

• 在保温养护过程中，对大体积混凝土的内外温差进行实时监测，当实测结果不满足温控指标要求时，及时调整保温养护方案。

• 大体积混凝土的降温过程中，对降温速率进行实时监测，当实测结果不满足温控指标要求时，及时调整降温速度。

• 地下结构(含地下室顶板)应及时回填土以避免长期暴露在自然环境中。

8) 混凝土温度、应力监测

(1) 制订监测方案。

(2) 检测点的布置。

(3) 检测项目的检测频率。

(4) 数据分析。

9) 管井封堵

管井封堵分为由底板施工时预埋的环形钢套筒和后封堵圆形钢盖板焊接两个步骤。如图 5-12 所示，环形钢套筒内外焊接各一道环形止水环，后封堵圆形钢盖板上穿过一根钢管，钢管上端连接一阀门，钢管下端焊接一个球形多孔滤头，滤头包裹不锈钢丝网，这种方法可以在管井水压较大时，也能有效进行深井封堵。

(1) 设备制作

• 环形钢套管采用 4 毫米厚钢板制作。在环形钢套管中间内、外两侧焊接一道 4 毫米厚止水外环，套管外侧下部焊接一圈脚座环。套筒管径大于深井管径 10～20 厘米。在基础垫层混凝土施工后安装在深井上方，防水保护层将防水钢套管预埋于混凝土中，钢套筒与底板钢筋焊接固定。

• 深井开始封堵前，在下盖板中穿一根钢管与盖板焊接，在钢管中上部位加一个闸阀，钢管上端通过镀锌弯头连接一根水平方向钢管，自吸泵与水平钢管连接。钢管下端插入深井部位焊接一个球形滤头，密集开洞包裹钢丝网，管井中填洁净碎石作为滤层。

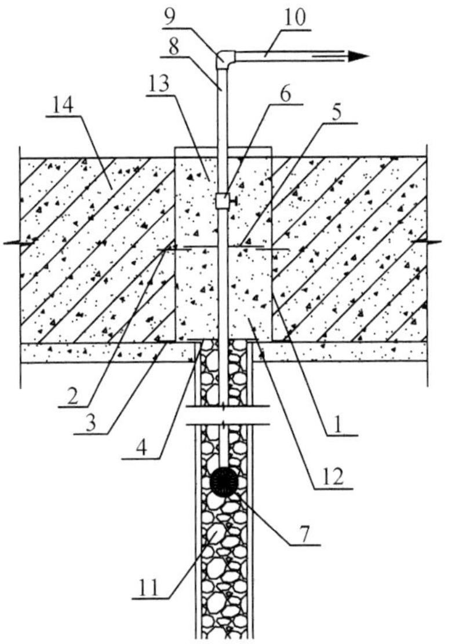

1—环形钢套筒；2—环形止水环；3—脚座环；4—下盖板；5—中盖板与止水环及钢管周边满焊；6—闸阀；7—球形滤头；8—竖向抽水钢管；9—镀锌弯头；10—水平钢管连接水泵；11—洁净碎石滤层；12—第一次封堵混凝土；13—第二次封堵混凝土；14—地下室底板

图 5-12　管井封堵示意图

(2) 封堵

• 首先将下盖板盖在管井口上，开启连接在水平钢管出水口处的自吸泵，然后将管井内的地下水抽至井口水位下，浇筑钢套筒内混凝土至止水环与环上表面平，擦干净止水环。混凝土采用快硬混凝土，初凝时间控制在 20～30 分钟。

• 待钢套筒下部混凝土达到 C20 强度(约 24 小时)，在止水环上放置 2 个半圆钢板套在抽水钢管上，将此钢板焊为圆环，并与抽水钢管和止水环焊接。

• 关闭闸阀，停滞 2 天，钢套筒内无水，拆掉抽水钢管，浇筑钢套筒内混凝土。混凝土采用比地下室底板混凝土高一强度等级的膨胀混凝土。

5.2.7　采用的材料与设备

1) 工法采用的主要材料

(1) 水泥(C)。工程中使用 P.O 42.5R，水泥性能详见表 5-7。

表 5-7　水泥主要性能

标准稠度	初凝时间(分钟)	终凝时间(分钟)	比表面积($米^2$/千克)	抗折强度(兆帕)		抗压强度(兆帕)	
				3 天	28 天	3 天	28 天
27.6%	225	305	360	4.8	7.9	27.7	51.3

(2) 粉煤灰(FA)。等级为Ⅱ级,性能详见表 5-8。

表 5-8 粉煤灰主要性能

45 μm 方孔筛筛余	烧失量	需水量比	SO3	28 天活性指数
16.9%	6.6%	102%	1.1%	68.2%

(3) 细集料(S)。细度模数为 2.5。

(4) 粗集料(G)。规格为 5~31.5 毫米连续粒径。

(5) 外加剂。SBTJM ®-PCA(Ⅰ)聚羧酸高效减水剂,减水率为 27.6%,掺量为胶凝材料的 1.1%,性能指标见表 5-9。

表 5-9 外加剂匀质性检测结果

名称	密度(克/毫升)	固含量	pH 值	净浆流动度(毫米)		1 小时经时损失率
				0 分钟	60 分钟	
SBTJM ®-PCA(Ⅰ)	1.037	18.6%	7.0	311	292	6.1%

(6) 其他主要材料见表 5-10。

表 5-10 其他主要材料使用表

序号	材料名称	规格	主要技术指标
1	钢筋	Ⅰ~Ⅳ级钢	规范要求常规指标
2	防水材料	按图纸设计要求	规范要求常规指标
3	胶合板	18 毫米厚木质胶合板	松木或柳木材质
4	焊接钢管	Φ48 毫米×3.5 毫米	规范要求常规指标
5	木方	50 毫米×100 毫米	松木或柳木材质
6	止水钢板	4 毫米~5 毫米	规范要求常规指标

2) 工法采用的机具设备

(1) 主要机具设备详见表 5-11。

表 5-11 主要机具设备表

序号	设备名称	设备型号	用途
1	全站仪	GTS600	测量放线
2	电子经纬仪	北光 J2	测量放线
3	精密水准仪	S2 自动安平	高程测放
4	振弦式钢筋应力计	XS-180	结构温度、应力检测
5	潜水泵	BQS25-15	管井降水
6	塔吊	63T.M	材料运输

（续表）

序号	设备名称	设备型号	用途
7	平板振动器	B-22	混凝土浇筑
8	插入式振动器	ZN-50	混凝土浇筑
9	钢筋竖焊机	LDZ36	钢筋加工
10	交直流电焊机	BX-300	钢筋加工
11	钢筋对焊机	UN1-100	钢筋加工
12	钢筋弯曲机	GW-40	钢筋加工
13	钢筋调直机	LG-6/10	钢筋加工
14	钢筋切断机	GZ-40	钢筋加工
15	平刨机	MB504	木材加工
16	圆盘锯	MJ113TA	木材加工

(2) 温度应力监测主要仪器仪表。主要包括振弦式钢筋应力计(带测温)、RT-2 型电阻温度计和 SWN-101 型智能测量单元。

5.2.8　质量控制

1) 工程质量控制标准

《混凝土结构设计规范》(GB 50010—2010)。
《建筑地基基础工程施工质量验收规范》(GB 50202—2002)。
《混凝土结构工程施工质量验收规范》(GB 50204—2002)。
《大体积混凝土施工规范》(GB 50496—2009)。
《混凝土强度检验评定标准》(GBT 50107—2010)。
《混凝土外加剂应用技术规范》(GB 50119—2013)。
《混凝土质量控制标准》(GB 50164—2011)。

2) 质量要求

(1) 现场混凝土满足表 5-12 要求。

表 5-12　现场混凝土控制指标

序号	项目		规定值
1	坍落度	底板、顶板	140～160 毫米
		墙板	160～180 毫米
2	初凝时间		10～12 小时
3	入模温度	夏季	≤30 摄氏度
		冬季	≥5 摄氏度

(2) 地下室混凝土结构尺寸满足表 5-13 要求。

表 5-13 混凝土结构尺寸允许偏差

序号	项目		允许偏差(毫米)	检验方法
1	轴线位置	基础	15	钢尺检查
		墙、柱、梁	8	
		剪力墙	5	
2	垂直度	≤5 米	8	经纬仪
		>5 米	10	
3	标高		±10	水准仪
4	截面尺寸		+8,-5	钢尺检查
5	表面平整度		8	靠尺和塞尺

(3) 施工缝质量符合表 5-14 的要求。

表 5-14 施工缝质量检查标准

序号	检查项目	检查标准或允许偏差	检查方法
1	不锈钢丝网安装	(1) 材料有完整的质保资料	进场验收
		(2) 阻挡可靠、塞缝严密	目测
2	止水钢板	(1) 材质符合规范及设计要求,材料有完整的质保资料	进场验收
		(2) 搭接采用双面焊接,搭接长度不小于 5 厘米,焊缝饱满,焊渣清理干净	卷尺及目测
3	施工缝清理	(1) 混凝土浇筑时有专人用钢丝刷及长柄小铲清理施工缝溢出的浮浆	专人监督
		(2) 施工缝处混凝土全面凿毛,钢丝网撕除干净	专人监督
		(3) 浇筑前用水冲洗干净	专人监督

3) 质量保证措施

(1) 根据图纸设计要求和试验结果,合理确定施工配合比。在原材料有变化及季节变化时,要及时调整配合比。

(2) 应根据该工程特点,合理控制出厂混凝土坍落度,以满足施工要求,并应随时与现场试验员联系做好生产过程中混凝土坍落度控制。

(3) 聚羧酸减水剂对集料的含泥量敏感,故砂石料进场后一定要堆放在干净的硬化场地上。

(4) 超大面积地下室混凝土每次浇筑量较大,浇筑时间较长,一旦供料不及时,混凝土容易产生冷缝,导致开裂渗水。必须保证混凝土浇筑的连续性。

(5) 提前准备好混凝土浇筑所需要的各类机具,如振动棒、平板振动器、磨光机等,并事先逐一调试，确保使用无碍。提前检查分配电箱、流动电箱、电线插座等电气设备的完好情况，以防断电、漏电跳闸等意外情况发生。

(6) 混凝土分层连续浇筑，浇筑厚度300～500毫米，采用二次振捣工艺；混凝土浇筑面及时进行二次抹压处理。

(7) 施工缝构造按照设计要求施工，竖向施工缝用快易收口网进行支挡。

(8) 在封仓前，清除施工缝处的杂物、混凝土浮浆、松散混凝土块和止水钢板上的混凝土浆体；若在施工缝周围存在孔洞、松散等不密实的混凝土部位，应将钢丝网和混凝土一起凿除，直至密实为止，然后清洗干净，浇水湿润，以保证新旧混凝土粘接牢靠。

(9) 混凝土面及时覆盖养护，保湿养护时间不少于14天，根据温度监测情况，及时调整保温养护措施。

(10) 合理制订温度、应力监控方案；及时进行数据采集与分析，发现数据异常，及时采取相应措施。

5.2.9 安全措施

1) 安全技术标准

《施工现场临时用电安全技术规范》(JGJ 46—2005)。

《建筑施工安全检查标准》(JGJ 59—2011)。

《建筑工程施工现场消防安全技术规范》(GB 50720—2011)。

《建筑施工扣件式钢管脚手架安全技术规范》(JGJ 130—2011)。

《施工现场机械设备检查技术规程》(JGJ 160—2008)。

《建筑施工模板安全技术规范》(JGJ 162—2008)。

《建筑机械使用安全技术规程》(JGJ 33—2012)。

2) 安全措施

(1) 建立施工现场安全生产管理体系，落实个人的安全管理职责和管理职能，建立安全生产技术措施制度、安全技术交底制度。

(2) 基坑周边必须设置防护栏杆，基础施工阶段施工人员上下必须设置专用通道。斜坡坡道的脚手板应钉防滑条，之字坡道的转弯处应搭设平台，平台应绑剪刀撑。坡道及平台必须绑两道护身栏杆和挡脚板。

(3) 加强洞口的安全防护措施，洞口边长在500毫米以下时，板配筋不要切断，用木板覆盖洞口并固定。墙面等处的竖向洞口，凡落地的洞口应加装开关式、工具式或固定式的防护门，门栅网格的间距不应大于15厘米，也可采用防护栏杆，下设挡脚板。下边沿至楼板或底面低于80厘米的窗台等竖向洞口，应加设1.2米高的临时护栏。

(4) 临时用电必须按部颁规范要求做施工方案，项目建立健全用电规章制度，临时配电线路必须按规范架设整齐，架空线必须采用绝缘导线，不得采用塑胶软线，不得成束架空敷设，也不得沿地面明敷设。

(5) 施工机具、车辆及人员,应与内、外电线路保持安全距离。达不到规范规定的最小距离时,必须采用可靠的防护措施。

(6) 安全防护用品进场必须提供出厂合格证、质量保证书和检测报告,符合国家有关标准才能发放使用,安全网进场后必须经检测实验合格后才能投入施工。

(7) 现场要有明显的防火宣传标志,定期组织防火检查,建立防火工作档案。电工、焊工从事电气设备安装和电、气焊切割作业,要有操作证和用火证。

(8) 施工材料的存放、保管,应符合防火安全要求,库房应用非燃材料支搭。易燃易爆物品,应专库储存,分类单独存放,保持通风,用火符合防火规定。

(9) 制订安全预警措施,针对大风、大雨、大雪和冰雹等恶劣天气,及时掌握天气和自然灾害预报情况,并提前发布预警信息,做好大型机械设备、临时设施和深基坑坍塌等安全防护工作。

5.2.10 环保措施

1) 执行标准

《建筑施工现场环境与卫生标准》(JGJ 146—2013)。

《建筑施工场界环境噪声排放标准》(GB 12523—2011)。

《建筑工程绿色施工评价标准》(GB/T 50640—2010)。

2) 环保措施

(1) 建立环境管理目标,创建良好的施工环境,营造绿色建筑。

(2) 应减少施工场地的占地,合理布置,做到标牌齐全、清楚,标示醒目,现场文明整洁。

(3) 施工现场要在施工前做好施工道路规划和设置,尽量利用设计中永久性的施工道路。路面及其余场地地面要硬化,闲置场地要绿化。

(4) 土方堆放采用彩塑布遮盖;施工垃圾使用封闭的专用垃圾道或采用容器吊运,严禁随意凌空抛散造成扬尘。施工垃圾要及时清运,清运前,要适量洒水减少扬尘。

(5) 易飞扬的细颗粒散体材料尽量安排库内存放。露天存放时要严密遮盖,运输和卸运时防止遗洒飞扬,以减少扬尘;施工现场要制订洒水降尘制度,配备专用洒水设备及指定专人负责,在易产生扬尘的季节,施工场地采取洒水降尘。

(6) 施工现场设置运输车辆清洗沉淀池。排放的废水要排入沉淀池内,经二次沉淀后,方可排入市政污水管线或回收用于洒水降尘。未经处理的泥浆水,严禁直接排入城市排水设施。

(7) 禁止将有毒有害废弃物用作土方回填,以免污染地下水和环境。

(8) 应选用低噪声或备有消声降噪设备的施工机械。施工现场的强噪声机械(如搅拌机、电锯、电刨和砂轮机等)应设置封闭的机械棚,以减少强噪声的扩散。

(9) 封闭降水,减小降水对周边的影响,合理使用基坑降水所抽取的水。

(10) 使用节能型照明器具,所有机械必须符合产品设计匹配电机。

5.2.11　效益分析

1) 经济效益

(1) 本工法采用“跳仓法”施工，相对于“后浇带”工艺，可节约工期，则周材租赁费、机械租赁费、井点降水费、人员工资及水电费等直接成本相应减少，对于超大面积地下室工程而言，每天投入以万元为单位，工期的节约带来的就是成本的减少。超大面积地下室工程如采用“跳仓法”，取消“后浇带”，相应地就节省了大量的人工清理费用。高性能、低收缩混凝土的研制降低了混凝土的成本，相比常规施工工艺，本工法带来的经济效益显著。

(2) 经济效益计算

- 采用“跳仓法”施工，工期节约 1 天，节约人员工资及机械租赁费用 2.8 万元；节约井点降水费用 240 元/(套 · 天)；
- 取消“后浇带”节点，每 10 米后浇带节约清理人工费 100 元；
- 每立方混凝土成本节约 15.73 元。

在超大面积、超长结构的工程中为减少混凝土裂缝，一般设计采用掺加适量的膨胀剂配制补偿收缩混凝土，而在本工法中通过研究混凝土的收缩性能，利用 SBTJM ®-PCA(Ⅰ)聚羧酸高效减水剂和大掺量粉煤灰的方法，降低混凝土收缩率，再结合施工养护等措施，同样达到了减少混凝土裂缝产生的效果。与传统方法对比，使用该工程的混凝土配合比却获得了巨大的经济效益，现对比如下。

原材料及价格见表 5-15。SBTJM ®-Ⅲ改进型(抗裂、防渗)混凝土高效增强剂，内掺 8%，减水率 18%。

表 5-15　原材料价格

原材料名称	水泥	砂	碎石	粉煤灰	SBTJM ®-PCA(Ⅰ)	SBTJM ®-Ⅲ
单价(元/吨)	325	68	89	165	4 200	1 500

通过对比分析，使用 SBTJM ®-PCA(Ⅰ)的 D1 组成本要比使用膨胀剂 SBTJM ®-Ⅲ的 D2 组每立方米要节约 15.73 元。配合比及单方混凝土成本见表 5-16。

表 5-16　配合比及单方混凝土成本

编号	外加剂名称	配合比(千克/米^3)	混凝土成本(元/米^3)
		W : C : S : G : 粉煤灰 : 外加剂	
D1	SBTJM ®-PCA(Ⅰ)	160 : 240 : 708 : 1 170 : 115 : 3.9	265.63
D2	SBTJM ®-Ⅲ	176 : 280 : 760 : 1 106 : 50 : 28	281.36

2) 社会效益和环保效益

(1) 保证质量：通过工程实践和检测试验表明，对于工程质量，本工法有效地控制住“有害裂缝”的产生，相比同期采用“后浇带”法施工的类似工程，裂缝数量显著减少，因“后浇带”

带来的质量通病顺势消除。

(2) 缩短工期:相比通常的“后浇带”做法,对于“体量大、工期紧、要求高”的重点工程、形象工程,采用本工法施工,可以直接有效地缩短工期。

(3) 社会效益:采用本工法,能保证工程质量、安全,同时缩短了工期,降低工程成本,提升施工企业的品牌形象和社会影响;通过对现场实际检测数据的进一步整理和分析,以判断施工方法的合理性,总结经验,为以后类似工程的施工设计提供借鉴,社会效益显著。

(4) 环保效益:本工法采用绿色施工,管井利用专利技术“地下深井封堵盖板系统”进行带压封堵,封堵方法有效便捷,获得了良好的降压止水效果,保证了周边建筑物的安全,绿色环保。

5.2.12 应用情况

泰州市金融服务区建筑群工程体量大,单层面积大,结构长,原设计设置多道“后浇带”。该工程 2013 年 10 月开始施工,为保证混凝土结构的施工质量和工期,采用“跳仓法”工艺,分仓布置图见图 5-13。

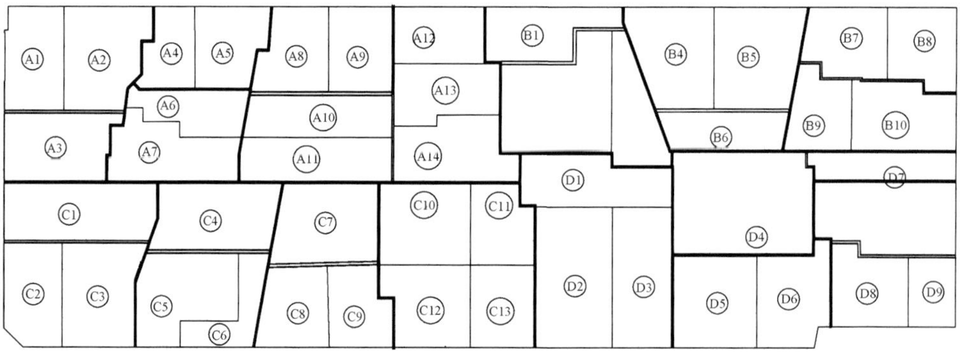

图 5-13 泰州市金融服务区建筑群地下室底板分仓示意图

(1) 该工程混凝土主要采用 C35P8、C40P8、C45P8,水泥选用普通硅酸盐水泥,水胶比控制在 0.45 左右;粉煤灰采用Ⅱ级灰,外加剂采用聚羧酸系高效减水剂。

(2) 在混凝土施工期间,进行了混凝土的温度及应力测试,该工程混凝土温度应力监测采用无线自动数据采集的方法,利用公网无线通信(GPRS)进行远程数据测量和采集。主要设备为振弦式钢筋应力计(带测温)及 RT-2 型电阻温度计,SWN-101 型智能测量单元。

(3) 效益

通过工程实践和检测试验表明,在质量方面,本工法有效地控制住“有害裂缝”的产生,基本杜绝渗水现象。

经济效益方面,与传统“后浇带”工艺相对比,工期节约近 42 天,节约人员工资及机械租赁费用 117.6 万元;节约井点降水费用 48.38 万元;取消原图纸设计的“后浇带”7 200 米,节约人工清理费用约 7.2 万元;利用 SBTJM ®-PCA(Ⅰ)聚羧酸高效减水剂和大掺量粉煤灰的方法，研制高性能低收缩混凝土，该工程共浇筑混凝土 192 100 米^3，混凝土成本节约 302.17 万元；合计节约工程成本约 475.35 万元，经济效益显著。社会效益方面，该工程是泰州至今为止规模最大的地下工程，在保证混凝土结构质量的前提下，加快了工程的进度，使得该工程能够按计划完成，得到各方好评。同时，通过该项目的施工，总结经验，为以后类似工程的施工设计提供借鉴。

5.3　超大面积地下室大体积混凝土温度应力检测技术

5.3.1　工程概述

泰州市金融服务区地下室整体及配套工程在混凝土施工阶段(图 5-14)需进行温度检测。该工程地下共二层，总建筑面积 186 833 米^2，其中，地下二层建筑面积为 92 963 米^2(含人防)，地下一层建筑面积为 91 776 米^2，地下一层夹层(仅部分单体有)建筑面积 2 094 米^2。

图 5-14　泰州市金融服务区地下室整体施工阶段实景

金融服务区工程地上部分各单体结构形式包含钢筋混凝土框架、钢筋混凝土框架-剪力墙、钢筋混凝土框架-核心筒、型钢混凝土框架-核心筒、钢管混凝土钢梁-核心筒结构等形式，与上部结构对应的地下室部分结构形式与上部相同，其他地下室部分采用钢筋混凝土框架结构。

5.3.2　温度监控的目的与意义

(1) 对现浇大体积混凝土温度进行监测，发现混凝土温度异常时，可以及时通知施工人员采取措施。

(2) 将现场实际监测数据与施工方案中理论预测值相比较，以判断施工方案的合理性。

(3) 通过对现场实际监测数据的进一步整理和分析，总结经验，为以后类似工程的施工设计提供借鉴。

5.3.3 温度监测方案的依据

泰州市金融服务区地下室结构设计说明；

泰州市金融服务区地下室结构平面施工图；

泰州市金融服务区地下室结构底板大样施工图；

《大体积混凝土施工规范》(GB 50496—2009)；

大体积混凝土温度监测研究合同的相关规定。

5.3.4 检测内容

该工程为超大面积地下室混凝土结构，可供借鉴的工程实例还不多，因此布设的检测方案应能全面、准确地反映施工实际情况，经综合考虑多方因素确定了检测方案，具体内容如下：

(1) 地下室底板检测

地下室底板钢筋应力检测；

地下室底板混凝土温度检测。

(2) 地下室外墙检测

地下室外墙钢筋应力检测；

地下室外墙混凝土温度检测。

(3) 地下室顶板检测

地下室顶板钢筋应力检测；

地下室顶板混凝土温度检测。

5.3.5 检测方法原理

(1) 地下室底板、外墙、顶板钢筋温度应力检测

采用钢筋应力计来测试混凝土应力。把钢筋应力计预先安装在地下室底板、地下连续墙、顶板钢筋笼的指定位置上，以监测底板、墙体和顶板各部位所受的应力。安装时，拧下钢筋应力计两头的拉杆，在对焊机上与短钢筋(作为钢筋应力计与钢筋笼连接固定的媒介)对焊，然后将钢筋应力计按设计标高、顺序逐个与拉杆拧紧，点焊短钢筋使钢筋应力计固定在钢筋笼上。测试时，按预先标定的率定曲线，即可根据钢筋应力计频率推算出墙体所受的内力。计算公式：

$$\sigma_s = K(F_0^2 - F_x^2)/S$$

式中，K 为率定系数(千牛/赫兹^2)；F_0 为应力计初始频率(赫兹)；F_x 为应力计测试频率(赫兹)；σ_s 为实测钢筋计的应力；S 为应力计截面积(米^2)。

再根据混凝土应变与钢筋应变相同(即 $\varepsilon_s=\varepsilon_c$)的原则换算成混凝土内的应力：

$$\sigma_c=\sigma_s \cdot E_c/E_s$$

式中，σ_c 为混凝土内应力；E_c 和 E_s 分别为混凝土和钢筋的弹性模量。应力符号规定：正应力为拉应力，负应力为压应力。E_c 的确定方法是，依据混凝土公司所提供的混凝土各龄期的标准养护强度(表 5-17)，通过查阅相关文件的公式并参照有关文献的计算方法，可以推算出该混凝土各龄期的弹性模量 E_c。

表 5-17　混凝土各龄期的标准养护强度表

强度等级	强度类型	3 天	7 天	28 天	60 天
C35	抗压	21.1	32.6	39.5	43.1
C35	抗拉	2.01	3.59	4.16	5.17

28 天混凝土的弹性模量与抗压强度的关系如下式所示：

$$E_c=\frac{1\times10^5}{2.2+\dfrac{34.7}{f_{cu,k}}}$$

式中，E_c 为混凝土 28 天的弹性模量(兆帕)；$f_{cu,k}$为 28 天混凝土的立方体抗压强度(兆帕)。计算得：

$$E_{c,28d}=3.248\times10^4\text{ 牛}/(\text{米}\cdot\text{米}^2)$$

再通过相关公式分别求得 3 天、7 天的弹性模量，参考文献所述 C40、C50 的弹性模量曲线拟合得到 C35 的弹性模量曲线(图 5-15)，C35 混凝土各龄期弹性模量推算值详见表 5-18。

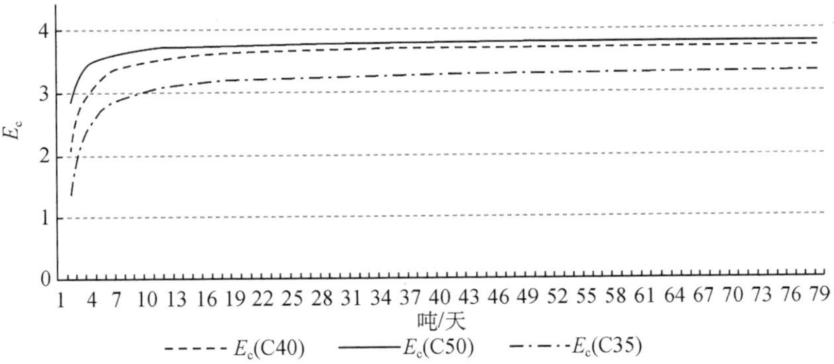

图 5-15　C35 的弹性模量曲线

表 5-18　C35 混凝土各龄期弹性模量推算值

龄期	3 天	7 天	28 天	60 天
$E_c\times10^4$ 牛/(米·米^2)	2.485	2.950	3.248	3.305

（2）混凝土温度监测

在地下室底板、外墙、顶板内布置温度计，掌握它们的温度变化情况，以便于研究温度变化与混凝土应力变化的关系。测试采用 RT-2 型电阻温度计，随着埋设点处温度的变化，其内部的精密电阻值也随之发生相应变化，监测到的数据不需要换算。

（3）钢筋应力及混凝土温度数据无线监测

将钢筋预应计和温度计电缆连接到 SWN-101 型智能测量单元，并将此仪器放置在工地布点位置附近。在工地服务器上通过专业软件接收上述无线测量仪器发出的无线信号，获取钢筋应力及混凝土温度数据。

5.3.6 检测点布置及实施

1）监测点的布置

（1）B 区底板（标高为－19～－17 米）钢筋应力监测

在标高为－19 米到－17 米板的上部、中部、下部分别按图 5-16 布置 CT001D（上，中，下）、CT002D（上，中，下）、CT003D（上，中，下）和 KB001D（上，中，下）共计 12 个监测点，均匀分布。为保证重点监测点的有效性，在中部设置备用监测点。将同一高度各应力计电缆线均延伸至 KB001D 位置，然后再往上部延伸，并接入基坑旁的无线检测仪中，具体传感器连线走向见图 5-17。

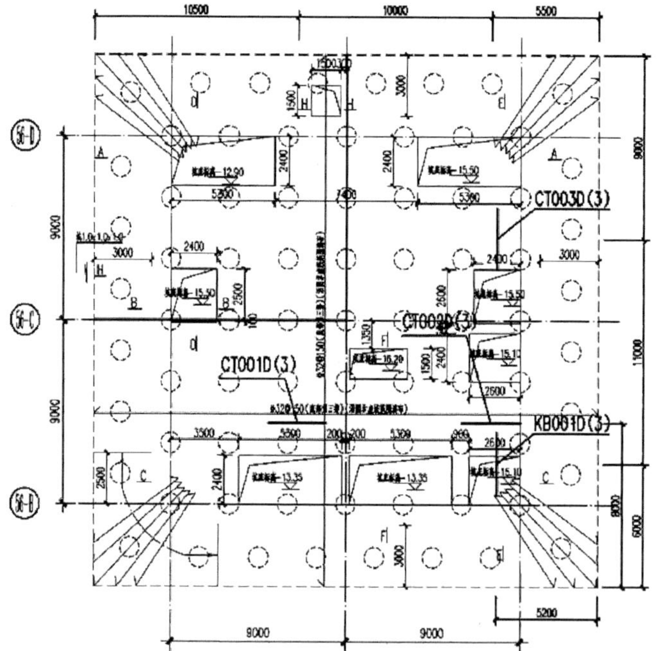

图 5-16　B 区底板（标高为－19～－17 米）钢筋应力监测点布置图

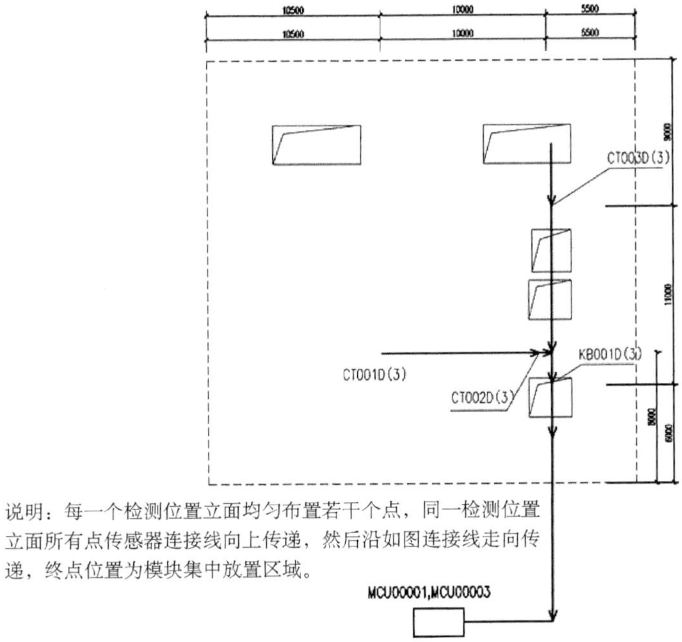

图 5-17　B 区底板(标高为－19～－17 米)传感器电缆路线图

(2) B 区底板(标高为－17～－11 米)钢筋应力检测

在标高为－17 米到－11 米板东西方向轴线㉟～㊶之间按图 5-18 由西向东依次布置 PTB001(5)、PTB002(3)、CT001(9)和 CT002(7)，南北方向轴线Ⓠ～Ⓥ之间按图 5-18 由南向北依次布置 PTB003(3)、PTB004(5)、KB001(3)和 CT003(9)共计 44 个监测点。各位置应力计按图 5-19 和图 5-20 布置，各传感器电缆线于同一位置往上延伸至顶部，并按图5-21所示

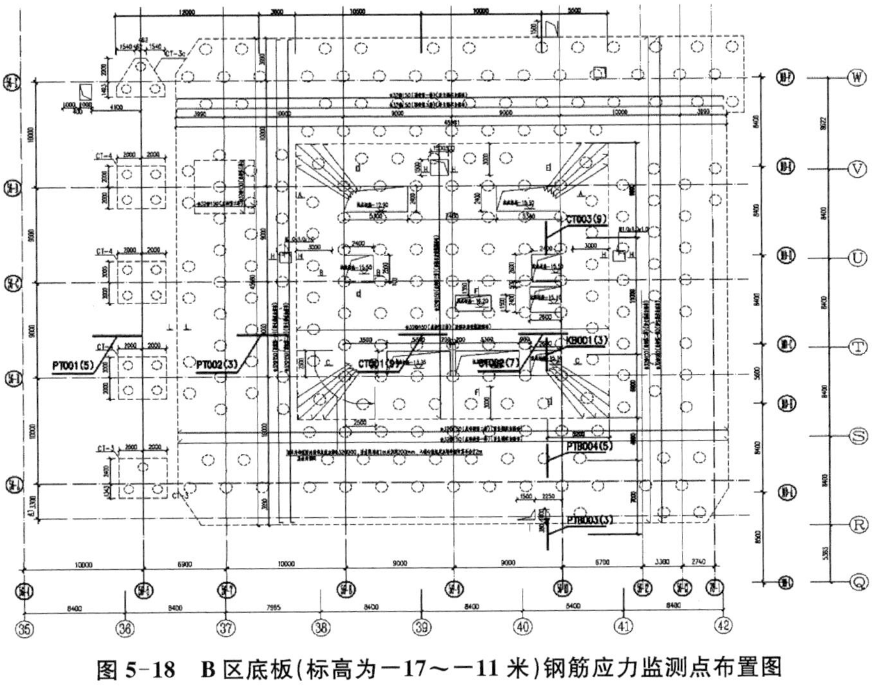

图 5-18　B 区底板(标高为－17～－11 米)钢筋应力监测点布置图

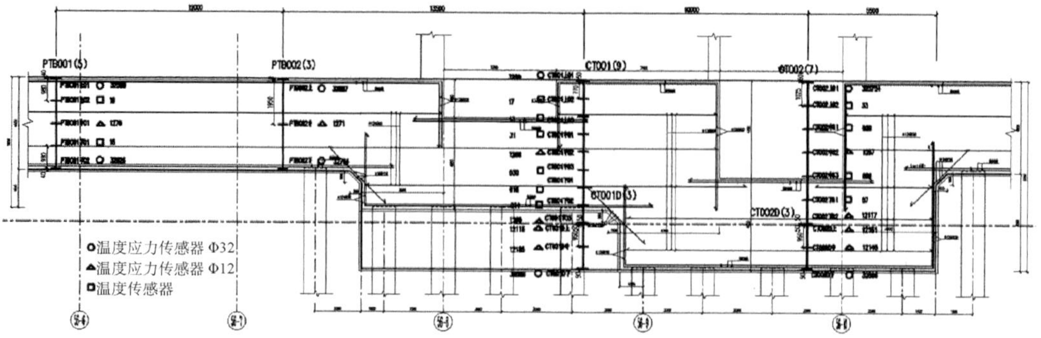

图 5-19　B 区底板东西方向截面钢筋应力监测点应力计定位图

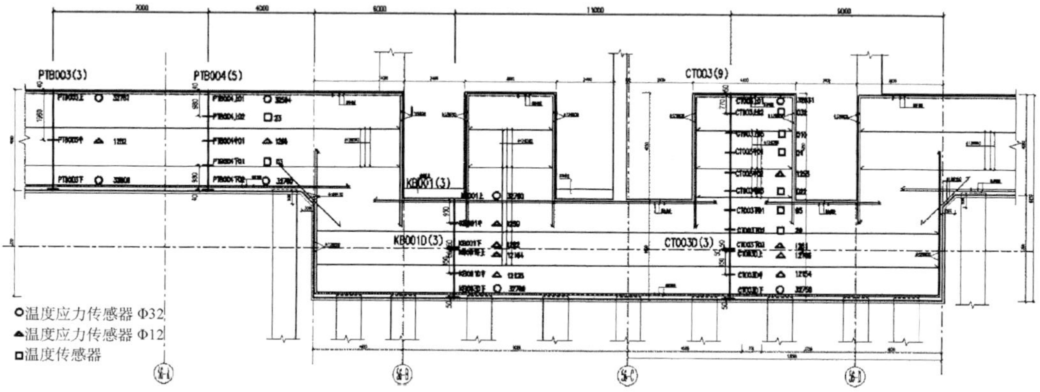

图 5-20　B 区底板南北方向截面钢筋应力监测点应力计定位图

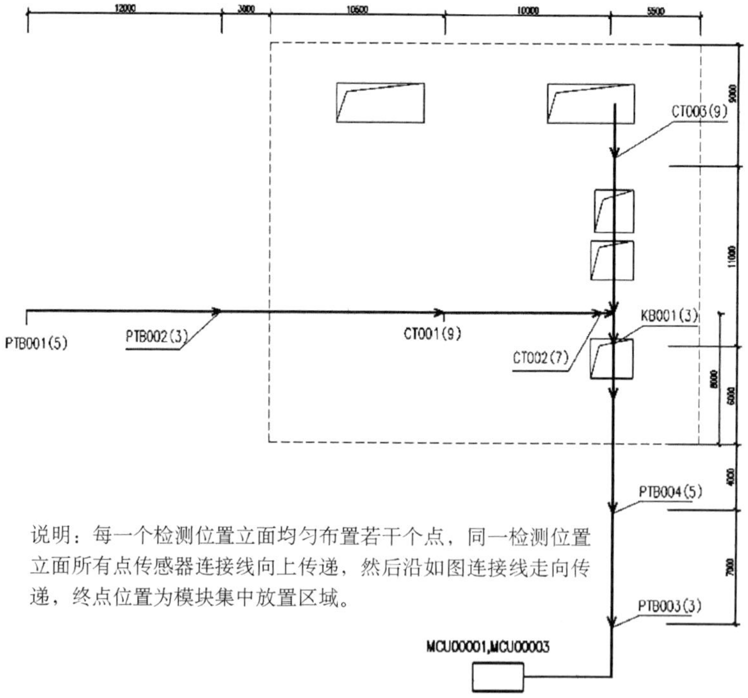

图 5-21　B 区底板(标高为－17～－11 米)传感器电缆路线图

线路走向将电缆线接到无线检测仪中，浇筑前将电缆线整理并沿钢筋理顺至仪器处，以免振捣混凝土时电缆线被破坏，影响数据采集。

(3) C 区底板钢筋应力监测

在东西方向轴线⑳～㉖之间图 5-22 由西向东依次布置 PTB2001(3)、CT2001(7)、PTB2002(3)、CT2002(7)和 KB2001(3)，在南北方向轴线Ⓗ～Ⓙ之间由南向北依次布置 KB2002(3)、CT2003(7)、PTB2003(3)，共计 36 个监测点。各位置应力计按图 5-23 和图 5-24 布置，各传感器电缆线同一位置往上延伸至顶部，并按图 5-25 所示线路走向将电缆线接到无线检测仪中，浇筑前将电缆线沿钢筋顺延至仪器处，以免振捣混凝土时电缆线被破坏，影响数据采集。

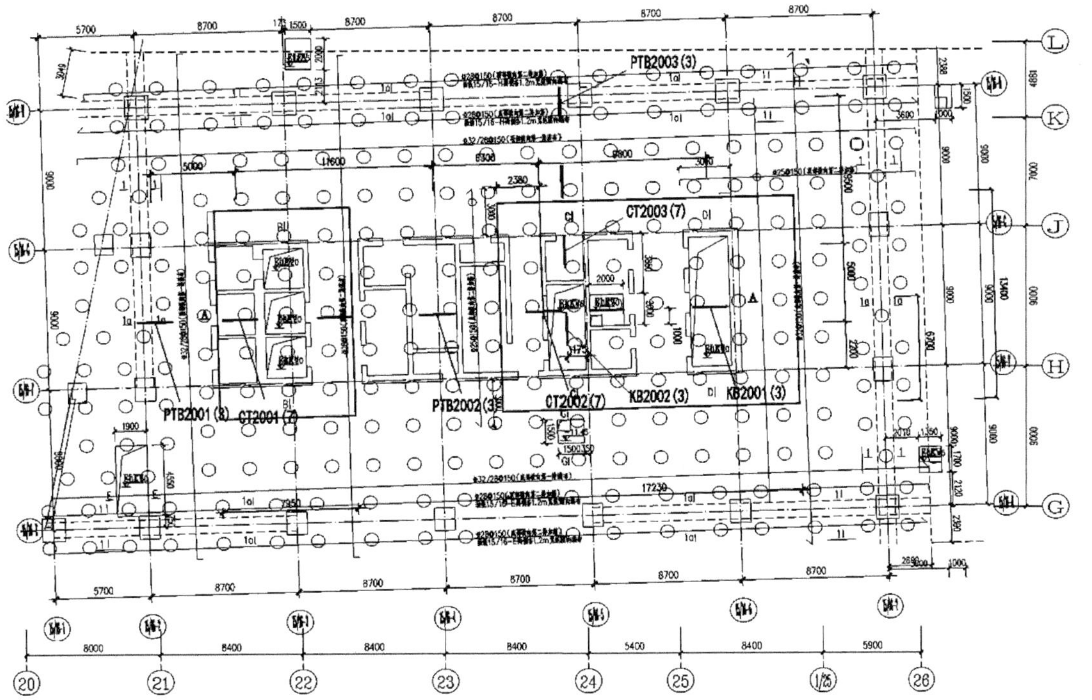

图 5-22　C 区底板钢筋应力监测点布置图

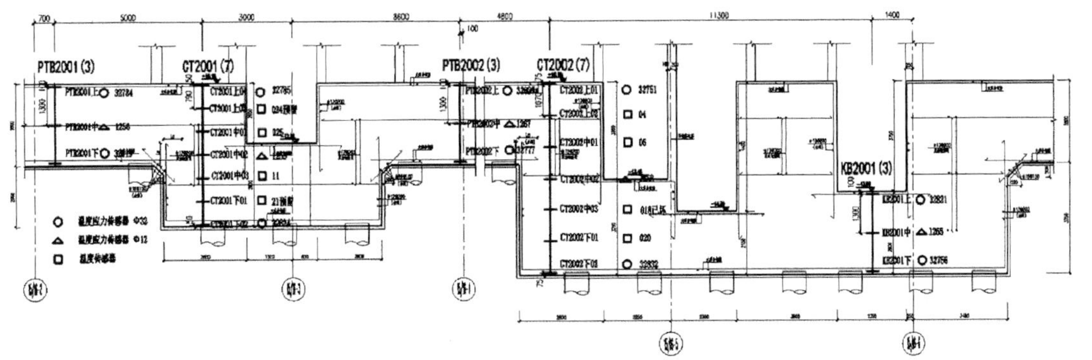

图 5-23　C 区底板东西方向钢筋应力监测点应力计定位图

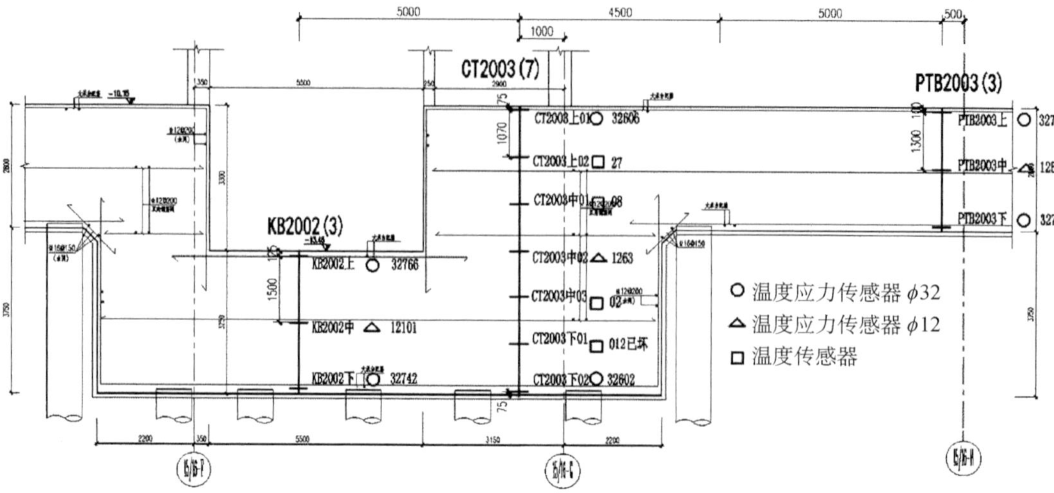

图 5-24　C 区底板南北方向钢筋应力监测点应力计定位图

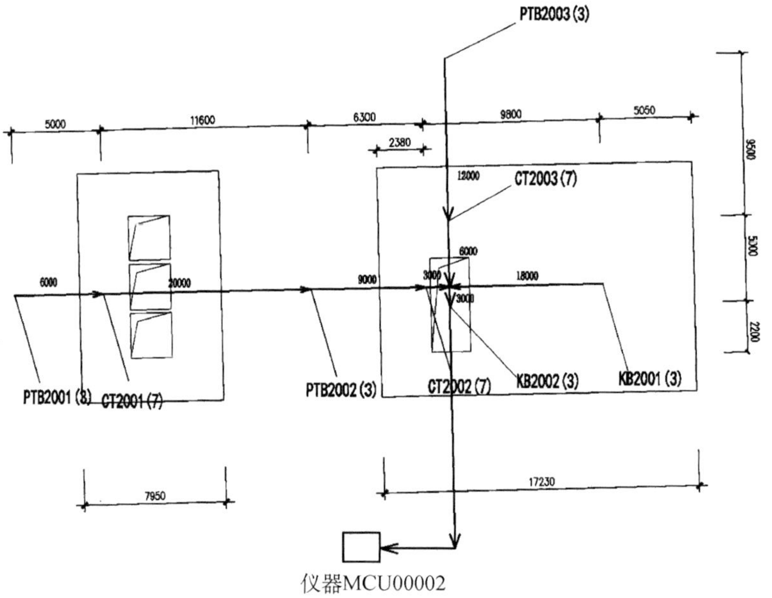

图 5-25　C 区底板传感器电缆路线图

(4) B 区负二层外墙钢筋应力监测

在地下负二层轴间外墙内外侧按图 5-26 布设 F2CQ 001(L、R)～F2CQ004(L、R)共计 12 个监测点,均匀布置。各传感器电缆线同一位置网上延伸至顶部。

(5) B 区顶板钢筋应力监测

在 B 区顶板东西方向轴线㊲～㊶之间按图 5-27 布置 DB001(2)、DB002(2)、DB003(2)和 DB004(2),南北方向轴线Ⓢ～Ⓤ之间布置 DB005(2)、DB006(2)、DB007(2),共计 14 个监测点,如图 5-28 所示,均匀布置。各传感器电缆线同一位置往上延伸至顶部,并向南连接到仪器中。

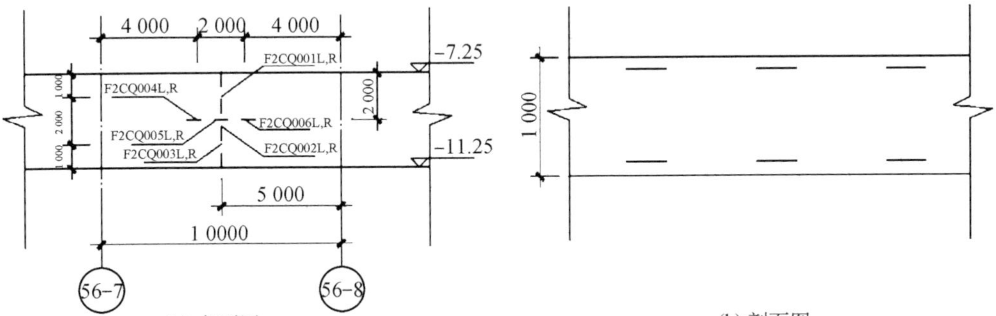

(a) 立面图　　(b) 剖面图

图 5-26　B 区负二层外墙钢筋应力监测点布置图

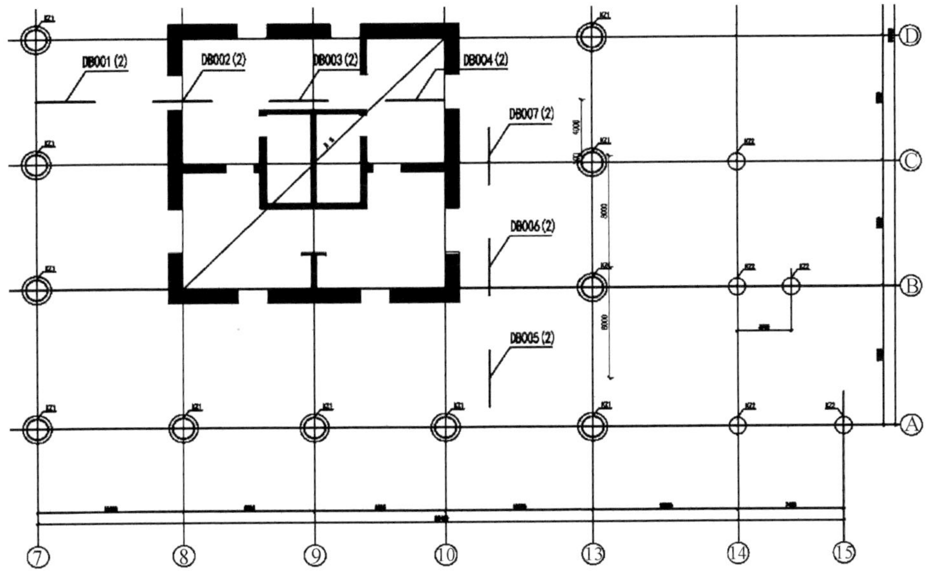

图 5-27　B 区顶板钢筋应力监测点布置图

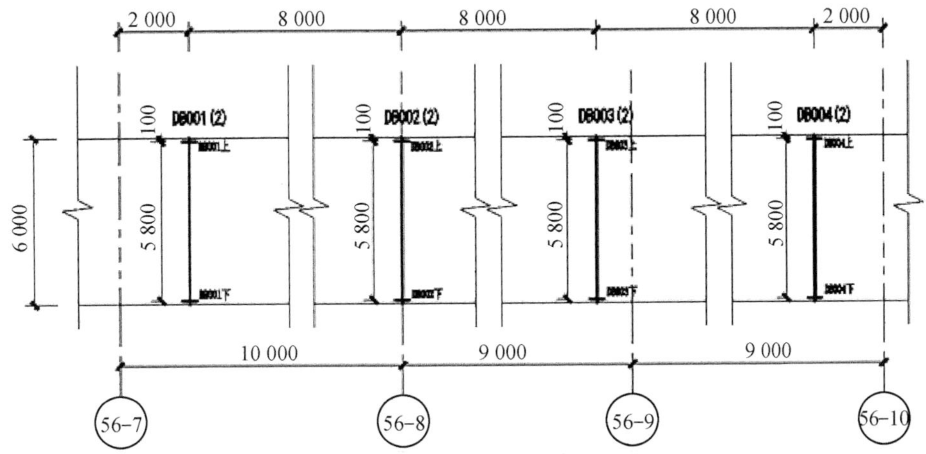

顶板横向布点图

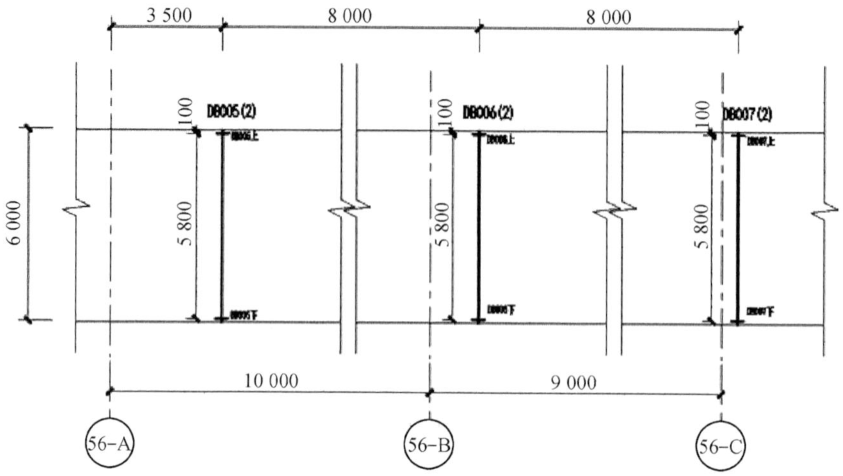

顶板纵向布点图

图 5-28　B 区顶板钢筋应力监测点应力计定位图

2）检测方案的实施及时间节点

（1）B 区底板（标高为－19～－17 米）中监测元件的埋设

B 区底板（标高为－19～－17 米），板厚 2 000 毫米，26 000 毫米×26 000 毫米（长×宽）。埋设振弦式钢筋应力计。监测元件的埋设时间详见表 5-19。

表 5-19　B 区底板（标高为－19 米到－17 米）中监测元件的埋设时间表

位置	下部	中部	上部
埋设时间	下部钢筋绑扎完成后	上部钢筋绑扎完成后	上部钢筋绑扎完成后
监测点编号	CT001D 下、CT001D 下、CT003D 下、KB001D 下	CT001D 中、CT001D 中、CT003D 中、KB001D 中	CT001D 上、CT001D 上、CT003D 上、KB001D 上

（2）B 区底板（标高为－17～－11 米）中监测元件的埋设

B 区底板（标高为－17～－11 米），底板最厚 6 250 毫米，最薄 2 250 毫米。埋设振弦式钢筋应力计及温度计。监测元件的埋设时间详见表 5-20。

表 5-20　B 区底板（标高为－17～－11 米）中监测元件的埋设时间表

位置	下部	中部	上部
埋设时间	下部钢筋绑扎完成后	上部钢筋绑扎完成后	上部钢筋绑扎完成后
监测点编号	CT001 下 03、CT001 下 02、CT001 下 01、CT002 下 02、CT002 下 01、CT003 下 03、CT003 下 02、CT003 下 01、KB001 下、KB001 中、KB001 上	PT001 下 02、PT001 下 01、PT001 中 01、PT002 下、PT002 中、CT001 中 03、CT001 中 02、CT001 中 01、CT002 中 03、CT002 中 02、CT002 中 01、PT003 下、PT003 中、PT002 下 02、PT002 下 01、PT002 中 01、CT003 中 03、CT003 中 02、CT003 中 01	PT001 上 02、PT001 上 01、PT002 上、CT001 上 03、CT001 上 02、CT001 上 01、CT002 上 02、CT002 上 01、PT003 上、PT002 上 02、PT002 上 01、CT003 上 03、CT003 上 02、CT003 上 01

(3) C区底板中监测元件的埋设

C区底板最厚6 550毫米，最薄2 800毫米。埋设振弦式钢筋应力计及温度计。监测元件的埋设时间详见表5-21。

表5-21　C区底板中监测元件的埋设时间表

位置	下部	中部	上部
埋设时间	下部钢筋绑扎完成后	上部钢筋绑扎完成后	上部钢筋绑扎完成后
监测点编号	CT2001下02、CT2001下01、KB2001下、KB2001中、CT2003下02、CT2003下01、KB001下、KB2002下、KB2002中	PTB2001下、CT2001下02、CT2001下01、CT001中03、PT2002下、CT2002中03、CT2002中02、CT2002中01、KB2001上、KB2002上、CT2003中03、CT2003中02、CT2003中01、PTB2003	PTB2001中、PTB2001上、CT2001上02、CT2001上01、CT001中03、PT2002中、PT2002上、CT2002上02、CT2002上01、CT2003上02、CT2003上01、PTB2003中、PTB2003上

(4) B区负二层外墙中监测元件的埋设

地下负二层外墙厚1 000毫米。埋设振弦式钢筋应力计。监测元件的埋设时间详见表5-22。

表5-22　B区负二层外墙中监测元件的埋设时间表

位置	左部	右部
埋设时间	纵向钢筋绑扎完成后	纵向钢筋绑扎完成后
监测点编号	F2CQ 001(L)～F2CQ 006(L)	F2CQ 001(R)～F2CQ 006(R)

(5) B区负一层外墙中监测元件的埋设

地下负一层外墙厚1 000毫米。埋设振弦式钢筋应力计。监测元件的埋设时间详见表5-23。

表5-23　B区负一层外墙中监测元件的埋设时间表

位置	左部	右部
埋设时间	纵向钢筋绑扎完成后	纵向钢筋绑扎完成后
监测点编号	F2CQ 001(L)～F2CQ 008(L)	F2CQ 001(R)～F2CQ 008(R)

(6) B区顶板中监测元件的埋设

B区顶板厚度为600毫米。埋设振弦式钢筋应力计。监测元件的埋设时间详见表5-24。

表5-24　B区顶板中监测元件的埋设时间表

位置	下部	中部	上部
埋设时间	下部钢筋绑扎完成后	上部钢筋绑扎完成后	上部钢筋绑扎完成后
监测点编号	DB001下、DB 001下、DB 003下、DB001下	DB 001D中、DB 001中、DB 003中、DB 001中	DB 001上、DB 001上、DB 003上、KB001上

3) 监测点实际布设数量

泰州市金融服务区地下室B区和C区监测点设计点数为124个，为防止操作过程中发生意外，设置了6个备用监测点，共计布设130个监测点(表5-25)。

表 5-25 监测点实际布设数量

序号	监测内容	设计监测点数	备用监测点数	小计
1	B区底板(标高为−19米到−17米)	12	0	12
2	B区底板(标高为−15米到−11米)	40	4	44
3	C区底板中监测元件的埋设	34	2	36
4	B区负二层外墙中监测元件的埋设	12	0	12
5	B区负一层外墙	12	0	12
6	B区顶板中	14	0	14
合计		124	6	130

4) 监测项目的监测频率

在混凝土浇筑后第1～3天,每4小时采集数据一次;第4～10天,每8小时采集数据一次;第10天以后,每12小时采集数据一次,直到第28天。

5) 测试主要仪器设备

该工程测试主要仪器为:振弦式钢筋应力计(带测温)及温度计SWN-101型智能测量单元。远程监控系统拓扑结构如图5-29所示,SWN-01采集软件工作界面如图5-30所示,

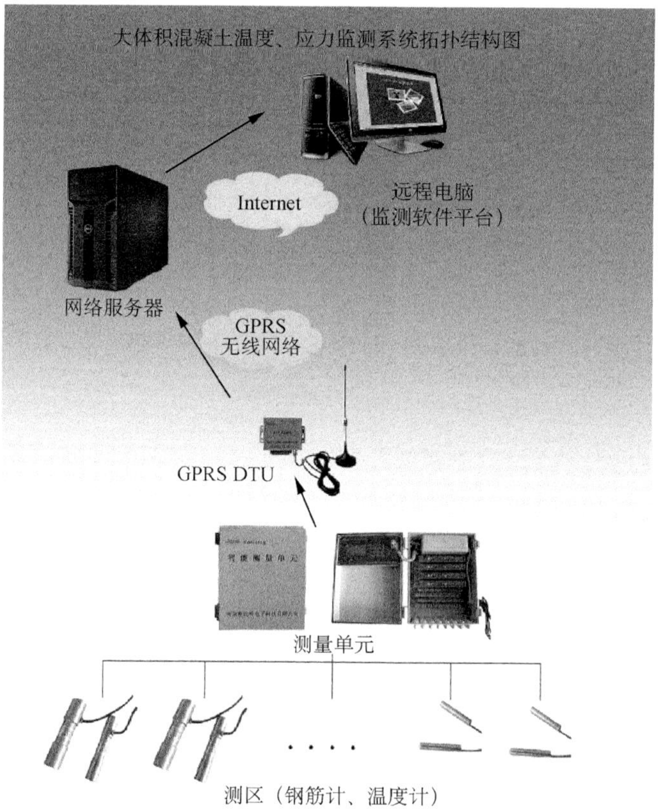

图 5-29 远程监控系统拓扑结构

振弦式钢筋应力计(带测温)详见图 5-31。测试所采用的 RT-2 型电阻温度计详见图 5-32，施工现场已经通过电缆线连上传感器的 SWN-101 型智能测量单元(图 5-33)，顺着钢筋铺设的电缆线(图 5-34)，从而顺利完成监测工作。

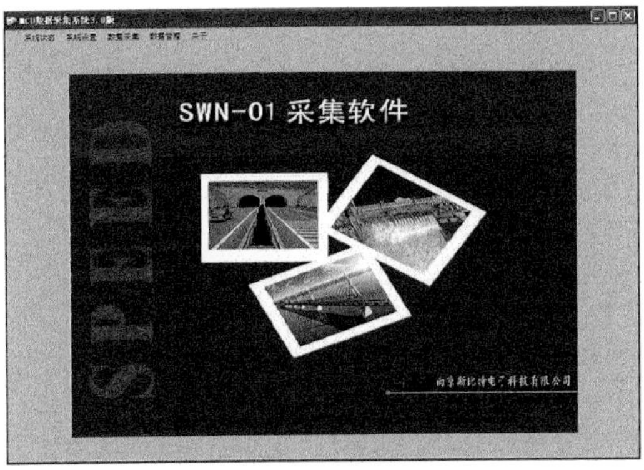

图 5-30　SWN-01 采集软件工作界面

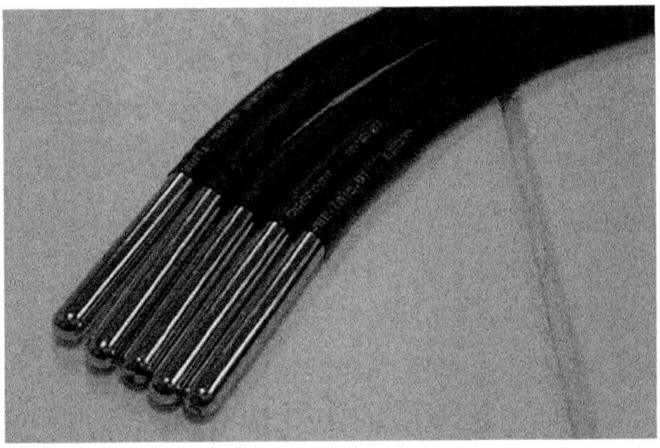

图 5-32　RT-2 型电阻温度计

图 5-31　振弦式钢筋应力计(带测温)

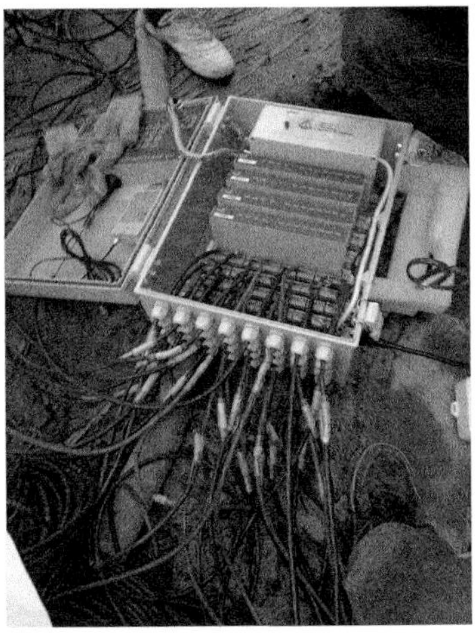

图 5-33　连接型智能测量单元

图 5-34　顺着钢筋铺设的电缆线

5.3.7　检测成果分析与总结

通过对泰州市金融服务区地下室施工全过程的温度检测，获得地下室底板和外墙各部位的检测数据，主要包括：地下室负一层及负二层底板混凝土温度应力、地下室负一层及负二层底板混凝土温度变化情况、地下室外墙受力状况及地下室外墙混凝土温度变化情况等内容。经过研究分析，获得主要结论如下：

(1) 在温度变化过程中，各个测点的内外温度差都没有超过 25 摄氏度，说明其施工方式、采用的混凝土材料都达到了温度控制的要求以及裂缝控制的要求。

(2) 从温度曲线图可以看出，所测得的点的温度变化总体趋势是一致的，总体趋势大体为先增长后减小。在测温时的 2～3 天内到达峰值，混凝土前三天温度变化梯度合理，符合规范要求，之后随着水泥水化热反应结束以及热量的不断散失，曲线开始回落，大体积混凝土逐渐完成了由升温阶段到降温阶段的过渡。

(3) 测点温度的变化也与测点的位置、外界环境的影响大小等原因有关。另外，所测得温度中有个别数据本身可能存在着较大的突变误差。从温度曲线图可以看出，外侧温度曲线变化较大，说明外侧温度受外界环境影响较大，呈现波动性；而中心位置或者负二层底板的中下部受外界环境影响较小，曲线也更为平稳，主要原因在于内外温差和气温成反向变化，白天温度较高时，内表温差小，而晚上气温低时，内表温差大。所以，考虑昼夜温差等影响，在施工过程中底板上部应做好保温养护措施。

(4) 获得底板及外墙 60 天最大应力统计数据(表 5-26)，底板及外墙 60 天混凝土最大应力范围在：+4.71 兆帕～−3.89 兆帕，没有超出混凝土的极限拉应力，不会出现裂缝，达到了采用跳仓法施工的目的。

表 5-26 泰州市金融服务区地下室底板及外墙 60 天最大应力统计表

构件类型	构件位置	构件名称		应力/兆帕	出现时间
板	负二层板(上部)60 天最大应力	CT001D-12 115	拉	+3.26	6 天
			压	−2.60	58 天
	负二层板(下部)60 天最大应力	CT001D-32 598	拉	+0.25	3 天
			压	−3.51	12 天
	负一层板(上部)60 天最大应力	PTB002-32597	拉	+0.83	3 天
			压	−3.13	53 天
	负一层板(下部)60 天最大应力	PTB002-32764	拉	+0.25	2 天
			压	−3.89	27 天
外墙	负二层墙(外部)60 天最大应力	F2CQ001-16348	拉	0.00	0 天
			压	−3.70	21 天
	负二层墙(里部)60 天最大应力	F2CQ003-16292	拉	0.00	0 天
			压	−3.23	60 天
	负一层墙(外部)60 天最大应力	F1CQ001-16353	拉	4.71	21 天
			压	−2.68	6 天
	负一层墙(里部)60 天最大应力	F1CQ003-16266	拉	0.00	0 天
			压	−2.57	10 天

(5) 对比中心与边缘的温度发现，越接近中心位置的温度由于水化热的消散速度较慢，温度相对于边缘位置越高，结构断面厚度越大，这种现象越为明显，所以中心位置所受到的温度应力以及产生有害裂缝的可能性也较为大一些。在类似大体积混凝土工程中，可以采用水泥裹沙的工艺，降低水泥的用量，降低水化热，或采用低水化热水泥以降低温度差和干缩。对于更大型的混凝土工程，可以采取管冷的技术。

(6) 上层混凝土温度变化普遍不够规律，需增强保温养护措施，达到减少外界环境对于温度的影响。

5.4 超大面积地下室的机电专业 BIM 技术应用

泰州市金融服务区超大面积地下室的机电专业涉及公共面积和单幢楼宇的控制使用，需满足复杂的功能需求，管线布置错综复杂。因此在工程建设过程中应用建筑信息模型(BIM)技术，辅助机电专业的深化设计、管线综合和施工计划实施。

5.4.1 模型构建

对于泰州市金融服务区超大面积的地下室工程，首先构建建筑结构 BIM，然后构建机电管线模型，主要包括空调与供热通风系统、给水排水系统、强电弱电桥架系统、消防系统和燃气管线系统等城市生命线管线(图 5-35)，为工程实施奠定良好的基础。

图 5-35　泰州市金融服务区地下室机电管线 BIM

5.4.2 碰撞检测及三维管线综合

泰州市金融服务区建筑群地下室应用 BIM 软件自动检测管线与管线之间、管线与结构之间的冲突，包括实体模型占用同一空间的“硬碰撞”和影响安全、检修等功能的“软碰撞”。

基于 BIM 优化调整管线布局，完成设计阶段的管线综合。同时应解决空间布局合理，比如重力管线延程的合理排布以减少水头损失，超大面积地下室的公共机电系统管线与独幢楼宇的管道及设备的协调，通常需要重点考虑机房、管廊等复杂部位，还需要考虑重点机房等公共空间区域模型的深化设计，这些情况皆需在三维 BIM 管线综合过程中加以考虑。泰州市金融服务区地下室机电管线碰撞分析详见图 5-36 所述范例。

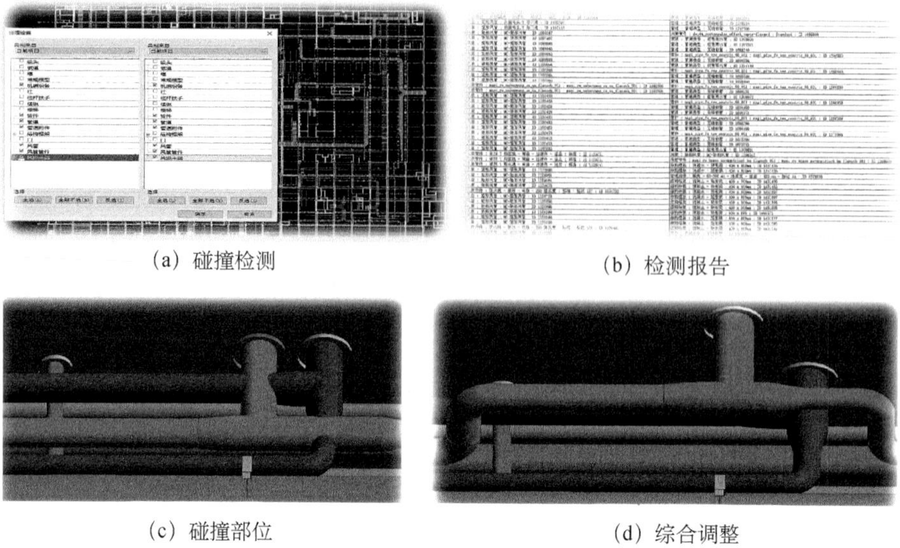

(a) 碰撞检测　(b) 检测报告

(c) 碰撞部位　(d) 综合调整

图 5-36　泰州市金融服务区地下室机电管线碰撞分析

5.4.3　BIM-4D 施工模拟及进度管理辅助

(1) BIM-4D 基本概念

泰州市金融服务区建筑群地下室的机电管线复杂程度高，施工过程中涉及多专业的协作，对各专业施工的先后顺序和空间位置的安排需“精细化”控制。在三维建筑信息几何模型的基础上，增加时间维，从而进行 4D 施工模拟。通过安排合理的施工顺序，在劳动力、机器设备、物资材料及资金消耗量最少的情况下，按规定的时间完成满足质量要求的工程任务。基于可视化的 4D 施工模拟及进度控制，识别出施工过程中潜在的交错、打架现象，分析分区、分块施工的可行性，进行小范围的工序变更和优化，实现施工进度控制。

(2) 支吊架 BIM 应用

以施工企业所首先关注的支吊架为例，基于 BIM 技术对支吊架选型、支吊架校核计算、支吊架预制等工作进行精确控制。如图 5-37 所示，泰州市金融服务区地下室负二层的公共区域支吊架 BIM 布置，据此综合考虑消防管线等其他管线的空间布置和施工顺序。

根据管道材质、尺寸、安装工艺以及安装条件的不同，选择合适的支吊架类型(图 5-38)并提供给现场项目人员，对实际工程支吊架的选型提供帮助。成品支吊架可以预先制作 BIM 的族，以供机电专业快速建模时使用，从而提高 BIM 建模效率。

所有支吊架选型后应进行校核计算(图 5-39)：在支吊架软件中，赋予支吊架管道重力荷载、水平荷载以及地震荷载予以计算支吊架吊杆、横担的强度，并与国标进行比对，生成支吊架强度计算报告。将优化设计完成的支吊架数据规整导出，进行工厂预制化加工，降低施工现场粉尘、噪声污染，节约施工场地，实现绿色施工和节能减排。

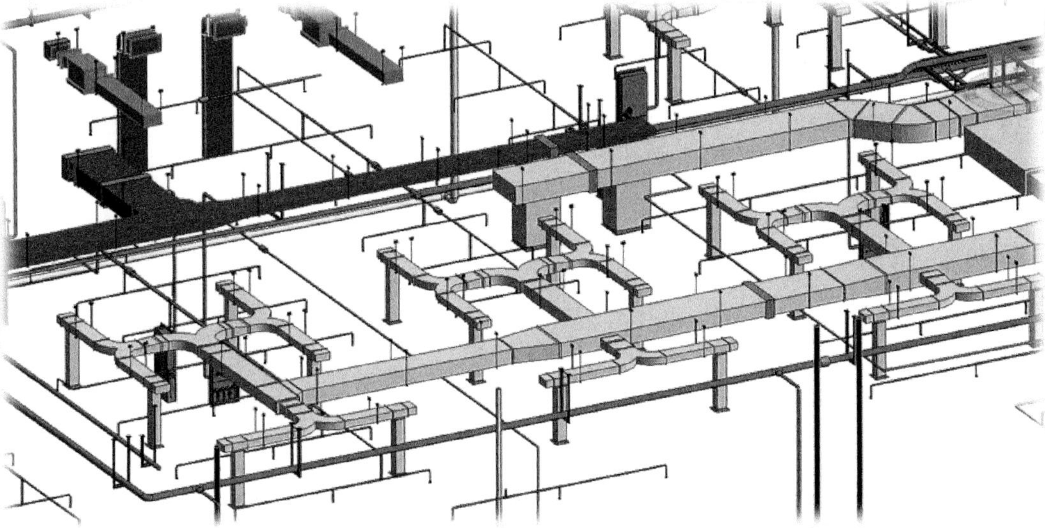

图 5-37 泰州市金融服务区地下室公共区域支吊架 BIM 布置

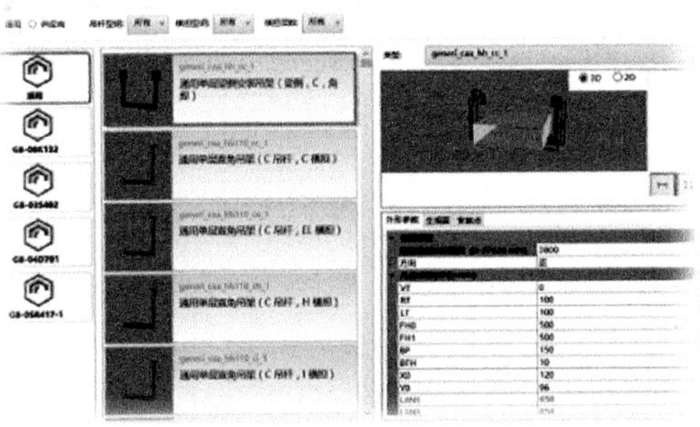

(a) 国标制作支吊架

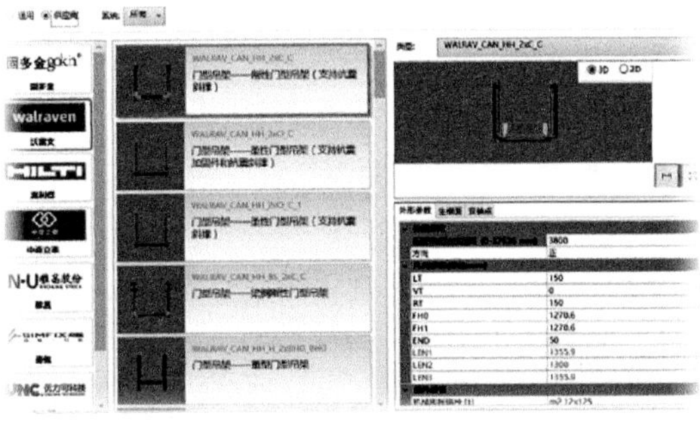

(b) 成品支吊架

图 5-38 支吊架类型

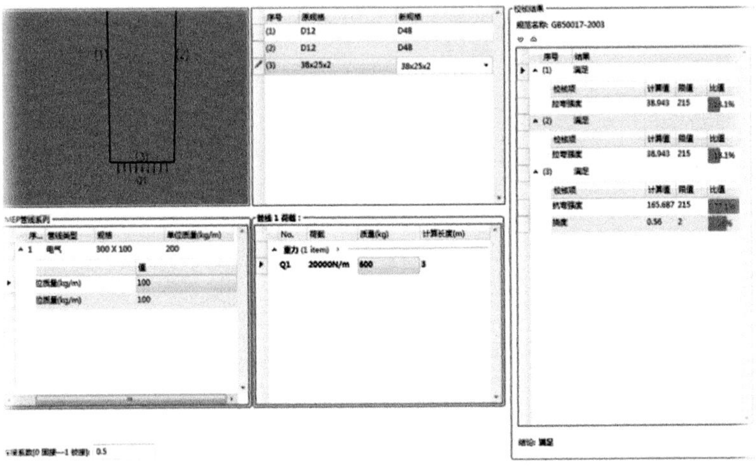

图 5-39 支吊架校核计算

对建好的 BIM 布置相关支吊架，统计生成支吊架详细材料清单（图 5-40），交付给相应厂家经校核无误后，对支吊架进行预制加工。

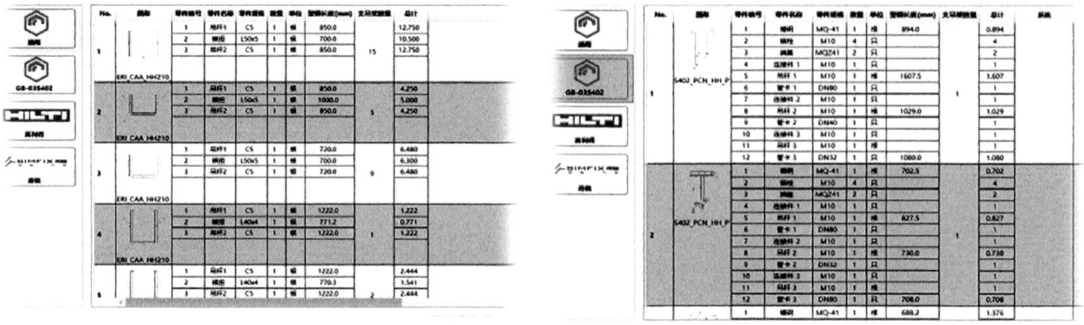

图 5-40　支吊架材料清单表（泰州金融范例）

（3）BIM-4D 施工模拟

以 BIM 模型为载体，关联相关的施工进度计划，将传统的施工进度计划转换为三维可视化，使建设单位、监理单位以及项目施工人员能更加直观地了解项目施工流程和项目资金、资源流动情况。机电专业 BIM-4D 施工进度模拟动画如图 5-41 所示。

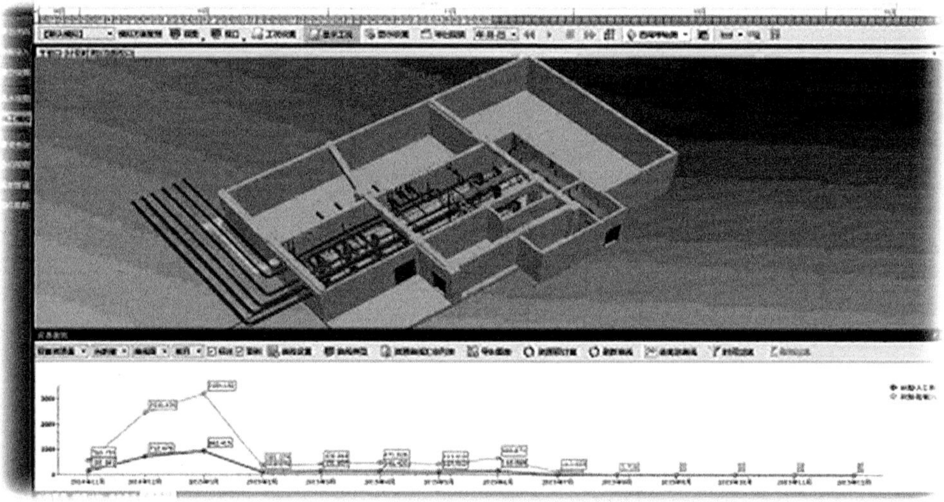

图 5-41　机电专业 BIM-4D 施工进度模拟动画

5.4.4　BIM＋VR 创新应用

利用 BIM＋VR 技术（图 5-42），将完整的 BIM 模型与 VR 相结合，使项目参建各方可以身临其境地了解施工单位的最终成果，加强了可视性、具象性和交互性，也让业主方更加容易理解施工方的意图，加深双方之间的互动理解，减少由于表达不当或理解错误造成的方案变更，让方案更快捷地通过审核，减少返工。

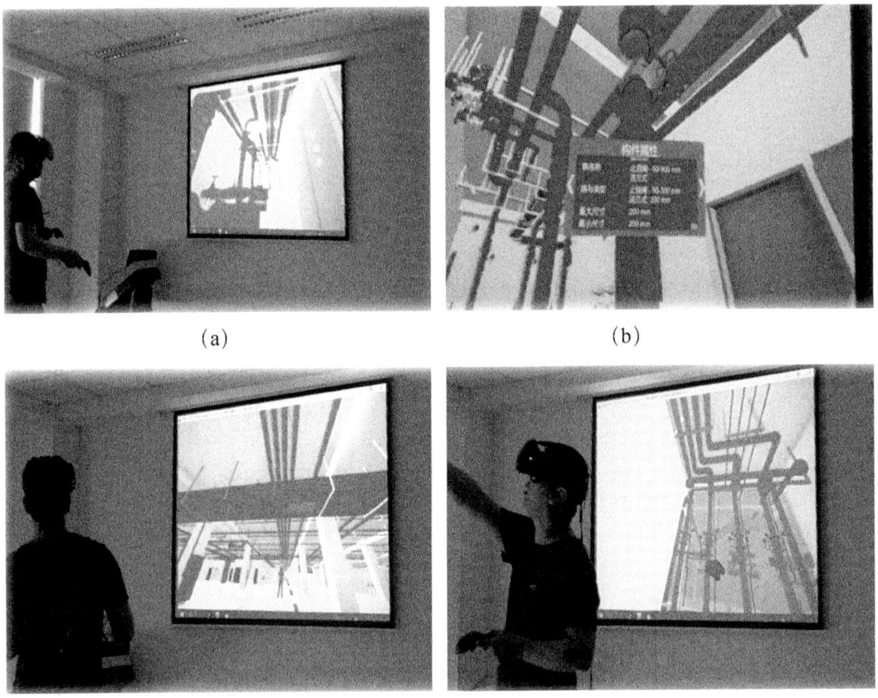

(a)　(b)　(c)　(d)

图 5-42　BIM+VR 创新应用

5.4.5　BIM-5D 施工进度成本管理

通过采用 BIM-5D 技术(图 5-43)，按流水段划分施工任务，采取多点同时施工的办法，有效地控制全线施工进度，同时进行信息的跟踪采集汇总，提高了项目部追踪了解施工进度的效率，缩短了工程施工周期，提高了工作效率。

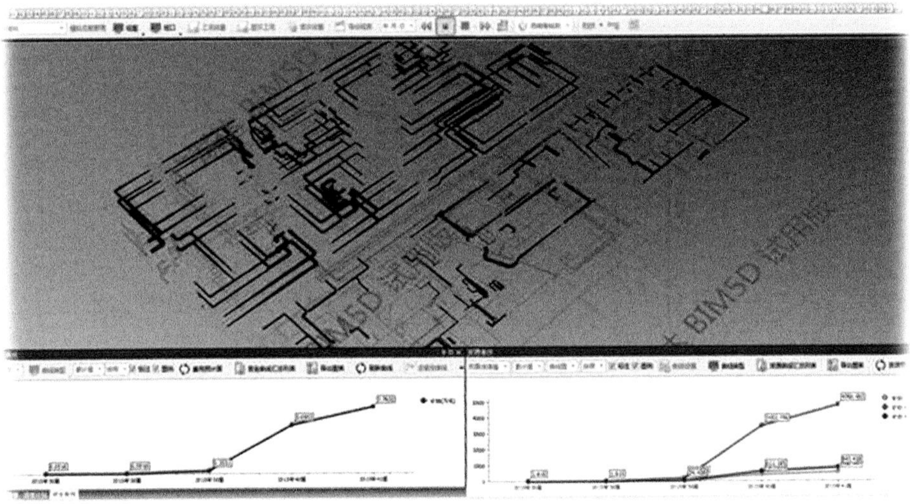

图 5-43　BIM-5D 进度控制

利用模型结合相关的施工进度，有效安排物资采购供应计划，按需分发流水段的施工物资，针对重点构件进行工序级的实测实量、消息预警，提高了关键节点的施工质量，成本也得到有效控制(图 5-44)。

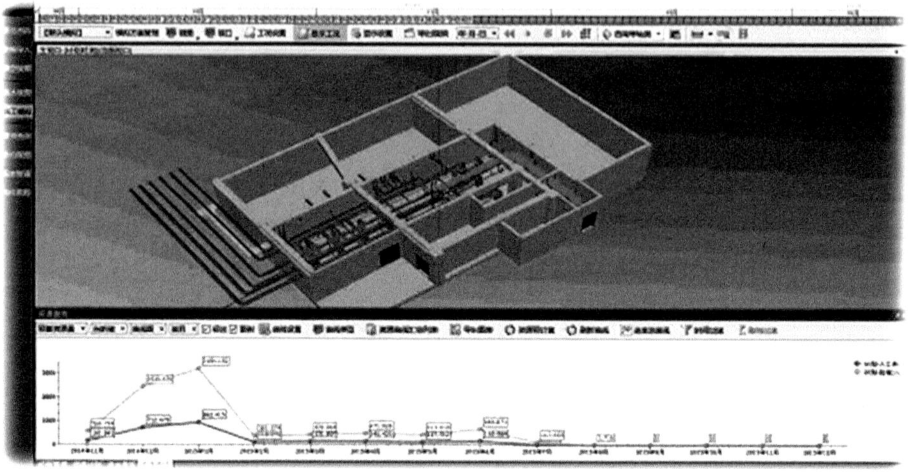

图 5-44　BIM-5D 施工成本控制

5.4.6　经济效益

泰州市金融服务区地下室机电工程竣工之后，结合传统类似工程的施工工艺，与该工程利用 BIM 技术指导施工进行对比得到相关数据，对该工程进行了经济效益分析，结果如表 5-27 所示。

表 5-27　BIM 在地下室机电专业应用的经济效益

泰州市金融服务区工程经济效益分析			
序号	应用项目	成果	效益
1	图纸审查	发现机电问题 84 个	节约成本约 38 万元
2	碰撞检测	关键碰撞点 36 处，有效碰撞点 3 683 处	节约成本约 63.8 万元，缩短工期 10 天
3	管线优化	优化管线 128 处	节约成本约 116 万元，缩短工期 15 天
4	标高优化	净空标高均达到 2.2 米	项目品质提升
5	孔洞预留优化	整体孔洞预留优化 425 处	节约成本约 12 万元，缩短工期 13 天
6	减少协调	减少各方协调次数	节约成本约 8 万元
7	质量安全	施工质量提高，无安全生产事故	无人员伤亡
8	减少返工	减少返工次数 302 次	节约成本约 55 万元，缩短工期 21 天

第 6 章　金融服务区超高层建筑创新施工技术

6.1　超高层钢结构施工技术

6.1.1　工程总体概况

泰州市金融服务区一标段 5# 6# 楼(图 6-1)位于泰州市海陵路东侧、鼓楼路西侧、328 国道以北。该工程地下 2 层,地上 56 层,主楼屋面标高 +233.90 米,附带 7 层裙房,裙房顶标高 +33.70 米,地下建筑面积约 23 800 米^2,地上总建筑面积约 115 883 米^2。裙房以下功能为办公,塔楼功能为办公和企业家会所,主楼和裙房之间不设缝。该工程主楼裙房以下采用钢筋混凝土框架(钢管混凝土柱)—钢筋混凝土核心筒结构;裙房以上采用钢框架(钢管混凝土柱)—钢筋混凝土核心筒结构;地下室采用现浇钢筋混凝土框架结构。抗震等级一级;中间为钢筋混凝土核心筒结构,抗震等级为特一级。

(a) 建筑效果图

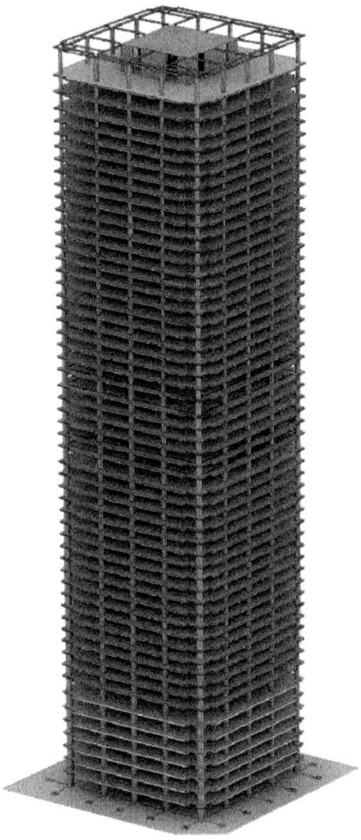

(b) BIM图

图 6-1　泰州市金融服务区一标段 5# 6# 楼

该工程主楼为“钢管混凝土柱、钢梁—钢骨混凝土核心筒”混合结构，裙房为混凝土结构。外框架为钢管混凝土柱，中间核心筒钢骨主要为焊接H形钢柱和焊接十字形钢柱，框架钢梁和次梁主要为焊接H形钢梁。核心筒钢骨柱截面BIM如图6-2所示，标准层主要截面BIM如图6-3所示。在结构体系中，钢柱为结构的主要承重结构，主要由钢框架钢管柱、核心筒钢柱等组成。外框筒柱为圆管柱（表6-1），内灌混凝土，截面尺寸随结构层高的增加而减小。核心筒钢骨柱主要采用H形钢柱和十字形截面柱。该工程外框柱之间、外框柱与核心筒之间均通过钢梁连接，钢梁截面形式均为H形钢（详见图6-4和表6-2）。

表6-1　泰州市金融服务区超高层建筑的外框柱截面表

序号	层数（标高，米）	截面[外径（毫米）×壁厚（毫米）]
1	1层（+1.00～+6.45）	1 500×35
2	2～7层（+6.45～+33.65）	1 500×32
3	8～19层（+33.65～+81.35）	1 400×32
4	20～28层（+81.35～+118.55）	1 300×28
5	29～33层（+118.55～+139.75）	1 300×22
6	34～42层（+139.75～+175.75）	1 100×22
7	43～49层（+175.75～+203.45）	900×18
8	50层～屋顶（+203.45～+242.70）	900×14

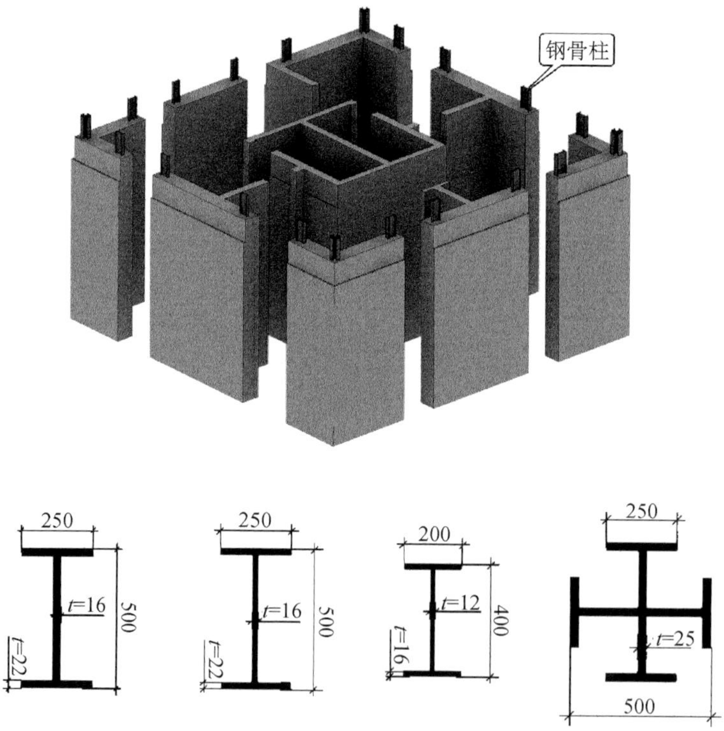

(a) 截面一　(b) 截面二　(c) 截面三　(d) 截面四

图6-2　核心筒钢骨柱截面BIM

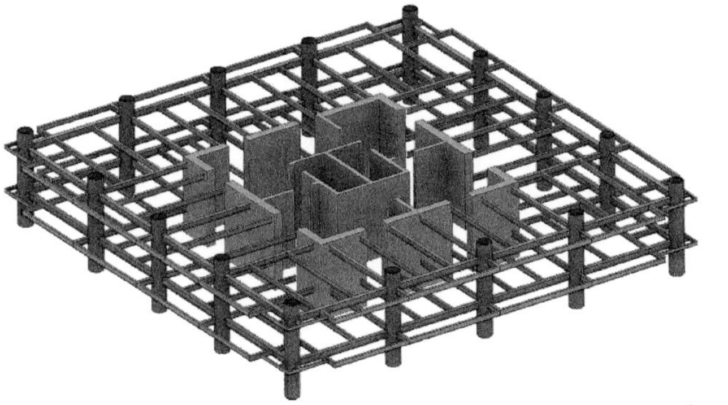

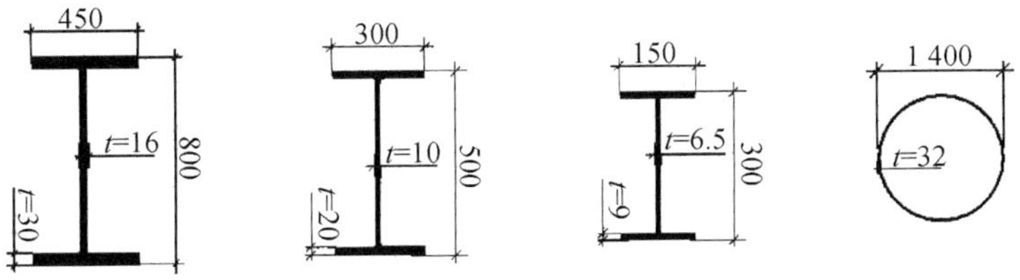

(a) 截面一　(b) 截面二　(c) 截面三　(d) 截面四

图 6-3　标准层主要截面 BIM

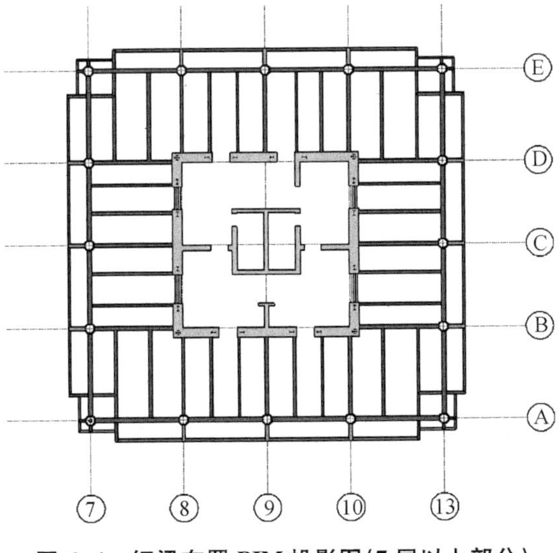

图 6-4　钢梁布置 BIM 投影图(7 层以上部分)

表 6-2　H 形钢梁截面表(部分)

序号	钢梁编号	截面高 H(毫米)	截面宽 B(毫米)	腹板厚 t_1(毫米)	翼缘厚 t_2(毫米)
1	GKL1	600	400	12	25
2	GKL2	500	300	10	20
3	GKL3	500	300	10	25
4	GL1	446	199	8	12

(续表)

序号	钢梁编号	截面高 H(毫米)	截面宽 B(毫米)	腹板厚 t_1(毫米)	翼缘厚 t_2(毫米)
5	GL2	496	199	9	14
6	GL3	500	200	10	16
7	GL4	300	150	6.5	9
8	GXL1	496	199	9	14

为了便于指导钢结构构件的工厂加工制作和施工现场吊装，利于技术交底，构建了该工程典型的钢节点 BIM。外框柱节点大样详见图 6-5，核心筒钢柱节点大样详见图 6-6，钢柱、钢梁连接节点大样详见图 6-7。

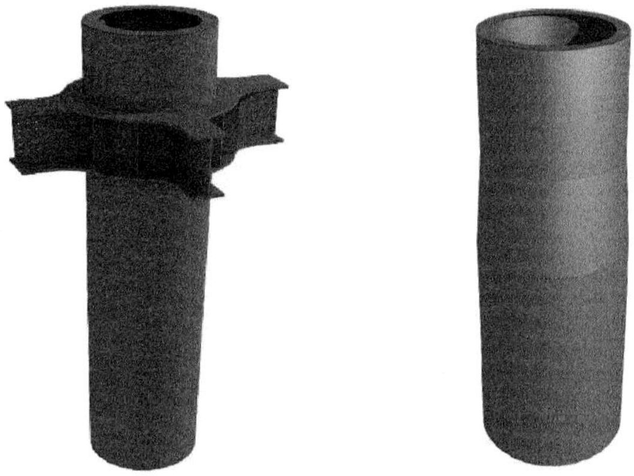

(a) KZ大样图　(b) KZ变截面处大样图

图 6-5　外框柱节点大样

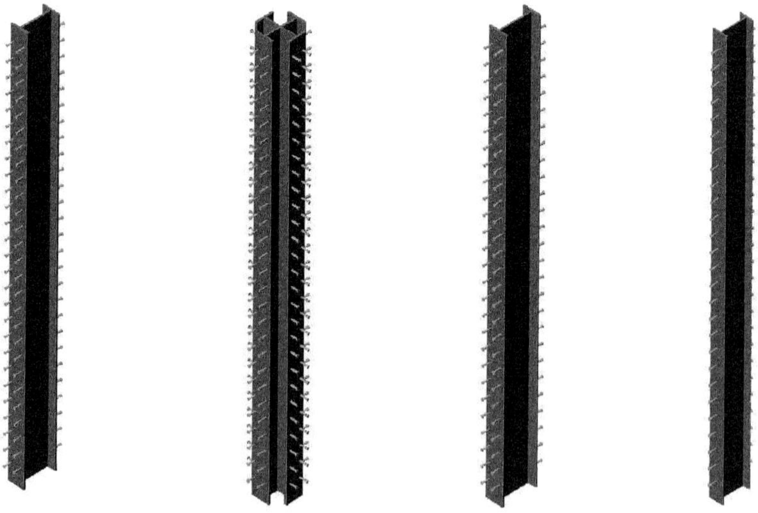

(a) 钢柱1　(b) 钢柱2　(c) 钢柱3　(d) 钢柱4

图 6-6　核心筒钢柱节点大样

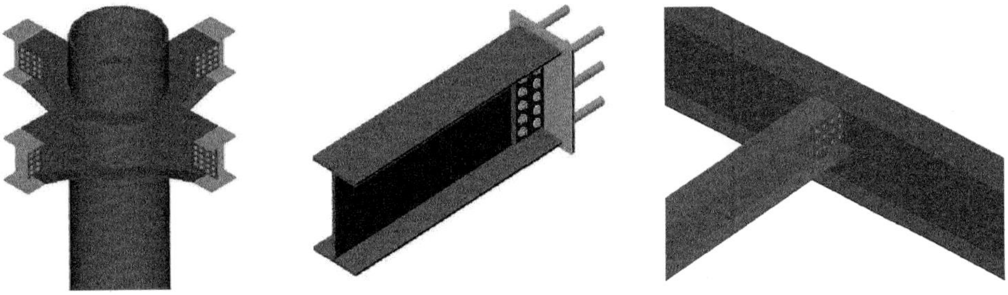

(a) 钢柱与钢梁连接　(b) 钢梁与埋件连接　(c) 主次梁连接

图 6-7　钢柱、钢梁连接节点大样

6.1.2　施工重难点分析及解决措施

1) 现场场地狭小,管理协调难度大

(1) 重难点分析

该工程施工场地狭小,钢结构构件堆放场地少。

(2) 解决措施

根据施工总进度计划制订详细的钢构件加工计划,现场与制作厂紧密联系,制订每周待安装钢构件的进场计划及每天的构件发运计划;地上钢结构施工阶段,利用地下室顶板布置构件堆场。

2) 超高层施工测量控制

(1) 重难点分析

该工程属于超高层钢结构,其高空引测难度大,施工周期长,受外界条件干扰大,尤其是到高空,测量时受风力、温度等影响很明显,测量精度很难保证。

(2) 解决措施

采用精密的测量仪器进行平面控制点的多次引测,并进行闭合以确保测量控制点的准确。尽量避开高温时段进行测量,以使温度对测量精度的影响降到最低。

3) 高空作业安全防护措施

(1) 重难点分析

该工程建筑高度 242.7 米,周边均有建筑物和道路,塔吊吊装时下面作业人员多,施工单位也多,极容易造成交叉施工,高空坠落、高空抛物危险性大,这些都是安全管理的重中之重。

(2) 解决措施

- 安全教育深入人心:组织学习安全知识,加强自我保护;组织班前安全活动教育。
- 安全管理与督察:在施工现场拉设警示带,设置吊装警戒区;安排安全员现场督察。
- 安全防护落实到位:钢梁吊装前拉设钢丝绳;钢柱吊装前绑扎钢爬梯。

4）与土建施工的协调

（1）重难点分析

该工程核心筒钢柱外包混凝土、外框钢柱内灌混凝土、楼层板的浇筑工作与钢结构施工都是相互交叉进行的，如何进行交叉施工，既要保证施工进度又要保证施工安全，因此与土建施工协调工作尤为重要。

（2）解决措施

- 在施工前编制详细的施工计划，见缝插针充分利用有限的工期，将工期的利用最大化，有效保证施工进度。
- 严格按现场平面布置、施工方案和节点计划制订钢结构现场施工方案，特别是与土建钢筋施工进行详细的技术交底，合理安排施工顺序；同时与设计院提前进行沟通，将一些可能产生的问题在深化设计阶段先行消化。
- 加强质量与安全的管理工作，给质量、安全监督站塑造一个良好的形象，以取得质量安全监督站对钢结构施工工作的支持。

6.1.3　施工总体部署

该钢结构工程施工的总体部署思路主要包括工程管理与工程施工两方面，工程管理上以“顾全大局、职责分明、发挥强项、统一协调”为指导思想；工程施工上，对于泰州金融服务区一标段 5# 楼 6# 楼钢结构工程的钢柱、钢梁、预埋件等其他类似加工件（运输条件允许范围）则以“工厂分段制作、构件分段运输、高空安装”为原则进行施工。

（1）质量目标

严格按照施工图纸进行钢构件供应和安装，钢结构加工及安装质量符合设计图纸及国家相关规范要求，达到建筑工程相关分部分项质量验收标准“合格”要求，确保中国建筑工程钢结构金奖。

（2）安全目标

确保工程、设备安全，施工人员重伤、死亡事故为零。

（3）文明施工目标

按规范化、标准化进行现场管理，争创省文明施工工地。

（4）环境保护目标

该工程从实际出发，坚持“预防为主、防治结合、综合治理、化害为利”的环境保护方针，为工程周边创造一个良好的环境。

6.1.4　施工管理组织机构

为了确保该工程现场施工的进度、质量、安全，确保各种资源（技术、人员、设备和原材料等）的充分满足和及时到位，项目管理部由高层结构方面制造经验丰富的技术、管理人员组成，负责组织落实钢构件制造、运输、现场安装等该工程的全部工作，由现场项目经理全面负责，项目经理下设项目副经理和技术负责人各 1 人统辖管理下属各施工班组，包括起重班、焊接班、测量班和涂装班等，组织机构设置详见图 6-8 所示。

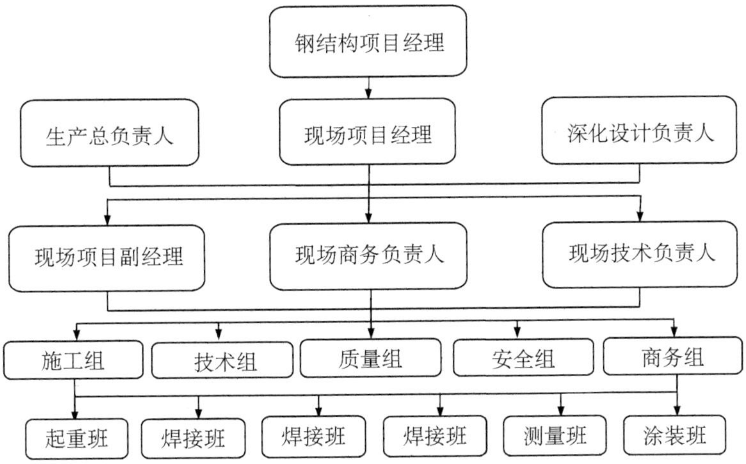

图 6-8　钢结构项目部组织机构框图

6.1.5　施工平面布置

地上部分施工时，如图 6-9 所示，根据现场实际情况及施工顺序进行现场布置，设置安全通道、原材料堆场、各类加工场和生活办公区等。

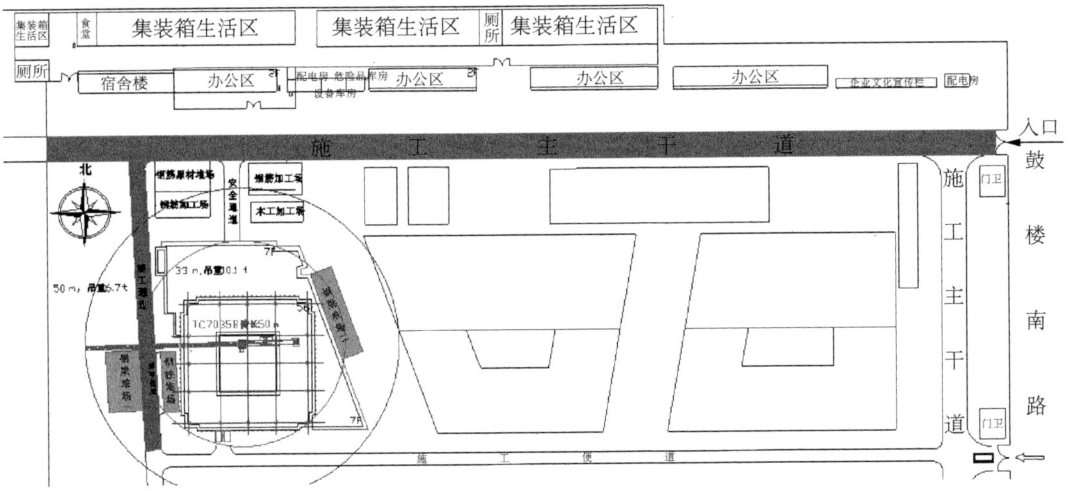

图 6-9　钢结构施工平面布置

钢结构卸车采用 TC7035B 型塔吊进行。卸车时，因地下室防水作业已完成，且无防护措施，需要在卸车位置铺设钢板（厚 30 毫米，面积 8 米×2 米），保护防水层不被破坏。构件堆放时，根据地下室柱梁位置进行摆放，应横跨在混凝土梁或柱上（图 6-10）。

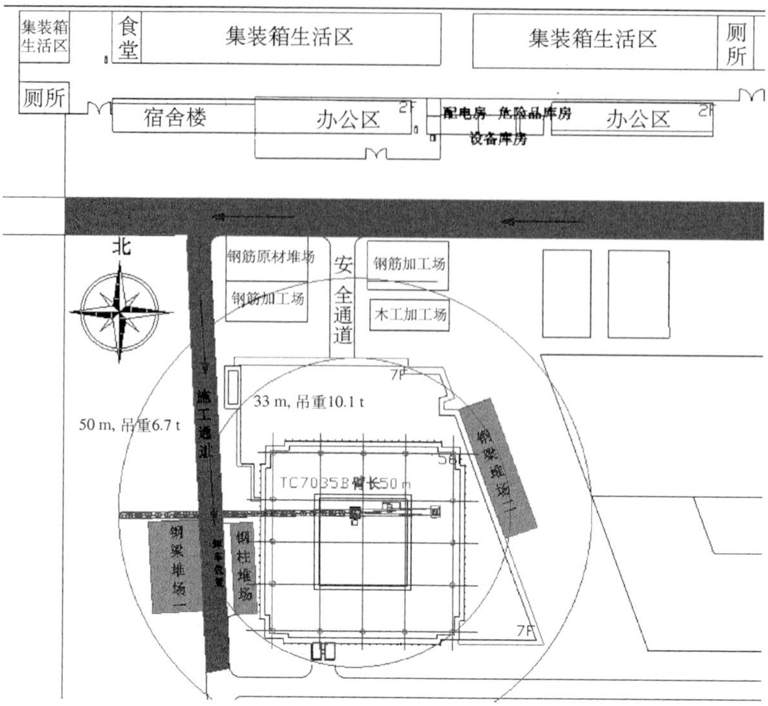

图 6-10　钢结构构件堆放平面布置

6.1.6　钢结构安装总体思路

（1）＋1.000 米以下外框钢柱和核心筒钢柱已施工完成。

（2）根据结构特点，1～7 层没有楼层钢梁及钢梁埋件，只有外框钢柱和核心筒钢柱安装。

（3）8 层以上楼层分两个区进行安装，每一分区外框柱安装与钢梁安装同步进行。

（4）由于该工程钢构件堆场用地非常有限，而且构件数量较多，不能大批构件同时进场，需要做好流水施工管理，即制作一批，运输一批，安装一批，以满足现场的实际情况。

（5）安装过程中需总包单位配合，保证钢结构施工有足够的塔吊使用时间。

（6）构件定位采用全站仪进行测量定位。

根据该工程结构设计匀称、施工场地狭小、交叉施工多的特点，钢结构施工总体思路为：

根据现场配置的吊机起重能力、现场布置情况、钢柱结构形式和楼层布置及相应规范要求等，综合考虑来进行分段划分。所有构件均厂内制作完成，再运输到现场，现场采用一台 TC7035B 型塔吊进行吊装，将施工平面划分成两个施工分区，尽量避免交叉施工。安装过程中需总包单位配合，保证钢结构施工有足够的塔吊使用时间。

根据施工进度及运输周期，现场考虑堆放一节钢柱及其对应的钢梁以保证安装的连续，将构件分散堆放在地下室混凝土楼层梁上。

6.1.7　吊装机械选择

根据该工程现场实际情况，场地狭小，基本不能考虑大型移动式吊装设备进行卸车、吊装等，因此，该工程吊装设备主要考虑使用总包单位提供的 TC7035B 型塔吊(50 米臂)，结合该塔吊布置位置及构件重量分析，该塔吊性能够满足该工程的吊装需要。泰州市金融服务区超高层建筑的塔吊布置及性能如图 6-11 和表 6-3 所示。

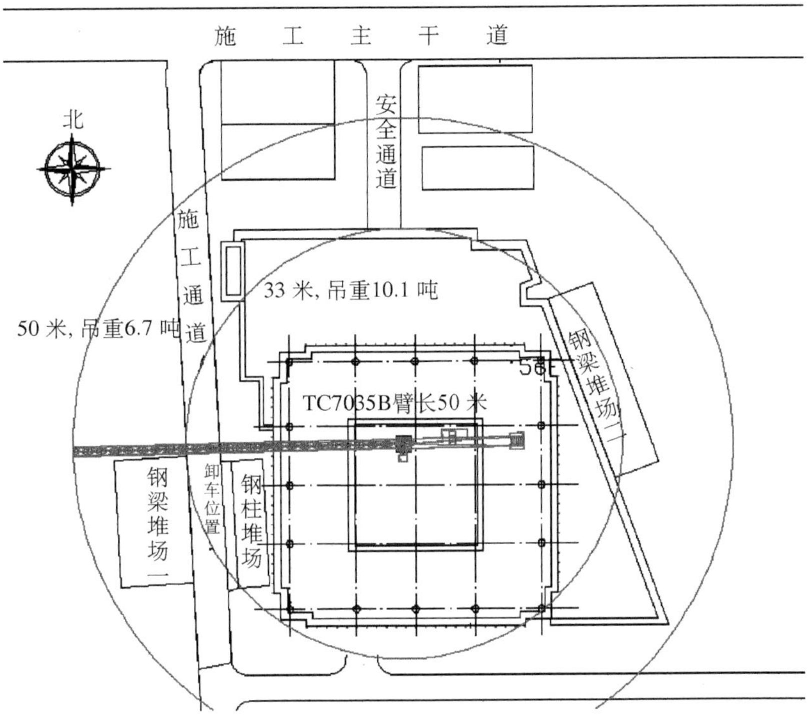

图 6-11　TC7035B 型塔吊布置图

表 6-3　TC7035B 型塔吊性能表

幅度(米)		3.5～22.2	23	25	30	35
起重量(吨)	2 倍率	8.00				
	4 倍率	16.00	15.40	13.90	11.20	9.31
幅度(米)		40	43	45	48	50
起重量(吨)	2 倍率	8.00	7.98	7.57	7.03	6.70
	4 倍率	7.89	7.20	6.80	6.25	5.92

6.1.8　施工分区划分

根据结构特点及施工需要，为避免钢结构施工与土建施工相互干扰，将施工平面划分成两个施工分区，钢结构与土建分区施工。施工分区如图 6-12 所示。

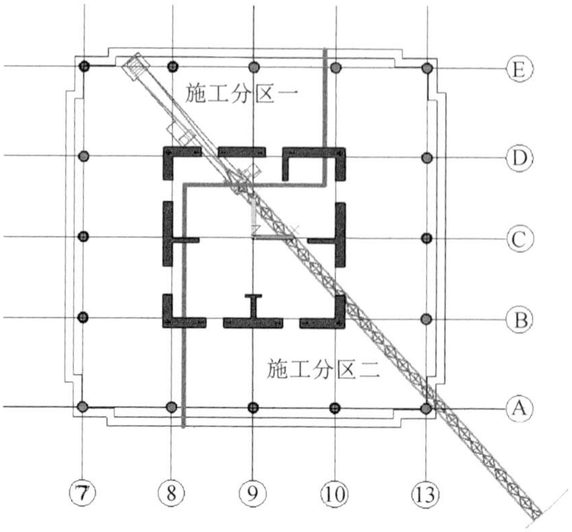

图 6-12　钢结构平面施工分区划分

6.1.9　标准层吊装流程

根据施工平面分区，总体顺序是：自下向上按钢柱节段进行安装。先安装分区一，再安装分区二。每个分区内先安装钢柱，再安装钢梁，将钢梁、钢柱连为整体。具体安装流程包括：分区一钢结构安装（图 6-13）和分区二钢结构安装（图 6-14）。

图 6-13　分区一钢结构安装

图 6-14　分区二钢结构安装

6.1.10　钢柱安装方案

钢柱采用分段安装，由于+1.000 米以下钢结构已安装完成，并且经处理后可与一节柱直接对接。具体安装方案如下。

1) 钢柱吊装分段划分

(1) 分段划分原则

- 满足塔吊的起重能力。
- 钢柱安装就位后，顶标高应尽量在同一标高上。
- 分段后便于加工制作、运输和现场安装。
- 根据塔吊的起重能力及钢柱截面特性，外框钢柱 1～35 层分为一层一节，35 层以上分为二层一节；核心筒区域均为二层一节。
- 为了方便操作，分段口位置设在楼层标高上 0.8～1.2 米的位置。

(2) 核心筒钢柱和外框柱的分段划分

如图 6-15 所示，对核心筒钢柱分段进行划分；如图 6-16～图 6-18 所示，对外框柱分段进行划分。钢柱最大重量为 9.60 吨，位于轴线 A/13 轴线，最大吊装半径为 33 米，塔吊在该半径起重量为 10.1 吨，满足吊装要求。全部钢柱均在塔吊吊装能力范围内。

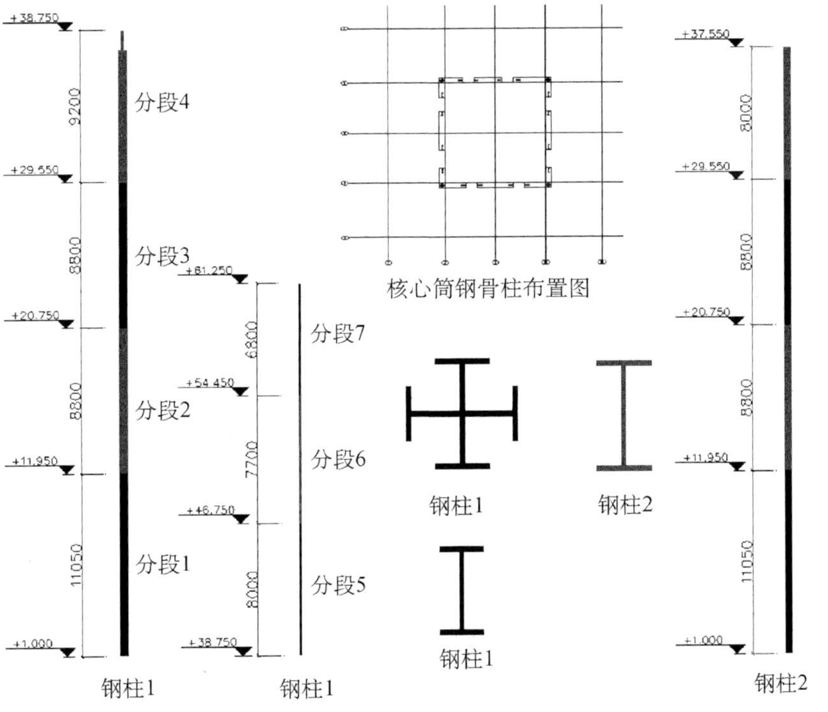

图 6-15　核心筒钢柱分段划分

2) 典型钢柱安装

(1) 吊耳布置

根据安装需要，上下两节钢柱间安装时通过连接板进行临时固定，为了尽量减少在构件上焊接附属零件，考虑利用连接板充当吊耳板，将连接板适当加大，其规格为 PL16×150×275，在连接板上开设 $\phi 40$ 的孔作为吊装孔，如图 6-19 所示。

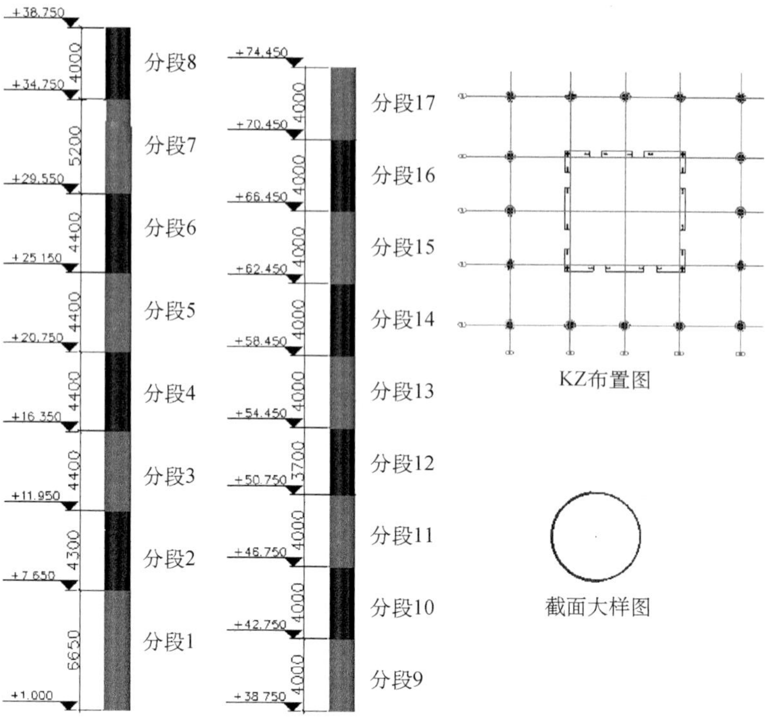

图 6-16　外框柱(1.000-74.450)分段划分

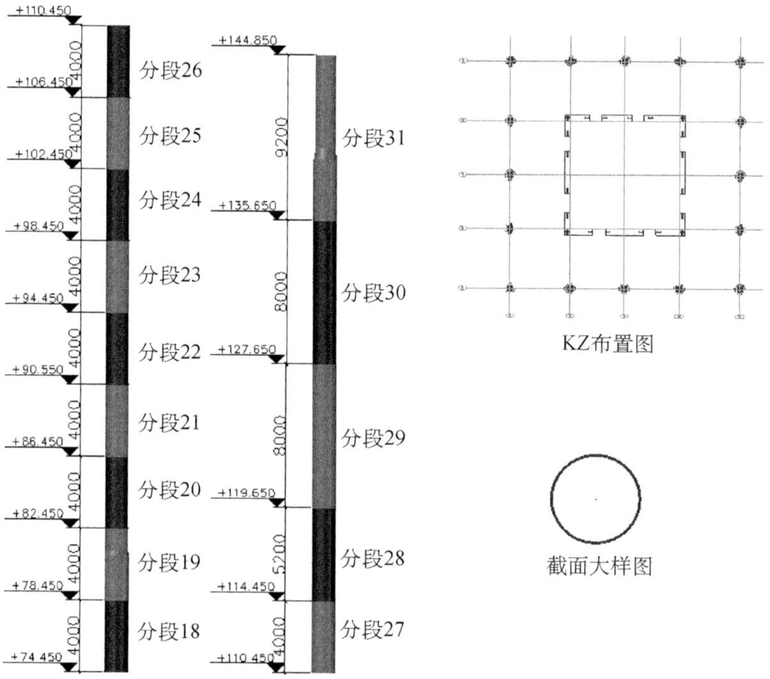

图 6-17　外框柱(74.450-144.850)分段划分

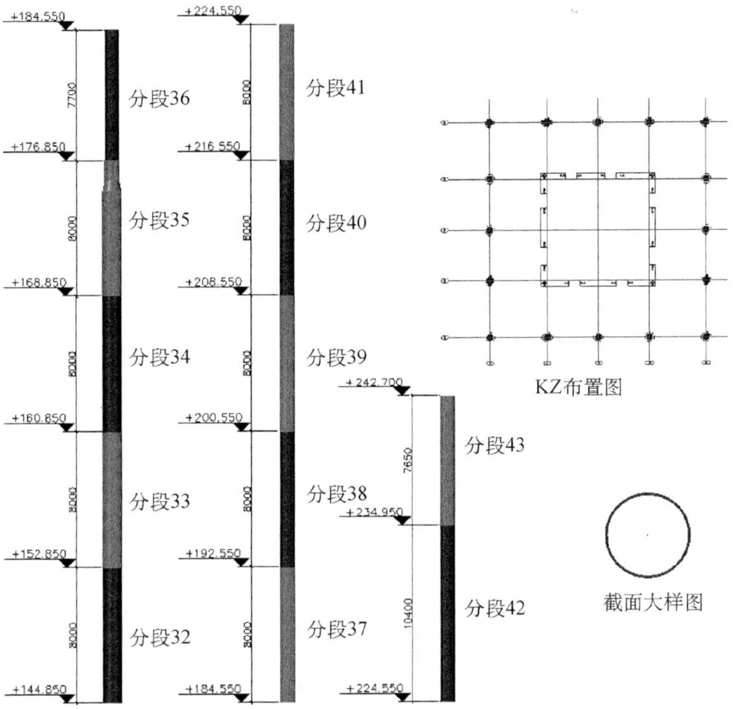

图 6-18　外框柱(144.850-242.700)分段划分

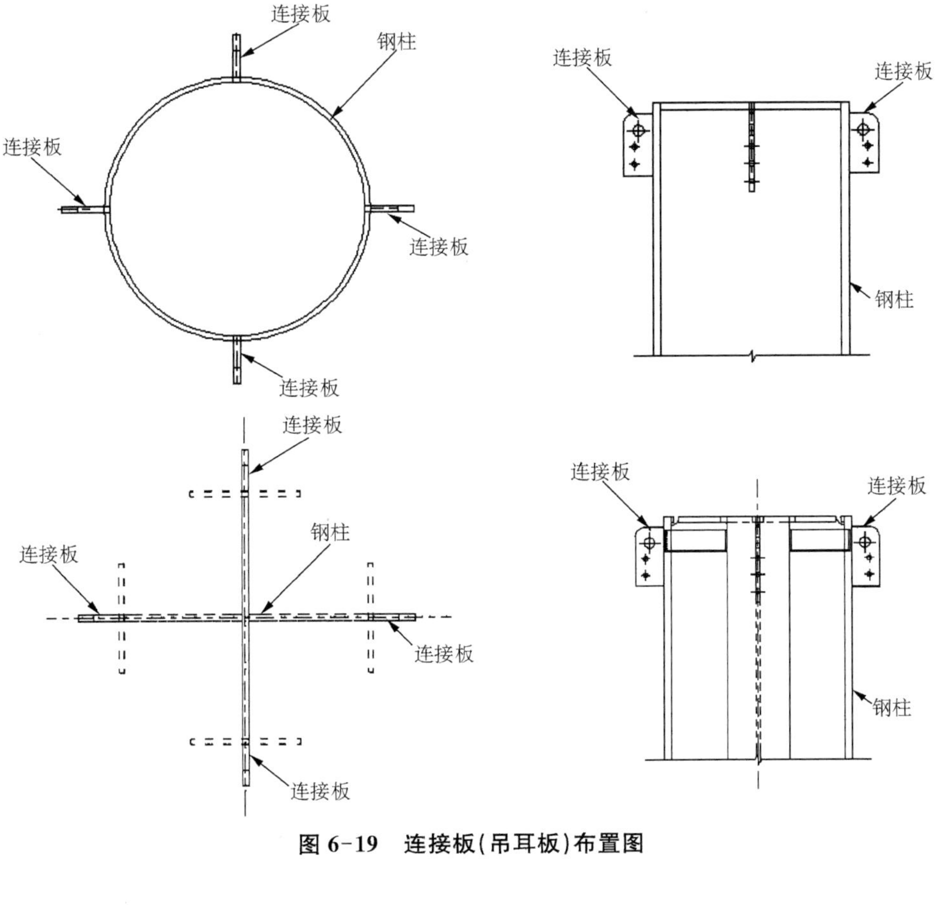

图 6-19　连接板(吊耳板)布置图

(2) 钢柱吊装

该工程钢柱截面类型有三种:一是"圆形"截面;二是"十字形"截面;三是"H 形"截面(主要以圆形外框柱和十字形钢骨柱进行介绍),吊装采用四点吊,吊装如图 6-20 所示。

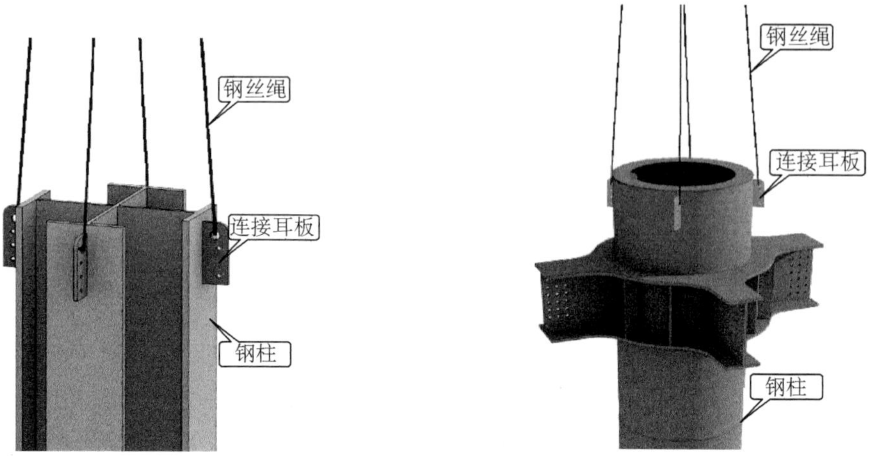

图 6-20　钢柱吊装示意图

(3) 钢柱测量定位

该工程钢柱的截面类型主要有圆管柱、H 形钢柱及十字柱。

钢柱分段定位测量包括两部分:一是水平位置定位测量;二是垂直度的测量。水平位置测量是利用全站仪根据内业计算的定位坐标对管头的定位点进行打点定位。垂直度的控制利用全站仪和经纬仪对相互垂直的两条垂直中心线进行控制。在定位过程中发现柱身有偏差,通过千斤顶进行调整。钢柱端头对合线的精确控制如图 6-21 所示。

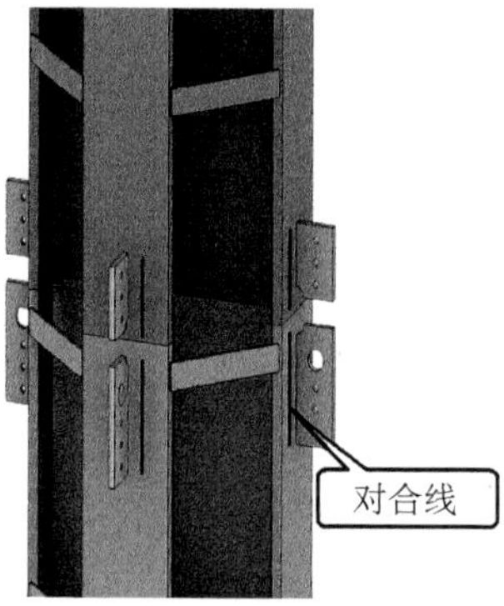

图 6-21　钢柱端头对合线示意图

(4) 钢柱定位调节及临时固定

钢柱定位时若发现水平错边或垂直度有偏差时,通过千斤顶进行微调,具体操作是在安装完成的下节柱顶端焊接一块 L 形板,将千斤顶布置在 L 形板与上节柱之间来调节上节柱的水平位置,从而达到调节错边的目的(图 6-22)。

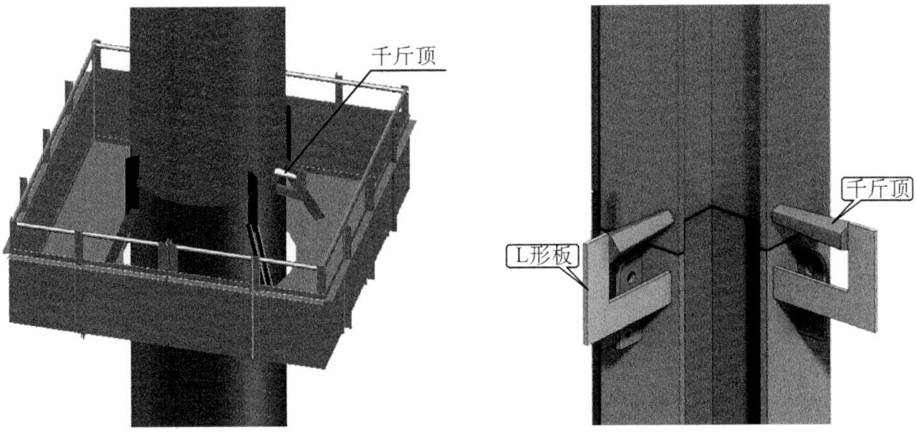

图 6-22　水平调节示意图

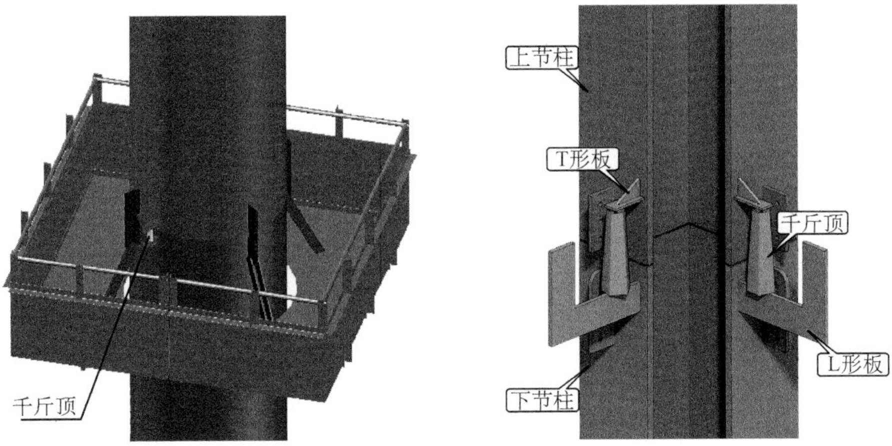

图 6-23　垂直度调节示意图

垂直度调节时，在下节柱顶端焊接一块 L 形板，在上节柱底端焊接一块 T 形板，将千斤顶布置在 L 形板与 T 形板之间来调节上节柱的垂直度(图 6-23)。

调节到位后通过柱分段间的连接板进行临时固定，然后进行焊接加固，如图 6-24 所示，采用连接板临时固定。

(5) 吊耳验算

耳板尺寸如图 6-25 所示，耳板材质 Q345B，板厚 16 毫米，吊装耳孔孔径为 40 毫米。

• 板强度计算

单个吊耳轴向承载力为 $N = f \times A = 295 \times (150 - 40) \times 16 = 519.2$ 千牛。

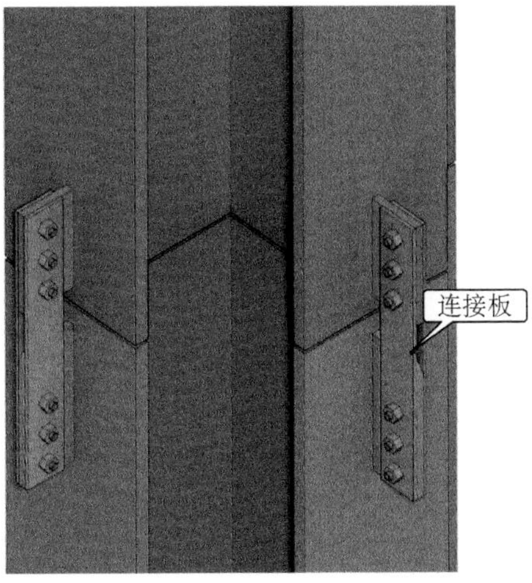

图 6-24　连接板临时固定示意图

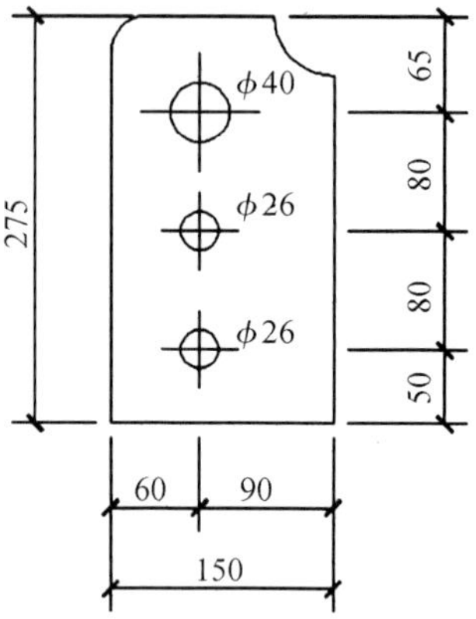

图 6-25　连接板(吊耳板)大样图

考虑放大系数：吊装系数 1.4，安全系数 2.0，最终系数 1.4×2.0＝2.8，取 3.0，即考虑放大系数后的耳板轴向承重为 53÷3＝17.7 吨。

吊装构件最大重量约为 9 吨，考虑 4 个吊点。

吊起状态下，单个耳板所承重量为 9÷4sin 60＝2.60 吨＜17.7 吨，满足！

• 板孔壁承压计算

满足！

• 耳板焊缝计算

由于耳板采用全熔透焊缝，焊缝强度达到等强，焊缝强度可不计算。

(6) 索具选用

• 钢丝绳的选择

结构吊装中常用的钢丝绳是先由若干根钢丝捻成股，再由若干股围绕绳芯捻成绳，其规格有 6×19 和 6×37 等多种(6 股，每股分别由 19、37 根钢丝捻成)。前者钢丝粗，较硬，不易弯曲，多用作缆风绳；后者钢丝细，较柔软，多用作起重吊索。钢丝绳参数可查表获得：当钢丝绳公称直径 D＝20 毫米时，抗拉强度为 1 870 兆帕，则钢丝绳最小破断拉力为 247 千牛。

钢丝绳的容许拉力应满足下式要求：

$$S_g \leqslant \frac{\alpha R}{K}$$

式中，S_g为钢丝绳容许拉力(牛)；α 为钢丝绳破断拉力换算系数(或受力不均匀系数)，钢丝绳为 6×19 取 0.85；6×37 取 0.82；6×61 取 0.80；R 为钢丝绳破断拉力总和，按查表取值；K 为钢丝绳安全系数，按表 6-4 取值。

表 6-4　钢丝绳安全系数 K

用　　途	安全系数	用　　途	安全系数
作缆风绳	3.5	作吊索、无弯曲时	6～7
用于手动起重设备	4.5	作捆绑吊索	8～10
用于电动起重设备	5～6	用于载人的升降机	14

在吊起状态下，单根钢丝绳所受重量为 9÷4sin 60＝2.60 吨，计 25.48 千牛。选用 1 870 兆帕的直径 20 毫米的纤维芯钢丝绳，则 S_g＝0.82×247÷7＝28.93 千牛＞25.48 千牛，满足要求。

• 卸扣的选择

根据钢丝绳吊最大受力为 2.60 吨，选择起重量为 50 吨，型号为 T(8)的 D 型卸扣作为该工程吊装的卸扣，卸扣参数可查工程用表获得：当尺寸选用 M24 时，起重量可达 5 吨。

- 钢柱安装前检查

钢柱安装前应详细核对构件编号，确保无误。清理上下节钢柱表面的渣土、浮锈等，检查钢柱长度、几何尺寸、油漆等，变形、油漆破损等在吊装前进行校正和修补，并对钢柱的中线、轴线、标记进行检查。

3) 钢骨柱稳定性控制

核心筒钢柱安装完成后，因无钢梁连接，整体稳定性较差，需要采取措施保证钢骨柱的稳定性。如图 6-26 所示，每两根钢骨柱安装完成后，在钢骨柱顶部采用[10 槽钢进行固定，钢骨柱与槽钢焊接连接。当该节钢骨柱混凝土浇筑完成时，将槽钢割除，对切割面进行打磨处理。

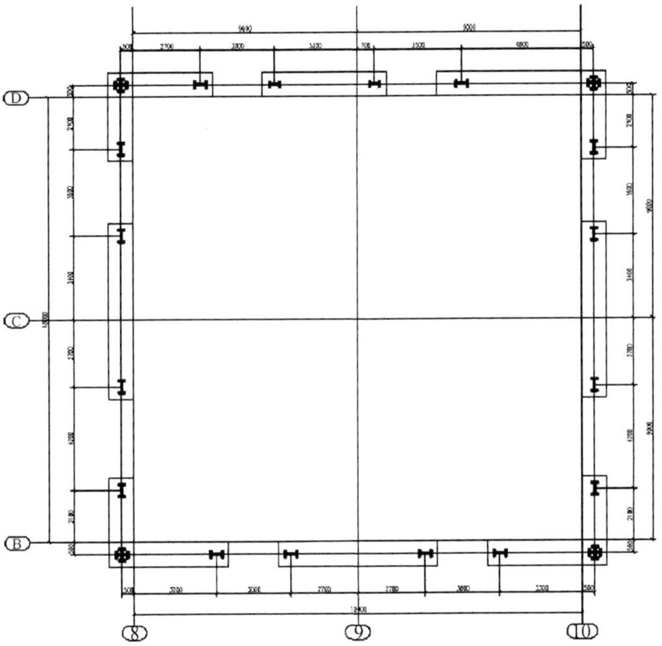

图 6-26　钢骨柱布置示意图

6.1.11　钢梁安装方案

每相邻两根钢柱安装完成后，为了保证整体稳定性，需将柱间钢梁及钢柱与混凝土剪力墙之间的钢梁安装完成。

该工程钢梁最大截面为 H800×450×16×30，最大重量约为 2.5 吨，塔吊 50 米吊装半径起重量为 6.7 吨，能够满足全部钢梁吊装要求。因钢梁数量较多，为了提高安装效率，结合以往类似工程的经验，考虑一吊 3～5 根钢梁，每根钢梁采用两点吊，施工操作如图 6-27 所示。

图 6-27　钢梁吊装示意图

1）钢梁吊点设置

钢梁吊点形式一般采用 2 种形式，一种是在梁顶面焊接吊耳，一种是在梁上翼缘开吊装孔，根据不同情况采用不同的吊点形式，具体原则如表 6-5 所述。钢梁吊耳或吊装孔位置如图 6-28 所示。钢梁吊耳设置大样如图 6-29 所示，钢梁吊装孔设置大样如图 6-30 所示。

表 6-5 钢梁吊点形式的选择

翼缘厚度 \ 重量	重量≤4.0 吨	重量>4.0 吨
翼缘板厚≤30 毫米	开吊装孔	设吊耳
翼缘板厚>30 毫米	设吊耳	设吊耳

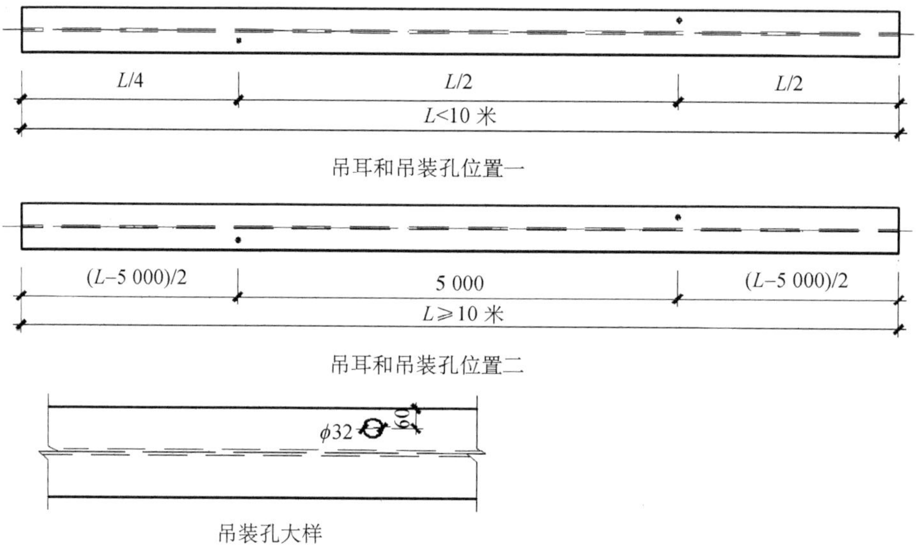

图 6-28 钢梁吊耳或吊装孔位置

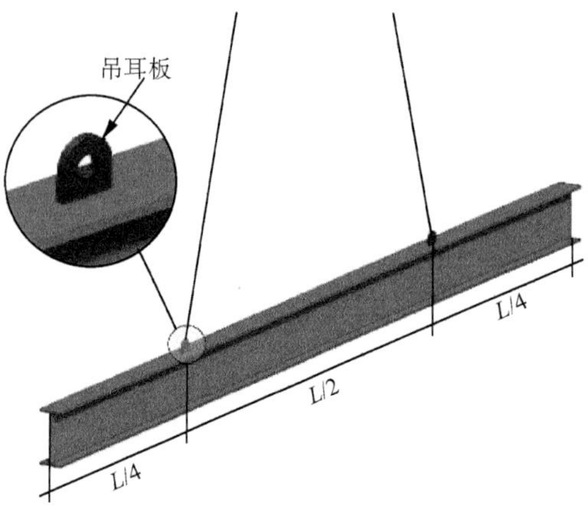

图 6-29 钢梁吊耳设置大样

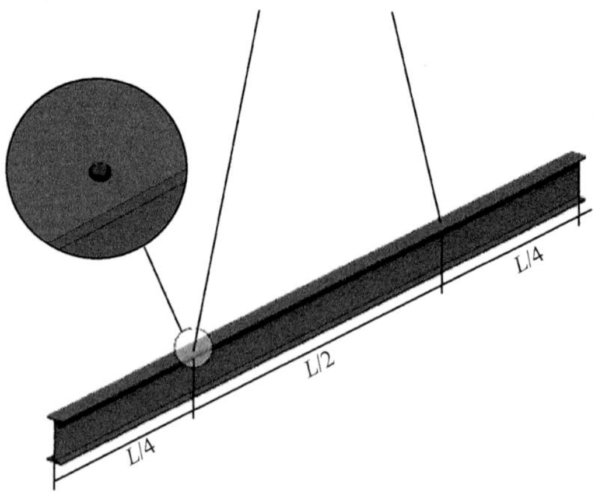

图 6-30 钢梁吊装孔设置大样

吊具选择：根据钢梁重量，选用1 670兆帕的直径20毫米的纤维芯钢丝绳，作为钢梁吊装钢丝绳，选择起重量为5吨，型号为T(8)的D型卸扣作为该工程吊装卸扣，计算方法与钢柱吊具选用计算相同。

2) 钢梁安装定位及调节措施

(1) 钢梁安装定位

该工程钢梁定位主要有：通过与两端牛腿对合进行定位，两端头牛腿辅助定位；通过核心筒埋件定位(埋件在核心筒施工时进行预埋)；通过主梁连接板定位。为了提高安装效率，钢梁安装之前在梁两端上翼缘焊接搁板，安装时通过搁板临时固定，待钢梁位置调节到位后再进行钢梁焊接固定。

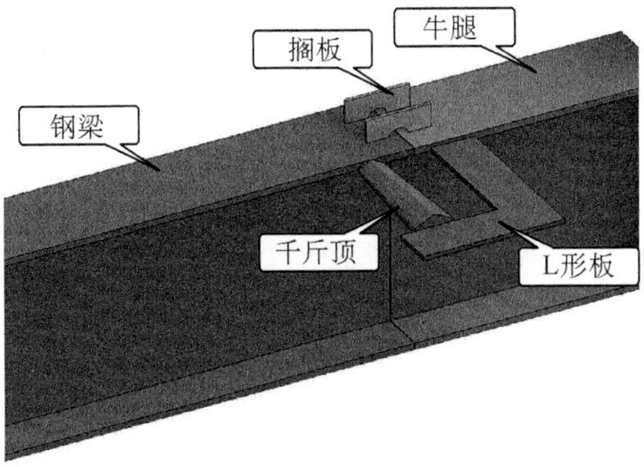

图6-31 钢梁水平错边调节示意图

(2) 钢梁定位调节

钢梁安装就位后主要检查梁面平整度及翼缘有没有错边现象，先调节翼缘错边现象，再调节梁面及腹板平整度。如发现梁翼缘有错边现象，通过千斤顶进行调节(图6-31)。梁面平整度通过水准仪配合钢尺进行检测，如果梁面平整度超过误差允许范围，采用火工矫正。

3) 核心筒钢梁安装

核心筒内钢梁截面规格主要有H800×100×10×14、H500×100×10×14，最大重量约为227千克。钢梁与钢骨柱无直接连接，安装时需要考虑设置支撑，对钢梁进行固定(图6-32)。

当钢梁两端位于钢骨柱附近时，在钢骨柱相应位置焊接〔10槽钢作为钢梁支撑(图6-33)；钢梁两端无钢骨柱时，钢梁安装需等待混凝土模板达到相应高度时，在模板上设置支撑进行钢梁固定，待钢梁两端混凝土柱钢筋绑扎完成后取出。

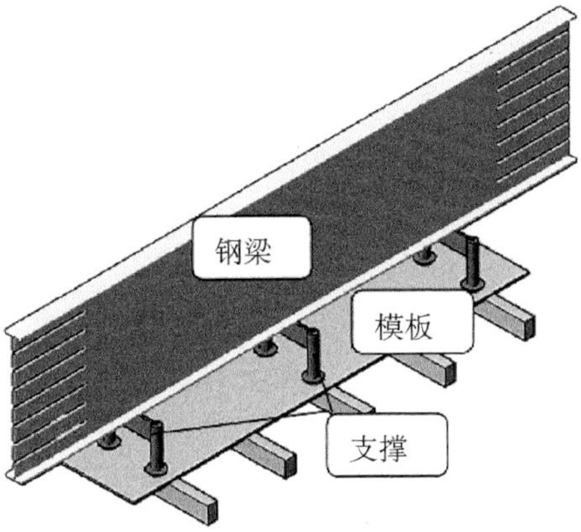

图6-32 梁下方设置支撑

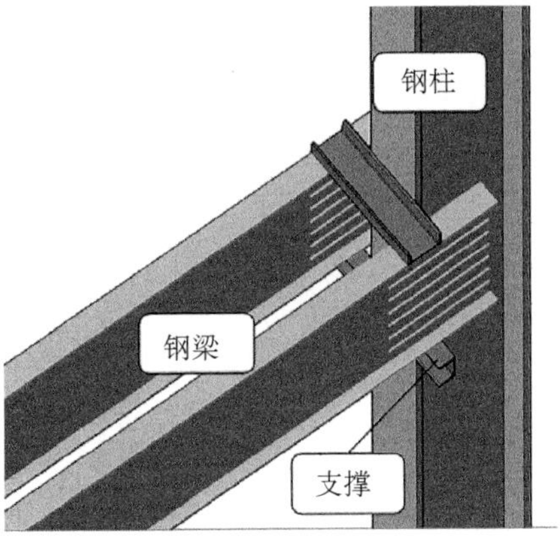

图6-33 梁端部设置支撑

6.1.12 操作平台

(1) 钢柱焊接操作平台

该工程钢柱现场对接处的操作平台采用成品操作平台，通过扁铁条挂在钢柱上端口的连接板上(图 6-34)。钢柱焊接操作平台采用 L75×6 的角钢和 PL6×30 的扁铁焊接而成，本操作平台在现场地面进行制作，做成两半，中间通过 M24 的安装螺栓连接，操作平台宽度为 800 毫米，高度为 1 200 毫米，底面铺设 3 毫米厚的花纹钢板，四周 800 毫米高度范围内采用白铁皮做围挡。

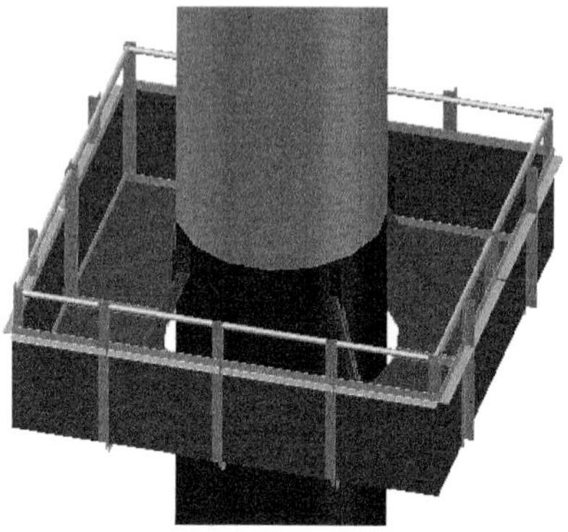

(a) BIM

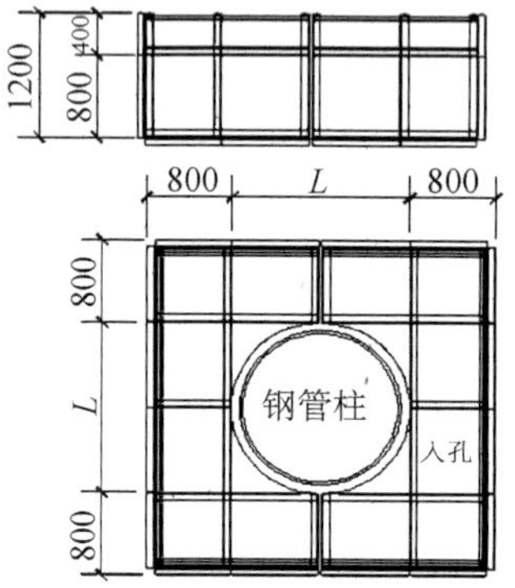

(b) 大样尺寸

图 6-34 钢柱焊接操作平台

(2) 钢梁焊接操作平台

该工程钢梁数量较多，为了操作方便且提高安装效率，钢梁焊接时采用吊笼作为操作平台，吊笼采用 ϕ12 的圆钢焊接而成，吊笼通过挂钩与钢梁连接(图 6-35)。吊笼平面尺寸为 500 毫米×500 毫米，吊笼高度为 800 毫米，挂钩长度根据梁高确定，保证操作人员能够操作。

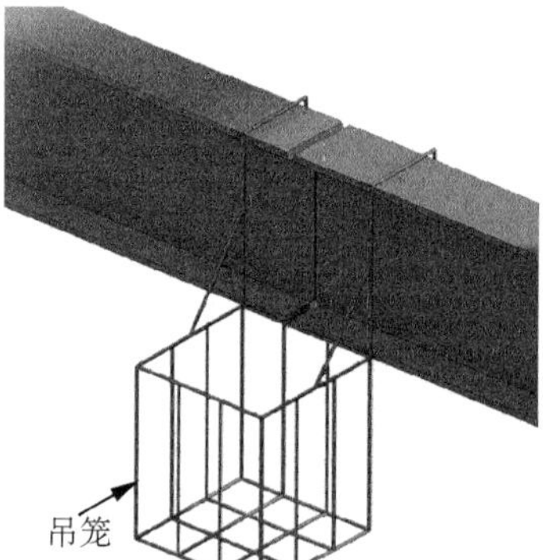

(a) BIM

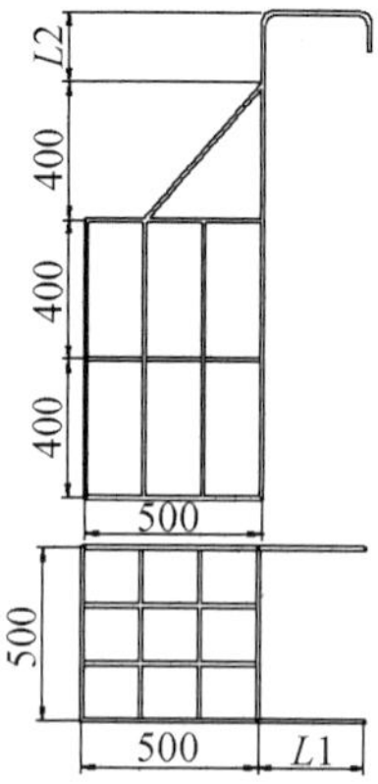

(b) 大样尺寸

图 6-35 钢梁焊接操作平台

6.1.13　施工通道设置

为了方便操作人员能够安全、方便快捷地到达作业点，在施工平面内要设置施工通道，分为水平通道和竖向通道。在通道旁边放置沙桶、灭火器等救火工具以防发生火灾。

(1) 水平施工通道

在钢结构安装过程中，每层主梁是安装工人通向安装连接操作部位的水平行走构件，由于梁翼缘宽度有限，必须在楼层适当的部位设安全通道并在主梁上方设置安全绳，安全绳采用 ϕ10 毫米的镀锌钢丝绳。水平施工通道大样如图 6-36 所示。

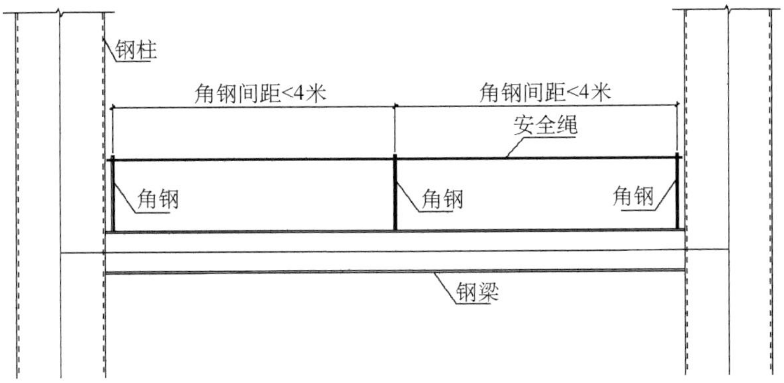

图 6-36　水平施工通道大样

(2) 竖向施工通道

钢柱垂直登高爬梯如图 6-37 所示，此爬梯安装在钢柱上，便于施工人员到达作业点，辅助测量定位，解除钢柱吊装索具等。

• 爬梯规格：宽度 0.6 米，踏步高度 0.3 米，爬梯长度根据构件长度而定，爬梯承载力必须符合施工要求。

• 安装爬梯：在地面上先将爬梯固定在立柱上，然后吊装到设定的位置上。

• 爬梯旁边安装防坠绳，供操作人员登高时挂扣安全带(带防坠器)。

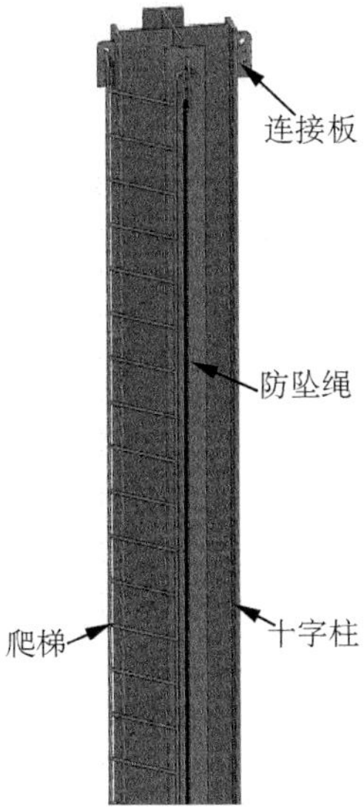

图 6-37　钢柱垂直登高爬梯

6.1.14　总体施工流程

如图 6-38 所示，基于 BIM，构建泰州市金融服务区超高层建筑的主体结构总体施工流程：安装准备工作→核心筒一节柱安装→核心筒混凝土结构施工→一节外框柱安装→一层混凝土结构施工→二节外框柱安装→3～7 节钢结构安装→8 层一分区钢结构安装→8 层二分区钢结构安装→9～12 层钢结构安装→标准节钢结构安装→钢结构安装完成。

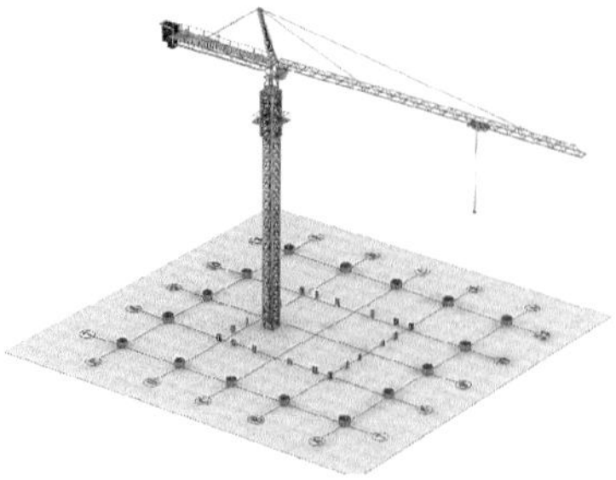

(a) 安装准备工作

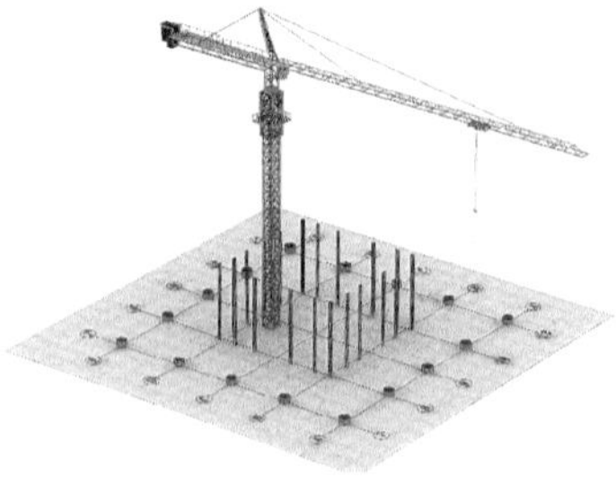

(b) 核心筒一节柱安装

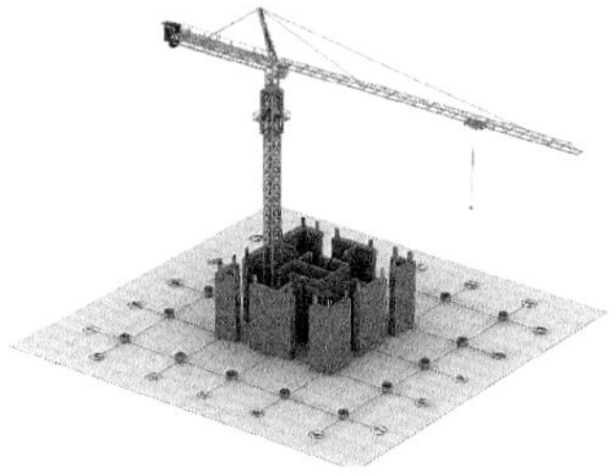

(c) 核心筒混凝土结构施工

(d) 一节外框柱安装

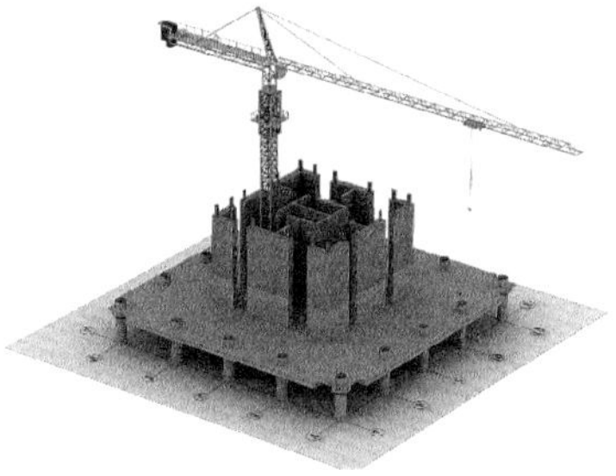

(e) 一层混凝土结构施工

(f) 二节外框柱安装

(g) 3～7节钢结构安装

(h) 8层一分区钢结构安装

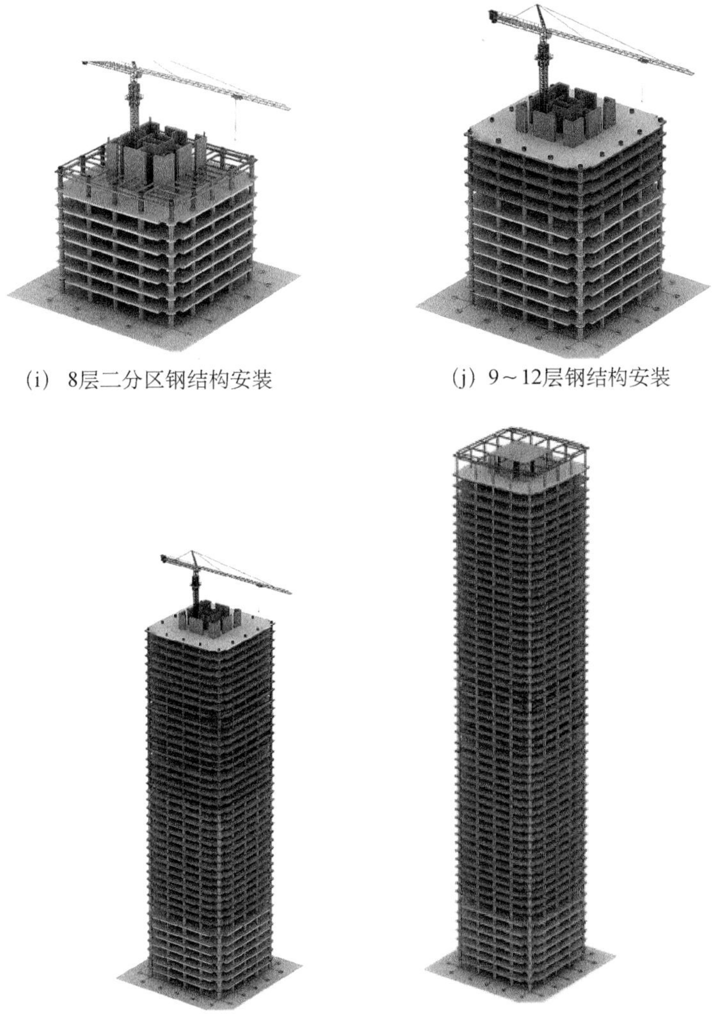

(i) 8层二分区钢结构安装　(j) 9～12层钢结构安装

(k) 标准节钢结构安装　(l) 钢结构安装完成

图 6-38　泰州市金融服务区超高层建筑的主体结构总体施工流程

6.1.15　高强螺栓施工方案

依据现行国家标准《钢结构用扭剪型高强度螺栓连接副》(GB/T 3632—2008)的规定，高强螺栓进场使用前，应进行扭矩系数、抗滑移系数的复验和检验。

1) 高强度螺栓扭矩系数复验

按 JGJ 82—2011 第 3.4.9 条和 GB 50205—2001 附录 B.0.4 的规定，高强度螺栓施工前，应按出厂批复验高强度螺栓的扭矩系数，每批复验 8 套。每组 8 套连接副扭矩系数的平均值应为 0.110～0.150，标准偏差应小于或等于 0.010。

2) 高强度螺栓连接摩擦面的抗滑移系数检验

(1) 抗滑移系数试验方法应符合现行国家《高强度螺栓连接面抗滑移系数试验方法》的

规定。

(2) 经处理的摩擦面，出厂时应按批按照规范做抗滑移系数试验，应按批附 3 套与杆件相同材质、相同处理方法的试件，由工地复验抗滑移系数。在运输过程中，试件摩擦面不得损伤。

(3) 该工程钢结构高强度螺栓连接面的抗滑移系数试验，对于 Q345 要求达到 $f \geqslant 0.45$，该工程使用的螺栓规格为 M20、M24，对这两种规格进行试验，试件板表面应平整无油污，孔和板的边缘应无飞边、毛刺；冲砂等级达到 Sa2.5 级，做 12 组。

(4) 抗滑移系数检验的最小值等于或大于设计规定值，当不符合规定时，构件摩擦面应重新处理，处理后的构件摩擦面应重新检验。

高强度螺栓所有抽检、试验合格后才能进行安装施工。

3) 现场摩擦面处理

运抵现场的钢构件，其摩擦面应无油污及氧化铁皮，如有需要用钢丝刷清理干净，以保证摩擦面的摩擦系数。

4) 高强度螺栓保管

高强度螺栓应存放在防雨防潮的仓库内，按规格批号分类存放，并挂牌，不得混放混用；施工过程中随用随领，每天未用完的要归库，严禁在现场露天堆放，防止受潮、生锈、玷污和碰伤。

5) 施工扭矩的计算

施工扭矩为施工时标定的高强螺栓扭矩值，其计算公式如下：

$$M_{施} = K \cdot P_c \cdot d$$

式中，$M_{施}$ 为施工扭矩(牛·米)；K 为试验报告中提供的扭矩系数平均值，必要时做温度校正；P_c 为高强度螺栓的施工预拉力(千牛)；d 为高强度螺栓公称直径(毫米)。

6) 高强螺栓安装

高强度螺栓施工应按程序和规范进行，整个施工过程中应严格控制。

(1) 高强度螺栓工艺流程：该工程高强度螺栓采用 10.9S 扭剪型高强度螺栓连接。高强度螺栓的施工质量关系到结构连接的可靠性，其施工质量应严格把关。高强度螺栓安装工艺流程如图 6-39 所示。

(2) 高强度螺栓施工程序：高强度螺栓安装→高强度螺栓初拧→高强度螺栓终拧→高强度螺栓终拧抽查。

7) 高强度螺栓的施工要求

(1) 采用高强度螺栓连接处，连接面采用喷砂(丸)处理，钢材材质为 Q345B，摩擦面的抗滑移系数为 0.45。

(2) 钢板之间贴合摩擦面内不得涂刷油漆，高强度螺栓连接施工应满足规范要求。高

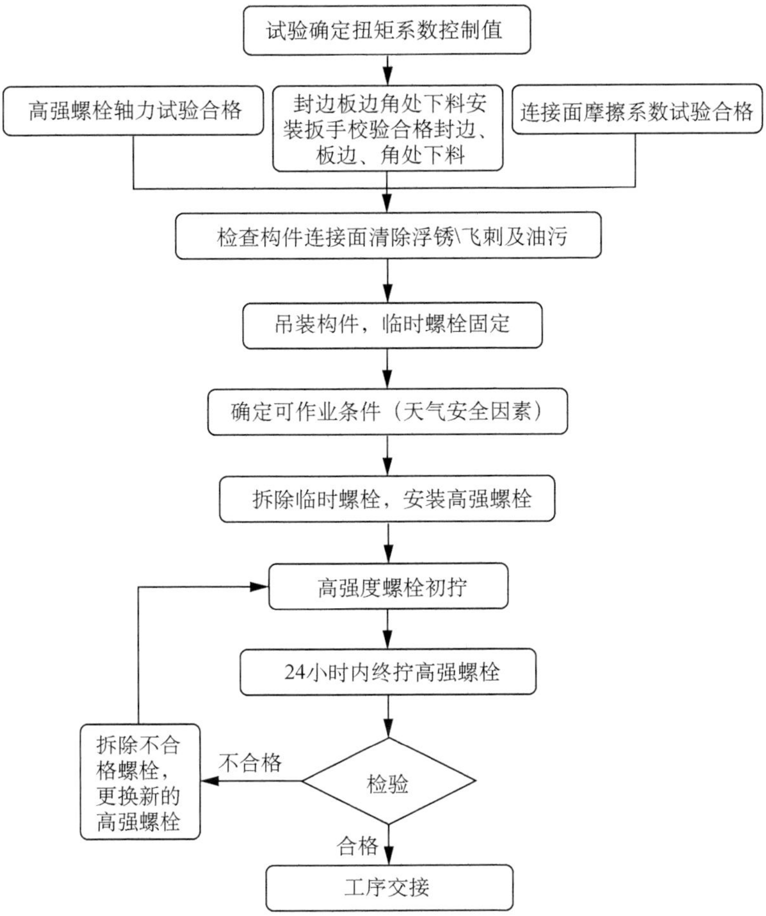

图 6-39　高强螺栓安装工艺流程

强度螺栓预拉力应满足《钢结构设计规范》(GB 50017—2003)中表 7.2.2-2 条的规定。

(3) 为了使部件紧密的贴合达到设计要求的摩擦力，贴合面上严禁有电焊、气焊、气割、溅点、毛刺、飞边、尘土及油漆等不洁物质。

(4) 在螺栓的上下接触面处，如有 1/10 以上的斜度时，应采用斜垫圈垫平。

(5) 注意切勿使螺栓头、垫圈及母材接触面沾有油污。

(6) 高强螺栓施工完成后，应在连接板缝、螺栓头、螺母和垫圈周围涂防腐腻子封闭。

8) 高强度螺栓施工

(1) 高强度螺栓安装

钢结构安装前应清除飞边、毛刺、焊接飞溅物。高强度螺栓的垫圈和螺母应该分清紧固面和摩擦面。每个螺栓的一端不得垫 2 个或 2 个以上的垫圈，同时注意垫圈的方向。螺栓使用时要分清螺栓使用部位，保证螺栓终拧后外露螺纹不少于 2～3 个螺距，其中允许 10% 螺栓螺纹外露 1 个螺距或 4 个螺距。螺栓孔不得采用气割扩孔，孔眼偏差采用钢制铰刀修理。安装高强螺栓时，螺栓应自由穿入孔内，不得强行敲打，穿入方向一致并便于螺栓紧固的操作。高强螺栓的安装应按一定顺序紧固，有连接板的节点，应从连接板中间向两端紧固，以消除摩擦面间隙，使摩擦面接合紧密(紧固顺序如图 6-40 所示)。大型节点从中央向四周紧固，消除应力。

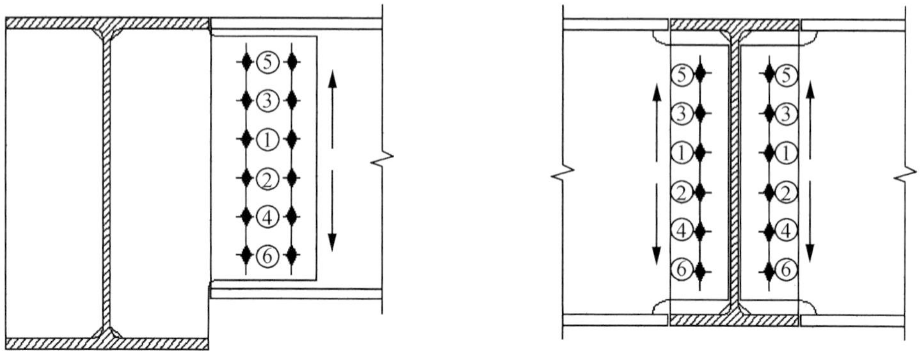

图 6-40 高强螺栓紧固顺序示意图

(2) 高强度螺栓终拧

钢结构在完成框架校正、扭剪型高强度螺栓连接副初拧后，进行终拧。

(3) 高强度螺栓验收

扭剪型高强度螺栓连接副终拧后，除因构造原因无法使用专用扳手终拧掉梅花头者外，未在终拧中拧掉梅花头的螺栓数不应大于该节点螺栓数的 5%，对所有梅花头未拧掉的扭剪型高强度螺栓连接副应采用扭矩法或转角法进行终拧并做标记，且按规范进行终拧扭矩检查。

检查数量：按节点数抽查 10%，但不应少于 10 个节点，被抽查节点中梅花头未拧掉的扭剪型高强度螺栓连接副全数进行终拧扭矩检查。

检验方法：观察检查，采用扭矩法或转角法检查。

9) 高强度螺栓施工注意事项

(1) 高强度螺栓安装时穿入的临时螺栓和冲钉数量不得少于安装总数的 1/3，且不得少于两个临时螺栓，冲钉穿入数量不宜多于临时螺栓的 30%。高强度螺栓应能自由穿入，如不能自由穿入应用铰刀进行修整，修整后孔的最大直径应小于 1.2 倍螺栓直径。修孔时，为防止铁屑落入板夹缝中，铰孔前应将四周螺栓全部拧紧，使板密封后再进行。严禁气割扩孔。

(2) 安装高强度螺栓时，构件的摩擦面应保持干燥，不得在雨中作业。

(3) 高强度螺栓拧紧时，只准在螺母上施加扭矩，终拧后的高强度螺栓应用另一种颜色在螺母上涂上标记。

(4) 对于露天使用或接触腐蚀性气体的钢结构，在高强度螺栓拧紧检查验收合格后，连接处板缝应及时用腻子封闭。

10) 高强度螺栓施工质量通病及防治措施

紧固扭矩或预拉力不够：即高强度螺栓按规定扭矩紧固后，螺栓仍达不到要求的预拉力而影响连接强度是高强度螺栓经常出现的质量通病。防治措施:定期校正电动或手动扳手的扭矩值,使偏差在 5%以内,螺栓孔不重合或有偏差,应用电钻修孔,忌用锤强行打入孔内,避免螺纹损伤。

紧固顺序应为螺栓组中间向两端对称紧固,操作必须分两次进行,避免部分轴力消耗在钢板变形上。同时,避免把高强度螺栓当作临时安装螺栓使用。

6.1.16　现场焊接方案

1) 工程焊接特点及难点

(1) 该工程结构钢材基本以 Q345B 为主。这在超高层钢结构中应用比较普遍,焊接性能良好。

(2) 整个结构高度达 242.7 米,且该工程在泰州,安装阶段有大风和高温天气,高空环境和天气特殊情况下对焊工操作影响很大。

(3) 高空风速较大,并且贯穿于现场焊接全过程,尤其是对气体保护焊的影响较大。

(4) 构件数量多,因此,现场焊接量比较大。焊接效率将直接影响到钢结构安装进度,可以说整个工程进度与焊接进度是息息相关的。

2) 焊接方法

根据现场焊接特点,并结合工程实际,采用 CO_2 药芯焊丝气体保护焊和焊条手工电弧焊相结合的焊接方法。

选用 CO_2 药芯焊丝气体保护焊,一是熔敷速度高,其熔敷速度为手工焊条的 2～3 倍,熔敷效率可达 90%以上;二是气渣联合保护,电弧稳定、飞溅少、脱渣易、焊道成形美观;三是对电流、电压的适应范围广,焊接条件设定较为容易。对这种结构外露型构件的焊接比较适宜。因此,构件的焊接将主要采用 CO_2 药芯焊丝气体保护焊。同时由于焊条手工焊简便灵活,适应性强,将作为辅助焊接方法。

3) 焊接材料

(1) 焊接材料选用

焊接材料采用氢含量较低的焊材。焊接材料的选用原则与母材强度等强。

焊条选用:Q345—E5015(J507)。

焊丝选用:E501T(药芯焊丝 ϕ1.2)。

保护气体为 CO_2,纯度 99.98%(露点≤－40 摄氏度)。

(2) 焊材复验

对所有应用于该工程的焊接材料按生产批号进行成分、性能的复验,复验由国家技术质量监督部门认可的质量监督检测机构进行。

(3) 焊材管理

焊材须有质保书,应该按类别、牌号、规格和批号等分类堆放,并有明确标志。堆放场地应保持通风、干燥。

(4) 焊材使用

焊条按使用说明书进行烘焙、保温,并做好烘焙记录。焊接材料烘干温度详见表 6-6。焊工领用焊条时,须存放在保温筒内,且每次焊条不得超过 4 小时的使用量。超过 4 小时,应重新烘焙。焊条重复烘干次数不宜超过 2 次;严禁使用受潮的焊条。

药芯焊丝启封后,应尽快用完,不得超过 2 天时间。当天多余焊丝应用薄膜封包,存放在室内。二氧化碳气瓶必须装有预热干燥器。

表 6-6 焊接材料烘干温度

焊接材料烘干温度		
焊接材料牌号	使用前烘焙条件	使用前存放条件
焊条 E5015	300～430 摄氏度;2 小时	120 摄氏度

4) 焊接设备

所有焊接设备(包括加热、测量、控制装置)应处于正常状态,仪表均应经过鉴定,并在有效期内。焊接设备如表 6-7 所示。

表 6-7 焊接设备表

焊接方法	焊接设备	电流和极性	单弧或多弧	手工或机械
手工焊条电弧焊	ZX5-400	直流反接	单弧	手工
CO_2 气体保护焊	NB-500	直流反接	单弧	半自动

5) 焊工资质及培训

(1) 焊工资质

焊工应具有相应的合格证书,包括 ZC、AWS 所颁发的资格证书,并在有效期内。焊工应具备全位置焊接水平。严禁无证上岗,或者低级别焊高级别。

(2) 焊工技术培训

对所有从事该工程焊接的焊工进行技术培训考核,主要根据焊接节点形式、焊接方法以及焊接操作位置,以达到工程所需的焊接技能水平。

(3) 高空技术培训

由于工程结构高度很高,在高空环境下,对焊工的素质提出了更高的要求。所以还必须针对性地进行高空焊接培训,从而适应现场环境的需要,提高焊接质量。

6) 焊接工艺评定

在工程正式施焊前,根据不同的焊接方法、焊接材料、焊接位置、预热要求以及坡口类型等,按照《钢结构焊接规范》(GB 50661—2011)进行工艺评定试验,确定合适的焊接参数作为焊接工艺规程的依据。制订出具体的焊接工艺规程后,将要求焊工严格执行,不得随意改变工艺参数。

7）现场焊接施工流程

详见图 6-41。

8）焊前准备

焊接区操作脚手平台搭设良好，平台高度及宽度应有利于焊工操作舒适、方便，并应有防风措施。

由于 CO_2 气体保护焊焊枪线较短，考虑将焊机及送丝机置于操作平台上。操作平台需针对立柱、钢梁节点焊接而专门设计。

焊工配置一些必要的工具，比如凿子、奶子榔头、刷子以及砂轮机等。焊把线应绝缘良好，如有破损处要用绝缘布包裹好，以免拖拉焊把线时与母材打火。

焊接设备应接线正确、调试好，正式焊接前宜先进行试焊，将电压、电流调至合适范围。

检查坡口装配质量。应去除坡口区域的氧化皮、水分、油污等影响焊缝质量的杂质。如坡口用氧-乙炔切割过，还应用砂轮机进行打磨至露出金属光泽。

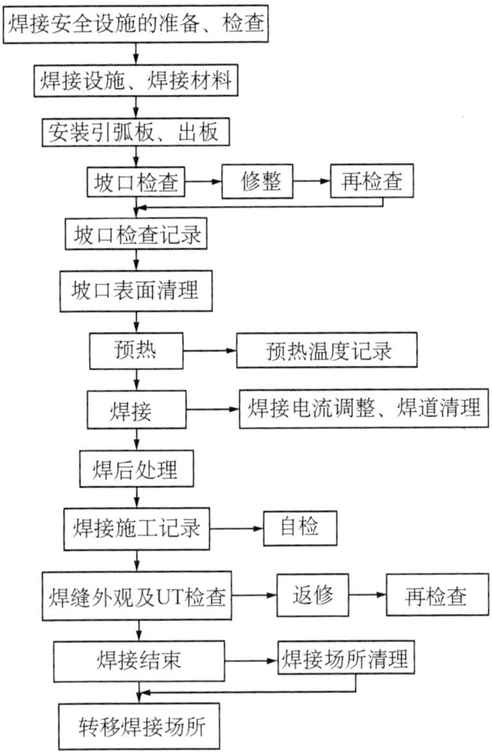

图 6-41　现场焊接施工流程图

当坡口间隙超过允许偏差规定时，通过在坡口单侧或两侧堆焊使其符合要求。

9）焊接预热

预热是防止低合金高强钢焊接氢致裂纹的有效措施，可以控制焊接冷却速度，减少或避免热影响区（HAZ）中淬硬马氏体的产生，降低 HAZ 硬度，同时还可以降低焊接应力，并有助于氢的逸出。

预热温度的确定与钢材材质、板厚、接头形式、环境温度、焊接材料的含氢量以及拘束度都有关系。

预热主要采用火焰加热方法，预热范围为坡口及坡口两侧不小于板厚的 1.5 倍宽度，且不小于 100 毫米。测温点应距焊接点各方向上不小于焊件的最大厚度值，但不得小于 75 毫米处。不同板厚对应的预热温度如表 6-8 所示。

表 6-8　不同板厚对应的预热温度

钢材牌号	接头最厚部件的厚度/毫米				
	$t<20$	$20\leq t\leq 40$	$40<t\leq 60$	$60<t\leq 80$	$t>80$
Q345	—	20 摄氏度	60 摄氏度	80 摄氏度	100 摄氏度

（1）接头的预热温度应不小于上表规定的温度，层间温度不得大于 230 摄氏度。

(2) 接头预热温度的选择以较厚板为基准，应注意保证厚板侧的预热温度，严格控制薄板侧的层间温度。

(3) 预热时，焊接部位的表面均匀加热，加热区域为较厚板的两倍板厚范围，但不得小于 100 毫米区域。加热时应尽可能在施焊部位的背面。

(4) 当环境温度(或母材表面温度)低于 0 摄氏度(当板厚大于 30 毫米时为 5 摄氏度)时，不需预热的焊接接头应将接头区域的母材预热至大于 21 摄氏度，焊接期间应保持上表规定的最低预热温度以上。

10) 焊接坡口

根据该工程的构件特点、焊接的可操作性、焊工的视线等，应以单面开坡口形式为主。现场接头采用单面单边 V 形，反面设置衬板，根部间隙 6～8 毫米，坡口角度 45 度，如图 6-42 所示。

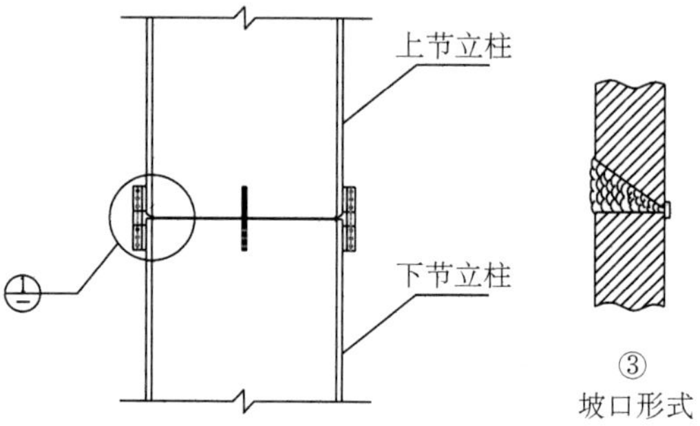

图 6-42　焊接坡口大样

11) 焊接工艺措施

- 采用多层多道焊，控制层间温度不低于预热温度，但不宜超过 200 摄氏度；
- 采用直流反接(DC+)；
- 丝伸出长度控制在 20 毫米左右；
- 保护气体流量 20～25 升/分钟；
- 焊条打底焊使用不大于 $\phi 4$ 毫米的焊条，根部焊道厚度不超过 6 毫米；
- 焊缝构成由坡口面到中间。

12) 焊后处理

为了降低留在焊缝中的氢含量，减小氢致裂纹倾向。首先，从焊接材料、预热上采取一些措施，即选用低氢焊材，从熔敷金属上降低氢含量；其次，适当提高预热温度，进一步降低焊缝热影响区的冷却速度，以防止延迟裂纹的产生。

对于这种相对比较大的焊接接头，现场后热有一定的难度。结合以前在一些工程中的施工经验，考虑对 Q345 可不采取后热处理，而采用焊后保温措施处理，即焊后用保温石棉包裹接头两侧不小于 500 毫米的范围，然后根据板厚进行一段时间的保温，使整个接头冷却速度减缓。

13) 焊接变形控制

在该工程中，焊接变形控制的关键是立柱接头焊接收缩引起的竖直方向的结构变形。

焊接变形控制是一个综合控制过程，与整个结构安装顺序、测量控制、焊接工艺措施都紧密相关。

(1) 焊接方法优选

- 该工程除仰焊位采用电焊条手工电弧焊以外，其他焊位除打底焊外优先采用熔化极气体保护电弧焊(实心或药芯焊丝)等能量密度相对较高的焊接方法。厚板焊接选用大电流确保根部焊透和焊道间融合,但板厚 25 毫米以下时,采用较小的电流以减小热输入。

• 一律采用多层多道焊接法,除立焊位外不允许摆动电弧。焊缝单道厚度不得大于 5 毫米。立焊时允许摆动宽度:焊缝宽度小于 40 毫米时,约为 15 毫米。

(2) 焊接顺序

• 钢柱焊接顺序(图 6-43)

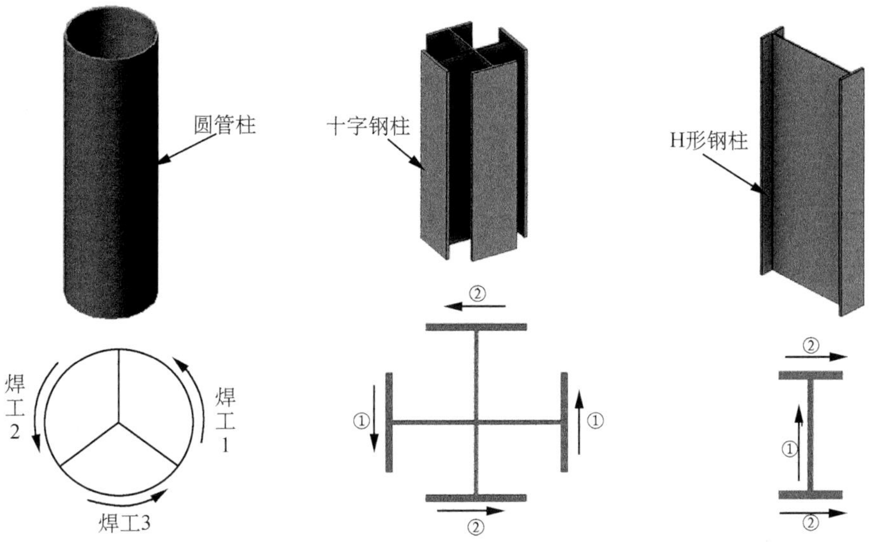

图 6-43　钢柱焊接顺序

• 钢梁焊接顺序(图 6-44)

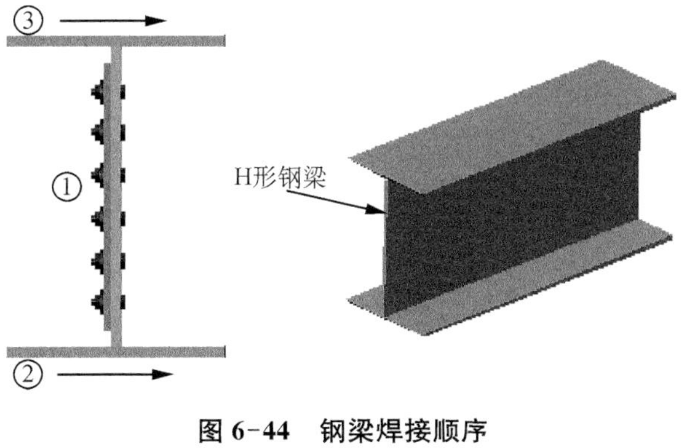

图 6-44　钢梁焊接顺序

(3) 余量控制

焊缝收缩(主要为横向收缩)对构件的变形影响较大,而收缩量主要与焊接线能量关系密切。为此,在焊接工艺评定时,可进行现场模拟接头试验,通过分析相关焊缝收缩量的数据,为实际接头进行焊接收缩预控。

(4) 采用补偿加热法

若因节点设计等原因而不能实现对称焊接时,可在焊缝区域的对称部位同时进行伴随补偿加热,温度略高于预热温度但不得高于 300～350 摄氏度。

(5) 采用刚性固定法

对一般构件可以采用定位焊固定同时限制变形;对大型构件宜用刚性固定法(利用卡马、胎夹具和临时拉撑)增加结构焊接时刚性。但刚性固定法减少变形同时增大应力,必须注意防止裂纹产生。必要时柱的垂偏可采用反向预置偏斜法控制。

(6) 采用焊后矫正变形法

• 焊接引起的构件变形可采用加热矫正,或用压力矫正器、千斤顶等实施冷矫正,或两者结合采用。

• 采用加热矫正时,防止因加热及冷却对钢材的机械性能的影响,Q345 加热温度宜控制在 900 摄氏度以下,不允许浇水冷却,只能空冷。

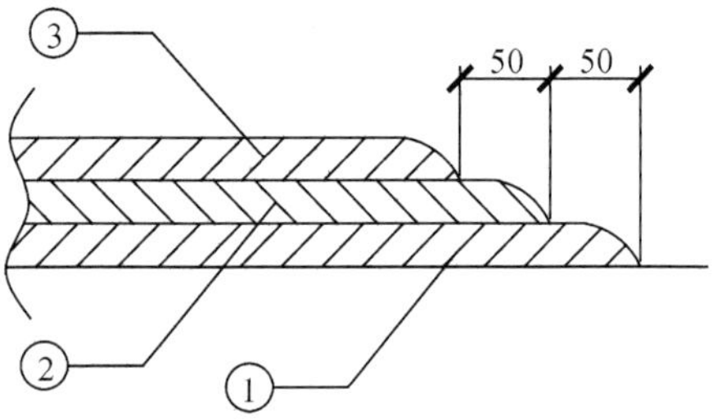

图 6-45 焊道接头示意图

• 火焰矫正弯曲变形的位置应选择在横向加劲肋处;对挠度变形,可沿翼板有肋板处,横向带状或点状由翼板中心向两侧腹板加热,腹板加热处为三角形;对侧弯变形,应在有肋板处翼板一侧局部以尖形加热方式矫正。

每道焊缝收头需熔至上一道焊缝端部约 50 毫米处,即错开 50 毫米,使焊道的接头不集中在一处(图 6-45)。

(7) 采用合理的安装顺序

为了既不影响构件变形,又保证施工进度和安全操作,采取时间和空间错开的方法,合理安排吊装和焊接,做到搭接施工。在构件安装时,采用临时支撑或其余支撑加以固定,接头处布置一定数量的定位板,防止在焊接过程中由于构件自重而引起的附加变形。

施工中柱与柱、梁与梁、梁与柱的施焊,须遵循下述原则。

• 就整个框架而言,柱、梁等刚性接头的焊接施工,应从整个结构的中部施焊,先形成框架而后向左、右扩展续焊。典型楼层焊接顺序示意图如图 6-46 所示。

• 对柱、梁而言,应先完成全部柱的接头焊接:焊接时无偏差的柱,严格遵循两人对向同速;有偏差的地方,应按向左倒、右先焊,向右倒、左先焊的顺序施焊,确保柱的安装精度,然后自每一节的上一层梁始焊。进入梁焊接时,应尽量在同一柱左、右接头同时施焊,并先焊下翼缘板,后焊上翼缘板。

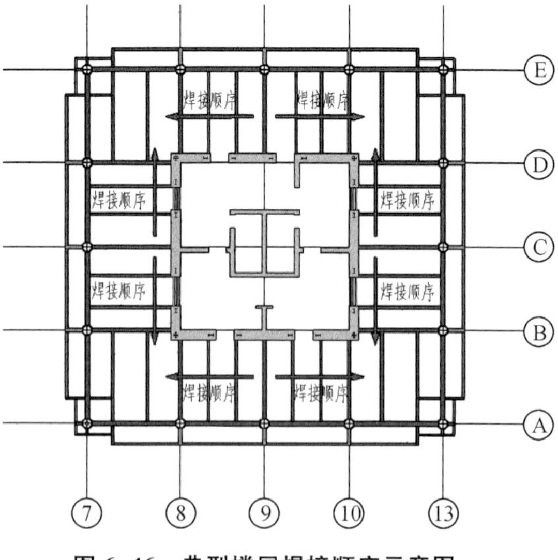

图 6-46 典型楼层焊接顺序示意图

对于柱间平梁，应先焊中部柱一端接头，不得同一柱间梁两处接头同时开焊。

• 焊接过程中要始终进行柱梁标高、水平度、垂直度的监控，发现异常，应及时暂停，通过改变焊接顺序和加热校正等特殊处理。进行下接头焊接前，施焊完柱间水平连梁一端接头进行另一端接头焊接前，必须对前一接头焊后收缩数据进行核查，对于应该完成的焊后收缩而未完成，应查明原因，采取促使收缩、释放等措施，不因本应变形较大的未变形、本应收缩值很低的产生较大收缩导致结构安装超差。

14）焊接应力控制

• 采用合适的焊接坡口，减少焊接填充量；

• 构件安装时不得强行装配，致使产生初始装配应力；

• 采用合理的焊接顺序，对称焊、分段焊；

• 先焊收缩量大的接头，后焊收缩量小的接头，应在尽可能小的拘束下焊接；

• 预先合理设置收缩余量；

• 同一构件两端不同时焊接；

• 保证预热，对层间温度的有效控制，降低焊接接头的拘束度，减少焊接热影响区范围，可降低焊接接头的焊接残余应力；

• 采取高效的 CO_2 焊接方法，可减少焊接道数，降低焊接变形和残余应力；

• 通过有效的工艺和焊接控制，防止或降低焊接接头的返修，可避免焊接接头应力增加；

• 采取焊后缓冷，使接头在冷却时能有足够的塑性和宽度均匀消除焊接收缩，降低残余应力峰值和平均值，达到降低焊接残余应力目的。同时必要时采用烘烤的方法进一步达到消减残余应力目的。

15）焊接质量检查

焊接质量检查包括外观和无损检测，外观检查按照《钢结构焊接规范》(GB 50661—2011)规范执行。无损检测(UT)按照《焊缝无损检测超声检测技术、检测等级和评定》(GB/T 11345—2013)和设计文件执行，一级焊缝100%检验，二级焊缝抽检20%，并且在焊后24小时检测。对UT检测有疑问，在有条件的地方辅以RT检测。

16）焊接缺陷返修

• 焊缝表面的气孔、夹渣用碳刨清除后重焊。

• 母材上若产生弧斑，则要用砂轮机打磨后，必要时进行磁粉检查。

• 焊缝内部的缺陷，根据UT对缺陷的定位，用碳刨清除。对裂纹，碳刨区域两端要向外延伸至各50毫米的焊缝金属。

• 返修焊接时，对于厚板，必须按原有工艺进行预热处理。预热温度应在前面基础上提高20摄氏度。

• 焊缝同一部位的返修不宜超过2次。如若超过2次，则要制订专门的返修工艺并报请监理工程师批准。

17) 焊接操作注意事项

(1) 防风措施

焊接作业区风速:在手工电弧焊时不得超过 8 米/秒,在 CO_2 气体保护焊时不得超过 2 米/秒,否则应采取防风措施。利用焊接操作平台,将平台做成基本封闭状态(图 6-47),就能有效防止大风对焊接的影响。

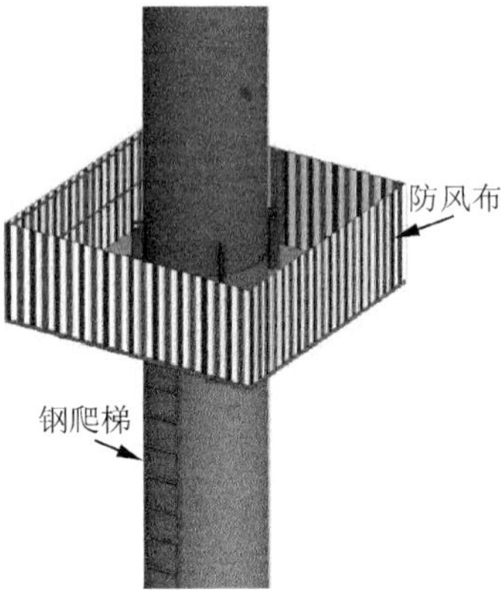

图 6-47 防风篷示意图

图 6-48 焊接防雨篷

(2) 防雨措施

焊接需要连续施焊,对于天气多变,或适逢雨季,必将影响焊接施工。为此,需要采取专门防雨措施。将操作平台做成全封闭(图 6-48),虽可避免焊接点直接淋雨,但雨水会顺着管子流淌进焊接区,造成焊接区淬火。在焊接区上方搭设雨篷后,还需在雨篷上方采用防水材料围住钢柱四周,使雨水不致向下流淌。

(3) 其他注意事项

严禁在焊缝以外的母材上引弧;定位焊必须由持焊工合格证的工人施焊,且应与正式焊缝一样要求;如装有引弧和收弧板,则应在引弧板和引出板上引弧和收弧。焊接完成后,应用气割切除引弧板和引出板,留有 2 毫米宽,用砂轮机修磨平整。严禁用锤击落。

6.1.17 现场测量方案

1) 钢结构测量定位的特点及难点

(1) 钢结构测量定位特点

• 该工程为高 242.7 米的高层建筑,它的结构不同于一般单层、多层结构。由于钢结构安装高度高,钢结构测量难度大,测量精度要求较高,为此必须制订一套科学合理和可靠的测量方案,包括合理的基准控制网的设置、先进测量仪器的选用、科学的测点布置、系统的数据传递和多系统的校核等。

• 混凝土核心筒与钢结构外框架因不同材质而存在的变形不协调问题;在结构自重荷载、温度荷载、风荷载作用下的结构变形和安全问题;在施工荷载(如起重机械等)作用下结构整体或局部可靠度问题。为了确保结构在施工阶段全面受控，建立贯穿施工全过程的施工监测控制系统，以信息化施工为主要控制手段，并根据结构验算和分析结果，对结构温度、结构应力和变形的特征点进行施工监测。

• 在测量内容上，除了测标高、轴线、垂直度外，对钢梁与钢柱连接节点的定位安装，还须测偏转值。对钢柱等重要构件的测量，测量标准比一般构件的要求高，在初校的基础上，每完成一道工序后，都要进行复测，特别是在用高强度螺栓连接完成和焊接结束后。

(2) 钢结构测量定位难点(表 6-9)

表 6-9　钢结构测量定位难点

序号	概述	内容
1	测量定位要求精度高	该工程钢结构大量采用高强螺栓连接节点，对制作、安装精度提出了很高的要求，尤其是钢柱，施工时不但要重视其空间绝对位置，更需精确控制各施工环节的相对精度。必须确保工程的整体安装精度符合要求，以满足结构施工完成后达到设计安全要求
2	对标高、垂直度测量困难	本建筑高 242.7 米，外框架钢柱由下及上，横截面逐渐收缩。施工前应充分掌握设计要求，做好内业计算工作
3	内外变形差、温差变形影响大	该工程为混凝土核心筒与钢框架的组合结构，构件制作误差、测量及安装误差、各类变形，施工过程中核心筒与外框架竖向压缩变形差、环境温度变化及日照等因素对测量安装定位的精度有一定的影响
4	内外控制网的衔接	核心筒与钢结构之间存在一定的高差和施工时差，必须考虑用于核心筒施工的土建控制网与钢结构控制网的衔接问题
5	控制网的竖向传递精度保证难	由于该工程周边建筑物没有合适的观测位置，测量控制点的设置在保证超高空通视条件上有一定的难度。另外，由于结构超高，控制网的竖向传递精度保证难，需要借助其他手段更好、更精确地保证测量精度
6	超高空测量仪器及棱镜的稳定架设困难	超高空测量仪器及棱镜的稳定架设困难，测量定位作业有一定难度

(3) 应对方案概述

根据该工程特点，结合以往大型超高层钢结构安装成熟经验，采取的测量应对方案如表 6-10 所述。

表 6-10　测量应对方案

序号	应对方案概述
1	以全站仪测放测量控制网，使用水准仪和全站仪传递和测放施工基准点
2	虽然使用全站仪即可放样空间坐标点，但对该工程来说，使用垂准仪能够更好地保证相对关系的控制。为保证垂准仪传递精度，间隔一定高度，进行原地转点。使用全站仪天顶测距进行高程控制，使用水准仪进行校核
3	建立与土建统一的二级控制网，在核心筒外侧设置测量控制平台，用于钢结构的测量定位
4	由于环境温度变化和日照的影响，使测量定位十分复杂而困难。在精确定位时，必须监测结构温度的分布规律，规避日照效应

（续表）

序号	应对方案概述
5	设计和制作适用于该工程的测量辅助装置和设施，以满足测量操作及精度控制需要
6	需在充分考虑构件制作误差、工艺检验数据、测量及安装误差、各类变形（如光照、温度、沉降和焊接等）的基础上制订钢结构安装控制方案，并根据施工中实时反馈的实际监测数据，及时调整和制订阶段性控制方案

2）控制测量

（1）移交资料的复测

根据业主及总包提供的坐标点建立首级控制点网，在对这些点使用之前先对会同总包、监理进行三方复测，确认无误后方能使用，控制点精度经复测满足要求后，才能进行下一步工作。

（2）平面控制

为满足钢结构安装定位需要，需利用周边稳固建筑物构建平面网，选择控制点时应选择稳定的不受施工影响的场外，同时考虑今后的使用方便及通视问题。

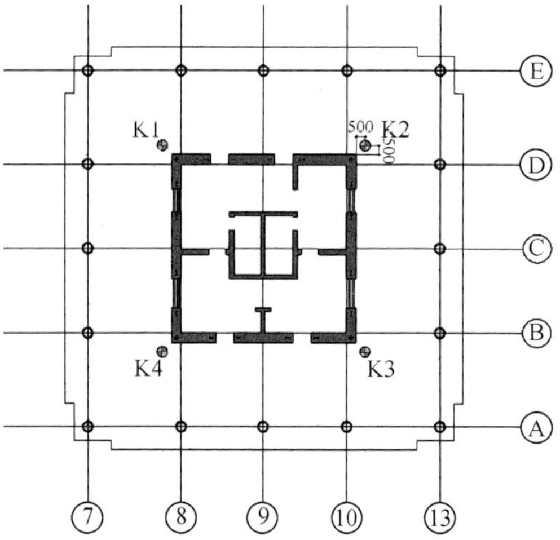

图 6-49　混凝土核心筒外投影基准点布置图

使用全站仪复测首级控制点，确认无误后方可使用。在B3层底板上，使用全站仪放样混凝土核心筒外4个投影基准点，这4个投影基准点作为钢结构工程的施工投影基准点（图6-49）。

（3）高程控制

首级高程控制点应设在不受施工情况影响的场外。以精密水准仪检测首级高程控制网。用闭合水准的方式将高程控制点引入场内，并设定固定点作为高程点。场内地面高程点经复核无误后，在塔楼施工时分别引测到各个层面上，每个层面引测4～6个标高控制点，控制点应引测到稳固的构件上，在每一层上对引测点校核，误差应在精度要求范围内。

高程引测时可使用水准仪以水准路线引测，高程传递以悬挂钢尺或全站仪天顶方向直接传递并相互校核（图6-50）。

3）测量施工分区划分

根据K1～K4四个投影点的位置，为了方便测量及保证测量精度将结构平面划分成四个测量分区（图6-51）。仪器架设在K1点，对应一区构件和二、四区部分构件的测量；仪器架设在K2点，对应二区构件和一、三区部分构件的测量；仪器架设在K3点，对应三区构件和二、四区部分构件的测量；仪器架设在K4点，对应四区构件和一、三区部分构件的测量。每个分区对应有钢柱、钢梁和斜撑等构件，根据塔吊性能将钢柱划分成长度不等的分段，每

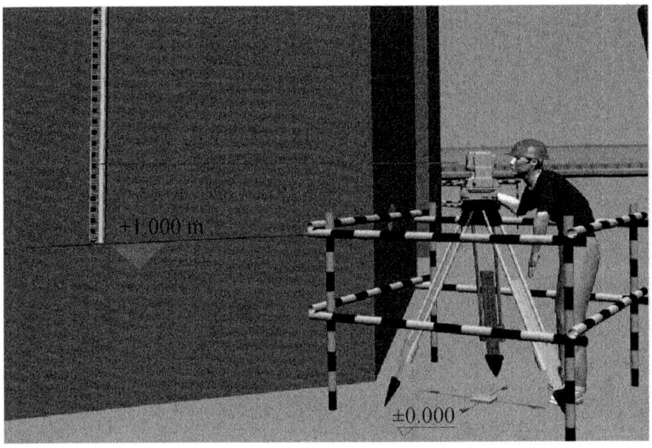

(a) 悬挂钢尺

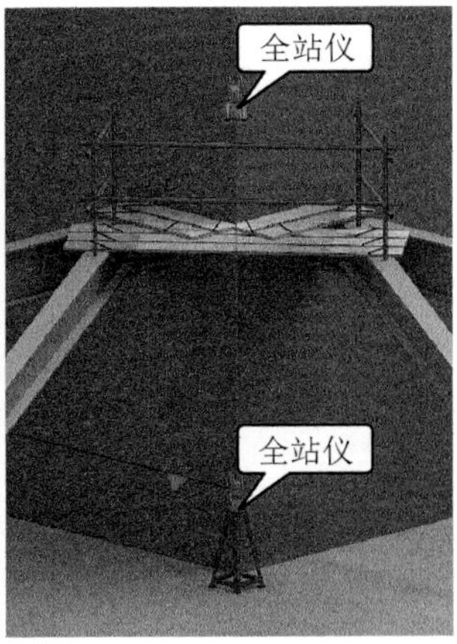

(b) 全站仪天顶方向

图 6-50　高程传递

个柱分段对应两层或三层钢梁，先安装钢柱，将钢柱调整到位后进行焊接固定，然后安装每节钢柱对应的下层钢梁、上层钢梁及斜撑。

4) 施工测量

(1) 地下室大底板施工测量控制点布设

利用平面控制网，在地下室顶板处设置结构安装基准线，作为内筒周边的垂准仪垂直投影点的基准点。放样完成后，检测相互关系，做到步步校核。引测高程点至施工区域内，复核无误后备用。对钢结构安装所有放样数据及校核的计算资料，均应提前在内业工作中完成，经两人对算和人机复算无误后，方可现场使用。地下室顶板处施工测量控制点布置形式详见图 6-52。

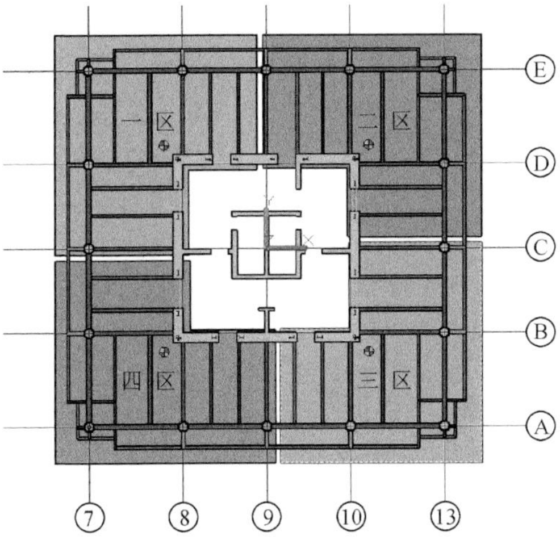

图 6-51　测量平面分区图

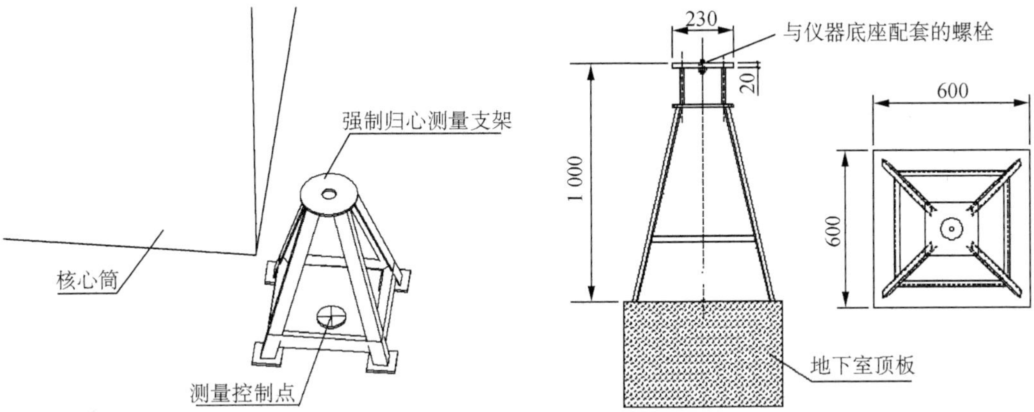

图 6-52　地下室顶板处施工测量控制点布置形式

(2) 投影控制点的选择、传递及测量平台的形式

施工投影控制点的选择依据包括以下几点：

• 应尽量保证能够直接看到钢结构标高的最高处，即尽量保证垂直传递的视线通视，防止因转点而引起误差；同时应保证靠近内筒外壁，以方便在各层安装测量平台。

• 选取施工控制点时，还必须保证每根立柱测量时能和至少 2 个控制点通视，以保证控制精度。

• 应保证施工超出地面后，内筒外的 4 个投影控制点同场外首级控制网能够通视，以方便传递后的校核及观测时将场外控制点作为后视。建立与土建统一的二级控制网，在内筒外围四角设置测量操作平台，用于钢结构的测量定位。

由于地上部分构件数量多且钢柱高度高，在安装上部结构时若只在首层控制点架设全站仪，测量仰角太大会影响定位测量精度或有些构件的定位点被遮挡，根本无法测量。因此，在安装上一节柱及对应的构件时要将测量控制点向上传递到便于测量的位置，在核心筒剪力墙上距已安装好的最上层的钢梁顶 1.2 米的位置做一个测量支架(图 6-53)，将全站仪直接架在该测量支架上进行测量，在钢梁上铺上木板作为测量人员的操作平台(图 6-54)，操作平台周围用脚手管做安全维护，在测量控制点的垂直方向上要尽量保证通视，在穿过楼层板时采用一段木框埋在楼层板混凝土中，上下口各超出板面 50 毫米，待结构封顶后将露出楼层面的钢管割除再将管口封好，在管口四周用混凝土砌块加以保护。测量支架采用 16 毫米厚的钢板焊接而成，与核心筒之间通过膨胀螺栓连接。

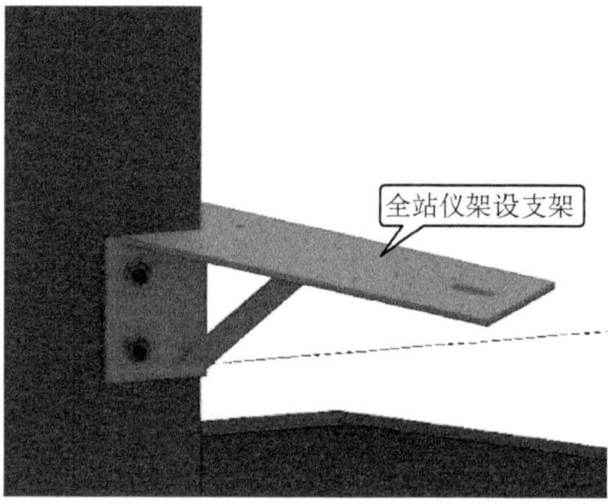

图 6-53 测量支架

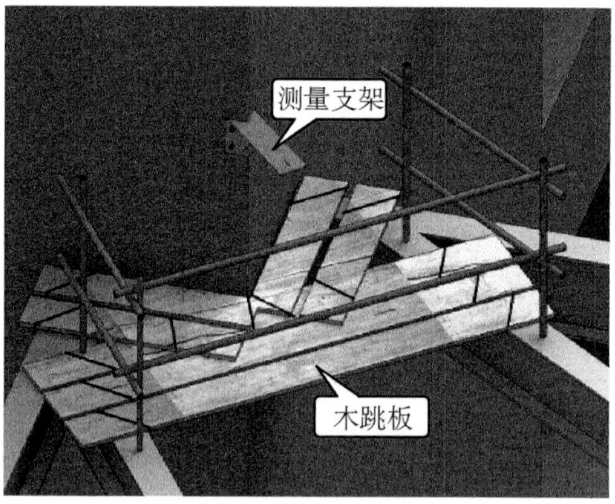

图 6-54 操作平台

(3) 各分段层面施工控制点传递

在施工至某一层面时，由平面控制点垂直传递到该层，如图 6-55 中 A、C 点，获得各层上的控制点 A_i、C_i 等控制点，依此为基准，放样该层内各结构特征点，以进行施工控制。高程控制依此类推。

控制点传递误差分析：按垂准仪仪器标称精度，单次观测，传递到 242.7 米最高处的仪器精度引起的误差为 242.7×1 000/200 000＝1.21 毫米。考虑长距离垂准仪传递时的激光

发散及观测困难问题，因此在 50 米左右进行一次原地转点。设观测距离为 50 米，其传递精度为 50 000/200 000＝0.25 毫米，按接收靶处的误差为 0.5 毫米，强制归心间隙差为 0.1 毫米，则分段传递时误差为 $(0.25^2+0.5^2+0.1^2)^{1/2}=0.56$ 毫米。此为单次传递点精度，所有传递点应经复核和平差计算后使用。

层内构件高程控制时，使用水准仪进行观测，对个别无法观测点或超出折尺长的位置，使用钢尺进行传递。

使用悬挂钢尺进行高程传递时(图 6-56)，将钢尺一端固定在临时支架上，钢尺下端坠标准重物，以保持尺身铅垂。使用两台水准仪上下同时读数。观测值需加尺长改正、温度改正、拉力改正等。

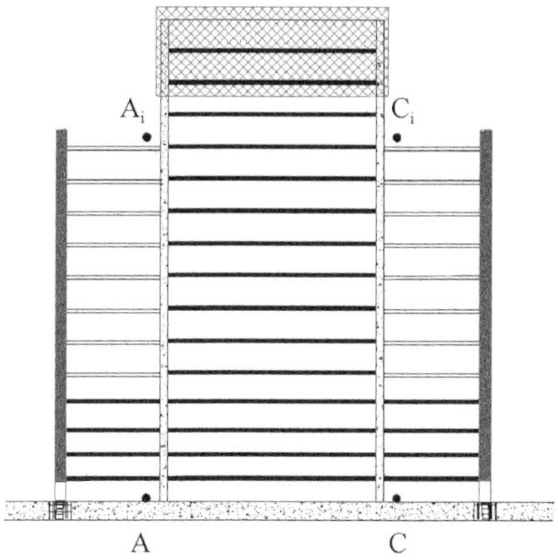

图 6-55　控制点垂直传递示意

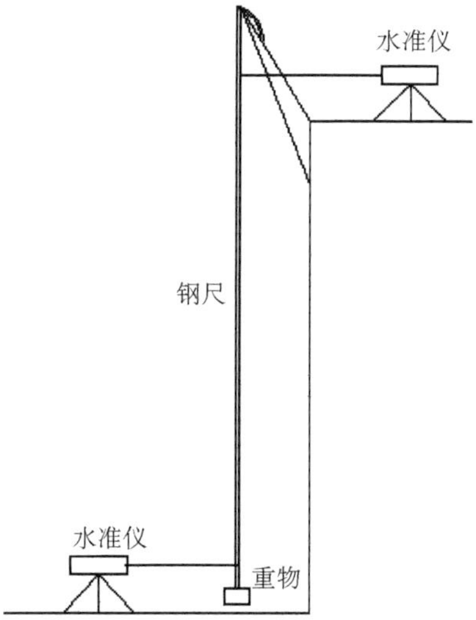

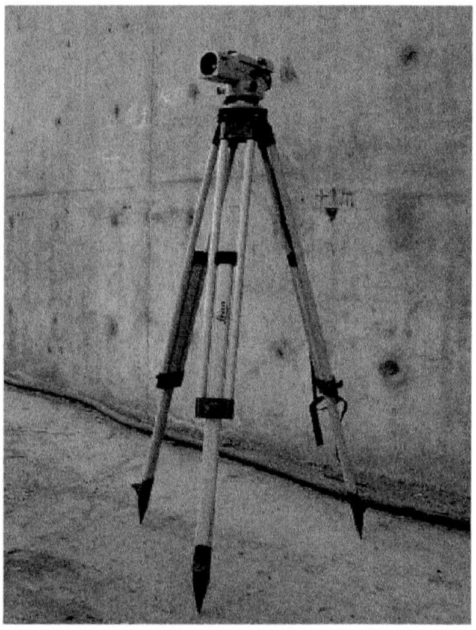

图 6-56　高程传递示意图

(4) 钢柱的测量

外框钢管柱的测量是外框架钢结构测量的重点。测量控制时平面坐标由垂准仪垂直向上传递。传递后，在层内以全站仪校核相对关系并在间隔一定高度的层面，与内筒内的土建控制传递点进行相互校核。高程由全站仪天顶方向直接测距，并由周边其他控制点，以钢尺垂直传递的方式进行校核。使用垂准仪垂直投点的方式进行测量控制，能有效地避免结构变形影响，减少累积误差的存在。测量时间一般定在早上太阳出来前后时间段内完成，可以减少温度变形造成的误差。

- 立柱根部测量控制

由于钢结构施工时基础大底板已施工完毕，故直接可利用底板上的测量控制点进行测设，以全站仪放样各立柱根部坐标。根据仪器标称精度，徕卡 1200 系列全站仪测角精度为 0.5″，测距精度±2 毫米±2×10^{-6}，在 120 米内测距精度为±0.5 毫米±1×10^{-6}。根据施工图纸，地下室底板处立柱根部点距离定位轴线均在 100 米范围内，设观测距离为 100 米（短距内可忽略乘常数影响），则仪器精度引起的测量误差为[(0.5/206 265×100 000)×2+0.52]×1/2=0.50 毫米。

• 立柱顶部的测量控制

由于立柱底端控制已在前期完成，因此主要是控制立柱顶端的位置，以激光垂准仪控制为主。在钢柱安装前，需在各节立柱的顶部和底部分别做好对应刻画线，以控制立柱的扭转。安装时，首先将立柱根部上的刻画线对准已安装的立柱的顶部刻画线，并保证正确衔接，即完成根部定位及解决空间扭转，然后进行该立柱顶部的精确控制。顶部控制时，主要用全站仪对柱顶的测量点位置进行测量，由于钢柱分段较长，为了保证操作安全优先考虑在柱顶测点位置贴上反光片来测量定位，尽量避免用工人在柱顶扶棱镜的方法进行测量定位（图 6-57）。当立柱顶调整到位后，对另一测量点进行检查复核，复合无误后，固定立柱，即完成立柱的定位。对于个别钢柱可能测点与仪器之间的夹角太大而无法利用反光片进行测量，只能采用人工扶棱镜的方法进行测量，在柱上设置供工人上下的爬梯，并且在爬梯旁边设置安全绳以确保操作工人的安全。

立柱安装到位后需检查其相对精度，确保放样准确。因高空无法使用钢尺量距且钢尺的悬荡对精度有影响，所以高空相对距离使用手持测距仪进行检测。

• 柱垂直度的测控

对于垂直于地面的钢柱，在测其垂直度时用两台全站仪置于柱基相互垂直的两条轴线上，对柱身刻画线进行测量，若测量得柱身刻画线竖向坐标重合，则表明钢柱垂直度无偏差。

图 6-57　钢柱安装测量定位

图 6-58　核心筒钢柱安装测量仪器

(5) 核心筒劲性柱的测量

劲性柱的安装主要控制其垂直度和水平位置，如图 6-58 所示，由于劲性柱分别位于轴线交汇处，在地下第一节劲性柱安装时通过控制轴线来控制劲性柱的定位，劲性柱加工制作时在劲性柱的两头画上对合线然后利用全站仪或铅垂仪进行垂直度的控制。在安装上一节劲性柱时，直接将上节柱下口的对合线与下节柱的上口对合线对接来完成上节柱下口的定位，再利用全站仪来控制上节柱的垂直度，即完成对上节柱的安装。架设测量仪器时充分利用核心筒混凝土剪力墙的爬模架进行固定。

6.2　钢管柱环梁整体焊接吊装技术

6.2.1　工程概况

泰州市金融服务区工程项目 5# 6# 楼，地下为 3 层地下室，其中地上 5# 裙楼为 8 层，6# 塔楼为 58 层，钢管柱外包环梁主要用在 5# 裙楼，钢管柱在梁底部位采用环板搁置环梁形式，钢管柱直径 1 500 毫米，壁厚 35 毫米，环梁截面尺寸 550 毫米×800 毫米～700 毫米×1 250 毫米，环梁钢筋重量最重约 1.5 吨。环梁钢筋由环梁纵筋、箍筋、腰筋及拉筋组成，环梁纵筋 21ϕ28（顶面和底面分别为 11ϕ28，底部 10ϕ28），环梁弯曲半径 800～1 075 毫米，环梁纵筋通过 12 箍筋连接，腰筋按 2ϕ16@200 布置，通过 ϕ8@400 拉筋与箍筋连接固定（图 6-59）。

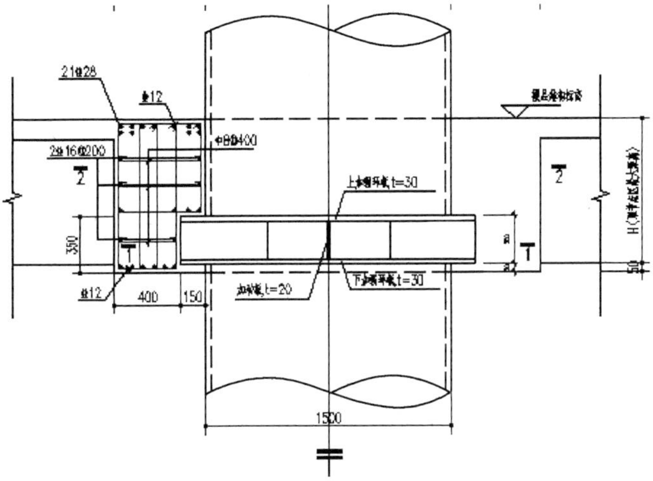

图 6-59　环梁钢筋布置示意图

6.2.2　预制钢筋环梁流程

由于金融服务区项目的环梁钢筋加工及绑扎的难度大，且工程体量大、工期紧、质量要求高，因此制订了严格的施工工艺流程（图 6-60），具体实施步骤包括：环梁钢筋配料（制作调圆台、制作焊接架、制作绑扎架）→环梁钢筋调圆→环梁钢筋焊接→环梁钢筋焊接→环梁钢筋绑扎→环梁钢筋吊装。

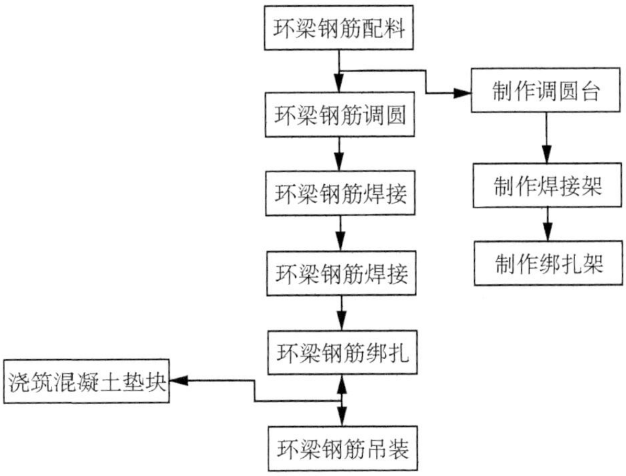

图 6-60　预制钢筋环梁流程

6.2.3 新型施工工艺难点分析

（1）预制环梁安装难度大。钢管柱上 100 毫米宽度吊装耳板，影响预制环梁吊装。

（2）预制环梁钢筋最重达 1.5 吨，若通过钢筋吊装至施工现场，钢筋受力易产生较大变形，影响环梁施工质量。

（3）钢筋密度大，空间定位难。环梁钢筋在面层密度高，局部钢筋布置密度更高，拱肋部分钢筋横竖向交叉，钢筋空间定位情况复杂，给钢筋放样、空间定位带来很大难度。

（4）梁体钢筋制作绑扎难度大、精度要求高。环梁纵筋弯曲精度要求高，需要二次调整；环梁钢筋密度大，上下纵筋最多达 21ϕ28 钢筋，可操作空间狭窄，箍筋绑扎难度大。

6.2.4 主要技术措施

为确定合理的环梁预制工艺，保证预制环梁安装的可行性，我们通过对钢管柱及环梁钢筋尺寸、位置及措施构件进行深化设计，在确保相关国家规范及工程质量要求前提下，应用计算机三维建模技术进行钢筋工程空间翻样，并对频繁交错的钢筋及预埋件进行空间关系分析，对安装流程不断进行优化和完善，环梁拱形段为曲面，对安装措施不断改进，因此相同编号的竖向钢筋或水平钢筋的高度、半径及弧度都不相同，采用空间放样后，在制作时准确地控制曲率以及钢筋位置，确保环梁整体吊装时不出现变形。

1）钢结构及环梁钢筋深化设计

本项设计需经设计单位确认，考虑将钢管柱吊装耳板焊接至钢管柱内侧，同时将环梁内环钢筋弯曲半径在设计允许范围内外扩 20 毫米，预制环梁钢筋整体吊装安装完成后，将加工成形的钢结构连接耳板焊接至钢管柱外侧，完成与上一层钢管柱的连接。

2）钢筋三维放样定位

通过建立钢筋的三维模型，并经过动画演示，不仅对钢筋进行准确翻样，还理清了钢筋以及各类预留预埋的层次关系，利用三维动画模拟合理的预制环梁钢筋绑扎施工顺序，最终成功实现预制环梁钢筋施工。

3）三维图形交底、样板引路、钢管定位骨架

预制环梁钢筋含量极高，钢筋绑扎前，根据空间放样层次，项目部组织对钢筋施工人员进行三维图形技术交底，通过清晰的三维图形交底，使操作人员能思路清晰地进行施工。

施工人员按照交底，在现场进行样板施工，样板按照 1∶1 做成，在样板内操作人员根据放样进行钢筋绑扎演练，每一步均以实体结构标准进行，避免返工。

现场预制施工时，钢筋定位采用制作钢管定位骨架，定位模型为钢管制成，定位模型预先安装在加工场地内，钢筋依次摆放，弧形钢筋绑扎焊接。

4）环梁钢筋整体预制及吊装

为确保 1.5 吨环梁整体吊装，钢筋不变形、成形效果好，环梁实现现场制作整体吊装。

实现模具化施工及吊装，需设计钢筋调圆台、钢筋焊接架、钢筋绑扎成形架。

（1）制作主梁钢筋调圆台：对主筋进行调圆校正，校正完成后绑扎 3 道扎丝以确保离开操作台后主筋不变形。调圆台主要由钢管＋钢筋焊接组成，先采用钢管搭设一个圆切式的正方台，正方台交点及为圆心，在正方台中点上以 30 度角设置 5 根 ϕ28 水平钢筋，按照梁内外径尺寸去除保护层及钢筋间距焊接 100 毫米的 ϕ28 定位钢筋，如图 6-61 所示。

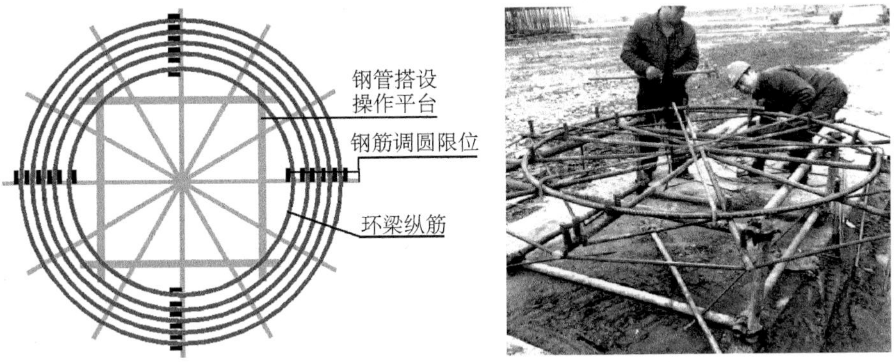

（a）示意图　　（b）施工实景

图 6-61　环梁主筋调圆平面布置

（2）制作钢筋焊接架：如图 6-62 所示，采用钢管搭设钢筋焊接架，将调圆后的主筋在焊接架上焊接成形，焊接架需考虑同时焊接内径主筋及外径主筋，架体上水平管高度按主筋下部焊缝在同一水平面为准进行搭设，便于操作人员焊接，焊接接头为双面满缝焊接。

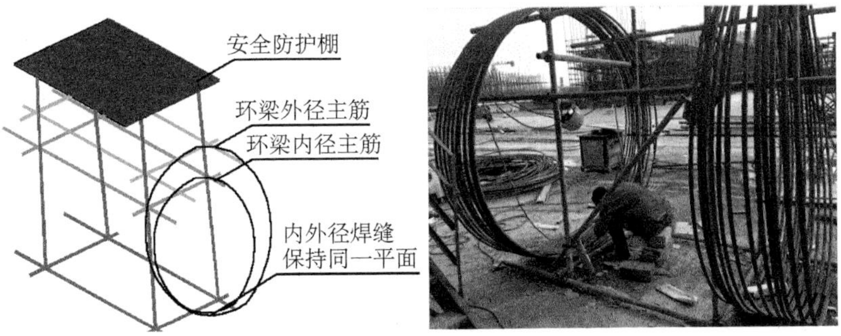

（a）示意图　　（b）施工实景

图 6-62　环梁钢筋焊接

（3）环梁绑扎成形：如图 6-63 所示，绑扎成形架为钢管搭设，因环梁底筋有梯角，在绑扎架上设三道可调节活动水平杆，首先插入底部两道水平杆，将梁底筋及腰筋按尺寸布置到位，其次将上部水平杆按梁高去除钢筋保护层及钢筋直径布置到位，在水平杆上按梁筋间距布置梁面筋，再次套主梁箍筋进行绑扎，最后绑扎梁拉钩。

（4）环梁成形吊装：如图 6-64 所示，环梁由于焊接成形，吊装很稳固，可直接吊装，吊装完成后如有位置偏差可采用手拉葫芦调节偏差，施工方便。

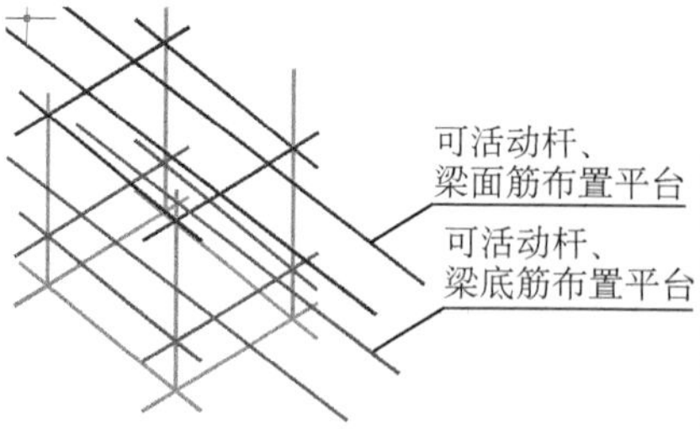

(a) 示意图

(b) 施工实景

图 6-63　环梁钢筋绑扎成形

(a) 吊装

(b) 调节就位

(c) 就位全景

图 6-64　环梁成形吊装施工现场

(5) 预制混凝土垫块：在浇筑混凝土之前，应布置混凝土垫块。钢筋保护层采用 C40 高强混凝土垫块。保护层垫块间距按 0.5 米布置，侧面和底面的垫块至少布置 4 个/米^2。

6.2.5　预制环梁整体吊装优势分析

新型预制环梁整体吊装技术相比于常规环梁绑扎存在以下3个优点：

(1) 工作人员操作空间大，环梁等同于工厂制作，可批量操作，吊装方便，提高施工人员工作效率，节约成本。

(2) 节约工期。在现场施工其他结构时，环梁已经开始预制，现场施工至环梁部位时，只需将整体环梁吊装至施工部位安装校核即完成环梁施工，节约工期。

(3) 质量控制。预制环梁过程中，对钢筋准确定位，模具上焊接安装定位钢筋，保证钢筋成形效果，同时在预制场地环梁钢筋焊接不伤害模板，环梁施工完成后成形效果好，减少了现场质量通病发生的概率。

6.2.6　新技术推广及使用

环梁预制整体吊装技术适用于钢结构无牛腿钢管柱通过外包环梁与钢筋混凝土框架梁连接的情况，在保证质量前提下能有效地提高施工效率，节约工期。基于泰州市金融服务区项目的应用，具体总结如下：

(1) 钢结构及环梁钢筋深化设计，保证环梁预制整体吊装安装的可行性。

(2) 环梁钢筋进行模具化施工，不仅保证钢筋绑扎过程中准确的定位，而且保护环梁在吊装过程中不会出现变形而影响环梁质量。

(3) 通过建立钢筋的三维模型，不仅对钢筋进行准确翻样，还理清了钢筋以及各类预留预埋的层次关系，最终保证钢筋施工有条不紊地进行，保证了工程质量与进度。

(4) 采用高强混凝土垫块，钢筋保护层符合设计要求，无露筋现象，保证了环梁外观成形效果，减少了工程的修补量，节约成本。

总之，该项创新技术具有良好的应用前景，值得推广应用。

6.3　垂直运输用双层双柱电动爬升平台施工工法

6.3.1　技术开发背景

随着我国建筑业的迅速发展，大体量、高层、超高层建筑工程越来越多，成为城市建设和建筑业发展的主导方向，施工过程中，随着建筑体量和建筑高度的增加，常规的建筑物外立面钢管脚手架和普通人货电梯越来越显示出其局限性，在工程施工实践过程中，发现以上分项工程存在着难以克服的施工工效低、管理难度大和安全质量隐患多，且施工过程繁琐等缺陷，主要问题包括如下：

(1) 外立面钢管脚手架

- 随着楼层的施工围绕建筑外立面层层搭设，其搭设过程烦琐、工作量大；

• 落地式架体和悬挑式架体因自重及安全因素，一次性搭设高度受到限制；

• 架体外围用密目网封闭，风阻系数较大。

(2) 人货电梯(施工升降机)

• 常规的施工升降机因一次运输量小，且楼层越高等待时间越长，影响施工进度和效率；

• 后期维护保养成本大；

• 施工噪声较大，对周边产生噪声污染。

随着城市建设的迅猛发展，越来越多的大型、超高层建筑在城市中涌现，建筑本身对施工高效高质、节能、环保、安全和可靠等要求越来越高。为满足工程建设技术先进、施工高效、节能环保、安全可靠及成本节约等高要求，同时为了积极响应运用新技术、新设备、新工艺和新材料运用的四新要求，课题组组织相关技术管理力量经过技术分析和经济对比，运用一种新型的垂直运输用双层双柱电动爬升平台即GJJ双层升降平台，替代建筑外立面钢管脚手架和施工升降机应用于高层建筑施工中，具有非常显著的现实意义。

江苏省华建建设股份有限公司针对该新施工设备组织技术攻关，对双层双柱电动爬升平台安装施工技术要点、施工工艺、工序质量及过程控制进行了综合研究，取得了"垂直运输用双层双柱电动爬升平台安装施工工法"技术成果，并应用于泰州市金融服务区建筑群的建设工程(图6-65)。

图6-65 施工应用实景

6.3.2 工法特点

(1) 针对在高层建筑物主体工程施工中，常规的施工升降机因一次运输量小，且楼层越高等待时间越长，影响施工进度和效率。为保证缩短建筑材料、人员的运输时间，提高材料一次运输量和运输效率，同时达到兼顾建筑物外围防护的双重效果，满足建筑物外墙装饰施工、幕墙施工、外墙清理作业等多项工作要求，研究出一种垂直运输用双层双柱电动爬升平台，同时给出其安装施工方法。

(2) 采用以下机械设备技术方案实现建筑物双层双柱电动爬升平台的应用，其特征是，技术设备为两级双柱双层平台，其组成主要由两级双层平台板、导轨、主机箱等构成，每套主机有两个电机及减速机，通过减速机输出端的齿轮与标准节的齿条啮合，以实现平台的上下运行。双柱平台还带有自动控制系统，以确保平台的水平状态。

实现建筑物双层电动爬升平台的结构，包括平台靠齿轮、齿条传动，主要由以下几个部件组成：主机(含电机)、标准节、平台节、围栏、底盘、附墙、控制系统、防冲撞限位和延伸平台。

(3) 此两级双柱双层平台与外围脚手架和施工升降机相比，可缩短建筑材料运输时间、提高材料一次运输量和运输效率，同时达到兼顾建筑物外围防护、满足建筑物外墙装饰施工、幕墙施工和外墙清理作业等多项功能，一次运输量、运输面、运输效率均大大提高；同时可以代替部分外围脚手架密目网的安全防护功能，不仅满足建筑物垂直运输、外墙施工、安全防护等功能要求，而且具有根据具体建筑物定制成套设备、专业安装拆卸、施工方便、节约工程成本、节约人工及缩短工期等优点，提高了高层建筑的施工效率，经济效益显著。

6.3.3　适用范围

高层、超高层建筑的垂直运输、外立面施工、安全防护。

6.3.4　设备工艺原理及组成

工程所应用 GJJ 双层施工升降平台即两级双柱双层平台，其组成由两级双层平台板、导轨、主机箱等构成，每套主机有两个电机及减速机，通过减速机输出端的齿轮与标准节的齿条啮合，以实现平台的上下运行。双柱平台还带有自动控制系统，以确保平台的水平状态。安装操作简易、快捷。两级双柱两层平台主要构成如图 6-66 所示。平台靠齿轮、齿条传动，主要由主机(含电机)、标准节、平台节、围栏、底盘、附墙、控制系统、防冲撞限位和延伸平台等部件组成。

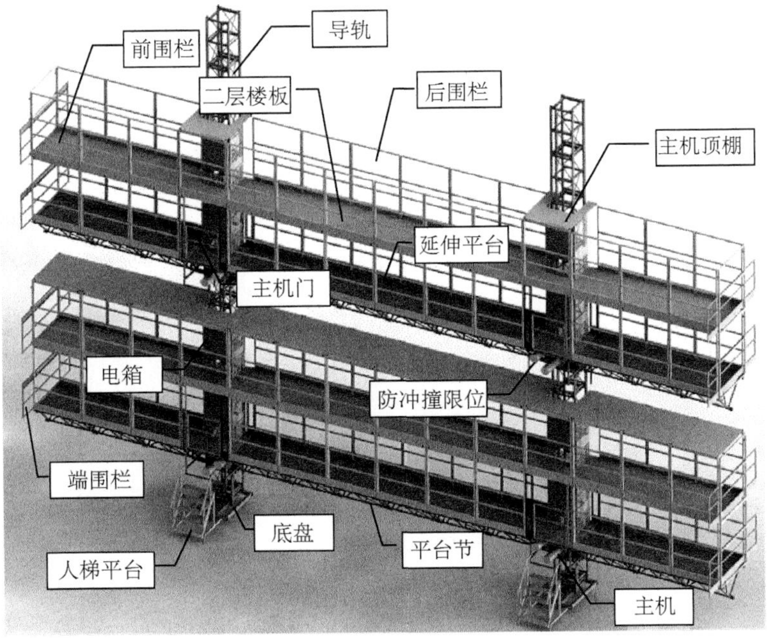

图 6-66　两级双柱两层平台的主要构成

(1) 主机

如图 6-67 所示，主机上装有电机、电控箱、手刹装置、主机供电插座、机械调平装置、主机门和保护围栏等。标准主机长 1.5 米(安装平台节方向)，走人过道宽 740 毫米。平台带有匀速限速器，当特殊情况下平台下滑速度过快时，能延缓平台下滑的速度。每套主机有两个电机及减速机，通过减速机输出端的齿轮与标准节的齿条啮合，以实现平台的上下运行。双柱平台还带有自动控制系统，以确保平台的水平状态。

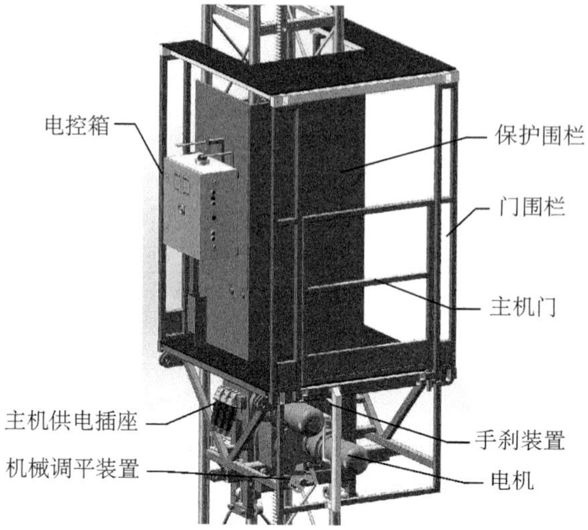

图 6-67　主机的构成

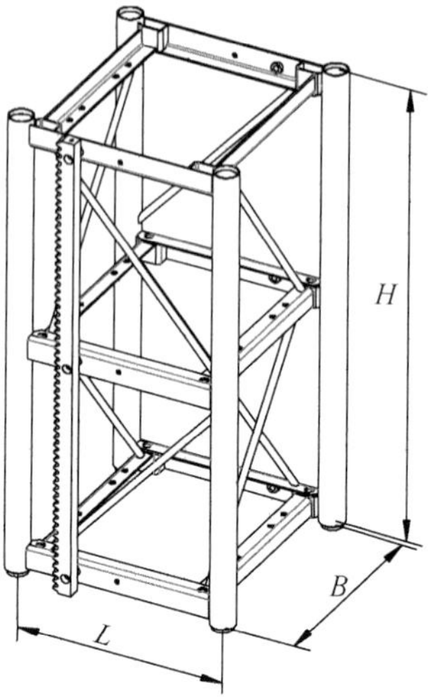

图 6-68　标准节

(2) 标准节

平台采用 650 毫米×650 毫米×1 508 毫米单齿标准节(图 6-68)，每个标准节高 1 508 毫米，截面主立管中心距一般为 650 毫米×650 毫米，齿条模数为 8 毫米。标准节之间用 M24 螺栓相连组成导轨架，通过与底盘连接、安装附墙架与建筑物固定，作为平台上下运行的导轨。

标准节的主要参数：尺寸 L=650 毫米、尺寸 B=650 毫米、尺寸 H=1 508 毫米、重量 G=125 千克。

(3) 平台节

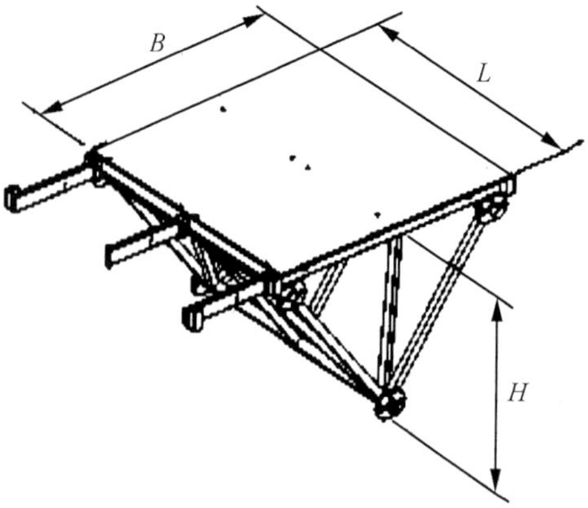

图 6-69　平台节

平台节是升降平台的主要工作平面，由不同数量和不同尺寸的平台节组合可以构成多种平台长度。如图 6-69 所示，常用平台节的主要参数为：尺寸 L=1 500 毫米、尺寸 B=1 200 毫米、尺寸 H=815 毫米、重量 G=110 千克。

(4) 围栏

围栏(图 6-70)安装在平台节和平台节二层楼板上，分前围栏和后围栏，用于保护工人在平台节上工作时的安全。围栏的主要参数为：尺寸 L=1 480 毫米、尺寸 B=40 毫米、尺寸 H=2 070 毫米、重量 G=42/26 千克。

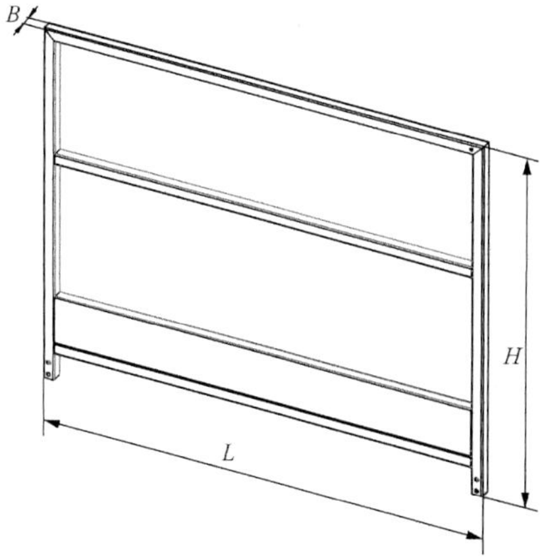

图 6-70　围栏

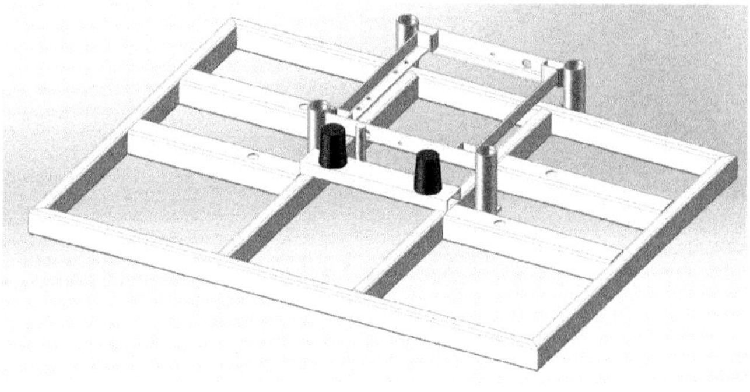

图 6-71　底盘

(5) 底盘

连接基础底盘(图 6-71),安装高度在 50 米以上需用此底盘,此底盘与基础预埋件通过螺栓相连或与预埋钢板焊接,使用此底盘需制作基础。

(6) 附墙架

如图 6-72 所示,附墙架可在一定范围内调节某些尺寸,来满足不同附墙距离的要求。沿导轨架高度,一般每隔 3～6 米安装一道附墙架。附墙架与墙可以有多种连接形式(图 6-73)。根据施工地实际情况,选择以上附墙架与墙的连接方式,并自备连接螺栓及零件,其强度必须能够承受 $F=32$ 千牛,可选用强度等级为 8.8 级或以上的 M24 螺栓。如果现场安装情况较特殊,可与具体机械设备生产厂家协商和定制。

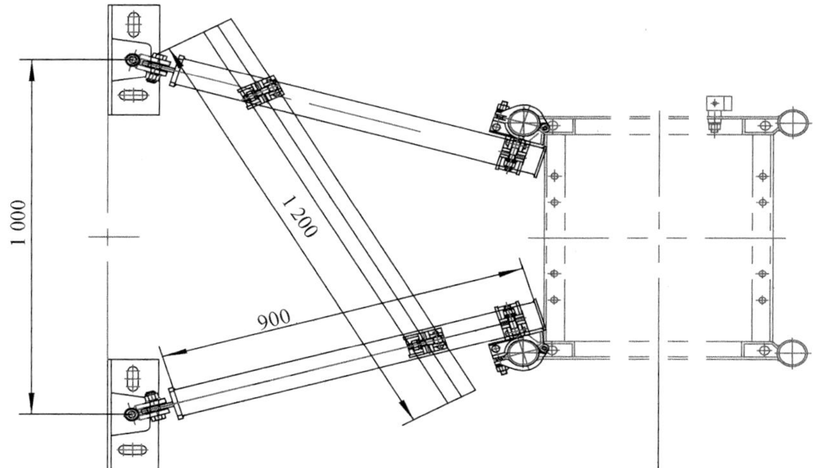

图 6-72　附墙架

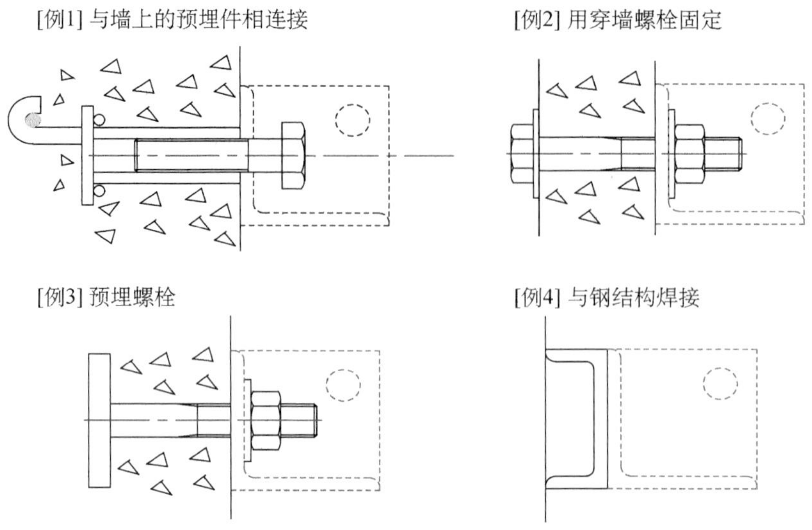

图 6-73　附墙架与墙的连接形式

(7) 控制系统

电器部分固定安装在平台的电控箱中，简单的结构使安装和维修简便。以下部件被安置在电控箱里面：主开关、延时安全保护开关、控制延时开关、变压器、自动熔断器。如图6-74所示，电控箱安装以下按钮。

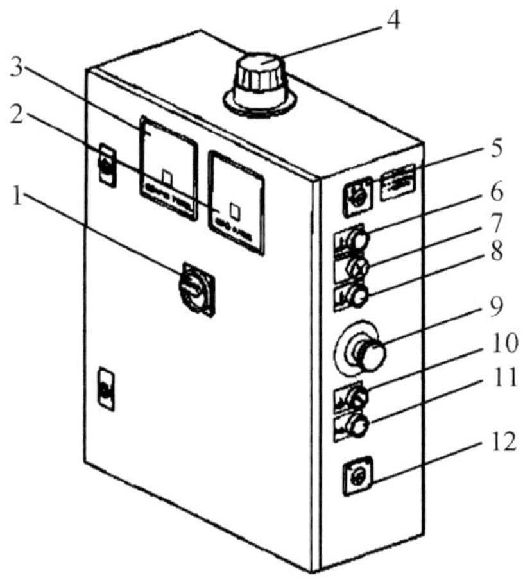

1—主开关；2—状态代码显示屏；3—错误代码显示屏；4—信号灯；5—调整开关；6—上行按钮；7—蓝色控制灯；8—下行按钮；9—急停按钮；10—缓冲开关；11—报警按钮；12—左右方向钥匙开关

图 6-74　电控箱的按钮标识

6.3.5　安装工艺流程及操作要点

(1) 安装前的准备

- 安装地点尽可能平整，并能承受平台压力；

• 安装工地应具有足够的电能，并必须配备一个平台用的专用电源箱；

• 工地的专用电源箱应直接从工地变电室引入电源，距离应不超过 30 米。该电缆规格每相线应不小于 16 平方毫米；

• 选择合适的起重设备及安装工具；

• 具备运输和堆置升降平台零件的通路及场地；

• 按有关规定和要求，工地供电电源电压最大偏差为±5%，供电功率不小于电机总功率；

• 若工地采用发电机供电，必须配备无功补偿设备及稳压设备，以确保电源质量；

• 工地应当配备合适的漏电保护开关；

• 确定附墙架与建筑物连接方案，按需要准备好预埋件和固定件等。

(2) 基础制作尺寸及技术要求

升降平台为两级两层双柱平台，安装高度大于等于 50 米时，需制作基础，并必须使用连接基础底盘，基础所能承受的载荷不得小于 P，取值方法：$P=$(自重＋载重)×0.02 千牛。基础周围必须有良好的排水措施。

对于此双柱平台的基础制作，都采用混凝土基础，基础预埋件与底盘的连接方式不同，一边采用螺栓连接，一边采用焊接，螺栓连接的基础参考平台基础做法：①如图 6-75 所示，焊接连接的基础参考平台基础做法；②如图 6-76 所示，要保证两基础处于同一水平面上，基础定位详见图 6-77。

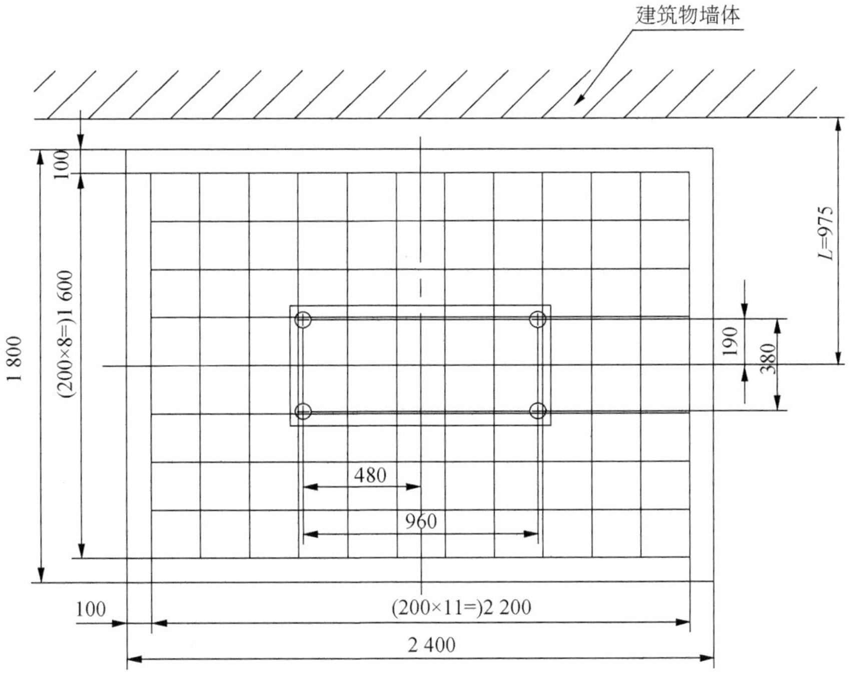

图 6-75　平台基础做法(一)

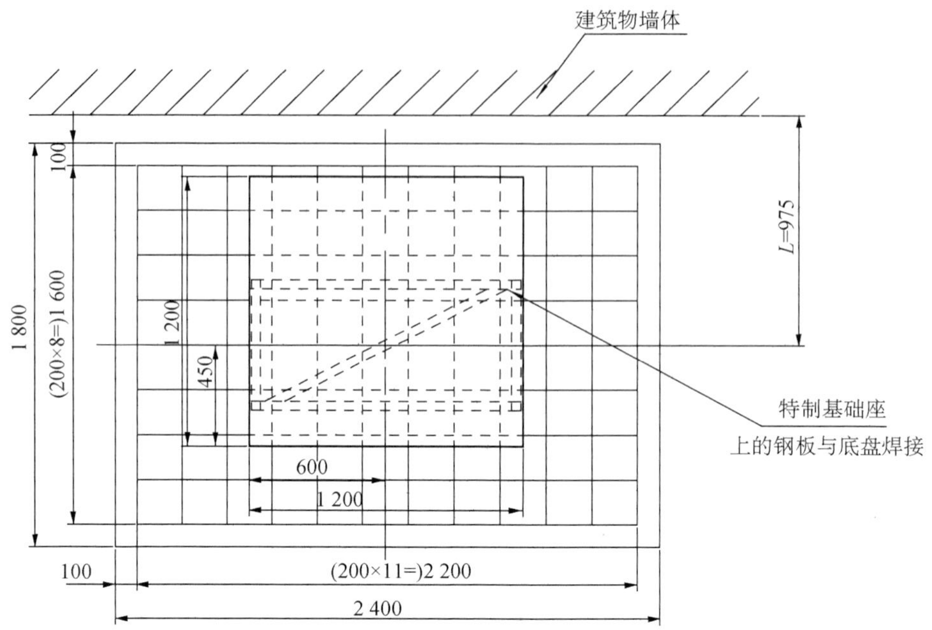

图 6-76　平台基础做法(二)

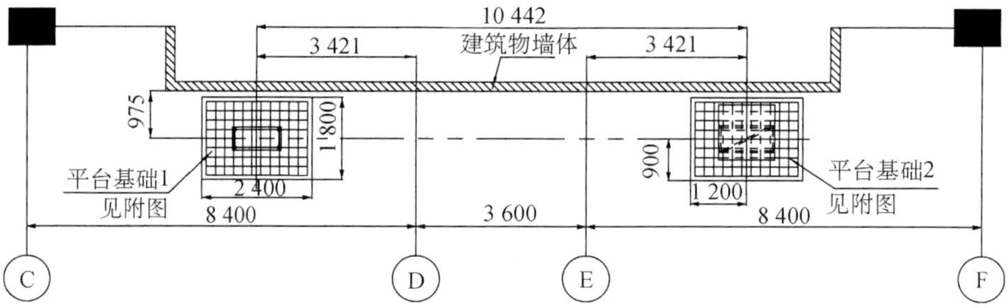

图 6-77　基础定位图

(3) 两级双柱两层平台的安装

• 为方便安装叙述,将底盘通过螺栓与预埋基础座的基础标示为 A,将底盘与预埋钢板的基础标示为 B。

• 将已经安装好的两个基础表面清理干净,清理 A 基础的预埋基础座螺柱螺纹并加注润滑油,清理 B 基础预埋钢板表面。

• 将一节标准节安装在底盘上,并锁紧螺栓;需要安装两组底盘,用汽车吊或塔吊等辅助工具将其中一组底盘吊至其中一个基础上,用 4 套 M24×160 的螺栓和连接板将底盘固定在基础上,螺栓暂时不用紧固;将另一组底盘调至另外一个基础上,调节安装位置。

• 将 2 套已经调试好的主机分别安装在 AB 两导轨架上,在底盘上安装缓冲橡胶弹簧,放松主机手刹,使主机缓慢下滑到底部缓冲弹簧处停止,根据主机的限位开关位置分别安装两套下限位碰铁,详见图 6-78。

• 用经纬仪或线锤校准两套导轨架的垂直度，用水平仪校准两套导轨架的水平度，调节两导轨架，保证两导轨架的垂直度一致，处于同一水平位置，可以通过在底盘或标准节圆管钢板下用薄钢板垫实来实现，此两套基础暂时不紧固(注：导轨架各立管在两个相邻方向上垂直度≤1/1 500)。

图 6-78　底部安装示意图

• 每套导轨架分别加高 3 节标准节，使安装高度达到 6 米，锁紧所有标准节螺栓，将一套平台节(每三节平台节为一套，出厂时已安装好)与 A 主机左端的耳板对接，用轴销紧固，并上紧开口销，依照同样方法分别安装 A 主机右端的一套平台节，B 主机左右端各一套平台节，通过汽车吊或塔吊将 B 组平台吊起，使 B 平台的平台节与 A 平台的平台节对接完成，用轴销紧固，并上紧开口销。

• 再次用经纬仪或线锤校准两套导轨架的垂直度，用水平仪校准两套导轨架的水平度，调节两导轨架，保证两导轨架的垂直度一致，处于同一水平位置校准后将 A 基础的 M24 螺栓拧紧，B 基础的底盘与预埋钢板焊接牢固。

• 靠近建筑墙体一侧安装延伸管和延伸平台(图 6-79)，将两主机线路接通，在 A 平台靠近主机处的平台节斜杆位置(靠近建筑物墙体的一面)安装电缆托架，并将电缆与工地电源接通，安装各个限位开关及碰铁，包括防冲撞限位开关、防冲顶限位开关、防平台下坠限位开关、主机门限位开关(暂时接通)以及上限位碰铁后，上下开动平台，测试各个开关和限位是否能正常动作。

图 6-79　安装延伸管和延伸平台

• 在离基础 6 米高的位置根据技术图纸和建筑物预埋件，分别安装 2 套附墙架，锁紧所有螺栓和管卡；分别安装 2 台主机在 AB 平台的导轨架上，松开手刹，使主机缓慢下滑到离下个主机面 1 米高的位置，停止、制动，依照上述方法安装主机限位和对接好上级平台的平台节。

• 安装上级平台的前围栏和后围栏、主机门及围栏、主机后围栏、平台端围栏和端围栏固定架、平台节二层楼板及主机二层楼板(带天窗),拧紧所有螺栓,插好各个旋转插销。如图 6-80 所示。

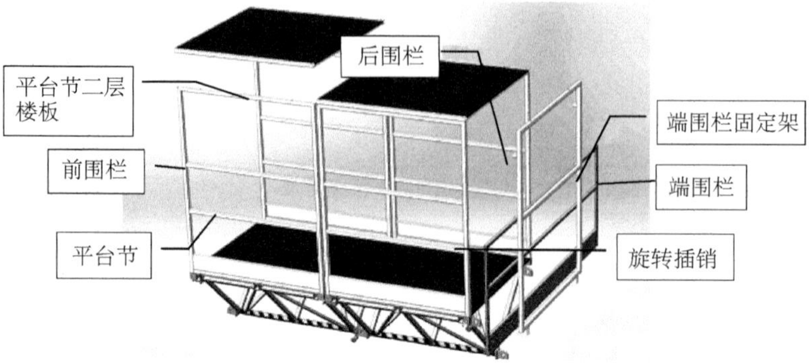

图 6-80　围栏安装示意图

• 每个平台节安装一个围栏固定架,用于将前后围栏连接固定,拧紧所有螺栓;安装好上级平台一层和二层的延伸管和延伸平台,再安装上级平台二层的前后围栏、主机二层围栏、主机二层后围栏、主机保护围栏、主机上顶棚和端围栏以及端围栏固定架,锁紧所有螺栓,安装好旋转插销。

• 分别加高四节标准节,在二层楼板上附着 2 套附墙架,将上级平台 AB 主机的线路接通,安装上级平台的电缆托架在靠近 B 主机的平台节斜杆处,接通电源,将上级平台缓缓向上开,开到上限位碰铁处停下,此时上级平台最下端离下级平台最上端最小距离为 5 米。

• 依照上述方法安装好下级平台的一二层围栏、主机门、二层楼板、端围栏和延伸平台等,注意下级平台二层需要安装平台节顶棚,锁紧所有螺栓,插好旋转插销。

• 安装防冲撞限位碰铁,每隔 6 米安装一道电缆保护架(注:上级平台和下级平台的电缆保护架要与 AB 导轨架错开安装),检查所有销轴、螺栓、旋转插销等紧固件,调试好各个限位(含主机门限位)。

• 检查平台的运行通道是否通畅,保证通道干净无阻碍物。

• 安装标准节和附墙架到建筑安装高度,在最高的标准节顶部分别安装 2 套机械防冲顶装置(塔帽),在 AB 两导轨架上端分别安装上限位碰铁(此位置根据悬臂来定),保证两导轨架的最大悬臂为 7.5 米。

(4) 导轨架的安装

• 将标准节两端管子接头处及齿条处擦拭干净,并加少量的润滑脂。

• 用吊杆提升标准节,对准下面标准节立管和齿条上的销孔,用螺栓紧固,用 200 牛米的拧紧力紧固全部螺栓。标准节的连接螺栓安装时必须由下往上穿。

• 如果建筑工地有塔吊配合安装,为了安装快捷,每四节标准节可以在地面上进行组装,然后用塔吊一次四个一起提升到应放的位置。

• 按上述方法将标准节依次相连直至达到所需的高度为止，随着导轨架的不断提高，应同时安装附墙架，并检查导轨架安装的垂直高度。安装时垂直度可用经纬仪或其他检测垂直度的仪器来测量，导轨架垂直度允许偏差值详见表 6-11。

表 6-11　导轨架垂直度允许偏差值

高度(米)	≤5	20	40	60	80	100	150
偏差(毫米)	≤3	10	20	25	30	35	40

(5) 附墙架的安装

如图 6-81 所示，附墙架的安装要点包括如下：

• 第一套附墙架安装于离地面 6 米的地方，后续的附墙间隔为 4.2 米；

• 确保标准节上的调节部分稳固；

• 将预埋件/附墙座固定于建筑物；

• 确保在墙壁座和标准节调节部之间的横向锚管的稳固；

• 用适当的扭矩将横向锚管的连接夹扭紧；

• 运用调节设备使标准节柱处于垂直状态并且与建筑物平行。

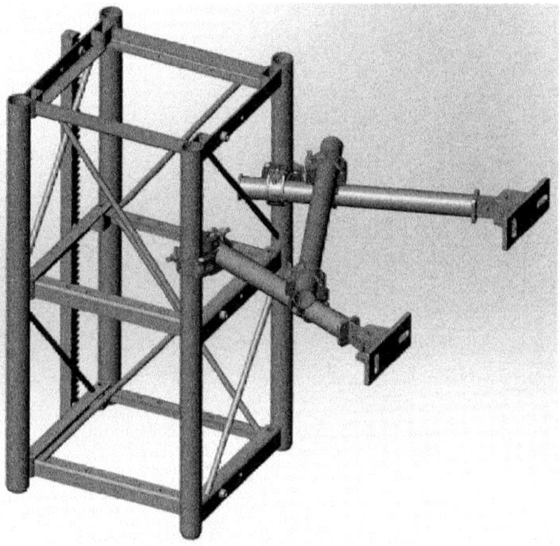

图 6-81　附墙架的安装

(6) 防冲顶装置的安装

当导轨架安装到使用的最高高度后，用塔机或吊杆将防冲顶限位装置(塔帽)吊装在导轨架顶端，用 4 套 M24 的螺栓将塔帽与标准节框架连接固定，锁紧螺栓。注意：塔帽焊有方管的一端靠近导轨架齿条面安装。

(7) 防冲撞限位装置的安装

• 对于两级平台，需要安装防冲撞限位，用于防护上级平台和下级平台间碰撞。

• 对于上级平台要安装向下开时碰撞下级平台的防冲撞装置，该装置由限位碰铁和限位开关组成，上级平台装有限位开关，下级平台顶棚上装有限位碰铁，按照设计图纸或专业安装人员指示安装限位碰铁。

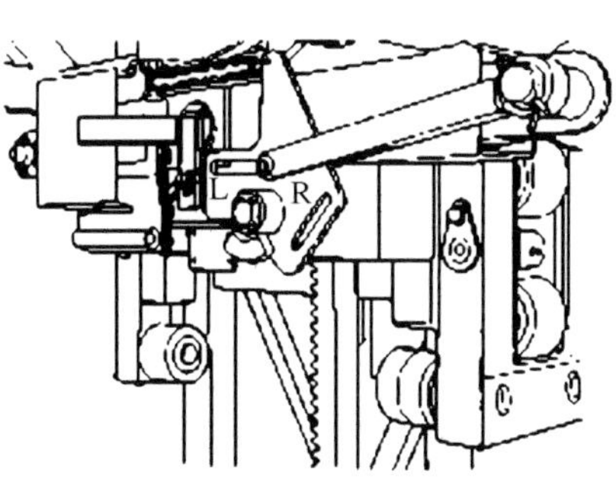

图 6-82　左右侧主机的标识

• 对于下级平台要安装向上开时碰撞上级平台的防冲撞装置，该装置由限位碰铁和限位开关组成，下级平台顶棚装有限位开关，上级主机下底装有限位碰铁，按照设计图纸或专业安装人员指示安装限位碰铁。

(8) 正确区分左右主机并安置

出厂设置为 type plate 植入操作盒。如图 6-82 所示，在电机上标识“R”的为右置，在电机上标识“L”的为左置。按(左或者右)需求插将操作板插入平行活动的机械装置，将位于控制盒的开关按(左或者右)放置在所要求的位置。

(9) 检查调整限位挡板

在双柱平台上，下挡板必须经过检查和进行必要的调试(图 6-83)。操作的注意点包括如下：

- 降低高度部件直到限位开关能够接触下挡板；
- 使用其他装置使平台处于水平状态；
- 检查限位开关并使其能够接触到下挡板；
- 如果下挡板不能接触限位开关，调整它的位置直到能够接触到限位开关；
- 检查调节的状况。

(10) 检查自动平层限位开关

在双柱平台上，自动平层开关必须经过校检，必要时要调整。

- 将平台向上提升 3 米，依靠水平制动器使平台处于水平状态(图 6-84)。

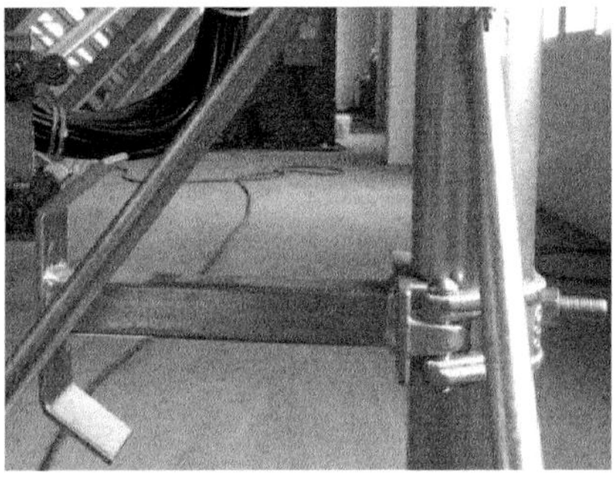

图 6-83　下挡板的调试实景

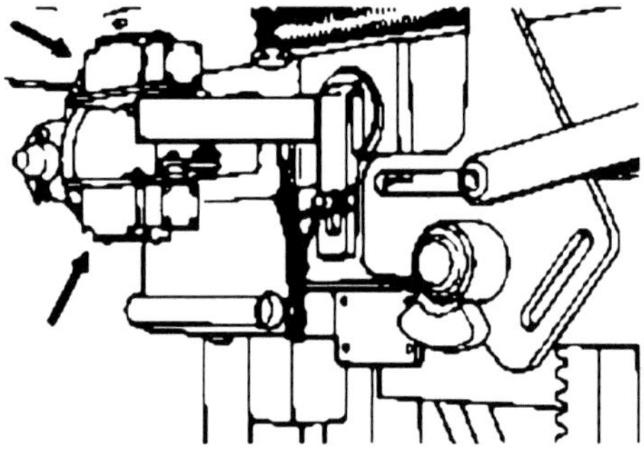

图 6-84　平台处于水平状态的示意图

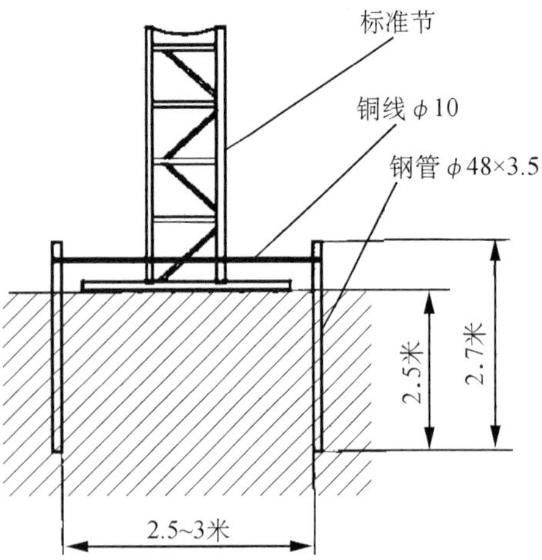

图 6-85　接地装置示意图

- 缓释其中一个电机的制动，依靠标准节中心的距离，操作驱动器上的制动器，使驱动器下降。如果间距为 750 厘米，那么可以下降 13 厘米；间距为 1 350厘米，那么可以下降 23.5 厘米。这个距离表示了平台的倾斜度少于 1 度。
- 按平台的上升按钮，向下倾斜的部分应该会最先上升。
- 重复前一操作于其他单元。
- 在必要的情况下，调整开关。

(11) 地线(避雷线)连接

按有关规定和要求，设置保护接地装置，接地电阻≤4 欧姆。固定在底盘/地面框架和标准节之间的连接电缆，接地装置如图 6-85 所示。

6.3.6　材料与设备

（1）材料

• 升降平台基础的模板可采用胶合板，规格为 915 毫米×1 830 毫米×18 毫米或 1 220 毫米×2 440 毫米×18 毫米，根据具体尺寸进行加工切割，竖向龙骨采用 50 毫米×100 毫米的方木。

• 基础支撑采用 ϕ48 钢管配可调顶托，间距、排距经计算后确定，并按规定布置好水平撑及拉撑，顶托空隙处应用木楔紧塞。

• 针对结构内与模板间空隙小、预埋件多、钢筋较密的特点，粗骨料宜采用 10～30 毫米碎石，易于浇筑密实。

• 砂宜采用中砂，并符合有关规范规定。

• 混凝土标号不小于 C30。

• 设备所有零件、配件及电机和产品根据具体建筑物定制成套设备、专业安装拆卸。

（2）设备

• 模板预制安装设备：锯木机、电刨机、锤子、扳手和墨斗（弹线器）。

• 钢筋加工、安装设备和机械：切割机、电焊机、弯曲机、钢筋连接机械（根据设计接头连接种类而定）、扎钩和铁丝。

• 混凝土浇筑设备：铁铲、小锤、插入式振动器、计量器具和试件制作器具。

• 运输及起吊设备：塔吊、高速井架、运输小车和混凝土吊斗等均可。

• 各种质量检测工具。

6.3.7　质量控制

（1）设备和机械安装严格按照《升降工作平台 导架爬升式工作平台》（GB/T 27547—2011）、《建筑机械使用安全技术规程》（JGJ 33—2012）、《平台使用说明书》，以及其他有关规范规定。

（2）基础模板工程质量应遵照国家标准《混凝土结构工程施工及验收规范》（GB 50204—2010）及其他有关规范规定。

（3）模板系统及附件要安装牢固，无松动现象，面板应安装严密，保证不变形、不漏浆。

（4）面板要认真刷涂脱模剂，以保护面板、增加周转次数。

（5）拆模应小心谨慎，爱护模板支撑件，并应对构件认真清理、修复、保养。

（6）基础承载能力应大于 $P=$（自重＋载重）$\times 0.02=420$ 千牛，基础下地面的承载强度不得小于 0.15 兆帕，混凝土标号不小于 C30，基础座应全部埋入混凝土基础内，基础找平层平面度 1/500。

（7）混凝土浇制前基础座应与钢筋网焊接，焊高不低于 5 毫米，要求焊缝无气孔、漏焊、热裂纹等焊接缺陷。混凝土浇制前，基础座应穿过厚约 100 毫米的木块，并拧紧螺栓。必须采用双层钢筋，钢筋间距为 200 毫米，钢筋直径为 12 毫米，两层钢筋间必须用钢筋另外连接，并焊接一起；底层钢筋必须与楼板钢筋连接。

(8) 注意基础座螺栓孔不能堵塞。

(9) 升降平台基础混凝土强度等级达到后，方可安装。

(10) 基础周围须考虑排水措施。

(11) 用于测量的仪器必须经过权威部门校核合格后才能投入测量使用。测量放线前要认真审查工程图纸，放线结束后对照图纸及时对所放的线进行复核；测量时尽量使用比较精确的仪器，根据砌体工程规范要求，严格控制预埋件位置标高，操作上一丝不苟，读数时要精确，以减少绝对误差和积累误差。

图 6-86 安装成形后实景

(12) 由工程项目负责人组织各级管理人员对安装质量检查进行层层把关，及时细致，对发现问题的部位做好相关记录并通知班组限时整改，对整改情况进行复检直至符合要求后才能进行下道工序。安装成形后如图 6-86 所示。

6.3.8 安全措施

(1) 建立健全项目经理等各级人员的安全生产责任制，责任明确并落实到人。项目经理部建立定期安全检查制度，配备一名专职安全员，负责施工现场的日常安全管理工作和巡回监督检查工作，负责提出安全预防措施、强化安全生产管理，加强安全生产意识教育，切实落实安全技术措施。

(2) 贯彻执行“安全第一、预防为主”的方针。所有进场人员，必须先进行安全知识普及教育，贯彻有关安全生产文件精神，遵循安全的规章制度。特殊工种应进行专业培训，考试合格后发给操作证，并坚持职工上岗前，更换工种前，进行专业安全知识培训，合格后方可上岗。

(3) 严格遵循国家颁布的现行《建筑安装工程安全技术规程》及上级主管部门颁布的各项现行有关安全文件规定。

(4) 操作班组就位前，应针对本分项工程施工操作特点进行安全交底，施工中应加强安全巡检，着重检查配件牢固情况，特别应做好外架的封闭及防护工作。

(5) 设备基础模板安装、拆除严格按照操作规程进行操作，禁止酒后上岗。支设柱模板时，四周应设斜撑，并应设立操作平台。施工单位在模板安装(拆除)过程中有专职安全生产管理人员现场监护，并有监护记录。

(6) 各种电动工具要定期检查、维修，防止漏电事故。施工现场的施工用电，应按施工用电方案进行统一布置，消除乱拖乱拉现象。现场供电采用“三相五线制”，并装好触电保安器，用电设备应按有关规定实行一机一闸一漏电保护，并有安全可靠的接地。

(7) 进行焊接工艺施工时，严格执行三级动火审批制度，做好现场防火管理，杜绝引起火灾的危险源，防治焊渣引发火灾。

(8) 安装地点应清理干净，并用标志杆等圈起来，防止安装地点上方掉落物体，必要时应加安全网。安装过程中必须有专人负责，统一指挥，安装人员必须有安装拆卸的特种作业人员资质证明，严格遵守安全操作规程，做到安全文明施工，平台安装时最好通过塔机或汽车吊辅助安装。

(9) 对于两级平台安装时，先安装下个平台，再安装上个平台。用吊杆安装标准节时，吊杆的自重应该包含在平台的额定载重之内。通过平台吊杆自身安装和拆卸标准节时，每次运输两节标准节。升降平台运行时，人员的头、手绝对不能露出安全栏以外。双层平台安装过程中，必须顶层操作，顶层上配有移动操作盒，不允许下层操作。

(10) 对于两级平台，要安装防冲撞限位，安装完成后需要检查防冲撞限位是否能够实现动作。平台需要安装平台固定架和限位开关，完成需要检查平台固定架和限位开关能否实现设计功能。平台需要安装防冲顶限位，安装完成后要检查防冲顶限位能否实现动作。如果有人在导轨上或附墙架上工作时，绝对不允许开动升降平台。

(11) 升降平台上所有零部件，必须放置平稳，不得露出安全栏外。利用吊杆进行安装时，不允许超载，吊杆只可用来安装升降平台零部件，不得用来起吊其他物品。当吊杆上有悬挂物时，不得开动升降平台。安装作业人员应按空中作业的安全要求，包括必须戴安全帽、系安全带、穿防滑鞋；不要穿过于宽松的衣服，以免被卷入运动件中，发生安全事故。升降平台起动前，必须先进行全面的检查，消除所有的不安全因素。安装运行时，必须观察安装通道是否有障碍物。雷雨天、雪天或风速超过 12.7 米/秒的恶劣天气不能进行安装拆卸作业，并把平台降到最低位置。凡需使用风电焊时，必须做好防火措施，专人监视，配备灭火器，作业后认真检查，确认无火种隐患方可离场。

(12) 每次加节安装后应检查合格，才可投入使用(图 6-87)。安装完毕，自检合格后，经有资质的检测机构检测合格后，再申请监理、总包单位验收合格，办理备案登记牌后方可使用。如当天未能安装完整机，下班前一定要将整机电源完全切断，确认无法开启，并悬挂“安装中，请勿使用”标示牌才能下班。升降平台运行前，应首先保证接地装置与升降平台金属结构联通，接地电阻≤4 欧姆，完全零部件采用 GJJ 专业单位提供的原件。未经 GJJ 专业单位允许升降平台的电气线路不得擅自更改。切勿忘记拧紧标准节及附墙架的连接螺栓。每安装一次附墙必须按表中要求检测并调整导轨架的垂直度。安装完毕应按平台说明书中“润滑”一章要求润滑。高空作业严禁抛掷材料、配件、工具，严禁上下交叉作业。

图 6-87　安装检查

6.3.9 环保措施

(1) 成立对应的施工环境卫生管理机构，在工程施工过程中严格遵守国家和地方政府下发的有关环境保护的法律、法规和规章，遵照国家或行业的各工种劳动保护条例规定实施环境保护。

(2) 将施工场地和作业限制在工程建设允许的范围内，合理布置、规范围挡，做到标牌清楚、齐全，各种标识醒目，施工场地整洁文明。

(3) 噪声必须限制在 95 dB 以下，对于某些机械的噪声无法根治和消除时，应重点控制并采取相应的个人防护，以免给操作者带来职业性疾病。

(4) 严格控制粉尘在 10 毫克/米^3 的卫生标准内，操作时应佩戴有良好和完美的劳动防护用品加以保护。

(5) 当进行射线检查时，应在检测区域内划定隔离防范警戒线，并远距离控制操作。

6.3.10 综合效益分析

(1) 工期有保障：升降平台安装施工中，大量的设备零件在加工厂定型制作生产，节约施工现场工期，不占用主导工期，可提供立体交叉作业的条件。

(2) 人工材料省：就材料本身而言，GJJ 施工升降平台的所有金属钢结构表面经过热浸锌处理，处理工艺符合美国 ASTMA123 标准及英国 BS729:1971 标准，结构表面经热浸锌处理后，可确保钢结构在潮湿环境下 18 年不生锈；在金属钢结构表面形成的锌铁合金层使结构表面强度、硬度、耐磨性大大提高，大大提高了平台的使用寿命，施工过程中不必时刻检查维护。而相比之下传统的扣件式钢管脚手架架体，其架体组成所用的钢管及扣件从出厂至运用可以在短短的几天时间内锈蚀，其本身的刚度、挠度会因此而大打折扣，所形成的架体稳定性也会随着时间的推移而逐步下降，必须要花费大量的人力物力时刻检查维护。

(3) 从经济方面而言，租用及维护一台 GJJ 施工升降平台的成本与一台人货电梯相差不多，如果按常规用人货电梯与外围脚手架张密目安全网组合的成本支出远远大于一台双层双柱施工升降平台的成本支出。

(4) 便于质量安全控制：就管理方面而言，扣件式钢管脚手架的架体从开始搭设阶段就得投入大量的人力物力，施工过程中须时时刻刻的监督检查。而日常施工过程中脚手架上会残留不少的混凝土残渣、水泥石块、木方大板和装饰材料等，要耗费不少的人工去不间断地清理，整个架体不仅要随着楼层步步上升，还要时刻对已经搭设的架体检查维护，替换掉老旧的钢管、扣件、破损的密目网、脚手板等。上述这些情况在每一个工程项目的安全文明施工里，都占据着很大一部分比例。而 GJJ 施工升降平台因其本身材料的高性能及耐锈蚀，免去了日常施工中的刻意维护工作，且升降平台不像人货电梯一般每天频繁地上上下下，它的升降相对平缓、稳定，不需要刻意安排司机，可按需升降在需要施工的楼层。一般情况下，待本楼层外立面施工结束后才会转入下个楼层，GJJ 升降平台安装时会分为上、下两级双层平台，两层可以独立运行，施工过程中可同时顾及其他施工层的需要，而不仅仅局限于一层，相对比较灵活。且就外观而言，安装了平台的建筑外立面感观上势必要比钢管脚手架部分更加整洁干净。

(5) 绿色施工和环保：就环保方面而言，GJJ 升降平台由于采用全钢构件，即使全部损坏，仍可回收利用，对钢材资源的节约有重要意义，社会化意义重大。

6.3.11 强度计算及试验结果

(1) 自重的计算

自重(G)＝平台自重＋导轨架自重＋底盘自重＋其他。

基础承载 P 计算(考虑动载、自重误差及风载对基础的影响，取安全系数 $n=2$)

P＝(自重＋载重)×2。

以下自重以千克力计，因为 1 千克力＝9.8 牛＝0.0098 千牛，

所以 P＝(自重＋载重)×2×0.0098 千牛≈(自重＋载重)×0.02 千牛。

(2) 升降平台自重计算

两级双柱双层平台 SCP230/9D 安装高度 93 米，每级平台长度 21 米(12 节平台节＋2 个主机)，含延伸平台。

G(导轨架自重)＝125×66×2＝16 500 千克力。

G(平台自重)＝(平台节重量＋主机重量＋围栏重量＋顶棚重量＋延伸平台重量＋电箱重量＋其他)×2＝4 100×2＝16 400 千克力。

G(底盘自重)＝200×2＝400 千克力。

G[其他(包括电缆保护架，人梯平台，电缆等)]＝700×2＝1 400 千克力。

G(平台载重)＝3 600×2＝7 200 千克力。

P＝(自重＋载重)×0.02＝(平台自重＋导轨架自重＋底盘自重＋其他＋平台载重)×0.02 千牛＝(16 400＋16 500＋400＋1 400＋7 200)×0.02＝840 千牛。

于是每个基础的承载能力 P＝840/2＝420 千牛。

要求每个基础承载能力应大于 420 千牛。

6.3.12 工程应用情况

泰州市金融服务区建筑群工程项目广泛应用了该种平台系统(图 6-88)。应用范围包括如下。5# 6# 楼：主楼劲性结构、裙房框架结构；7# 8# 楼：主楼为框架—剪力墙结构、裙房为框架结构；9# 10# 楼：采用全现浇钢筋混凝土框架—剪力墙结构；17# 18# 楼：18# 楼为现浇混凝土框架—抗震墙结构；19# 20#

图 6-88 泰州市金融服务区建筑群工程项目应用双层升降平台

楼:钢筋混凝土框架—剪力墙结构。

该工程属于大体量超高层建筑,外立面的幅度和跨度非常大,双层升降平台在该项目施工中产生了良好的效用,工期、质量、经济效益均得到显著提高。

6.4 大截面钢管混凝土组合柱施工工法

6.4.1 技术开发背景

随着国民经济的发展,高层乃至超高层的建筑在二、三线城市迅速增多,型钢混凝土结构达到类型越来越多,工程节奏越来越快,这不仅需要保证型钢混凝土工程施工的质量,还须妥善地处理好施工中的安全和效益问题。

泰州市金融服务区地下室整体工程的 5# 6# 楼上部结构形式为型钢混凝土框架—核心筒。在核心筒四周为大截面钢管混凝土组合柱结构形式(图 6-89),其型材使用 Q345 型钢,钢管外径为 1.5 米,壁厚 3.5 厘米。钢管内外均浇筑 C60 混凝土,钢管内采用素混凝土填实,钢管外侧 250 毫米宽的环形柱内含有 32 根 C32 纵向钢筋外面绑扎箍筋和螺旋箍,地下部分钢管柱共 12.4 米高。大截面钢管混凝土组合柱与钢筋混凝土结构以环梁的形式连接。如何保证"多快好省"地完成工序较多的组合柱施工是该工程的一个课题。

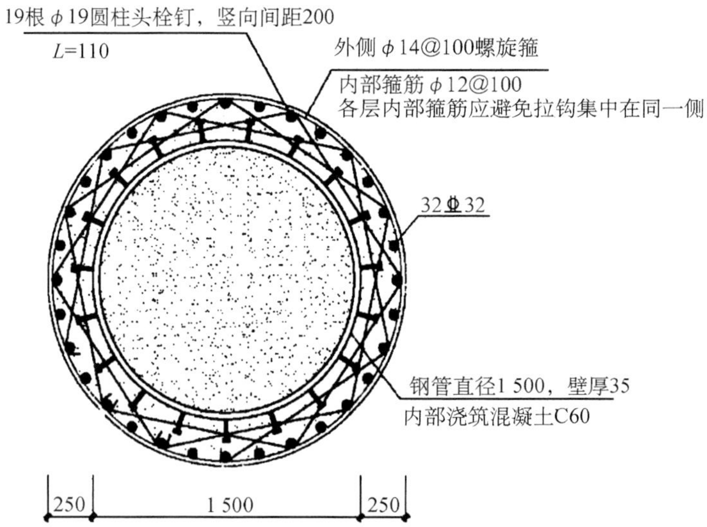

图 6-89 大截面钢管混凝土组合柱截面图

江苏扬建集团有限公司开展了科技创新,取得了"大截面钢管混凝土组合柱结构施工技术",减少施工投入并加快了工程进度。同时,形成了大截面钢管混凝土组合柱结构新的施工工法。由于施工方面效果明显,故具有较好的社会效益和经济效益。

6.4.2　工法特点

(1) 采用含 PCA-Ⅰ型聚羧酸减缩、抗裂减水剂的混凝土，保证坍落度不小于 160 毫米。浇筑时精心施工，振捣棒垂直插入混凝土内，快插慢拔，在振捣棒刻线标记，保证使其插入下一层混凝土中 5～10 厘米。振捣棒插点按梅花形均匀布置，按序进行，不得漏振，每点振捣时间不少于 60 秒，通过上述施工方法完成大截面钢管混凝土柱结构及外侧小截面的环状钢筋混凝土柱的混凝土施工。钢管内素混凝土一次性浇筑完成，钢管外侧钢筋混凝土结构随层施工。

(2) 钢管内混凝土施工时的特殊措施为：采用"导管法"(图 6-90)利用加长的导管伸入钢管内直至钢管底部输送混凝土，并在钢管底部或楼层设置排气孔，使用定制加长的振捣棒密插短振，逐层振捣(每层不超过 60 厘米)。

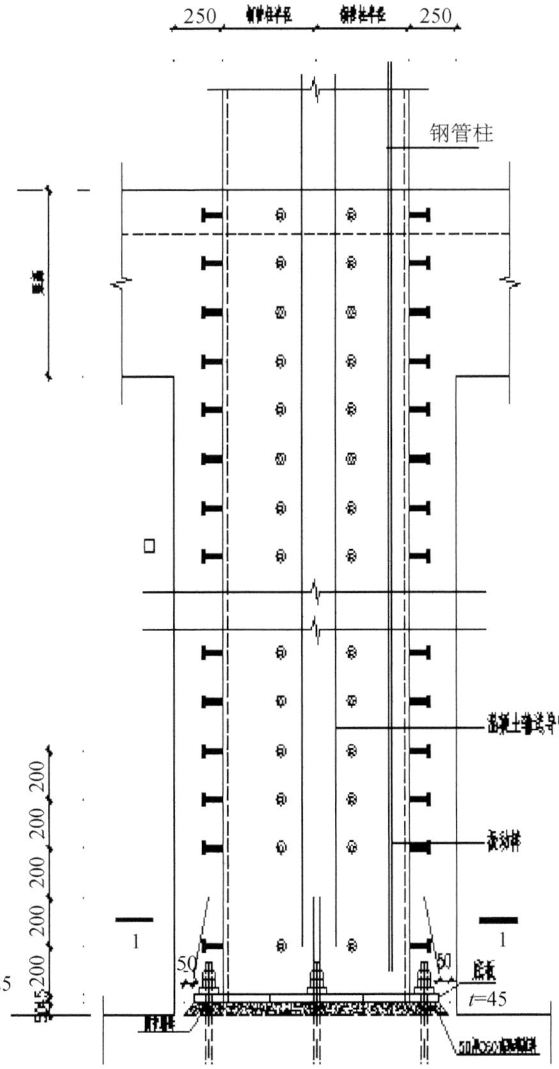

图 6-90　导管法施工示意图

(3) 在外侧钢筋混凝土结构施工时,由于环形柱的截面小,内部有较多类型的钢筋和11厘米长的锚栓,混凝土浇筑比较困难。项目部与设计院联系将外侧钢筋混凝土结构箍筋改为“八字箍”(图6-91和图6-92),定制木模板和使用小型振动棒进行浇筑,能满足钢管柱外部混凝土施工的要求。

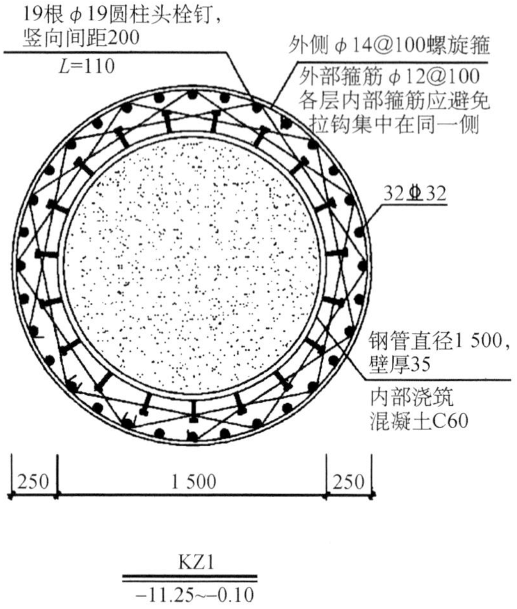

图6-91　原组合柱内箍筋布置图

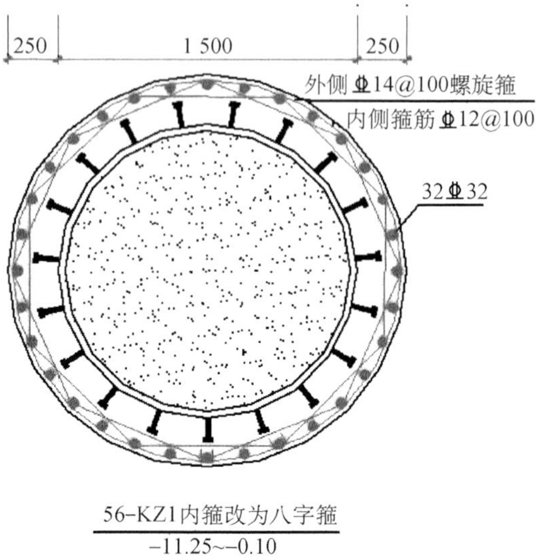

图6-92　变更后组合柱箍筋布置图

(4) 钢管柱通过钢筋混凝土环梁与框架结构连接,框架梁钢筋弯锚在环梁内,避免了钢柱上频繁开洞对钢管的影响和开孔位置不准的毛病。

(5) 在满足大截面钢管混凝土组合柱的产品质量的前提下,与其他方法相比,既没使用昂贵的材料,也没有使用复杂的机械,节约了资金和时间。

6.4.3　适用范围

钢管混凝土柱结构外侧浇筑钢筋混凝土环形柱的组合形式结构施工。

6.4.4　工艺原理

由钢筋混凝土包裹钢管混凝土柱所形成的结构被称为钢管混凝土组合柱结构,它的核心部分为钢管混凝土柱,即在钢管混凝土柱外侧配置适当的纵向受力筋并配以合适的箍筋加以约束的混凝土结构。在施工时,在专业的钢结构加工厂根据设计要求事先将型钢加工好并由专业的钢结构吊装队伍进行吊装,完成后再交由专业的土建施工队伍进行外包的钢筋混凝土施工。

在钢管柱定位安装后,钢管柱内混凝土采用导管法一次性浇筑至柱顶,导管伸入钢管内直至钢管底部输送混凝土,随混凝土浇筑进度逐渐抬高,并在钢管底部或楼层设置2厘米直径的排气孔后使用相应的振动棒进行振捣，然后绑扎钢管柱外钢筋。经与设计院沟通，将圆柱的箍筋变为“八字箍”，使原来每根箍筋与 6 根纵筋相连变成与 3 根箍筋相连，将振动棒工作空间加大，便于 250 毫米的外侧混凝土环状柱振捣密实，钢管柱外混凝土随层施工，拆模后喷水挂塑料薄膜养护。

6.4.5　施工工艺流程

施工准备→钢结构制作及安装→配合比试验→排气孔施工→钢管柱内部混凝土浇筑→排气孔封堵→钢管柱外侧钢筋绑扎→圆柱模板安装→钢管柱外侧混凝土浇筑→环梁及框架梁钢筋绑扎→楼层混凝土浇筑→下一层钢管柱外侧钢筋绑扎。

6.4.6　操作要点

1) 钢结构制作与吊装

(1) 钢结构制作

• 型钢加工应严格按设计图及规范要求选材，所选材料质量证明书应与实物相符，并应符合现行国家有关规定，未经设计许可严禁擅自代用。

• 放样和号料应本着有效利用的原则进行，先下大料、后下小料。制作前先核对施工图，熟悉工艺要求、钢材规格、材质和批号等，根据工艺要求预留焊接收缩余量及切割、刨边和铣平等的加工余量。

• 板材下料必须在专用的龙门割机下料平台上进行，柱、梁有腹板及翼缘板下料时应使其受力方向(即长度方向)一致。钢板切割后应进行外观检查，对边缘的棱边、缺口及时补焊和打磨平整。

• 为保证钢结构焊接质量，板材对接焊缝处需用坡口焊接，坡口加工采用半自动气割机进行。焊接坡口尺寸的允许偏差应符合《手工电弧焊焊接接头的基本形式与尺寸》(GB/T 985.1—2008)和《埋弧焊焊接接头的基本形式与尺寸》(GB/T 985.2—2008)中的有关规定。

• 构件的运输应根据构件制作尺寸、重量选择相应原平板拖车进行运输，装车高度应作控制，运输过程中须用手拉葫芦固定好，确保运输路途中的安全。

(2) 钢结构吊装

该工程采用可靠的吊装方法，一次性将型钢柱、梁起吊到设计的标高和轴线位置。用设置在型钢柱上的绳子配合吊车来调整柱子的垂直度，将误差严格控制在规范允许的范围内。

2) 配合比试验

原材料选用

(1) 水泥：采用满足《通用硅酸盐水泥》(GB 175—2007)要求的普通硅酸盐水泥 52.5。

(2) 粉煤灰：采用满足《用于水泥和混凝土中的粉煤灰》(GB 1596—2005)中 F 类Ⅱ级粉煤灰。

(3) 骨料：砂、石各项指标应满足《普通混凝土用砂、石质量标准及检验方法》(JGJ 52—

2006)。砂应采用级配良好的洁净中、粗砂,细度模数 2.6～2.7;石子采用 5～25 毫米连续级配的碎石,严格控制石子中的泥含量不超过 1%,泥块含量不超过 0.5%;砂子的泥含量不超过 2%,泥块含量不超过 1%。

(4) 膨胀剂:采用 SBTJM ®-Ⅲ(C)低碱型混凝土膨胀剂,掺量为 8%。

(5) 外加剂:使用 PCA-Ⅰ型聚羧酸减缩、抗裂减水剂。

混凝土配合比设计(表 6-12),符合现行《普通混凝土配合比设计规范》(JGJ 55—2011),坍落度不小于 160 毫米。

表 6-12 混凝土配合比

<table>
<tr><td rowspan="4">配合比</td><td>原材料</td><td>水泥</td><td>砂</td><td>石</td><td>水</td><td>粉煤灰</td><td>外加剂</td></tr>
<tr><td>每立方混凝土用量(千克)</td><td>445</td><td>617</td><td>1 145</td><td>150</td><td>75</td><td>7.28</td></tr>
<tr><td>重量比</td><td>1.00</td><td>1.34</td><td>2.70</td><td>0.38</td><td>0.18</td><td>1.76%</td></tr>
<tr><td>含砂率</td><td colspan="2">33%</td><td></td><td colspan="3"></td></tr>
<tr><td rowspan="3">说明</td><td colspan="3">水泥:P.Ⅱ.52.5 海螺牌</td><td colspan="4">粉煤灰:二级灰</td></tr>
<tr><td colspan="3">砂中砂:2.6～2.7</td><td colspan="4">外加剂:PCA-Ⅰ</td></tr>
<tr><td colspan="3">石子:5～25 毫米</td><td colspan="4">水:水</td></tr>
</table>

3) 排气孔施工

现场使用手提式三相电钻在钢管底部或楼层标高上 20 厘米处对称设置 2 厘米直径的排气孔,上、下两层排气孔呈 90 度垂直方向布置。

4) 钢管柱内混凝土浇筑

(1) 施工方法

竖向结构浇筑到最后柱顶表层可能聚集大量水和砂浆,先将水抽排出钢管,然后种一些石子,保证混凝土强度均匀。

导管采用直径 150 毫米的泵管,在汽车泵软管头部位接长符合柱高的泵管,导管伸入钢管内直至钢管底部,导管根据混凝土放料情况逐步抬升,直至浇筑完毕。经现场检查,混凝土施工为分层浇筑,每层浇筑高度不超过 800 毫米,每 4 根柱子作为一组,循环施工。配备 13 米长振捣棒对浇筑的混凝土进行振捣。

(2) 施工要求

振捣棒应密插短振,快插慢拔,逐层振捣(每层小于 80 厘米)。振捣棒垂直插入混凝土内,要快插慢拔,振捣棒应插入下一层混凝土中 5～10 厘米。振捣棒插点按梅花形均匀布置,逐点移动,按顺序进行,不得漏振,每点振捣时间不少于 60 秒。混凝土浇筑间隔时间不得超过 1 小时。

5) 钢管柱外钢筋绑扎

(1) 八字箍筋按设计尺寸,为一整根钢筋。该钢筋的制作首先进行放样确定准确的角度及各部分长度再进行加工，加工必须保证各个箍筋长度角度准确。

(2) 柱箍筋端头弯成135度，平直部分长度不小于10d（d为箍筋直径）且不小于75毫米。

(3) 为方便现在八字箍筋的安装，箍筋一端弯成135度，另一端在插入柱纵向钢筋后用工具扳好，箍筋与纵向钢筋连接紧密。

(4) 箍筋的弯钩叠合处及直螺纹接头沿柱子竖筋交错布置，并绑扎牢固。

(5) 箍筋与主筋要垂直，箍筋转角处与主筋交点均要绑扎，主筋与箍筋非转角部分的相交点成梅花交错绑扎。

6) 圆柱模板安装

工艺流程主要包括：模板设计、加工→定位放线→拼装模板→安装水平固定卡→安装水平箍→校正垂直度→模板验收。具体要求如下：

(1) 依据图纸设计要求建模，经过优化以后提交给模板加工单位进行加工。

(2) 拼装模板之前检查柱根部混凝土，表面应平整光洁，如达不到平整度要求，用1∶1水泥砂浆找平。柱截面内凿毛、剔除松动石子及浮浆且用水冲洗干净。依据模板定位线，对齐模板企口用水平固定卡将模板箍紧，再采用水平箍满堂脚手架支撑体系相连接。

(3) 拼装完成后，用吊线和钢尺采用平行线投点法检查圆柱垂直度并将圆柱模板校正，使其满足规范要求。对于模板下口缝隙采用1∶3水泥砂浆封堵严密。

(4) 模板验收前用清水对柱内垃圾进行清洗，以便于在浇筑混凝土前将支模时落在柱根部的垃圾清理干净。

7) 钢管柱外侧混凝土浇筑

(1) 柱浇筑前底部应先填5～10厘米厚与混凝土配合比相同的减石子砂浆，柱混凝土应分层浇筑振捣，使用插入式振捣器时每层厚度不大于50厘米，振捣棒不得触动钢筋和预埋件。

(2) 柱高在3米之内，可在柱顶直接下灰浇筑，超过3米时，应采取措施(用串桶)或在模板侧面开洞口安装斜溜槽分段浇筑。每段高度不得超过2米，每段混凝土浇筑后将模板洞封闭严实，并用箍箍牢。

(3) 柱子混凝土的分层厚度应当经过计算后确定，并且应当计算每层混凝土的浇筑量，用专制料斗容器称量，保证混凝土的分层准确，并用混凝土标尺杆计量每层混凝土的浇筑高度；混凝土振捣人员必须配备充足的照明设备，保证振捣人员能够看清混凝土的振捣情况。

(4) 柱子混凝土应一次浇筑完毕，如需留施工缝时应留在主梁下面。在与梁板整体浇筑时，应在柱浇筑完毕后停歇1～1.5小时，使其初步沉实，再继续浇筑。

(5) 浇筑完后，应及时将伸出的搭接钢筋整理到位。

8) 环梁及框架梁钢筋绑扎

环梁按照图6-93所示节点施工，进行钢筋绑扎。

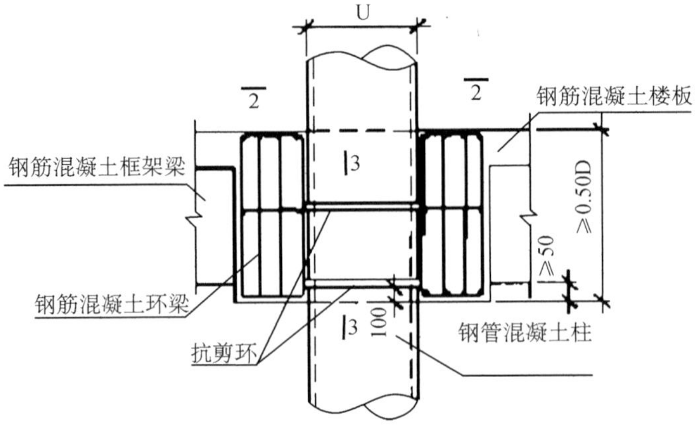

图 6-93　环梁节点图

9）楼层混凝土浇筑

楼层混凝土浇筑同一般混凝土结构施工工艺。劳动力组织详见表 6-13。

表 6-13　劳动力组织情况表

序号	单项工程	所需人数/人	备注
1	管理人员	4	
2	技术人员	4	
3	钢筋加工	15	
4	混凝土工	12	
5	杂工	5	
	合　　计	40	

6.4.7　材料与设备

本工法无需特别说明的材料，采用的机具设备见表 6-14。

表 6-14　机具设备表

序号	设备名称	设备型号	单位	数量	用途
1	手持三相电钻机		台	1	型钢加工
2	钢筋弯曲机	GW40	台	1	钢筋加工
3	电焊机	BX-300	台	1	钢筋加工
4	钢筋切割机	GJ40	台	1	钢筋加工
5	混凝土汽车泵	HB-30D	台	1	浇筑混凝土
6	混凝土运输车		台	6	浇筑混凝土
7	混凝土振动棒	$\phi 15$	套	4	浇筑混凝土
8	混凝土振动棒	$\phi 10$	套	4	浇筑混凝土

6.4.8　质量控制

1) 工程质量控制标准

(1) 钢筋加工和安装施工质量执行《混凝土结构工程施工质量验收规范》(GB 50204—2015)。钢筋加固和安装允许偏差按表 6-15 和表 6-16 执行。

表 6-15　钢筋加工的允许偏差

项目	允许偏差/毫米
受力钢筋顺长度方向全长的净尺寸	±10
弯起钢筋的弯折位置	±20
箍筋内净尺寸	±5

表 6-16　钢筋安装的允许偏差和检验方法

项目			允许偏差(毫米)	检验方法
绑扎钢筋网	长、宽		±10	钢尺检查
	网眼尺寸		±20	钢尺量连续三档,取最大值
绑扎钢筋骨架	长		±10	钢尺检查
	宽、高		±5	钢尺检查
受力钢筋	间距		±10	钢尺量两端、中间各一点,取最大值
	排距		±5	
	保护层厚度	基础	±10	钢尺检查
		柱、梁	±5	钢尺检查
		板、墙、壳	±3	钢尺检查
绑扎箍筋、横向钢筋间距			±20	钢尺量连续三档,取最大值
钢筋弯起点位置			20	钢尺检查
预埋件	中心线位置		5	钢尺检查
	水平高差		+3	钢尺和塞尺检查

(2) 模板安装施工质量执行《混凝土结构工程施工质量验收规范》(GB 50204—2015)。现浇结构模板安装允许偏差见表 6-17。

表 6-17　现浇结构模板安装的允许偏差及检验方法

检查项目	允许偏差	检查方法
轴线位置	5	钢尺检查
底模上表面标高	±5	水准仪或拉线、钢尺检查

（续表）

检查项目		允许偏差	检查方法
截面内部尺寸	柱、墙、梁	+4，−5	钢尺检查
层高垂直度	不大于 5 米	6	经纬仪或吊线、钢尺检查
沉淀厚度(毫米)	大于 5 米	8	经纬仪或吊线、钢尺检查
相邻两板表面高低差		2	钢尺检查
表面平整度		5	2 米靠尺和塞尺检查

（3）混凝土施工质量执行《混凝土结构工程施工质量验收规范》(GB 50204—2015)。现浇结构尺寸安装允许偏差见表 6-18。

表 6-18　现浇结构尺寸允许偏差和检验方法

项目			允许偏差/毫米	检验方法
轴线位置	墙、柱、梁		8	钢尺检查
垂直度	层高	≤5 米	8	经纬仪或吊线、钢尺检查
		>5 米	10	经纬仪或吊线、钢尺检查
	全高(H)		H/1 000 且≤30	经纬仪、钢尺检查
标高	层高		±10	水准仪或拉线、钢尺检查
	全高		±30	

注：检查轴线、中心线位置时，应沿纵、横两个方向量测，并取其中的较大值。

2）质量保证措施

（1）商品混凝土供应单位应积极配合建设、监理单位的对混凝土原材料及混凝土拌和物的质量检查。

（2）商品混凝土供应单位应将混凝土试配结果提前报送至项目经理部，由项目工程师审核，报监理、业主审查认可。

（3）混凝土掺合料和外加剂等的性能或种类，必须经权威检测机构检测合格的产品。

（4）模板和隐蔽工程项目应分别进行预检和隐蔽自检后，报请监理单位验收。符合要求时，方可浇筑。

（5）混凝土开盘鉴定、坍落度实测、混凝土浇筑、养护及测温等工作必须有监理人员在场见证、旁站管理，方可施工。

（6）模板的接缝不应漏浆；在浇筑混凝土前，木模板应浇水湿润，但模板内不应有积水。

（7）模板与混凝土的接触面应清理干净并涂刷隔离剂，但不得采用影响结构性能或妨碍装饰工程施工的隔离剂。

（8）浇筑混凝土前，模板内的杂物应清理干净。

6.4.9 安全措施

(1) 认真贯彻“安全第一，预防为主”的方针，根据国家有关规定、条例，结合施工单位实际情况和工程的具体特点，组成专职安全员和班组、兼职安全员以及工地安全用电负责人参加的安全生产管理网络，执行安全生产责任制，明确各级人员的职责，抓好工程的安全生产。

(2) 施工现场按符合防火、防风、防雷、防洪和防触电等安全规定及安全施工要求进行布置，并完善布置各种安全标识。

(3) 各类房屋、库房、料场等的消防安全距离做到符合公安部门的规定，室内不堆放易燃品；严格做到不在木工加工场、料库等处吸烟；随时清除现场的易燃杂物；不在有火种的场所或其近旁堆放生产物资。

(4) 施工现场的临时用电严格按照《施工现场临时用电安全技术规范》(JGJ 46—2005)的有关规范规定执行。

(5) 电缆线路应采用“三相五线”接线方式，电气设备和电气线路必须绝缘良好，场内架设的电力线路其悬挂高度和线间距除按安全规定要求进行外，将其布置在专用电杆上。

(6) 建立完善的施工安全保证体系，加强施工作业中的安全检查，确保作业标准化、规范化。

(7) 高空作业前仔细检查安全用具，如安全帽、安全带、梯子、跳板和脚手架等，如有不符合要求的应立即改进或拒绝登高作业。施工前搭设安全防护架，防护架四周用安全网全部封闭(图 6-94)，脚手板采用钢笆片(图 6-95)。

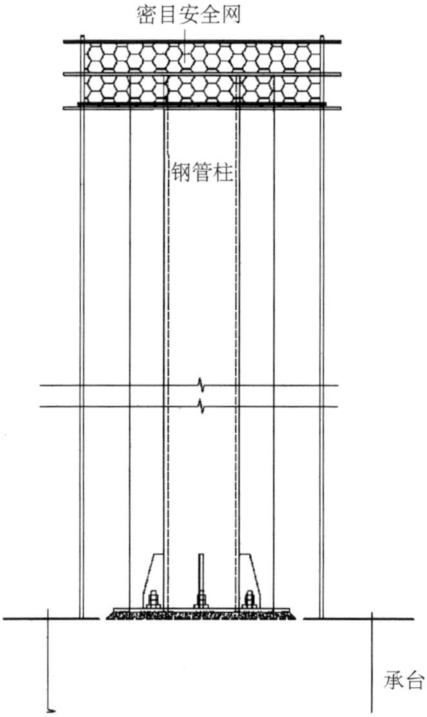

图 6-94 施工防护立面图

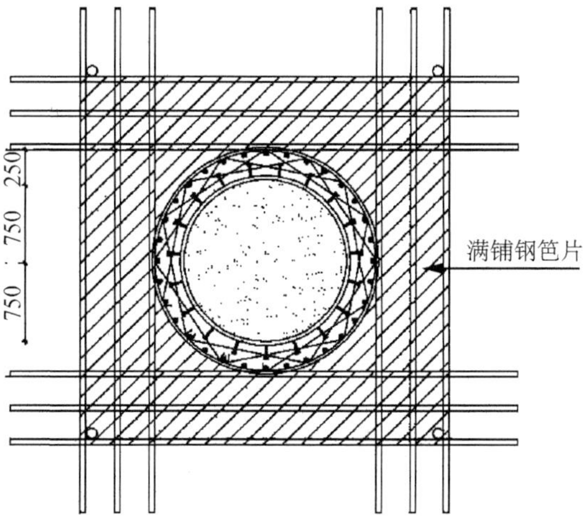

图 6-95 施工防护平面图

(8) 所有高空作业人员,不准穿硬底鞋,一律使用安全带。安全带一般应高挂低用,即将安全带绳端的钩子挂在高的地方,而人在较低处作业。

(9) 高空作业人员不准从高空往地面抛掷物件,也不准从地面上往高空抛物件,应使用绳索、吊篮等传递物件。特殊情况下,如果必须从高空往地面抛掷物件时,地面应有人看管,以确保不伤害到他人和损坏设备。

6.4.10 环保措施

(1) 成立对应的施工环境卫生管理机构,在工程施工过程中严格遵守国家和地方政府下发的有关环境保护的法律、法规和规章,加强对施工燃油、工程材料、设备、废水及生产生活垃圾、弃渣的控制和治理,遵守有防火及废弃物处理的规章制度,做好交通环境疏导,充分满足便民要求,认真接受城市交通管理,随时接受相关单位的监督检查。

(2) 将施工场地和作业限制在工程建设允许的范围内,合理布置、规范围挡,做到标牌清楚、齐全,各种标识醒目,施工场地整洁文明。

(3) 现场布置安全生产标语和警示牌,做到无违章。

(4) 确保周围环境清洁卫生,做到无污水外溢,围栏外无渣土、无材料、无垃圾堆放。

(5) 对施工场地道路进行硬化,并在晴天经常对施工通行道路进行洒水,防止尘土飞扬,污染周围环境。

(6) 在工地各大门口配备冲洗池,在车辆驶出门口之前必须用压水枪冲净汽车轮胎。

(7) 水泥等粉细散装材料采取封闭存放或严密遮盖,卸运时采取有效措施,减少扬尘。

(8) 控制施工产生的污水流向,防止漫沿,并在合理的位置设置沉淀池,经沉淀后排入污水管线,严禁流出施工区域,污染环境。

(9) 进行强噪声、大震动作业时,严格控制作业时间。必须昼夜连续作业的,采取降噪减震措施,做好周围群众工作,并报有关环保单位备案后施工。

(10) 施工现场应做到工完场清,施工机具整齐、有序堆放。

6.4.11 效益分析

该工法与同类地下工程的工法相比,施工工艺简便,不需要特殊的机械和材料,工程进度快、干扰因素少,有利于文明施工和各种资源能较好地得到利用,在降低施工成本的条件下,使得施工质量达到设计要求,并形成较好的经济效益。通过与现在常用的施工方法比较,每立方米至少可以节约浇筑费用 400 元左右,节约比例约 40%(表 6-19)。

表 6-19 不同施工方法的成本对比

施工方法	人工费(元/米^3)	机械费(元/米^3)	材料费(元/米^3)	合计(元/米^3)
顶升法施工	31.29	512.83	540.55	1 064.67
使用灌浆料	10.52	15.43	1 200	1 225.95
本工法施工	63.08	25.05	540.55	628.68

6.4.12　工程应用情况

1）工程概况

泰州市金融服务区地下室整体工程坐落于泰州市永定路（328 国道）北侧，鼓楼南路西侧，海陵南路东侧区域。建设内容为地下二层地下室（含部分人防），总建筑面积为 186 833 米^2，其中，人防面积 42 185 米^2，东西方向长约 510.5 米，南北方向宽约 183.7 米。该工程的 5$^\#$ 楼上部结构形式为型钢混凝土框架—核心筒。

2）施工情况

在核心筒四周为大截面钢管混凝土组合柱形式，其型材使用 Q345 型钢，钢管外径为 1.5 米，壁厚 3.5 厘米。钢管内外采用混凝土浇筑，其强度等级为 C60。地下部分钢管柱共 12.4 米，一次性吊装完成。

大截面钢管柱组合柱结构每根柱总直径 2 米（钢柱直径 1.5 米），高度到达 12.4 米，按照设计要求钢管内外均要浇筑混凝土，钢柱内用素混凝土填充；钢柱外与模板的间隙小，只有 0.25 米（混凝土与钢管柱之间还有众多 0.11 米长栓钉，内部有大量箍筋，直径 32 毫米大直径钢筋和螺旋箍）混凝土振捣困难。

该段于 2013 年 12 月 5 日开始施工，2014 年 4 月 28 日完成。

（1）混凝土供应和检验

• 根据混凝土订单计划，提前做好机械设备施工部署与应急保障措施。

• 生产及调度、实验室实行 24 小时值班，专门为生产服务，负责维修人员的接送及工具泵送管件的运送直接由调度负责调派。

• 供应过程质量控制及保证：每个配合比在开始生产时，搅拌楼应先拌两盘，让试验室值班人员取样，做测坍落度试验，符合要求后继续搅拌生产。

• 混凝土运输管理：混凝土搅拌车在装料前，筒内水卸干净时方可装料；在运送途中搅拌筒不得停止转动；正式卸料前，使搅拌筒高速运转 30～60 秒后，方可卸料，确保混凝土拌合物的均匀性。

（2）钢管混凝土的浇筑

• 在钢管底部或楼层标高上 20 厘米处对称设置 2 厘米直径的排气孔，上下两层排气孔呈 90 度垂直方向布置。混凝土浇筑完成后采用相同材质的钢材封堵。

• 浇筑时管内不得有杂物和积水，先浇筑一层 100～200 毫米厚与混凝土强度等级相同的水泥砂浆，以防止自由下落的混凝土粗骨料产生弹跳。

• 导管采用直径 150 毫米的泵管，在汽车泵软管头部位接 3 根 3 米长泵管（垂直总长能达 12 米左右），导管伸入钢管内直至钢管底部，导管根据混凝土放料情况逐步抬升，直至浇筑完毕。

• 配备 13 米长振动棒对浇筑的混凝土进行振捣，振捣棒应密插短振，逐层振捣（每层小于 80 厘米）。振捣棒垂直插入混凝土内，要快插慢拔，振捣棒应插入下一层混凝土中

5～10厘米。振捣棒插点按梅花形均匀布置，逐点移动，按顺序进行，不得漏振，每点振捣时间不少于60秒。管外配合人工木槌敲击，根据声音判断混凝土是否密实，每层振捣至混凝土表面平齐不再明显下降，不再出现气泡，表面泛出灰浆为止。

• 混凝土一次性浇筑到地下室顶板上离钢管顶端500毫米处(即＋0.650米)，以防吊装上一层钢管时焊接高温影响混凝土的质量。

• 竖向结构浇筑到最后柱顶表层可能聚集大量水和砂浆，先将水抽排出钢管，然后种一些石子，保证混凝土强度均匀。

• 混凝土浇筑完毕后用塑料布覆盖保养。

• 在养护阶段，注意对保温材料的保护，以免受到损坏。当发现损坏时，应立即进行更换。

• 大体积混凝土施工要严格填写混凝土入模记录、施工记录、养护温度记录和裂缝检查记录。混凝土养护人员应设专人负责，且不少于2人。

• 现场道路两旁设置明显的导向标志，现场专门配备4名指挥员，按预定的线路指挥车辆出入。

• 现场配备必需的通信设施(对讲机)，随时加强联系，使工作有条不紊。

• 项目部应据现场实际情况安排好混凝土供应计划与实施时间、泵车用量及运输车辆数量。根据浇筑的部位、时间的不同，来确定所需罐车的具体台数，并合理安排罐车行走路线，保证混凝土的连续供应和混凝土的连续浇筑。

3) 评价

采用该工法后，在泰州市金融服务区整体地下室工程大截面钢管混凝土组合柱施工过程中，通过QC活动改进混凝土施工工艺和排气方法，并与商品混凝土公司共同探讨大截面钢管混凝土组合柱的配比，在降低施工成本的条件下，使得大截面钢管混凝土组合柱的施工质量达到了设计要求，受到业主的赞扬，提高了华建公司的知名度，获得良好的社会效益。

在大截面钢管混凝土组合柱施工过程中，通过简化施工方法和材料要求，达到了设计的要求并获得了良好的经济效益，得到了业主的认可。

6.5 厚长大体积混凝土模板支撑体系创新施工工法

6.5.1 技术开发背景

在建筑工程主体施工中，厚长大体积混凝土剪力墙转角处模板支撑体系目前广泛采用的是，转角处纵墙和横墙都采用比墙体长度长的通长对拉螺栓进行模板支撑拉接的支撑体系施工方法，但在工程施工实践过程中，我们发现以上方法存在着难以克服的工艺缺陷和质量隐患，且施工投入大、过程烦琐，主要问题如下：

(1) 厚长剪力墙转角处纵墙和横墙模板支撑体系都采用比墙体长度长的对拉螺栓进行

模板对拉支撑施工。但往往螺杆越长、长细比越大，螺杆的稳定性和刚度就会下降，加上厚大体积混凝土的侧向压力和垂直荷载较大，以及浇筑混凝土时混凝土坠落冲击荷载、振动棒的振捣都会使螺杆产生不可忽视的下挠，如施工操作不当极易产生模板支撑变形，混凝土浇筑中容易引发涨模、漏浆、结构尺寸变形等质量通病，难以满足模板支撑体系的强度、刚度和稳定性的要求。

(2) 大体积混凝土模板体系施工中，超长螺杆的应用也增加了施工成本和操作难度，混凝土墙体成形观感效果和实体质量难以控制，工效较差。

随着建筑业高速发展，城市建设中越来越多的大体量、超高层建筑不断涌现，对结构实体质量的要求越来越高。为克服常规模板支撑工艺不足引起的各种混凝土结构实体质量通病的发生，江苏省华建建设股份有限公司组织相关技术管理力量设计出一种新型的超厚超长剪力墙转角处斜向短螺杆对拉组合体装置模板支撑体系，并提出有针对性的施工方法，具有非常显著的现实意义。

公司组织技术攻关，在混凝土剪力墙结构常规模板支撑体系施工工艺的基础上，对模板支撑体系中螺杆对拉支撑施工技术要点、施工工艺、工序质量及过程控制进行了综合研究，并在此基础上进行了创新设计，取得了"超厚超长剪力墙转角斜向短螺杆对拉组合体模板支撑体系施工技术"这一创新技术成果。如图 6-96 所示，该组合体模板支撑体系的制作、安装都很方便，而且提高了墙体模板支撑的刚度、强度、稳定性，避免了通长螺栓对拉，节约材料、构造简单、操作快捷、施工方便，提高了超长超厚剪力墙模板支撑的施工质量，避免模板施工质量通病的发生，经济效益显著。该工法已在多个工程项目施工中应用，取得显著的社会、经济效益。

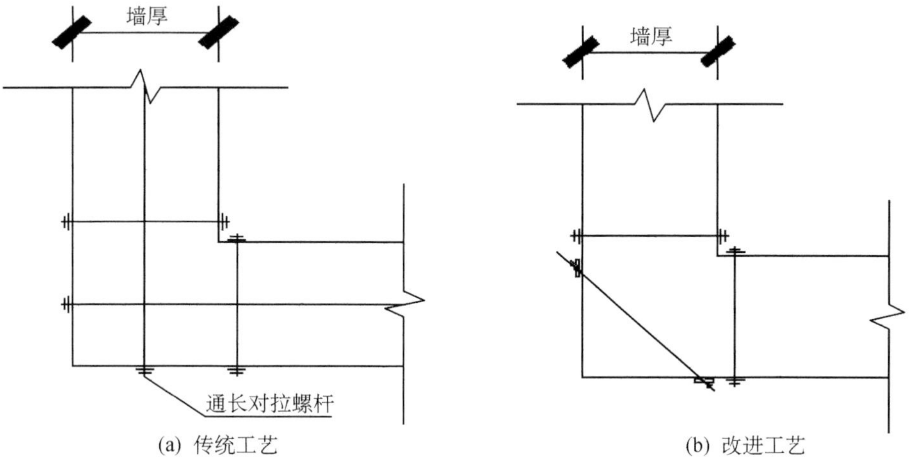

(a) 传统工艺　　(b) 改进工艺

图 6-96　对拉螺栓传统工艺和改进工艺对比

6.5.2　工法特点

(1) 针对现有的高层建筑超厚超长剪力墙通长螺杆对拉模板支撑体系存在的不足，尤其是在剪力墙转角处模板支撑的刚度、强度、稳定性难以控制的缺点提出一种具有理想的稳定性、可靠性，并且成本经济划算、工效优越的新型模板支撑体系装置，同时给出其安装施工方法。

(2) 采用由斜向短螺杆与纵横墙面成45度穿越(图6-97)，配合螺母、螺纹套筒、支撑铁垫片组成的组合体定型配件进行斜向对拉、由螺母和螺纹套筒双重紧固，构成的墙体模板支撑施工工艺，保证了模板支撑的强度、刚度、稳定性，确保混凝土成形质量。

(3) 此斜向短螺杆对拉组合体模板支撑体系施工工艺与传统通长螺杆对拉模板支撑体系相比，提高了模板支撑体系的可靠性，特别是纵横墙转角处模板支撑的刚度、强度、稳定性大大提高，保证混凝土结构成形后尺寸不变形，有效控制了混凝土质量通病的发生，同时成本节约、施工便捷，经济效益显著。

图6-97 组合体装置实物图

6.5.3 适用范围

钢筋混凝土结构中，超厚、超长大体积混凝土剪力墙转角模板支撑体系施工。

6.5.4 工艺原理

采用由新型螺母、螺纹套筒、支撑铁垫片以及斜向短螺杆组合式模板支撑体系定型装置，在超厚超长剪力墙转角阳角纵横墙面模板支撑施工中，用斜向短螺杆与纵横墙面成45度穿越，配合螺母、螺纹套筒、支撑铁垫片组成的组合体定型配件进行斜向对拉构成的新型墙体模板支撑施工工艺，确保模板支撑系统的刚度、强度、稳定性，操作简易，保证了模板施工质量和墙体混凝土成形质量。具体各构件的工艺特点如下：

(1) 斜向短螺杆对拉模板体系组合装置的组成主要是螺母、螺纹套筒、支撑铁垫片以及斜向短螺杆，与对拉斜向短螺杆相配套的螺纹套筒的一端与支撑铁垫片成45度满焊在支撑铁垫片一个面中间部位的预留孔上，焊接时，螺纹套筒一端不可穿越支撑铁垫片的另一个面，焊缝高度12毫米，焊脚高度为10毫米，支撑铁垫片预留孔洞孔径与螺纹套筒直径相同，超长超厚剪力墙转角纵横墙处模板支设的同时，在转角墙体螺杆对拉位置两侧模板上留孔，斜向短螺杆用塑料保护套管套好之后在剪力墙转角阳角纵横墙面上，与纵横墙面成45度穿过纵横墙面的两侧模板预留孔，穿出纵横面两侧模板的螺杆两端套上焊有螺纹套筒的支撑铁垫片，支撑铁垫片固定在模板支撑体系的钢管撑上。最后用螺母将短向斜螺杆两末端与螺纹套筒固定，螺母最终固定后短向斜螺杆两端要留出3～5个螺纹。如上所述，完成整个超厚超长剪力墙转角阳角纵横墙面斜向短螺杆组合体模板支撑体系施工，混凝土浇筑成形后，待达到拆模强度，松开斜向短螺杆组合模板体支撑体系的螺母，取出短螺杆以及焊有螺纹套筒的支撑铁垫片、螺母，可循环重复使用。

(2) 支撑铁垫片中间开孔部位与螺纹套筒一端成45度满焊，套筒一端不穿越支撑铁垫片的另一面，开孔孔径与螺纹套筒直径一致，为ϕ20。

(3) 斜向短螺杆是工程常规模板支撑体系用的带螺纹的ϕ16螺栓杆件。本组合体装置中该短螺杆长度取值为1 600毫米。

(4) 螺纹套筒规格为20，螺母规格为ϕ16，支撑铁垫片尺寸为10毫米厚、150毫米×150毫米。

(5) 此螺母、螺纹套筒、支撑铁垫片和斜向短螺杆组合体支撑体系装置直接联系五金生产厂家定型化批量生产。产成品运至现场，直接操作，简单方便。

6.5.5　施工工艺流程及操作要点

1) 工艺流程

总体施工工艺流程：组合体配件制作→楼板面定位放线→剪力墙钢筋绑扎→墙体模板支设→螺栓对拉支撑位置定位→螺栓对拉紧固→封模浇筑混凝土→混凝土达到设计强度后拆模→取出斜向短螺杆支撑装置→下一层墙体循环利用。

2) 操作要点

(1) 组合体配件的制作：本组合体配件中的支撑铁垫片、螺纹套筒的焊接；螺母、斜向短螺杆的连接装置均按现场生产需求量和工程进度，联系特定生产厂家统一定型进行配件的批量生产。

(2) 剪力墙结构竖向钢筋绑扎完毕后支设模板，进行测量定位放线，在墙体转角纵横墙两侧模板螺杆对拉位置上留孔，以使对拉斜向短螺杆穿越两侧墙面，在模板上固定，形成斜向对拉。对拉螺栓竖向间距离第一道螺杆离地面200毫米，第二道以上螺杆间距450毫米。

(3) 剪力墙转角两侧竖向模板支设和斜向短螺杆穿越两侧墙面模板预留口施工完成后，进行螺纹套筒、支撑铁垫片组合体的安装配套，螺纹套筒套住短向斜螺杆的两末端，支撑铁垫片固定在模板支撑体系的钢管撑上。最后用螺母将短向斜螺杆两末端与螺纹套筒固定，螺母最终固定后短向斜螺杆两端要留出3～5个螺纹，最终形成短螺杆斜向对拉的墙体模板支撑体系(图6-98)。

(4) 封模后浇筑结构混凝土，待结构达到设计强度后拆模，松开斜向短螺杆组合模板体支撑体系的螺母，取出短螺杆以及焊有螺纹套筒的支撑铁垫片，进行下一层墙体循环重复使用。

图 6-98　斜向短螺杆对拉组合支撑体系施工成形图

(5) 支撑铁垫片、螺纹套筒的焊接；螺母、斜向短螺杆的质量要严格控制，原材料进场前严格检验，抽样送检，提高原材料加工质量。

(6) 对拉螺栓拉结紧固施工严格按模板支撑体系技术规程施工，保证模板支撑体系稳固，确保模板施工质量。

(7) 浇筑混凝土时，振捣混凝土的振动棒避免触碰对拉螺杆，以免支撑体系发生位移。

6.5.6　材料与设备

1) 材料

(1) 模板采用胶合板，规格为 915 毫米×1 830 毫米×18 毫米或 1 220 毫米×2 440 毫米×18 毫米，竖向龙骨采用 50 毫米×100 毫米的方木，横向支撑采用钢管撑。

(2) 斜向短螺杆规格按设计要求，支撑铁垫片上焊接的螺纹套筒孔径与螺杆直径配套，形成固定体系。

(3) 混凝土墙支撑采用 $\phi 48$ 钢管配可调顶托，间距、排距经计算后确定，并按规定布置好水平撑及拉撑，顶托空隙处应用木楔紧塞。

(4) 针对结构内与模板间空隙小、预埋件多、钢筋较密的特点，粗骨料宜采用 10～30 毫米碎石，易于浇筑密实。

(5) 砂宜采用中砂，并符合有关规范规定。

2) 设备

(1) 模板预制安装设备：锯木机、电刨机、锤子、扳手和墨斗(弹线器)。

(2) 钢筋加工、安装设备：切割机、电焊机、弯曲机、钢筋连接机械（根据设计接头连接种类而定）、扎钩和铁丝。

(3) 混凝土浇筑设备：铁铲、小锤、插入式振动器、计量器具和试件制作器具。

(4) 运输及起吊设备：塔吊、人货电梯、高速井架、运输小车和混凝土吊斗等均可。

(5) 各种质量检测工具。

6.5.7　质量控制

(1) 模板工程质量应遵照《混凝土结构工程施工及验收规范》(GB 50204—2015)及其他有关规范规定。

(2) 模板系统及附件要安装牢固，无松动现象，面板应安装严密，保证不变形、不漏浆。

(3) 面板要认真刷涂脱模剂，以保护面板增加周转次数。

(4) 拆模应小心谨慎，爱护模板支撑件，并应对构件认真清理、修复、保养。

(5) 质量标准详见表 6-20。

表 6-20　质量标准

项目		允许偏差
轴线位置		5
底模上表面标高		±5
截面尺寸	基础	±10
	柱、墙、梁	+4，−5
层高垂直度	全高≤5 米	6
	全高>5 米	8
相邻两板表面高低差		2
表面平整度(2 米长度上)		5
预埋钢板中心线位置		3
预埋管、预留孔中心线位置		3
插筋	中心线位置	5
	外露长度	+10，0
预埋直螺纹套筒	中心线位置	2
	外露长度	+10，0
预留洞	中心线位置	10
	截面内部尺寸	+10，0

（6）钢筋直螺纹连接的施工质量应遵照《滚轧直螺纹钢筋连接接头技术规程》（JGJ 163—2010）的要求以及其他有关规定。

（7）用于焊接预埋件的焊条必须有出厂质量合格证。由于支撑铁垫片与螺纹套筒焊接的牢靠程度对该施工工艺有决定性的影响，对拉装置的焊接工作应由技术娴熟的工人进行施工。待焊接完成约1小时后对焊接的预埋件进行逐一检查，以用手上下左右对其摇晃无松动感为合格。对焊接不合格的做好相关记录并要求补焊，支撑铁垫片与螺纹套筒焊接应满焊，同时，焊缝高度控制在12毫米。

（8）每批次进场的钢筋以及相关支撑铁垫片、螺纹套筒等定型产品必须有出厂合格证和批号合格牌，对没有出厂合格证和批号合格牌的钢筋和相关定型产品必须要求其退场。钢筋及直螺纹套筒进场后应在监理见证下取样送检，待复试合格后方可投入使用。

（9）定期组织项目部技术人员进行图纸审查专题会议。图纸审查以结构施工图和建筑施工图相结合的原则，对需要使用斜向短螺杆支撑装置的部位做好标记和说明，待图纸审查完毕后再由项目工程师终审，未发现错漏后再发放给施工员对现场组织施工。

（10）用于测量的仪器必须经过权威部门校核合格后才能投入测量使用。测量放线前应认真审查工程图纸，放线结束后对照图纸及时对所放之线进行复核；测量时尽量使用比较精确的仪器，根据模板工程规范要求，严格控制对拉杆件位置标高，操作上一丝不苟，读数时应尽可能精确，以减少绝对误差和积累误差。

（11）由工程项目负责人组织各级管理人员进行层层把关。质量检查应及时细致，对发现问题的部位做好相关记录并通知班组限时整改，对整改情况进行复检直至符合要求后才能对下道工序进行施工。

6.5.8 安全措施

（1）建立健全项目经理等各级人员的安全生产责任制，责任明确并落实到人。项目经理部建立定期安全检查制度，配备一名专职安全员，负责施工现场的日常安全管理工作和巡回监督检查工作，负责提出安全预防措施强化安全生产管理，加强安全生产意识教育，切实落实安全技术措施。

（2）贯彻执行“安全第一、预防为主”的方针。所有进场人员，必须先进行安全知识普及教育，贯彻有关安全生产文件精神，遵循安全的规章制度。特殊工种应进行专业培训，考试合格后发给操作证，并坚持职工上岗前、更换工种前进行专业安全知识培训，合格后方可上岗。

（3）严格遵循国家颁布的《建筑安装工程安全技术规程》及上级主管部门颁布的各项有关安全文件规定。

（4）操作班组就位前，应针对本分项工程施工操作特点进行安全交底，施工中应加强安全巡检，着重检查配件牢固情况，特别应做好外架的封闭及防护工作。

（5）模板安装、拆除严格按照操作规程进行操作，禁止酒后上岗。支设柱模板时，应设立操作平台。施工单位在模板安装（拆除）过程中有专职安全生产管理人员现场监护，并有监护记录。

(6) 各种电动工具应定期检查、维修，防止漏电事故。施工现场的施工用电，应按施工用电方案进行统一布置，消除乱拖乱拉现象。现场供电采用“三相五线制”，并装好触电保安器，用电设备应按有关规定实行一机一闸一漏电保护，并有安全可靠的接地。

(7) 进行焊接工艺施工时，严格执行三级动火审批制度，做好现场防火管理，杜绝引起火灾的危险源，防止焊渣引发火灾。

6.5.9　环保措施

(1) 成立对应的施工环境卫生管理机构，在工程施工过程中严格遵守国家和地方政府下发的有关环境保护的法律、法规和规章，遵照国家或行业的各工种劳动保护条例规定实施环境保护。

(2) 将施工场地和作业限制在工程建设允许的范围内，合理布置、规范围挡，做到标牌清楚、齐全，各种标识醒目，施工场地整洁文明。

(3) 噪声必须限制在 95 分贝以下，对于某些机械的噪声无法根治和消除时，应重点控制并采取相应的个人防护，以免给操作者带来职业性疾病。

(4) 严格控制粉尘在 10 毫克/米^3 卫生标准内，操作时应佩戴有良好和完美的劳动防护用品以保护。

(5) 当进行射线检查时，应在检测区域内划定隔离防范警戒线，并远距离控制操作。

6.5.10　综合效益分析

(1) 工期有保障：斜向短螺杆对拉模板支撑体系施工中，大量的预制构件在加工厂定型制作生产，节约施工现场工期，不占用主导工期，可提供立体交叉作业的条件。

(2) 材料省：斜向短螺杆对拉模板支撑体系的实施，以短螺杆取代大量通长对拉螺杆，大幅度减少螺杆用量。

(3) 人工省：斜向短螺杆对拉模板支撑体系施工确保了混凝土成形质量，减少了混凝土质量通病的发生，保证结构质量，避免了人工对结构的二次修补；同时该支撑体系构造合理简单，施工便捷，减少人工投入。

(4) 便于质量控制：斜向短螺杆对拉模板支撑体系施工便于检查、验收，模板体系刚度、强度、稳定性有保障，保证了混凝土实体成形质量和观感质量。

(5) 安全可靠：斜向短螺杆对拉模板支撑体系最大的特点和优势为对拉螺杆的拉结紧固除了螺母紧固还有螺纹连接，拉结强度大；比通长螺杆的拉结更稳定可靠，足以满足模板支撑体系稳定性要求，模板体系不会失稳，保证混凝土结构不变形。在实施项目中统计比较，常规模板支撑体系的混凝土垂直平整度合格率不会超过 90%，而应用斜向短螺杆对拉模板支撑体系后，混凝土垂直平整度合格率超过 96%。

(6) 绿色施工和环保：就环保方面而言，斜向短螺杆对拉模板支撑体系组合装置结构合理简单，生产制造容易，成本低，配件的制作、安装简便，预制构件可回收循环利用，短螺杆取材方便，工地上以往常规模板支撑体系无法使用的废旧长螺杆可加工成短螺杆在该新型斜拉短螺杆体系中充分利用；且短螺杆取代了大量的通长螺杆，同时对钢材资源的节约有重要意义，满足绿色施工中节材的要求，社会化意义重大。

6.5.11 强度计算及试验结果

斜拉螺栓强度计算，采用计算公式为：

$$N < [N] = fA$$

其中 N——斜拉螺栓所受的拉力；

A——斜拉螺栓有效面积(米^2)；

f——斜拉螺栓的抗拉强度设计值，取 170 牛/米^2。

斜拉螺栓的直径(毫米)：16。

斜拉螺栓有效直径(毫米)：14。

斜拉螺栓有效面积(米^2)：A=147.58。

斜拉螺栓最大容许拉力值(千牛)：$[N]$=25.088。

斜拉螺栓所受的最大拉力(千牛)：N=10.981。

斜拉螺栓强度验算满足要求。

6.5.12 工程应用情况

如图 6-99 所示的框架剪力墙结构，在泰州市金融服务区建筑群广泛应用该工法。剪力墙较多，尤其地下人防剪力墙厚度较大，对墙体混凝土的密实度、结构尺寸控制、成形质量要求较高。在实践中使用了斜向短螺杆对拉模板支撑体系施工工法后，墙体成形质量、尺寸控制效果都很好，业主较为满意。

图 6-99 泰州市金融服务区建筑群的工法应用实景

6.6 超高层建筑幕墙工程的施工技术

6.6.1 主要幕墙系统及其施工方案概述

在泰州市金融服务区建筑群中，超高层建筑泰州兴业国际大厦的幕墙工程是最具挑战的幕墙项目。按照业主的要求，计划工期为 250 日历天(不含预埋件时间)。该超高层建筑的幕墙系统主要包括五个方面：塔楼玻璃幕墙系统、塔楼转角铝板幕墙系统、裙楼玻璃幕墙系统、裙楼石材系统和雨篷系统。各种系统所采用的施工方法详见表 6-21，施工段划分为四部分(图 6-100)。

表 6-21　超高层建筑的主要幕墙系统及其施工方法

序号	幕墙系统	分布范围	施工方法
1	塔楼玻璃幕墙系统		采用吊篮施工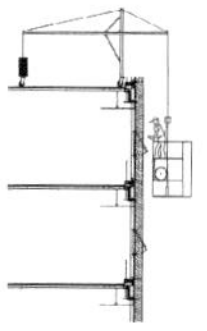
2	塔楼转角铝板幕墙系统		
3	裙楼玻璃幕墙系统		采用脚手架施工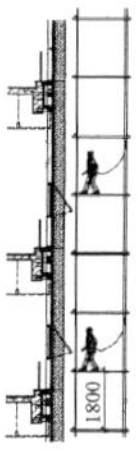
4	裙楼石材系统		
5	雨篷系统		

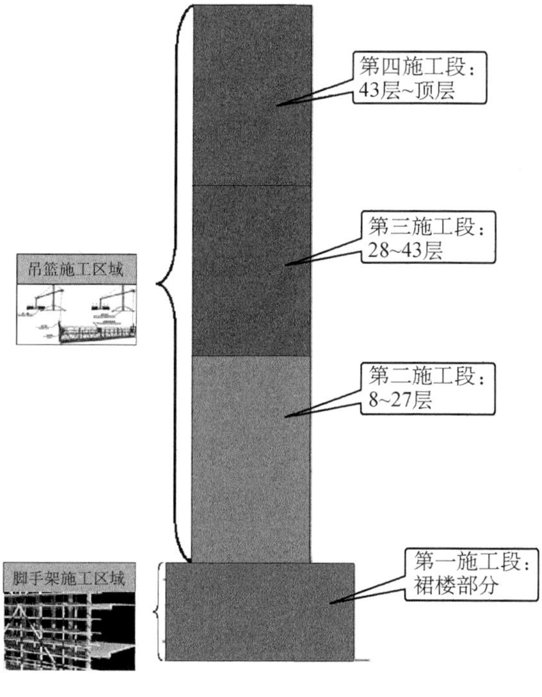

图 6-100　施工段划分

1) 各类幕墙系统的结构形式

(1) 塔楼玻璃幕墙系统。按照其结构形式划分，主要包括两种类型幕墙系统：明框玻璃幕墙(图 6-101)和横明竖隐玻璃幕墙(图 6-102)。施工工艺流程：测量放线→转接件安装→

竖龙骨安装→竖龙骨校正与验收→竖龙骨保护膜的包装→横龙骨测量定位与放线→横龙骨安装→防火及保温封修→玻璃安装→铝合金装饰条安装→注胶清理。

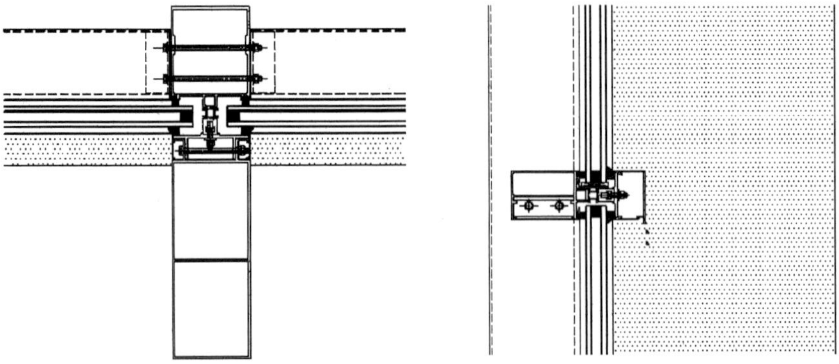

(a) 横剖　　(b) 竖剖

图 6-101　明框玻璃幕墙节点图

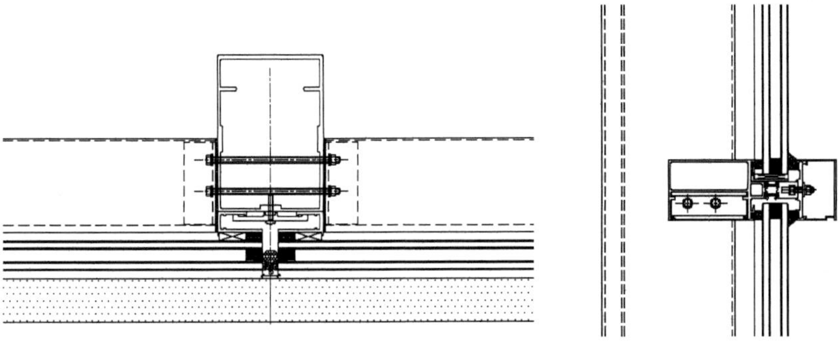

(a) 横剖　　(b) 竖剖

图 6-102　横明竖隐玻璃幕墙节点图

(2) 塔楼转角铝板幕墙系统(图 6-103)。幕墙施工顺序:测量放线→转接件安装、调整→安装竖、横框→安装铝板幕墙→幕墙外表面清洁。

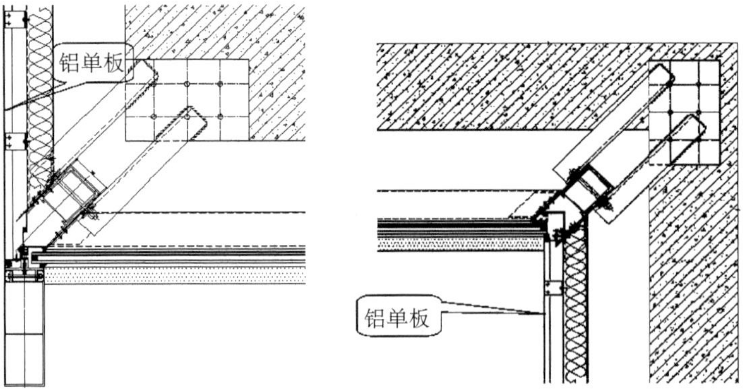

(a) 阳角　　(b) 阴角

图 6-103　塔楼转角铝板幕墙节点图

(3) 裙楼玻璃幕墙(图 6-104)。施工工艺流程:测量放线→转接件安装→竖龙骨安装→竖龙骨校正与验收→竖龙骨保护膜的包装→横龙骨测量定位与放线→横龙骨安装→防火及保温封修→玻璃安装→铝合金装饰条安装→注胶清理。

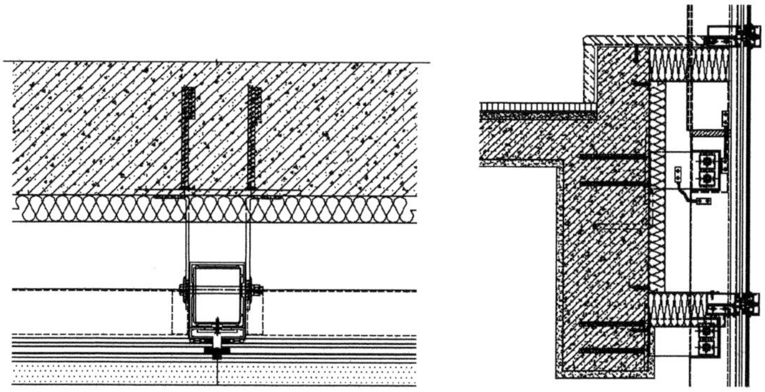

(a) 横剖　　(b) 竖剖

图 6-104　隐框玻璃幕墙(带装饰条)节点图

(4) 裙楼石材幕墙系统(图 6-105)。幕墙施工顺序:预埋件的处理→测量放线→安装竖向钢龙骨→安装横向钢龙骨→安装石材→注胶及幕墙外立面清洗。

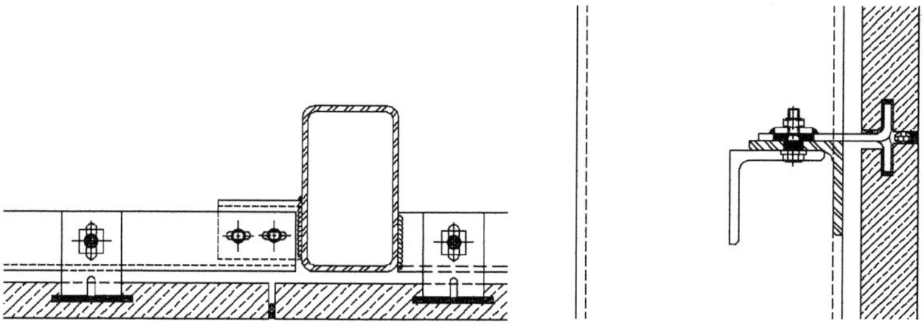

(a) 横剖　　(b) 竖剖

图 6-105　石材幕墙节点图

(5) 裙楼雨篷系统(图 6-106)。

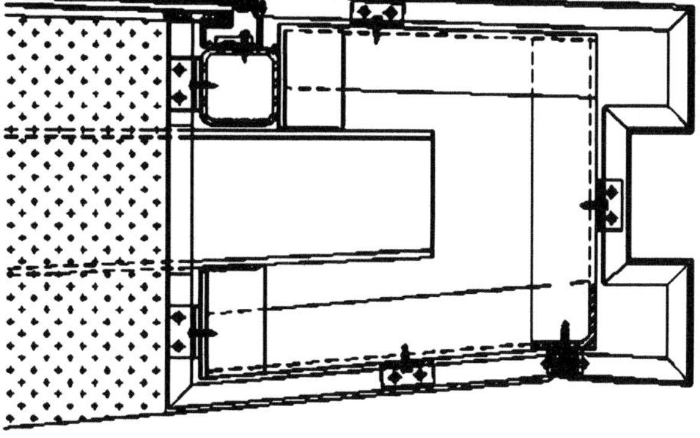

图 6-106　雨篷悬挑端节点图

2）吊篮施工方法

（1）施工原理图(图 6-107)

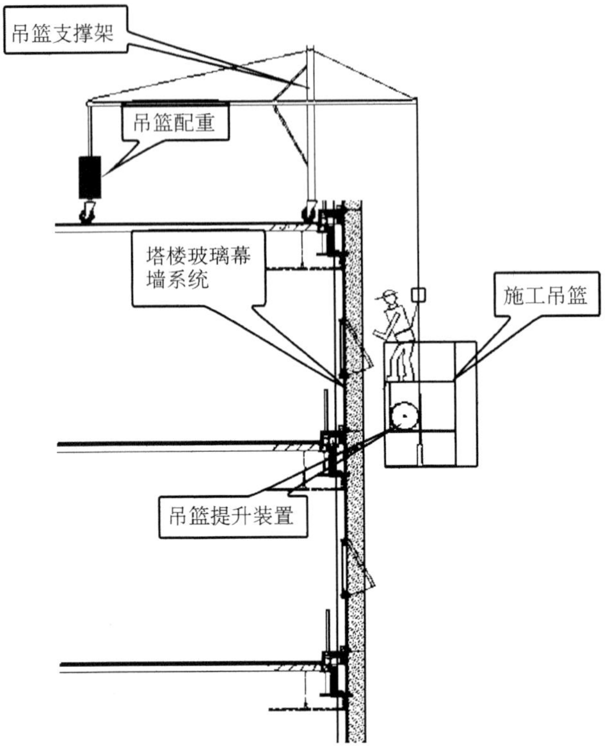

图 6-107　吊篮施工原理图

（2）吊篮施工前准备(表 6-22)

表 6-22　吊篮施工前准备

序号	步骤	准备内容
1	吊篮设备准备	进场前三天由设备供应负责人组织维修保养好的吊篮随时运送至现场
2	现场准备	要求总包清理建筑物在吊篮安装部位的材料、杂物，应无坠落伤人隐患，拆除妨碍吊篮安装的安全网等。准备好吊篮的堆放场地、零部件保管场所、搬运通道以及垂直运输起重设备
3	电源和安全设施	由总包方提供的专用电源，位于各顶楼楼面并设专用规范化电箱。吊篮安装作业范围内设置围护和警示
4	设备进场	按要求将吊篮装运至现场，搬运至指定位置
5	施工准备	按要求进行现场条件验收，符合条件后组织人员进场
6	人员进场	现场各人员各岗位全部到位

（3）吊篮安装

吊篮安装严格按照《市高处悬挂作业安全规程》、幕墙公司的《安全操作规程》以及安装工艺流程进行施工。吊篮安装工艺流程详见图 6-108，安装步骤包括如下：

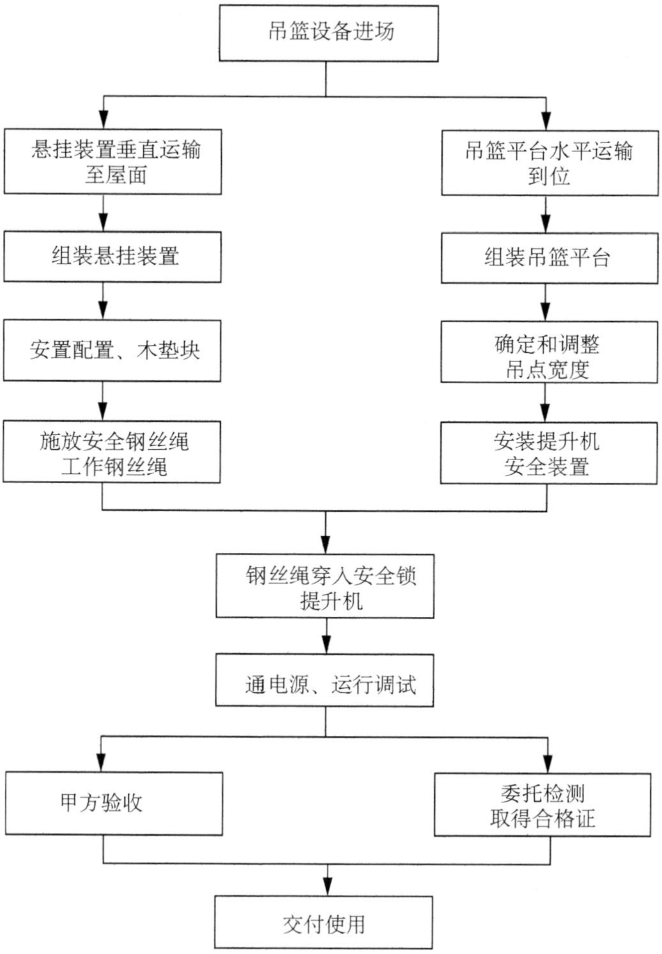

图 6-108　吊篮安装工艺流程

• 悬挂装置运送到屋面指定处，核对零部件包括前、中、后梁，前后支座、上支座、悬挂架和脚轮、工作台和安全钢丝绳、加强绳、配重、上限位及挡块等。

• 按要求组装悬挂装置，配重力矩对吊篮前倾力矩之比不小于 2，按照配重压铁重量计算配重块的块数。按施工要求确定悬挂装置宽度，垫好木料垫块。

• 施放工作钢丝绳、安全钢丝绳、安全限位挡块。

• 吊篮平台零部件搬运至地面指定处，核对主要构件包括前后栏板、底板、挡头板等，核对提升机、安全装置、电器装置。

• 按悬挂装置宽度确定吊篮长度进行拼装，平台吊点和悬挂吊臂间距保持一致，误差不大于 100 毫米。

• 安装提升机、安全锁、限位开关和电控箱等。

• 提升机穿入工作钢丝绳，安全锁穿入安全钢丝绳，绳端可靠固定。

• 升降试验和手控制动试验，必要时进行调试。

• 经双方验收合格签章，并委托“市建筑机械检测中心”检测取得合格证后方可使用。

(4) 吊篮的移位和拆卸

吊篮的移位和拆卸也应遵循《市高处悬挂作业规程》和幕墙公司的《安全操作规程》及安装工艺流程进行。吊篮拆卸工艺流程详见图6-109,吊篮移位拆卸步骤包括如下:

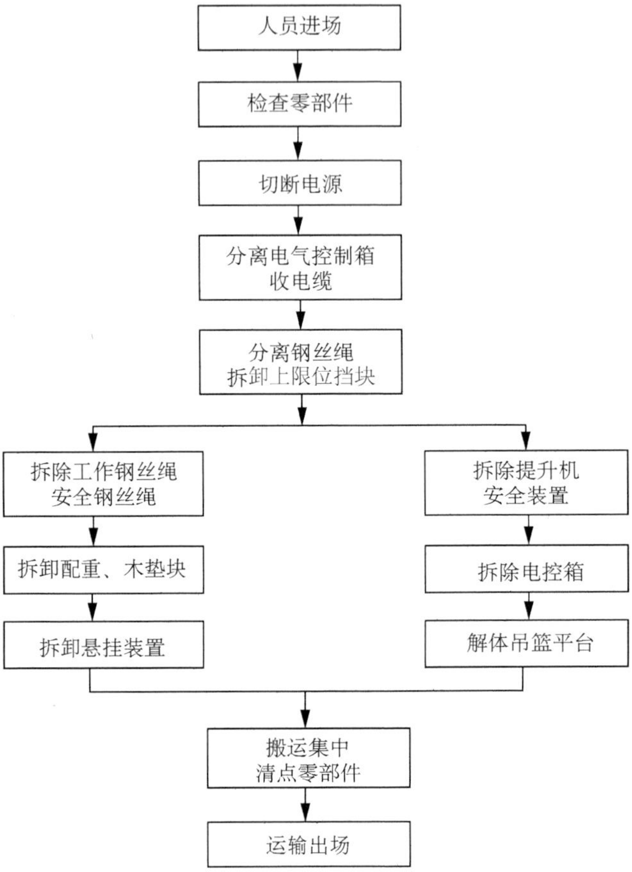

图6-109 吊篮拆卸工艺流程

- 移位前必须将吊篮平台降至地面,退出工作和安全钢丝绳,切断电源。
- 移动悬挂装置前先卸配重,如同一屋面平移,可整体搬移;如不同高度的上下移位,必须拆卸悬挂装置,按步骤重新拼装。
- 移位后有“移位安装记录”,经双方核验签字认可后方可投入使用。
- 吊篮的拆卸按安装过程的相反步骤进行。出场前进行零部件检验,并签字认可。

6.6.2 重点难点解析及处理方案

1) 深化设计方面的重点、难点分析及处理方案

(1) 幕墙板块的分格设计

幕墙的分格设计直接影响着建筑的立面效果。本项目的分格设计保持了建筑原有的立面分格效果和形式,更好地体现原有的建筑风格。重点考虑了以下几个方面:

- 尊重原来的建筑风格。
- 注重线条的比例和对称性。
- 便于房间的分割和防火分区的划分。
- 尽量使板块具有可互换性，减少备用板块的种类和数量，便于将来的维修及更换。

(2) 幕墙与主体的连接设计

幕墙与结构主体的连接在保证幕墙性能、顺利安装调整等方面是非常重要的，也是该工程需要重点解决的问题。

幕墙作为一种独立的维护结构体系，悬挂于主体结构外侧，连接不仅要完成幕墙荷载的受力传递，而且还要实现主体偏差的吸收，保证幕墙的平整度。因此，精细化地连接设计，首先应满足强度要求，而且技术要先进成熟，施工现场要操作方便，从而保证幕墙的安装精度和可靠性。

(3) 幕墙环保设计

幕墙环保设计是城市建设的组成部分，外装饰又是工程的重要组成部分，在材料使用和构造上力求营造一个"绿色氛围"。该工程所选主要材料：玻璃、铝材、钢材等均不会污染环境，所有主要材料均可回收利用。采用本结构最大限度减少了对环境有影响的硅酮结构胶和密封胶的用量，大量工作均在厂内完成，防止对幕墙及环境的污染。各种清洗剂及防锈漆等存放、运输严格按程序管理，定点存贮，完工后彻底清除。幕墙施工完成后，建议采用人工清洗的方式，定期对幕墙清洗，维护幕墙表面清洁，有利于对环境的保护。

(4) 幕墙水密性、气密性设计

雨水渗漏性能系指在风雨同时作用下，幕墙透过雨水的能力。该工程玻璃幕墙设计中，形成可靠的密封系统，密封性能良好。

(5) 幕墙防腐设计

为保证幕墙的良好防腐性能，在材料选择上以使用耐腐蚀性材料为选材原则，对于钢制零部件及现场焊接处理时，则做相宜的防护处理。

(6) 玻璃防炸裂设计

建筑玻璃除了受到意外集中力的撞击原因而产生炸裂外，主要就是由于玻璃内部热应力的原因而产生的热炸裂。这是一个多因素综合性问题，对于玻璃自身来说，造成热炸裂的因素有三个方面，即热物理性能、力学性能和缺陷大小与分布。外部条件对热炸裂的影响也有三类原因：太阳辐射、外加荷载和设计因素。一般情况下，制约玻璃热炸裂的因素主要有三个。

- 玻璃的吸热率：由于玻璃热炸裂的机理是玻璃吸收阳光中的红外辐射，自身温度升高，与边部的冷端之间形成温度梯度，造成非均匀膨胀或受到约束，形成热应力，进而使薄弱部位发生裂纹扩展，导致玻璃热炸裂。

该工程采用玻璃的吸热率较低，并且强度高，耐温变能力强，所以，该工程采用的玻璃是不会产生热炸裂的。

- 玻璃的板面尺寸：玻璃的板面尺寸越大，受热膨胀后的变形也越大，形成的约束反力也越大，相应地造成更大的热应力，增加了热炸裂的几率。同时，板块尺寸越大，越容易受到其他荷载的更大叠加效应。

该工程选用的玻璃强度高，热稳定性强，同时对板块尺寸较大的玻璃进行了非常严格的挤压应力与温差变形应力等计算，对于风荷载、热应力、边框变形、自重和装配应力等综合影响做了全面考虑。另外，设计上与玻璃接触的材料采用柔性材料，并且采用定位安装、定距压紧的浮动式连接方式，满足了幕墙各种变位要求，避免了因结构变形而造成玻璃炸裂。因此，该工程保证不会因设计因素而使玻璃产生热炸裂。

- 玻璃边的加工质量：从热应力分析中指出，炸裂一般从玻璃边部起始，边部的拉应力最大，边部的加工缺陷也最严重，所以改善边部的加工质量是提高建筑玻璃抗热炸裂能力的关键因素之一。该工程严格控制玻璃的加工质量，将玻璃边部进行细磨倒角，并剔除有严重缺陷的玻璃。

综合以上因素，该工程所选用的钢化玻璃经过严格的计算，合理的设计及质量控制，是不会产生热炸裂的。

(7) 防静电设计

在材料选择上，铝合金型材表面进行氟碳喷涂处理，钢龙骨进行热浸镀锌处理。所用的连接件除具有一定的强度外，所有钢制零部件均进行了与其功能和位置相宜的防护处理，也具有足够的耐气候性。如螺钉、垫圈等附件选用不锈钢件，连接角码采取表面镀锌防腐处理。不同金属材料之间加设绝缘垫片，以防止静电化腐蚀。

(8) 抗震设计

当地震发生时，幕墙震动由两种原因造成。一是地震直接对幕墙的作用；二是当主体结构受震变形时，使依附在主体结构上的幕墙，被迫强制同步变形。因此作为主体的外围护结构的幕墙，只有使自己的变形、变位能力大于这些变形，才能保证不损坏。

(9) 防火设计

幕墙作为建筑物的外围护结构，是建筑重要组成部分，因此防火设计是非常重要的。防火性能设计和防火等级大小，是衡量幕墙功能优良与否的一个重要指标。根据《建筑设计防火规范》规定，窗间墙的填充材料采用非燃烧材料，其墙内填充材料可采用难燃烧材料。

(10) 防雷设计

幕墙系统形成自身的防雷体系，并与主体结构可靠接地，共同形成防雷体系。按照《建筑防雷设计规范》要求，建筑物防雷设计不仅应考虑顶层雷击，还应考虑侧向雷击。由于该工程大面积使用玻璃，属重要防雷建筑，因而合理的防雷措施将使外饰面免受雷击，达到安全使用功能。保证建筑的安全，防止雷电造成巨大的损害。

2) 材料采购方面的重点、难点分析及处理方案

根据该工程材料用量大等特点，为了保证工程材料及时且保质保量地运输到现场，针对下列情况采取不同的措施保证材料供应。

（1）保证材料供应及时的保证措施

为了确保材料采购的及时，加快设计进程，尽早、尽快完成符合业主、设计院要求的施工图，提出材料加工单，并及时下发到材料采购供应中心。

根据施工总进度计划，结合材料定额列出材料供应的需求量，并根据材料市场的走向，做到大宗材料提前采购与储备。

根据质量管理体系要求，将质量控制延伸至供货厂商，结合该工程的特点，派专人常驻材料厂家，检查和督促材料的质量和生产情况，要求材料厂商加快生产进度，保障生产要求，并保证所供材料的质量。

在能满足各方要求的情况下，选用规模大、行业地位高、信誉好、供货能力强和产品质量有保证的材料厂商作为该工程的供应商。

采取“专款专用”原则，保证该工程材料采购的资金能得到充分保证。

在材料供应过程中，我们要求供应商及时出具产品合格证、产品质量检测报告、质量保证书、材质单、原产地证明及发货清单等相关资料，以保证材料尽快通过验收并及时报监理、业主验收检查。

（2）保证采购材料供应周期的措施

合理地选择优秀的材料厂家，在资金及采购管理方面进行严格的投入，能满足该工程采购的需要。因此，采取如下措施来保证该工程材料的采购。

该工程材料采购方面（钢材、铝材、玻璃和石材等）：紧密围绕公司“质优价廉服务好”的采购原则，慎重选择材料供货商。选择对象为规模大、行业地位高、有口碑、信誉好的企业，能够为工程开展所需的材料提供强有力的保障，能保证材料的质量，供货周期满足工程需要。

对该工程使用的主要材料，质检部门要对材料的材质及性能进行详细的检查，对材料的表面质量和尺寸按检验标准进行检验，合格后方可入厂，投入生产。还将出具各种材料生产厂家的材料检测报告、产品合格证及质量保证书，关键性的材料，如密封胶、型材等，除出具上述证明外，还附有使用年限。玻璃必须抽检平整度之后方可入库。

五金件及其他配件：标准五金件、化学螺栓、填充料及其他工程上的所使用的材料必须出具相应的质保书与有关的测试报告，并进行严格的检测。

要求材料厂家必须及时提供质量证明材料，包括材质单、合格证、质量检测报告、质保书和发货清单等，以便现场项目部资料员及时进行材料验收上报。一经发现不合格产品要按规定隔离和弃用，并追述同一生产线出产的产品是否有质量问题，对该工程的材料必须严格把关。

对于对工程质量、进度有重大影响的材料，派专员进驻材料供应厂家督促材料生产加工质量及生产进度。

现场材料员必须熟悉材料验收、存放标准，对现场材料需求有整体计划安排。在材料堆放、搬运、安装过程中必须文明施工，注意材料及成品保护。

（3）保证采购材料质量的措施

供应部应对该项目的材料采购工作负责，应严格按照质量手册中“物资采购控制”程序规定去采购材料，以确保原材料的质量与供货周期。质检部对采购回来的材料要按照质量手册中“进货检验控制”的程序规定去进行检验，不合格材料坚决不准进厂。此过程的判定的依据为质检部材料检验单。严格执行采购质量控制流程(图 6-110)，此过程控制要点：

生产厂家提供样品，实验合格后，收样、报验。

进货后生产厂家要提供质量证明材料。

进货后由计划中心抽样外委试验，合格后转入生产。

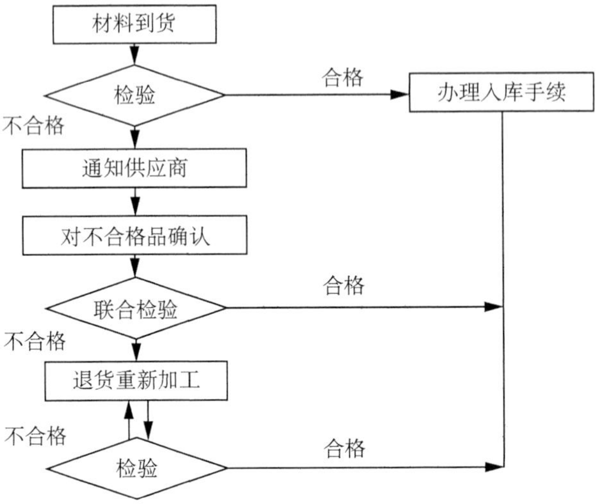

图 6-110　采购质量控制流程

3) 施工方面的重点、难点分析及处理方案

(1) 幕墙的安装和施工

• 安装准备。①主体结构必须验收合格。②对主体结构进行复测及放基准线，如偏差较大则由承包人制订相应补救措施，经设计院、监理、质检及发包人认可后由承包人施工。③负责对相关预埋件的安装，并对质量负责，由于位置、标高偏差造成的修补费用，由承包方负责。幕墙安装前对埋件全面检查，记录其缺陷，由承包人制订预埋件缺陷解决方案，经设计院、监理、质监及发包人认可的由承包人施工。④检查进场构件和材料的出厂合格证。

• 下列部位必须在施工过程中及时进行隐蔽验收：①各连接部位的安装和防腐处理。②防火、保温材料安装。③伸缩缝、沉降缝、防震缝和阴阳角安装。④防雷节点安装和防腐措施。⑤封口安装。⑥焊缝质量。

• 紧固件的接合位及拼接位必须隐蔽，只有得到建筑师批准才可用外露构件，外露于保护层表面螺丝头必须分布均匀，应涂抹与相邻表面一致的保护层，尽可能将密封层隐蔽起来。所有部件尽可能以隐蔽方式固定，如有外露件，其颜色应与固定金属表面一致。

• 所有小五金应为隐蔽的构件，除非发包人批准，外露小五金是不容许的。若完成品的表面必须加设螺丝钉，螺丝钉必须是埋头螺丝，安装后需做表面处理以配合旁边材料的外观。玻璃幕墙的固定配件不应穿过幕墙排水系统及排水沟。

(2) 玻璃平整度的控制措施

该工程立面存在着大量的玻璃幕墙，因此玻璃幕墙平整度的控制的好坏，将直接影响着整个幕墙的外观质量。

- 玻璃平整度影响因素。平整性能产生原因：①辊道问题引起的钢化玻璃平整度不良。包括加热辊道变形、辊道被磨损、风栅辊道变形。②加热温度不均引起的热变形。③冷却不均引起的热变形。④加工、组装和安装的过程。⑤着色玻璃吸热后膨胀产生中空层内压力变化(夏至和冬至)或应力不均匀。

- 玻璃平整度的控制措施：①玻璃本身平整度的控制；用先进钢化炉、控制表面应力；避免因为辊道问题(加热辊道变形、辊道被磨损、风栅辊道变形)引起的钢化玻璃平整度不良；避免加热温度不均引起的热变形；避免冷却不均引起的热变形。②平整性能提高有效措施有钢化中空玻璃采用二段加热循环热风加热钢化炉生产的钢化中空玻璃；应力控制在90兆帕左右；调整冷却风机，保证风量均匀。

(3) 石材幕墙色差控制措施

- 控制措施

由于该工程有石材幕墙，如何防止石材出现色差也是该工程的重点，工程实践证明，切实可行的防止石材色差的方法和措施包括如下：

设计控制：石材幕墙按某一独立装饰面分批下料生产，以指导加工厂生产来达到各面色差的统一；

石矿基地控制：该工程所选用的石材必须为同一采石场的石材，公司将派质检员到矿山督促检查，确保按设计下料单分批次生产；

装箱、运输控制：石材装箱严格按照编号、批次、规格分别装箱，并做好标识，运输过程中按同批次装箱管理，不同批次的石材可能在石材表面、背面及四个侧面涂刷不同性质的石材专用性质防护剂，增强其耐老化、耐酸碱、防水防渗透能力；

安装控制：安装时认真检查标识，做好自查自检工作，发现明显色差及时更换；

色调控制：有条件的情况，预先做好排版，减少安装过程中的被动，预防出现明显色差。

- 石材饰面保护技术方案

石材加工完成后，根据防护性能形成纳米级球状结晶保护层，既能出色地防止多种污染物的进入，又不影响石材的透气性，完全避免了石材内部湿气滞留造成的石材病变；可以防止水、油、色等液体污物对石材的污染，从而避免可能导致石材出现水斑、锈斑、吐白和油迹、色斑等难以清除的污迹。

(4) 塔楼、裙楼交叉施工时的防护措施

由于该工程总体进度原因，塔楼和裙楼部分幕墙存在同时施工阶段，因此防护搭设至关重要。工程实施过程中，在裙楼顶部塔楼位置搭设安全防护棚。保证在各施工段土建施工下方搭设安全防护棚来保护下方的施工安全。

为了防止上部施工坠物，应采取如下措施：

- 在外立面搭设4.5米宽悬挑防护棚，安装方式采用吊篮进行安装，主要是作为上下层施工安全防护,防止坠物伤人。

- 在防护棚水平钢管上口先满铺钢笆片,在防护棚水平钢管下口满张安全网。
- 在钢笆片上满铺木板,并固定牢靠。
- 在防护棚外侧搭设 2.7 米高防护栏杆,并满张安全网。
- 在防护棚水平钢管上口 1 米处满张安全网,坡度 5%,外高内低。

6.6.3 幕墙工程测量方案

施工测量是整个幕墙施工的基础工作,直接影响着幕墙的安装质量。因此,先精确测量主体建筑物进行外轮廓线,然后根据测量结果调整幕墙施工图,如影响不大可针对土建结构进行调整,并经设计师确认,因此必须努力提高测量放线的精度。

1) 测量管理机构(图 6-111)

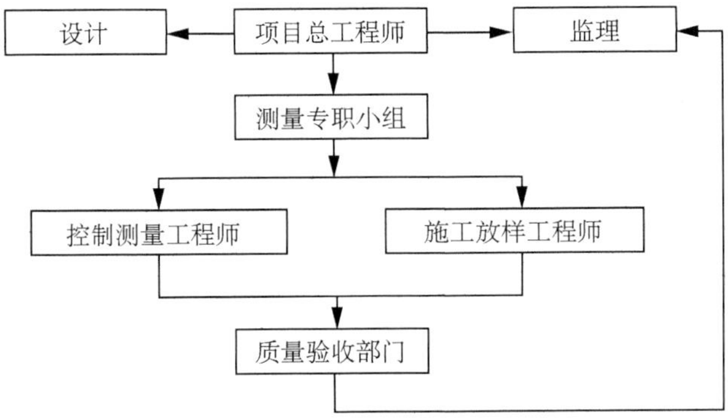

图 6-111 测量管理机构框图

2) 控制网的建立

(1) 平面控制网的建立(表 6-23)

表 6-23 平面控制网的建立

测量工艺步骤	平面控制网建立方法
现场踏勘	在进场后,即组织相关人员,包括项目经理、施工员、测量单位全体成员和质检员等,在业主、监理的支持下,对现场情况做初步了解。了解施工区周围控制点布设及保存情况,各施工单位的施工区域,为下一步测区控制网的建立理清头绪
控制点交接与复测	现场踏勘完成后,由总包方提供测区的控制网,公司组织人力对控制点进行复测。若精度满足一级导线网的要求,则可为下一步建立测区控制网和楼体内控制点所用,否则提请建设方检核并重新提供精度满足要求的测区控制网点

(2) 楼体内控制点的布设

如表 6-24 所示,布设方法为:在楼体±0.000 层核芯筒周边布设内控制网,并用激光垂准仪将内控制网逐层(段)投测至需要测量控制的楼层,以作为放样幕墙特征点的控制依据。

表 6-24　楼体内控制点的布设

测量工艺步骤	楼体控制点布设方法
控制网布设技术指标	根据相关规范及该工程特点，在施工过程中，须在测区和施工楼体内部建立控制网。控制网形成闭合导线，控制网的观测参照国家技术监督局《精密工程测量规范》中二级精密工程水平控制网技术要求执行，采用方向观测法。主要技术参数如下表所示： **水平控制网主要技术指标** 相邻点相对点位中误差：±1.0 毫米 测角中误差：±0.71 仪器等级：DJ05 测回数：6 方位角闭合差：$1.4\sqrt{n}$
控制网的选点原则	• 若测区或楼体有总包方提供的控制网，则使用该控制网； • 各点之间相互通视，能形成一个闭合环线； • 点位尽量布设于不受或少受施工影响的地方； • 点位应绕开梁、柱等，以免向上引测时受阻； • 工程测量其他控制网优化选点原则

(3) 各楼层内控制点的布设及观测

在首层核芯筒周边布设 4 个内控制点，形成一个闭合导线网的形式，再按要求利用建设方提供的首级控制网对其进行观测，并对观测数据进行严密平差至精度满足要求，再提请监理方进行复核，以作本幕墙工程控制的依据。

其他需要测量放线层内控制点的布设就以首层已布设好的内控制网为基础，利用激光垂准仪向上投测。

总体原则是：能使用总承包方提供内控制点，就使用；若总承包方没有布设内控制点，我们就利用布设于±0 层的经监理方复核内控网，自己布设上一层(段)内控网，每引测一层内控网，均需对其进行闭合观测，至精度满足要求为止。

首层内控制点以塔楼核心筒为基准投测。

首层及各转换层控制点的埋设：±0 层内控点做法如图 6-112，在 100 毫米×100 毫米×20 毫米钢板上打上 ϕ0.5 毫米钢冲孔作为内控点标记，并以此点为交点，在相互垂直的两条线上再等距打上 4 个钢冲孔备用，以防点位锈蚀。再将铁板预埋入楼板内。根据该工程的特点，需要每层都要设置内控制点。

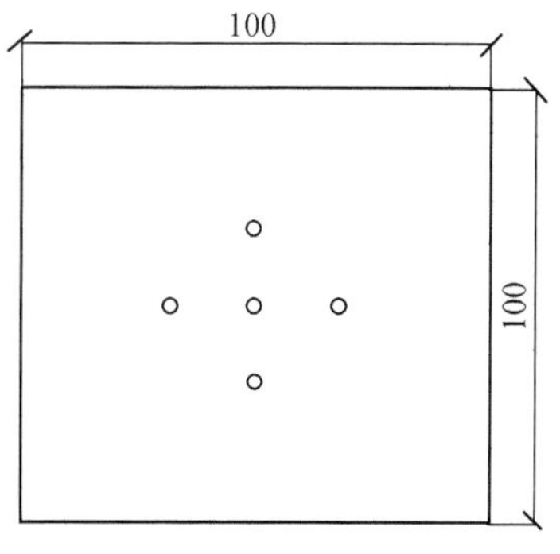

图 6-112　内控标记的钢板

(4) 首层内控制点的观测

在首层埋设好 4 个内控制点 A、B、C、D 后，即可用建设方提供的测区首级控制网，按下述步骤施测首层内控网。

第一步：在 X_2 点架立全站仪，X_1 点架立三棱镜，A 点架立三棱镜(假设 X_1、X_2 为建设方提供测区起始导线点)，测∠X_1X_2A六测回(按规范使用J2级全站仪可只观测二测回，为了提高精度，该工程采用六测回，下同)，边长X_2A六测回。按下式计算测角中误差M，M≤±5″，边长中误差≤1/30 000，则进行下一站测量工作站测量工作。

第二步：在A点架立全站仪，X_2架立三棱镜，B点架立三棱镜，同第一步观测∠X_2AB六测回，边长AB六测回。

第三步：在A点架立全站仪，D点架立单棱镜，B点架立单棱镜，观测∠DAB六测回，边长AD、AB六测回。

同第三步在B～D点分别架立全站仪和单棱镜，采集外业数据，共4个内角，4条边长。

对外业数据进行平差处理，精度指标符合要求，则求出A～D各点坐标数据，并以A～D各点坐标数据对起始导线网X_1、X_2、…进行复核，点位误差不超过3毫米；在以A～D各点坐标数据作为楼体内控制网数据，报建设、监理方复核；经建设、监理方复核数据作为细部点放样基础及整栋楼体内控制网点向上引测的基础。

(5) 其他楼层内控制点的布设

其他各需要测量放线楼层内控制点的布设同首层，观测方法也一致，只需在A、B、C、D四点分别架立全站仪及单棱镜，同上述采集4个内角4条边的数据，按规范要求进行平差及报监理复核即可。

3) 内控制点的向上引测

内控制网建成后，随着楼层的加高，应对各内控制点逐层向上引测(图6-113)。

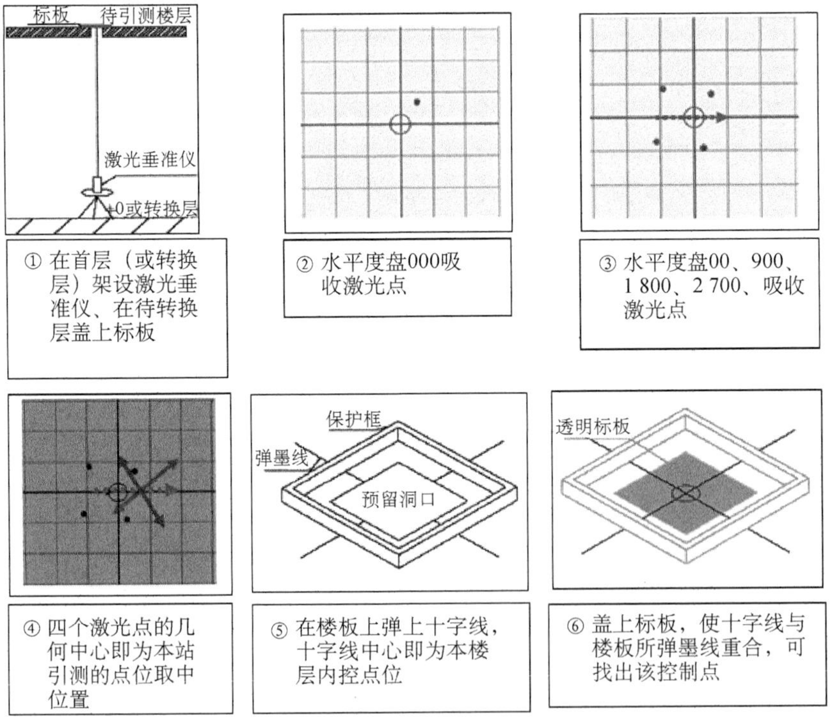

图6-113　内控网引测方法图

楼板浇筑之前，在内控制网各点正上方预留 200 毫米×200 毫米范围内控制点传递孔。需注意的是：内控制点及传递孔正上方均应无梁。

内控制点向上引测时间选择有利时间，如清晨和阴天等。内控制点投测前，先对各点进行复测，确认没有被破坏及挪动后再按上述方法进行投测。在±0 层混凝土楼面内部控制点 A、B、C、D 上分别架设激光垂准仪，在待引测内控制点楼层预留孔上盖上透明标板，测量时仪器旋转四个方向一测回测定，每一个方向激光均在上方预留孔处所盖标板上投得一点，用笔在此点做上标记，然后再交叉连接四点，十字线交点即为所求引测点。引测完毕后，再用全站仪进行检查，即在同一测站上架设全站仪（装置弯管目镜），测量其天顶角来检查，求得点位 ΔX、ΔY 和偏差值，偏差值小于 1 毫米不予改正。

内控制点引测好后，在楼板上弹上十字线，使十字线与标板十字线重合。以后使用时，盖上标板，找出该点，用后移除标板，盖上木板，以防踩空伤人。

内控制点全部投测到待引测层后，该层内控网形成一个闭合导线。对该导线网按内控制点施测方法进行复测，复测各个角度、边长，进行点位误差调整。如误差较大，应重新投测各点，直到误差满足要求，最终组成该楼层安装施工的控制网。

内控网在主楼每层都需要设置，转换层内控制点做法同首层一致。

4）高程控制网的建立

（1）起始水准点确立及复核

高程控制网的建立以总包方提供在±0 位置的一个水准点 S 作为起始水准点，使用前用外围的水准点对其进行复核，精度满足要求后，作为高程向上引测的依据。

复核时采用高精密水准仪，按国家一、二等水准测量规范中二等水准测量规定执行。

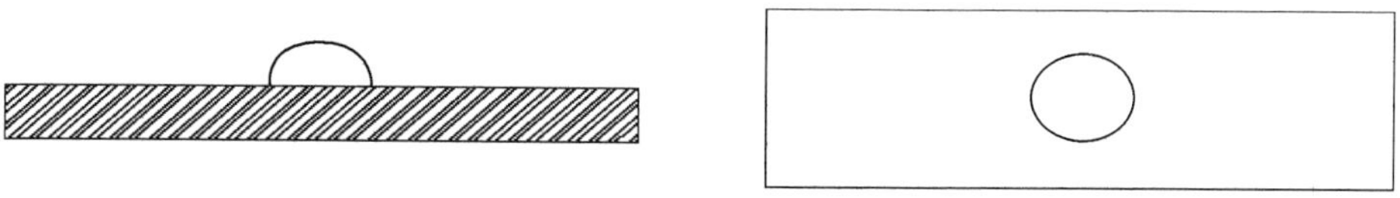

（a）圆不锈钢珠焊于铁板上　　（b）水准点预埋入楼板混凝土

图 6-114　楼层水准点的做法

（2）各楼层高程控制网的建立

起始水准点经复核后，在各楼层布设高程控制网，各楼层水准网的布设方法如图 6-114 所示。

各楼层闭合水准网测量方法同上，待各楼层闭合水准网平差后，在墙上测出＋1.000 米标高线上，弹上墨线，用红三角做标记（图 6-115）。

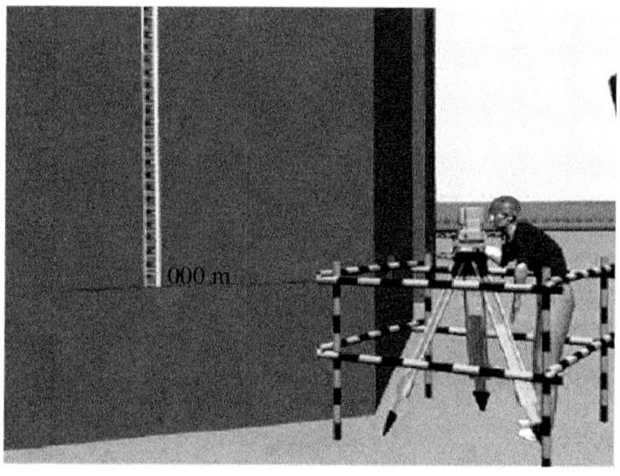

图 6-115　高程控制网的建立

（3）各楼层水准网向上引测

• 水准点向上引测。①架设水准仪，在已知水准点立水准尺。②自上楼层悬挂钢尺，钢尺下端悬挂标准拉力重物。③水准仪分别读水准尺及钢尺读数。④搬站至上楼层，分别读钢尺及水准尺读数。⑤对楼层钢尺长度进行温度改正，并计算待引测楼层起算点高程。

同上各楼层高程控制网的建立的方法，测定待引测楼层高程控制网及＋1.000米标高线。

• 使用全站仪天顶测距法对所引测高程控制网进行检核。①在±0.000米层的混凝土楼面(或先前已引测好的混凝土楼面)架设全站仪，通过气温、气压计测量气温、气压，对全站仪进行气象改正设置。②全站仪后视核心筒墙面＋1.000米标高基准线，测得仪器高度值。对仪器内Z向坐标进行设置，包括反射棱镜的常数设置。③全站仪望远镜垂直向上，顺着激光控制点的预留洞口垂直往上测量距离，顶部反射棱镜放在土建提模架或需要测量标高的楼层位置，镜头向下对准全站仪。由于全息反射贴片配合远距离测距时反射信号较弱，影响测距的精度，故该工程用反射棱镜配合全站仪进行距离测量。④计算得到反射棱镜位置的标高后，用水准仪后视全站仪测得的标高点(图6-116)，计算水准仪仪高值，将该处标高转移到核心筒处本楼层高度＋1.000米处(先前用钢尺引测得)，对两次所测＋1.000米标高线进行比较，两次所测标高误差在±2.0毫米以内，则以钢尺所引测高程为准，否则重新引测本楼层水准网。

图6-116 全站仪测得标高点

5) 消除楼体沉降量及楼层压缩量的方法

(1) 楼体沉降量

由于幕墙公司使用的是总承包方已预先加入沉降量的起始水准点，故幕墙公司不考虑楼体沉降量对水准点的影响，只要起始水准点与总承包方使用的起始点一致即可。

(2) 楼层压缩量

由于该工程部分楼的楼体较高，至一定楼层后，压缩量相当大，故必须对其进行改正。具体方法为：依照上述全站仪天顶距法，对所引测于核心筒墙上高程点每十层做一个校核，差值平差入每一楼层。将平差后的数据报监理方审核。

参 考 文 献

[1] 史小伟.泰州金融服务区整体地下室结构设计[J].江苏建筑,2018(5):52-56.

[2] 姜荣斌,蒋凤昌,徐华,等.泰州金融服务区项目建筑节能技术研究[J].泰州职业技术学院学报,2018(1):54-56,76.

[3] 徐华,周桂香,蒋凤昌,等.基于故障树的泰州金融服务区幕墙施工安全管理研究[J].建筑安全,2018(5):54-57.

[4] 姜荣斌,徐华,蒋凤昌,等.泰州金融服务区绿色建筑技术集成与应用研究[J].江苏建材,2017(6):56-59.

[5] 范新磊.基于中原经济区建设的河南金融集聚问题研究[D].郑州:郑州大学,2012.

[6] 黄解宇,杨再斌.金融集聚论[M].北京:中国社会科学出版社,2006.

[7] 谢耕,翁皓.新兴的北方"曼哈顿"——记天津经济技开发区金融服务区(一期工程)设计[J].新建筑,2003(1):37-39.

[8] 强鹏.超大规模群体建筑施工组织与管理技术研究[J].建筑施工,2019(7):1373-1374.

[9] 金菁.大型公共建筑群建设项目造价管理难点及对策[J].建筑经济,2017(9):36-39.

[10] 张柱.甘肃会展中心建筑群项目的工程管理与控制[J].工程管理学报,2016(6):83-88.

[11] 陈珏.绿色建筑项目管理难点分析与对策[J].绿色建筑,2016(2):14-17.

[12] 冉昊.特殊复杂环境条件下群体建筑工程施工项目管理研究[J].山西建筑,2018(29):245-246.

[13] 沈禧.常州行政中心建筑群的设计理念探析[J].美与时代(城市版),2020(3):8-9.

[14] 齐贺兵.BIM＋绿色施工技术在高层住宅建筑群中的应用[J].住宅与房地产,2019(3):143.

[15] 苏烨.超大型会展中心建筑群防火设计分析[J].消防科学与技术,2019(11):1543-1546.

[16] 余钢.超高层建筑群消防给水系统设计探讨[J].给水排水,2019(9):244-245.

[17] 余戍晨.城市存量优先背景下的办公建筑设计——新区中小企业金融服务中心项目为例[J].建筑与文化,2020(5):154-155.

[18] 刘芮.城市规划视角下的建筑群方案设计策略与实践[J].规划师,2019(2):22-26.

[19] 丁琨.基于大型建筑群消防安全应对措施探析[J].消防界,2019(12):54,56.

[20] 刘思捷.基于建筑群体氛围的柔性色彩规划策略研究[J].住宅科技,2019(5):1-6.

[21] 李静.平面布局对建筑群体风环境的影响模拟研究[J].建筑节能,2020(5):19-26.

[22] 杨朋振.商业综合体建筑的整体性设计策略探析[J].山西建筑,2020(10):27-28.

[23] 贾宝荣.超高建筑群塔综合体钢结构关键施工技术[J].施工技术,2017(7):25-28.

[24] 任相科.大型公共建筑群塔安装与作业施工技术[J].门窗,2017(9):95.

[25] 刘鹏.高层建筑群的多维度复合施工——重庆来福士广场工程复合施工技术与施工管理[J].重庆建筑,2017(11):26-28.

[26] 杨一秀.城市综合体空间设计方法初探——芜湖金融服务区[J].智能城市,2016(5):16-17.

[27] 郝靖欣,李苗,许刚,等.无锡太湖国际科技园金融服务区的绿色设计[J].工业建筑,2017(12):192-196.

[28] 蒋凤昌,周桂香,徐华,等.泰州市金融服务区综合管廊工程规划设计研究[J].工程建设与设计,2018(05):152-155,269.

彩色附图

开工典礼 （2012 年 4 月 19 日）

奠基仪式 （2012 年 4 月 19 日）

地下室签约仪式 （2013 年 10 月 28 日）

地下室封顶仪式 （2014 年 6 月 18 日）

主体施工 （2015 年 5 月）

标化工地检查 （2015 年 12 月）

国务院消防工作检查组来工地检查 （2016 年 5 月）

科技应用与创新推进工作会议 （2016 年 6 月 23 日）

幕墙施工 （2016 年 7 月）

泰州市住建局组织技术交流 （2016 年 10 月）

泰州市政协组织参观交流 （2016 年 10 月）

金融服务区科技工作推进暨书稿编写启动会 （2018 年 1 月 21 日）

西区三标段竣工验收会议　(2019 年 2 月)

住建部科技计划课题结题评审会　(2019 年 3 月 28 日)

泰州市金融服务区建筑群竣工后实景 （白天）

泰州市金融服务区建筑群竣工后实景 （夜间）